# 世界武器大全 手枪

# A COMPLETE COLLECTION OF WORLD WEAPONS PISTOL

贾璞 编著

机械工业出版社
CHINA MACHINE PRESS

手枪是轻武器中最基础、最常见的门类，其历史悠久、品类繁多、独具魅力。在浩如烟海的各型号手枪之中，本书有针对性地选择了其中颇具代表性的部分型号，并以历史发展时间为主线加以梳理；同时，通过对特定手枪型号的展开式介绍，力图展示与之相关联的更多手枪型号，以帮助读者在了解世界手枪发展历程的过程中，领略到其经典的传承性与精彩的开创性……

本书不仅是一本世界手枪的科普图书，更是一部全景式的世界手枪发展简史。

本书适合轻武器知识爱好者阅读。


**图书在版编目(CIP)数据**

世界武器大全. 手枪/贾璞编著. —北京：机械工业出版社，2019.6

ISBN 978-7-111-62692-3

Ⅰ. ①世… Ⅱ. ①贾… Ⅲ. ①武器-介绍-世界 ②手枪-介绍-世界 Ⅳ. ①E92

中国版本图书馆CIP数据核字（2019）第082943号

机械工业出版社（北京市百万庄大街22号 邮政编码100037）
策划编辑：杨 源 责任编辑：杨 源
责任校对：徐红语 责任印制：张 博
北京市雅迪彩色印刷有限公司印刷
2019年6月第1版第1次印刷
184mm×260mm · 18.25印张 · 582千字
0001—3000册
标准书号：ISBN 978-7-111-62692-3
定价：89.00元

| 电话服务 | 网络服务 |
| --- | --- |
| 客服电话：010-88361066 | 机 工 官 网：www.cmpbook.com |
| 010-88379833 | 机 工 官 博：weibo.com/cmp1952 |
| 010-68326294 | 金 书 网：www.golden-book.com |
| **封底无防伪标均为盗版** | 机工教育服务网：www.cmpedu.com |

# 作者简介

贾璞，多年来历任《名枪》《名刀》《特种兵》等国内多种知名军事武备类旗舰刊物的主编；十余年来致力于国内外轻武器、冷兵器、军警战术等相关领域的知识科普与项目推广工作。

# 前 言

所谓枪者，即火器也。而火器通俗地来理解，即是“以点火方式来攻击、损毁相关目标的武器”。

总体来说，但凡是火器之大类，其需要具备如下三个最为重要的元素，即具有指向性的发射管、不同效能的动力源、包含各种介质的损伤源。其中大型火器可归为炮，不在本书探讨范围之内；而小型火器则可归为枪，结合上述火器构成三元素，可以将其归纳解读为如下公式：

枪=枪管（发射管）+火药（动力源）+子弹（损伤源）

当然，枪的具体构成、发射方式、功能效用等经历了近八百年的发展历程，期间逐步形成了庞杂纷乱的局面，出现了令人眼花缭乱的型号。本书虽然名为“大全”，实则“冰山一角”，仅希望通过对相关门类枪的大体发展历史及有代表性型号产品的介绍等来带领读者领略其风貌。

手枪是一个枪种分类，包括历史悠久、数量庞大、品牌纷杂的诸多小型火器。可以肯定的是，小型火器的出现要晚于长火器/大型火器。火器出现时，正是弓弩、投石机等冷兵器横行的时代，首先是大型火器得到发展，如攻城用的火炮等；又由于火药效用、子弹动能等多方面因素的制约，促进了长火器的出现，因为同样的条件下，更长的枪管可以得到相对更远的距离和更大的存续动能，自然可以得到更好的对敌杀伤效果。

随后由于长火器的尺寸问题，以及近距离防身和便捷操控的需要，出现了将长火器缩短尺寸后的小型火器，即可以单手操作的便携式自卫火器——手枪。直到今天，虽然火药效用、子弹威力等和当初相比都有了质的飞跃，但手枪依旧被定义为“近距离、快速使用”的武器，只有在此前提之下，才考虑适用的弹药威力等。

手枪的有效射击距离通常被控制在20~50米，实际上越来越多的使用者普遍认为，即使是训练有素的射手，当手枪的实际目标射击距离超过10米时，就很难保证有效射击精度了；又因为手枪弹药的不同，使手枪射击时后坐力呈现出截然不同的体验，基于手枪的综合状况使手枪的使用实际上要难于步枪。

正是在这样的大前提之下，人们对手枪充满宽容，并没有像步枪那样苛求精度。在相当长的发展过程中，人们对手枪便携性、安全性的要求往往会优先于手枪的精度和威力。

# 目　录

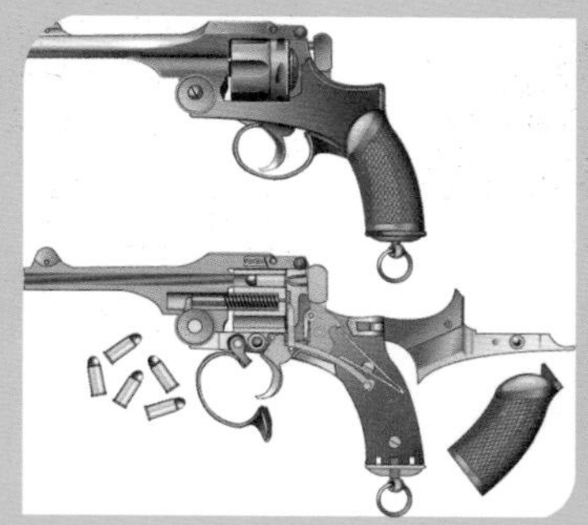

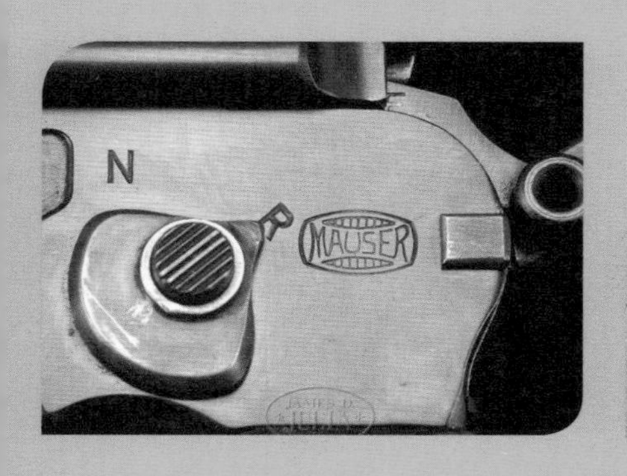
N
R
MAUSER

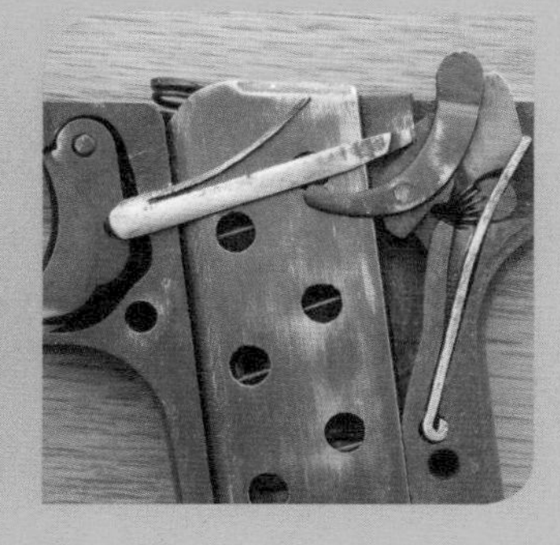

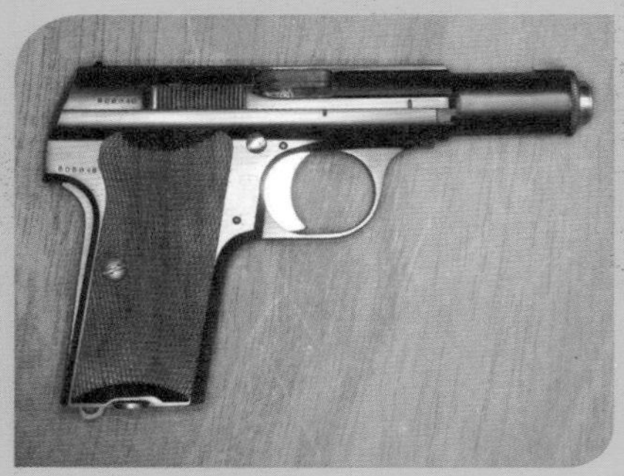

# 第1章
# 手枪的“石器时代”

15世纪

19世纪初期

## 15世纪 欧洲火绳手枪

☆ 欧洲早期的纯铜制火绳手枪，火绳通过扳机压杆联动，结构简单

作为中国“四大发明”之一的火药，通过丝绸之路传入欧洲，使得欧洲火器得以发展。其中以攻城、阵地战所用的大型火炮和长火器为主。

欧洲火器在经历了14世纪的发展演变之后，到15世纪左右出现了火绳枪。火绳枪以2米左右的长火器为主，也出现了将金属枪管和木质枪身进行大幅度缩减后的火绳手枪，这是极其罕见却至关重要的一步探索。

以此为开端，直接将长火器缩减尺寸后，得到相同工作原理的手枪的做法持续了相当长的时期。

从文献资料描绘的情况来看，当时的火绳手枪已经具备了单手握持使用的特点。其所使用的火绳通常是经过硝酸钾或类似溶液浸泡后再进行干燥处理的麻绳，这种火绳被装在与扳机联动的杠杆部件上。使用时射手需要先行点燃火绳头，燃烧缓慢（闷烧）的火绳使得射手有了一定的瞄准时间；当射手瞄准目标时，只需要扣动扳机，使得与扳机联动的火绳头（燃烧点）下倒点燃枪管后的火药；被点燃的火药随即燃烧并产生燃气动能，将枪管内的实体子弹（其实就是铅丸或类似弹头）推出枪管，射向目标，完成一次射击。

此时的火绳手枪使用前装方式，因为枪管膛线还没有出现，所以射击精度和距离并不理想；轰鸣的枪声和弥漫视野的火药燃气更是不言而喻。虽然火绳手枪的出现明显提升了个人使用火器的便利性，但问题还是非常明显的，那就是火绳类火器的通病——火绳要在使用过程中一直处于燃烧状态，一旦遇到中途熄火或者雨天等就很难使用；同时，没人愿意把一把点燃的火绳手枪插在裤腰上。

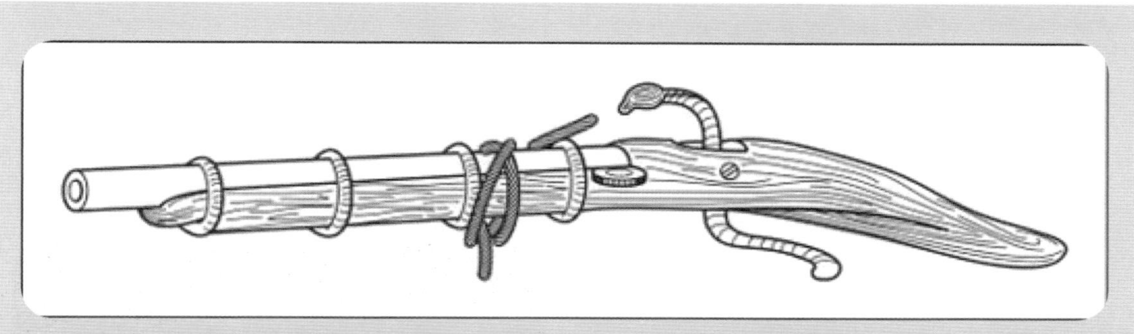

☆“蛇杆”装入枪托内的火绳手枪示意图

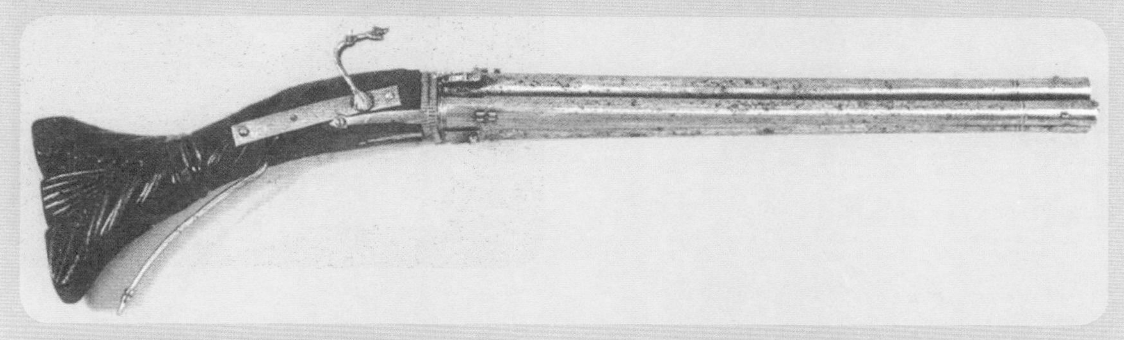

☆ 老式多管旋转发火的火绳手枪

☆ 复制品：骑兵用火绳短枪（未安装火绳）

## 16世纪 欧洲簧轮燧石擦火手枪

为了消除火绳手枪点火方式的致命弊端，经过几十年的探索，人们找到了火绳点火的替代物，就是一种有着相当古老历史的天然材质——燧石，亦称火石。由此手枪的发展开始进入燧发手枪时代。

早在石器时代，原始人就开始使用坚硬的燧石工具，并且用燧石来加工其他一些工具。原始人在敲击燧石的过程中，发现了燧石可以摩擦出火星的特性，并且可以作为火源的获取方式，燧石之名也由此而来。恩格斯曾说："就世界性的解放作用而言，摩擦生火还是超过了蒸汽机。"可见生火对推动人类文明发展起到了很大的积极作用。敲击燧石取火的方式由来已久，在中国古时就有用燧石配合铁器（又叫火镰）的取火方式；据说直到新中国成立初期，一些地方的农村还保留着这种取火方式。

相对于火绳而言，燧石的使用可谓是飞跃性的，燧石不仅更加便捷易用，也极大地提升了使用的安全性。使用燧石发火的成功率大概为85%，这明显强于原来火绳枪不到50%的成功率。需要注意的是，在人们使用燧石作为发火源之前还曾使用过黄铁矿石，但因黄铁矿石不耐用才最终选择了燧石这种坚硬的材质，一块燧石可以反复被使用30次左右。

基于燧石摩擦打火方式的燧发手枪也应运而生。所谓燧发手枪实际是一个大类，但其工作原理无外乎就是利用金属部件对燧石摩擦或敲打出的火星来点燃枪膛内的火药，进而依靠火药燃气发射前装的子弹（弹丸）。

其中簧轮燧石擦火手枪的工作原理是利用上紧的发条驱动带有细齿的磨轮高速旋转与燧石（此前为黄铁矿石）摩擦产生出火星，借此点燃两者之间的引火药，然后通过枪管后端的传火孔引燃发射药并将子弹推射出去。

为了安全有效地完成对燧石摩擦或敲打的过程，人们引入了簧轮技术。大约在1507年左右，簧轮结构的机械系统在欧洲出现；

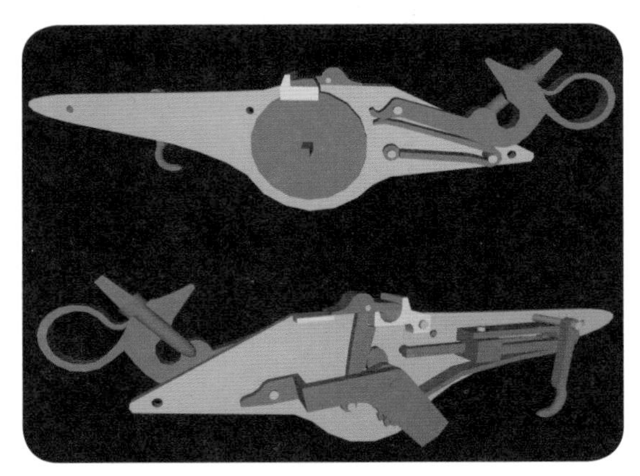

☆ 簧轮燧石擦火手枪的结构示意图

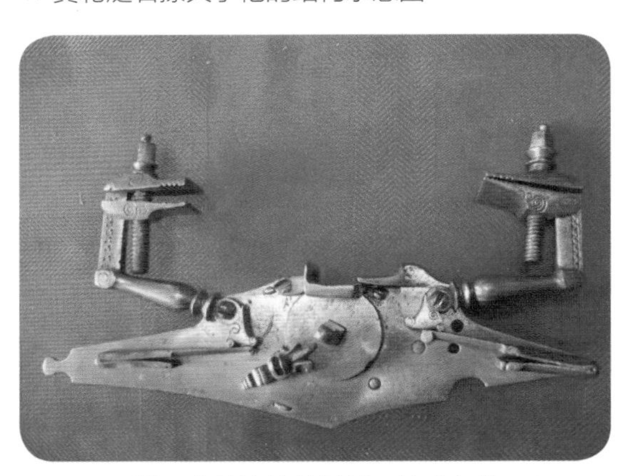

☆ 采用双燧石夹结构的簧轮燧石擦火机构

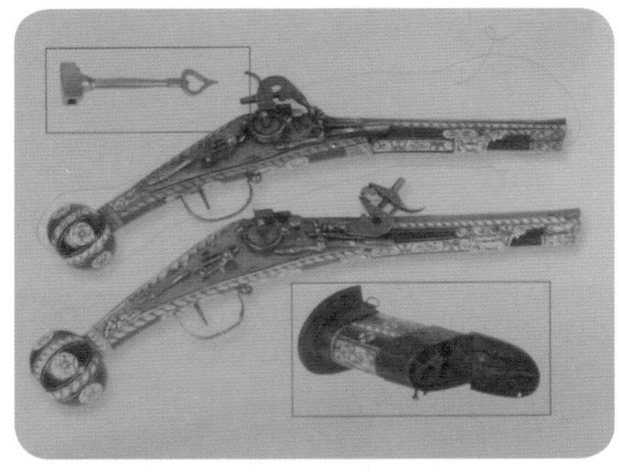

☆ 16世纪后期德国簧轮燧石擦火手枪：图中上方配件为给簧轮上弦的钥匙，下方为可以装4份弹药量的弹药盒

人们在达·芬奇1508年的一份手稿中也发现了类似的簧轮结构，因此有人认为该技术其实是达·芬奇发明的。

直到1517年，德意志邦国中纽伦堡地区一名叫约翰·基弗斯的钟表匠，受到钟表中簧轮工作状态的启发，将钟表上的簧轮结构与燧石相结合，研制出簧轮燧发枪结构。簧轮结构由靠簧力驱动的金属磨轮和有金属夹子结构的机头组成，其中金属磨轮有一个位于轮盘中间的发条销子，可以通过钥匙来操作，其圆边密布细齿，这些细齿在高速旋转状态下可以完成与燧石的擦火工作；金属夹子通过螺钉结构可以调节松紧，以固定燧石，因此也称为燧石夹。

簧轮燧石擦火手枪正是因为应用了这种结构技术，才首次得以实现无明火的纯机械式击发。射击前，射手预先使用钥匙或扳手等工具上紧簧轮中的发条，然后便可以插在腰间或者收于枪套中备用了；射击时，只需要拔出手枪、合上燧石夹机头使之与磨轮接触、再扣动扳机就可以释放发条，磨轮在簧力作用下高速旋转，其上的细齿就能和与之相接触的燧石进行持续摩擦产生出火星，因此这种燧发方式也被称为“燧石擦火”。凭借这种“远古智慧”迸发出的火星随即引燃引药盘内的火药，火药燃气推出子弹，完成一次射击过程。

当然，此时的簧轮燧石擦火手枪依旧是前装式，所以进行第二次射击时的准备工作还是相对复杂与费时的。但由于相对于火绳手枪的优越性，使其真正成了手枪发展的一个里程碑，并进入军队。在当时的两军对阵中，常常可以看到类似的“有趣”场景：冲锋的骑兵快速地进入射程范围内时便迅速对敌射击，枪声一响后立刻拨转马头后撤，待撤到安全距离重新装填后，又转头冲向敌人，名副其实的“打一枪就跑”，这就是著名的骑兵战术——“轮换射击”。

通过一些文献绘画资料人们可以看到当时骑兵使用簧轮燧石擦火手枪的情景。例如著名的德国雇佣骑士团黑色骑兵就经常每人携带数把这种簧轮燧石擦火手枪；1645年的纳斯比战役（英国内战）中，也有议会军骑兵近距离手持簧轮燧石擦火手枪射击保皇党骑兵的情景。

1544年德国与法国交战。交战当天风雨交加，法国骑兵根本无法使用火绳枪，而对面的德国骑兵却使用簧轮燧石擦火手枪，几乎没有受到天气的影响，于是战斗呈现出“一边倒”的局面。德国骑兵采取上述的“轮换射击”骑兵战术集结进攻，几番下来，消灭了大量法军，后据统计此次战役中法军的伤亡人数超过半数。战后，当时的法国国王亨利二世痛心疾首，果断下令采购簧轮燧石擦火手枪以装备法国骑兵，而且于1600年法国还组建了“法国骑兵手枪（簧轮燧发）部队”。自此，簧轮燧石擦火手枪成为法军的主要装备，直至1815年“滑铁卢战

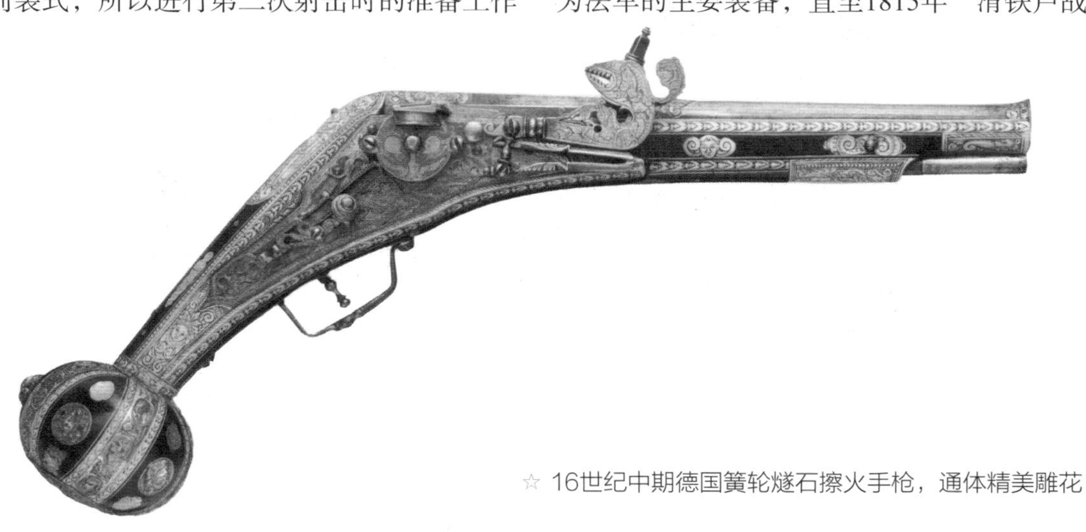

☆ 16世纪中期德国簧轮燧石擦火手枪，通体精美雕花

役”中还在被大量使用。

当时的欧洲簧轮燧石擦火手枪拥有圆筒形或六边形等形制的枪管，握把底端一般为锤状结构，以便在近距离射击后来不及换弹药时直接作为冷兵器击打迎面而来的敌人。同时，这种簧轮燧石擦火手枪与火绳枪相比，还有一个特性，那就是隐蔽性。因为簧轮在发条上紧后，其实是处于待击状态的，即现在所说的“已经上膛”，完全可以隐藏射击意图，静待时机来临——这使得欧洲统治者们感到紧张，因为这个特点可能被刺杀人员所利用。

例如，就在簧轮燧石擦火手枪出现的同年1517年，当时罗马帝国的皇帝马克西米利安一世就下令禁止使用这种新型的簧轮燧石擦火手枪。又如在1549年，英国国王爱德华六世也正是出于上述担忧而颁布法令，明确提出严禁人们携带簧轮燧石擦火手枪进入其宫殿周边5000米的范围之内。即使是现在来看，这也是杞人忧天。因为别说现代手枪，即便是狙击步枪，也没有超过5000米精准射击目标的记录。更何况是没有膛线的原始簧轮燧石擦火手枪。

按结构的布置样式，当时的簧轮燧石擦火手枪，可分为全外露式、部分外露式和内藏式三种。内藏式因为多了保护罩而拥有良好的防护性，但同样因为保护罩的阻碍使得清理火药残渣变得相当困难。全外露式则将簧轮构造完全暴露出来，毫无防护性可言，同时容易受到外界条件干扰，但清理火药残渣时却相对容易快捷。若从现代艺术观赏的角度来看，其与全透明式机械手表可谓异曲同工，充满机械美感。部分外露式则兼具两者优点，因此应用也最为广泛。

簧轮燧石擦火手枪当时并未设置专门的保险机构，不使用时只需要将燧石夹机头按倒到前方位置固定即可安全携行。即使不小心触动扳机也不会击发，因为扳机仅仅是释放了发条力、开启了磨轮的高速旋转状态。但因为磨轮并没有与燧石相接触，所以根本不会产生火星，无非是需要再次手动拧紧发条，以再次形成待击状态而已。

早期的簧轮燧石擦火手枪曾采用类似火绳枪的手动旋转燧石夹机头，通常需要有一个手动扳倒燧石夹机头的动作。这就需要非持枪的手来配合操作，不仅容易延误射击时机，还给骑兵在骑行中的射击造成了困扰。于是经过改进，发明了具有联动功能的燧石夹机头：扣动扳机，除磨轮在弹簧的驱动下高速旋转外，其内部结构还会使燧石夹机头同时动作，以完成下压动作，使其能自动与旋转的磨轮相接触以产生火星。这样使得射击过程被简化到只剩下瞄准和扣动扳机这两个动作，极大地提升了射击效果。

☆ 16世纪中期德国簧轮燧石擦火手枪

## 16世纪　欧洲燧石打火手枪

簧轮燧石擦火手枪在其活跃的时代，可谓是表现出色，尤其是相比较火绳手枪更是安全可靠。但簧轮结构系统有一个致命的弱点，那就是工艺复杂。当时只有经验丰富的专业表匠或枪匠才有能力制造性能优秀的簧轮结构部件。在手工制造的前提下，成本自然相当高昂，工艺复杂与高成本都极大地限制了簧轮燧石擦火手枪的发展。而且，由于簧轮结构精密，当内部被火药残渣等污染时，就会造成使用故障。

精简工艺、降低成本、提升使用可靠性，正是在一系列要求之下，才在以燧石与磨轮相擦打火为原理的簧轮燧石擦火手枪基础上，发展出了直接用燧石撞击钢片以产生火星的新型燧发手枪——燧石打火手枪。

早在簧轮燧石擦火手枪被使用之初，斯堪的纳维亚的瑞典人就发明了燧石打火方式的机构。因为其主要被发现于波罗的海各国，因此现在也将其所采用的构造称为“波罗的海打火击锤”。其他还有“英国式”“法国式”等类似结构。

16世纪初，荷兰出现的早期打火燧发机构普遍被认为是后来成熟的打火燧发机构的先驱。其与簧轮燧石擦火手枪最大的不同就是，直接取消了全部簧轮结构系统，简化为用打火的火镰装置。同时将燧石夹击锤移到枪身后边，并在与其正对的枪身前方位置设置有一个可翻倒式样的火镰装置。后来在此基础上才发展出被广泛采用的L形火镰装置。两者工作原理基本一致，但为了更加明

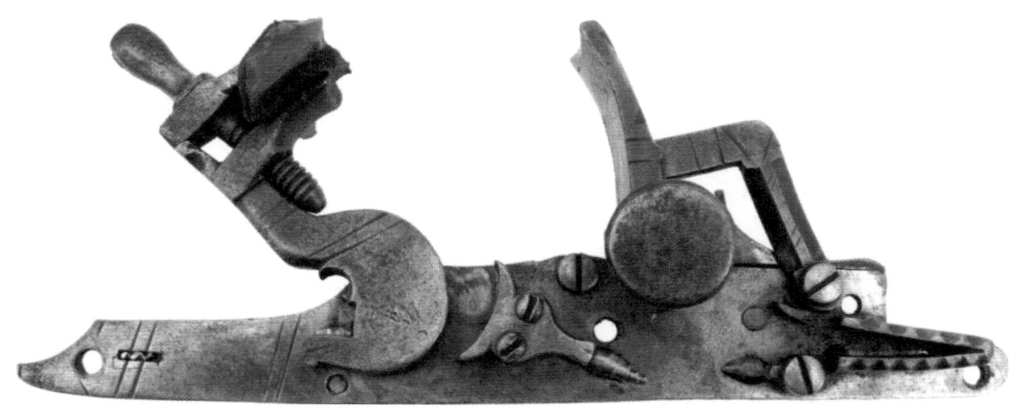

☆ 枪机右视图（待击状态）

☆ 枪机左视图（击发状态）

确其发展历程，在本书中将拥有成熟的简易L形结构火镰的手枪称之为“燧发手枪”，而除标准的L形火镰之外的其他样式火镰结构手枪则称为“燧石打火手枪”。由此也可见L形火镰式结构在早期手枪发展史上拥有重要的地位。其实不难发现，这种相对简化的打火方式，其实就是在模拟人手使用火镰和燧石相击以取火的动作。

了解了上述情况，就很容易理解这类燧石打火手枪的工作原理了：射击时，先向后扳倒燧石夹，然后打开火药池盖，合上火镰结构，此时即可形成待击；当扣动扳机后，被燧石夹机头固定的燧石在弹簧释放的弹力驱动下旋动并与前方的钢制火镰部件形成猛烈的撞击（同时向前方撞开火镰，使火镰倒向枪口方向），由此产生的火星便可以被引入下方的引药盘，借此点燃其中的火药，进而射出子弹。可见这种方式简单实用、便于操作，因此得以发展。

早期的燧石打火手枪采用手动的引药盘盖，之后才发展出自动盘盖技术。与燧石夹击锤联动的连杆在燧石和火镰碰撞前自动地先行碰撞盘盖支撑杆以直接打开引药盘盖。同样，此类手枪也不需要采用专门的保险机构，设置保险时和此前说的簧轮燧石擦火手枪类似，只要将火镰向枪身前方推倒固定，以避免和燧石相接触就可以了。

燧石打火结构后来经过荷兰、英国的完善（最大的改进就是将击锤簧内置，并设置击锤挡块），被带到世界的很多地方。燧石打火手枪使用时间非常长，从16世纪到19世纪初期，经历了300多年，直到近代北非和中东等地区还有人在使用类似结构设计的燧石打火手枪。

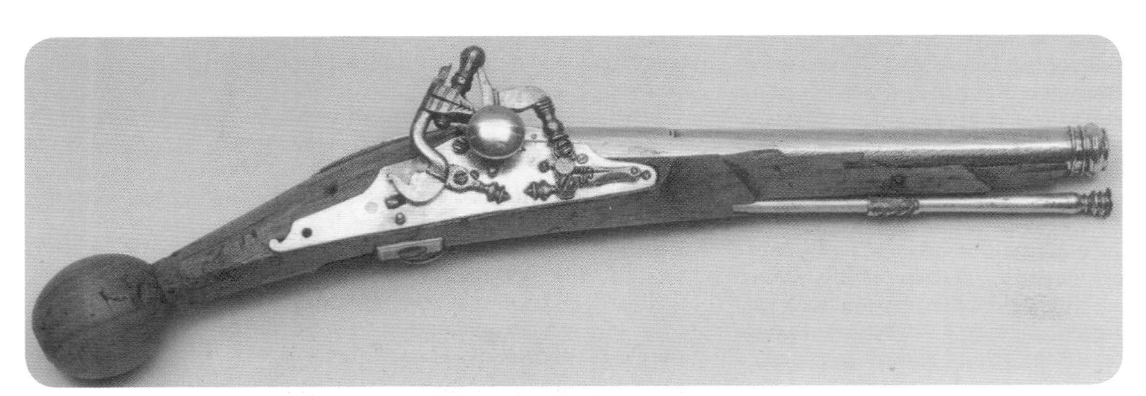

☆ 枪体以黄铜和木材等材料制造

☆ 制作精美的意大利制燧石打火手枪，从枪口装填弹药

## 16世纪　西班牙“民兵式”枪机燧发手枪

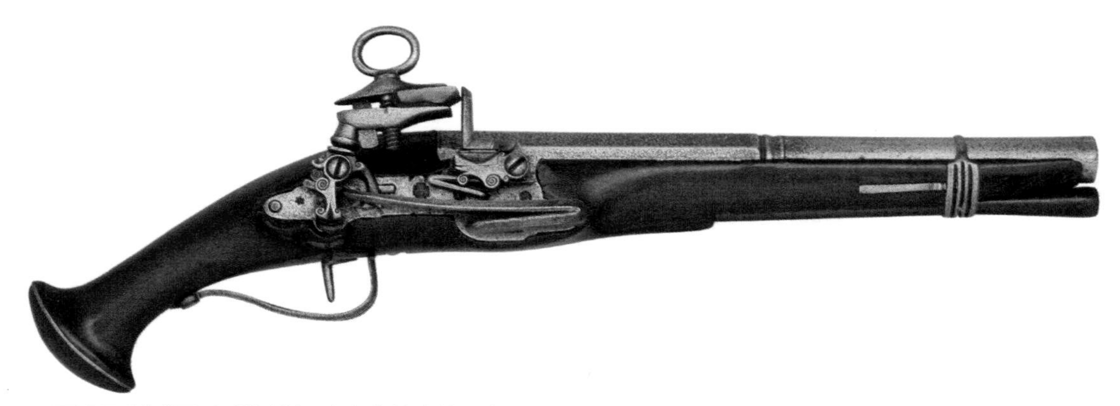

☆ 西班牙制“民兵式”枪机（米克莱式枪机）燧发手枪

1580年前后，伊比利亚半岛上的西班牙人首先发明了L形火镰——米克莱式枪机，其被认为要明显优于此前的火镰部件。与此前的燧石打火手枪相比，该燧发手枪一个最明显的机构改进特征就是经过简化后形成了标准的L形火镰部件，该结构除本身延续与燧石摩擦打火的功能外，还可以兼做引药盘盖。而此前燧石打火手枪的火镰则仅能提供单一的打火功能，需要另外增设引药盘盖部件。

在击发设有L形火镰的燧发手枪时，燧石夹击锤旋转下落，在与火镰接触摩擦产生出火星的同时，可以顺道磕开L形火镰，原本呈垂直状态的L形火镰借助砸击力向前方旋转翻倒。这样一来，之前被L形火镰下部所盖住的引药盘（孔）就显露了出来，同时下落的火星便顺势落入到引药盘中，借此引燃火药。由于这种配置新型L形火镰的燧发手枪最早被比利牛斯山的民兵部队所使用，因此后来类似结构也有“民兵式”的称谓。

这一发明看似简单，但意义重大、影响深远。虽然看似只是对原有火镰进行了简易化改进，使得被制造成L形的火镰下部小平面能够直接盖住引药盘。实际上这既提高了手枪使用的可靠性，又简化了零部件的制造工艺。虽然前文提到过，已经出现了自动式的引药盘盖结构，但那是建立在众多细小复杂部件的构造前提之下的，可想而知其加工难度大且容易发生故障。

此外，需要特别注意的是，此款燧发手枪还间接地促进了保险装置的发展。因为在此前的各种燧发手枪设计上，不论是自动式还是手动式，都有引药盘盖这个独立部件始终盖住引药盘中的火药，在待击状态下只要前推火镰使之不与燧石相接触就能实现保险功能。但改成L形火镰后就无法使用类似操作了，因为L形火镰垂直于枪身时，其底部的小平面本身就充当引药盘盖作用，所以如果还是人为向前扳倒L形火镰，就等于引药盘一直处于完全打开状态，里面的火药可就要“天女散花”了。于是为了武器携行的安全性，就需要另外设置单独的保险机构。

最初，西班牙人似乎并不在乎保险装置，使得燧发手枪的L形火镰始终处于垂直状态（以便封闭引药盘中的火药），因此所造成的走火伤人情况不时困扰着西班牙的军官。那时最好的携带方式就是空枪，对于燧发手枪最安全的携行方式，竟然是不装弹药时的空枪状态。熟悉自动手枪使用方式的人都会知道，即使在枪膛里预先压入一发子弹、使手枪处于待击状态，在生死攸关的紧要时刻都嫌击发不够快，更别说这种危急时

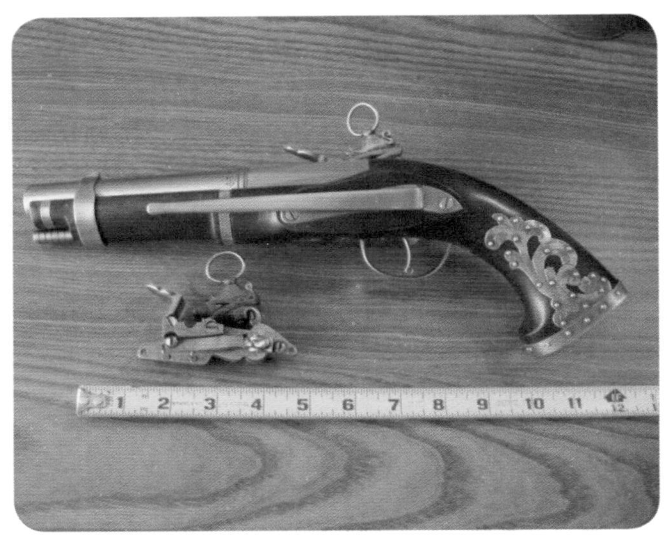


☆ 西班牙制“民兵式”枪机燧发手枪，注意侧面的细长金属条，是为了将手枪别在腰带上

刻才填装弹药的燧发手枪了！正是由于这种安全隐患，最初的燧发手枪并没有大量军用配给，而是最先配备给了民兵，这也是前文提到的燧发手枪也被称为“民兵式”的原因。

后来通过借鉴“英国式”的保险装置和“法国式”的待击保险等结构，最初的西班牙“民兵式”燧发手枪得以不断完善。完善保险装置后的燧发手枪开始在欧洲大行其道，曾一度被西班牙和意大利军队所采用，俄国的哥萨克骑兵也曾大量采用装备；奥斯曼-土耳其帝国更是一直使用燧发手枪到火帽枪出现。

西班牙燧发手枪的L形火镰是直角形设计，而且在与燧石的摩擦面上刻有多道齿条，用于增加摩擦力以便产生更多的火星。而其他后来的欧式击锤却没有采用类似设计，还是沿用打火枪时代的弧形接触面。据说弧形接触面的火镰比较耐用，这也从另一个方面得以印证。因为一些采用直角接触面的民兵式击锤采用了可更换式火镰的设计，后来的一些民兵式击锤甚至直接采用了曲面形火镰，有的还去掉了用于增加摩擦力的齿条。

后来各国广泛采用的民兵式击锤还借鉴了法式击锤的两段式击锤设计：用手向后扳动击锤，第一个位置是保险位置，不妨碍火镰下端封闭引火药盘，且击锤簧未被完全压缩，方便安全携带；继续往后扳击锤，就到了击发位置，此时击锤簧已经被完全压缩。需要的话，从携带状态拔枪后，将击锤后扳到击发位置，再扣动扳机就能直接发射。

虽然原理一样，但其同法式击锤的机构完全不同，因为民兵式击锤采用横动阻铁，而非法式击锤上的旋转阻铁，这是为了实现待击保险而设计了一个待击保险横动阻铁。

扣动扳机后，待击保险阻铁完全缩进机匣，然后撬动击发阻铁内缩以解脱击锤；击锤前冲后，击锤内侧面一直被封住的击发阻铁孔使其不能伸出，直到击锤后转到其最低端越过击发阻铁孔后，击发阻铁才能伸出阻止击锤前冲以实现待击；同时为了防止待击状态下击锤意外解脱，待击保险阻铁的伸出量要大于击发阻铁，就像法式击锤上待击保险槽比击发槽要深一样，巧妙而简单，有点类似现在的两段式扳机。

☆ 火镰的摩擦面上刻有多道齿条，用于增加摩擦力以便产生更多的火星

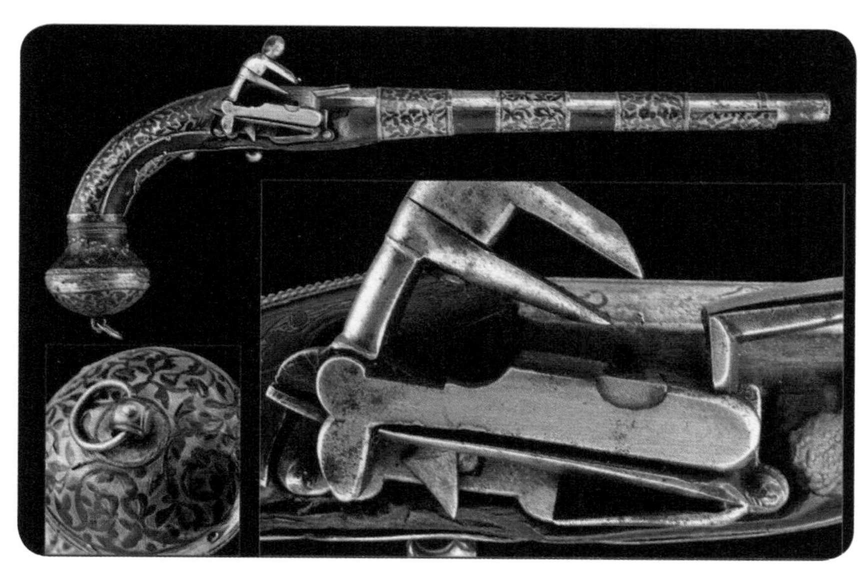

☆ 土耳其制“民兵式”枪机燧发手枪

☆“民兵式”枪机，虽然整体依旧精美，但注意火镰已经改为结构更加简单的标准L形

☆“民兵式”枪机左侧面：未装燧石，L形火镰向前呈被撞开状态

## 17~19世纪 欧美燧发手枪

☆ 法式枪机

经历了簧轮燧石擦火手枪、燧石打火手枪这两个重要的发展阶段，又在西班牙米克莱式枪机（L形火镰）的基础上，欧洲直到17世纪才正式出现了“燧发手枪”这一大门类，即采用L形火镰结构的简化版燧石打火手枪。

也正是自17世纪开始，性能相对可靠、制造工艺简化、适合大规模批量生产的燧发手枪在欧洲遍地开花，开始有了非常大的发展。

17世纪早期的燧发手枪一般都较为笨重，主要考虑到当射击完又来不及重新装填时直接用沉重的枪身当成肉搏工具使用。燧发手枪在射击时其实也并不容易控制，虽然人们已经开始注意标准化生产（如为了提高射击命中精度，燧发手枪使用规格统一的圆形弹丸），但实际射击中还是很难击中10米以外的目标。同时，燧发手枪的使用寿命普遍都非常有限，据资料记载，一支燧发手枪一般在射击50次左右后，就需要进行维护，并且还需要通过专业枪匠来进行手工调整。

☆ 极富特色的“英国式”狗锁枪机：其燧石夹后部的挂钩部件可以钩住待击状态的击锤，实现保险功能

虽然存在各种问题，但在17—18世纪，欧洲对燧发手枪的改进还是呈现出多种可喜的探索，尤其是在针对重新装填不便又希望得到持续火力方面。如双枪管燧发手枪，以并排或上下排列方式设置两个枪管，并同时设置分别对应两个

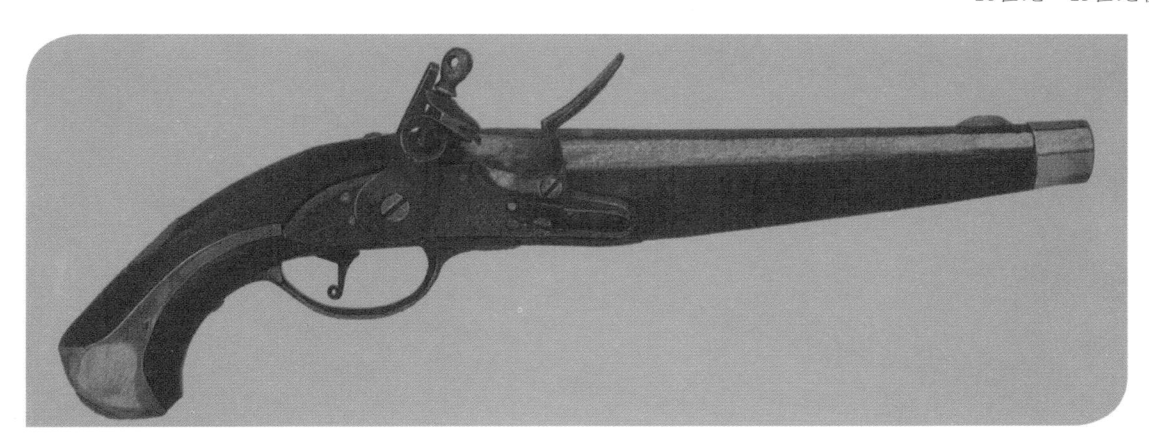

☆ 俄国骑兵用燧发手枪

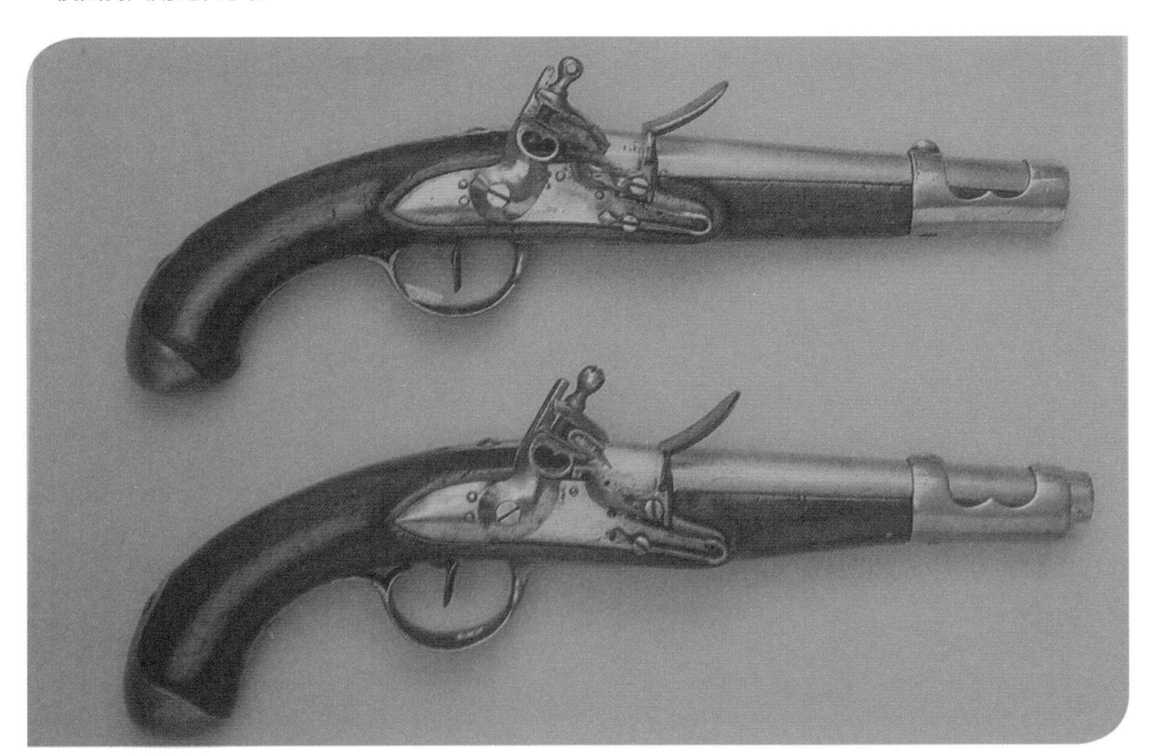

☆ 荷兰骑兵用M1815燧发手枪

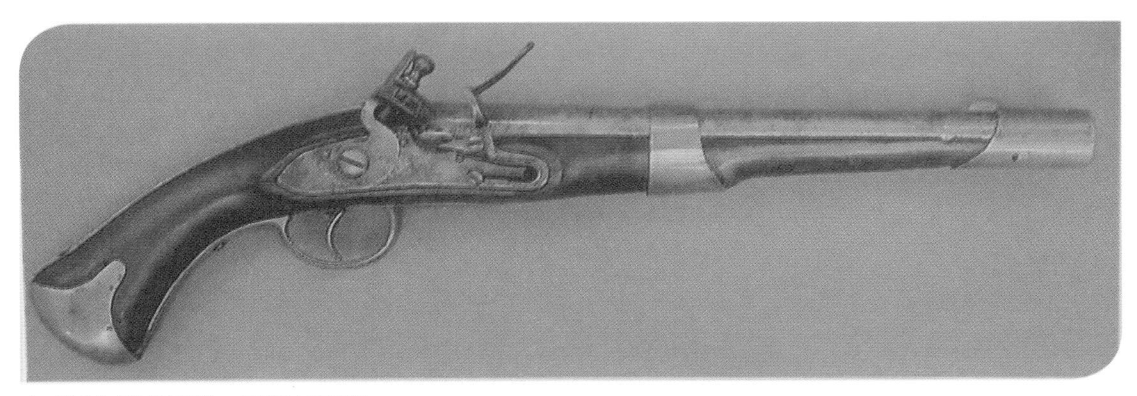

☆ 瑞典制燧发手枪，口径16毫米

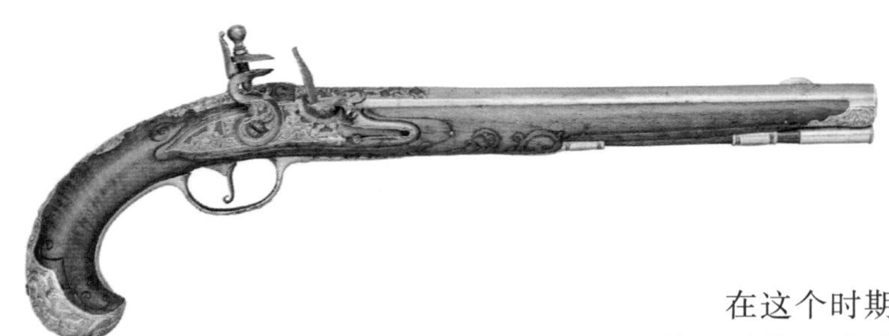

☆ 精美的美国制燧发手枪

扳机的两个燧石夹击锤，即双击锤设置。类似的设计相对简单直接，后来又出现了枪栓结构，即枪身上的圆形突起部件，通过旋转该部件，可以进行对应枪管（均已经预先装填好弹药）的选择。枪栓的出现解决了多击锤多扳机的设置问题，只靠一套击锤和扳机系统在枪栓的帮助下就可以实现多次射击。在此技术的支持下，四枪管甚至六枪管的燧发手枪相继出现。

其中非常有创意的是1818年美国人科利尔（1788—1856）研制出的转轮式燧发手枪，并获得专利——这是最早的棘轮定位弹巢对正枪管的转轮手枪，可以实现转轮上的弹巢快速对正枪管尾端。用作弹膛的一组平行的5个弹巢固定连成一个转轮，从转轮（弹巢）前端可依次装入火药和弹头，手工可以扳动转轮绕其转轴转动，当其中一个弹巢对正枪管时，棘轮定位，使弹巢膛尾正好对正燧发药池，扣动扳机，燧发机打火发射。

另外，准星、保险的完善，为提高精准度而使用重型枪管，膛线的出现与使用，后膛填装弹药的探索等，这些改进将燧发手枪推向巅峰的同时，也为后世手枪发展进行了有益的探索。虽然因为枪弹技术及手枪工作原理的发展，燧发手枪后来被彻底淘汰，但在18世纪的欧洲，燧发手枪被许多政府部门和军队所装备采用。很多有钱人也纷纷购置燧发手枪来彰显身份，现在看到的许多装饰华丽的燧发手枪均是那时社会阶层的代表性产物。尤其是自18世纪60年代开始，剑已经不是贵族的标配了，燧发手枪成为贵族的重要配饰，在决斗中也开始以燧发手枪的互射替代了冷兵器对决。

在这个时期，燧发手枪还出现了短枪管的趋势，这类产品更加受到绅士们的钟爱，其紧凑简约的造型便于收纳与快速拔枪。鉴于决斗的流行，还出现了专门的决斗款，一般为两把配套使用，有专门设计的“比赛级”握把和轻量化扳机等。而针对军队战斗，又有呈喇叭口状的大口径特制枪管，其明显区别于圆形、六边形、加农炮形（枪口部细于后管）等枪管，不仅便于前装弹药，在射击时更可以达到“喷射”弹丸的霰弹枪效果。此外还多在枪管下安装有可拆卸的短刺刀（锥状或棱状刺针），当时的英国皇家海军就喜欢在短兵相接时使用这种燧发手枪。

此外，由于欧洲自18世纪开始推动“火器制作标准化运动”，制造工艺逐步有了保障，使得燧发手枪的性能得到了进一步稳定与提升，使得大规模生产成为可能，这也为欧洲枪械的整体进步奠定了基础。另外，由于制造成本下降，燧发手枪由之前的贵族标配迅速普及开来，社会大众也开始能够拥有。民间射击俱乐部和比赛的大规模开展也使得枪械文化在欧洲遍地开花。

☆ 小型短枪管燧发手枪成为绅士们的最爱

# 第2章

# 手枪的“青铜时代”

19世纪初期

19世纪60年代

## 19世纪 欧洲火帽击发手枪

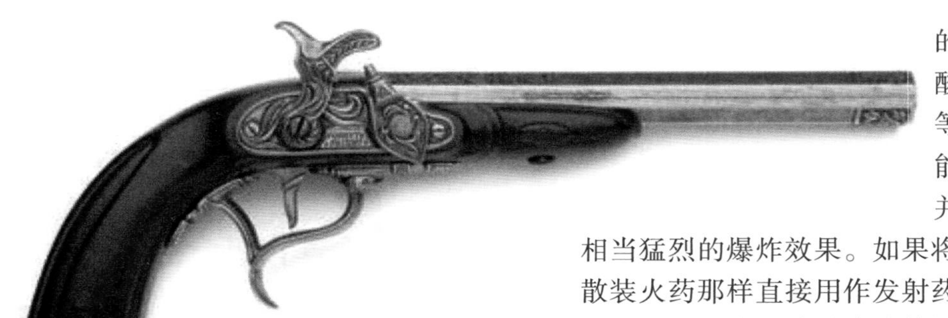

☆ 福赛斯枪机“香水瓶”击发手枪

自16世纪以来，以燧石为介质的各种枪械发火方式被沿用了300余年，至19世纪初，枪械的点火方式又有了一次实质性的飞跃。

经过对上述资料的整理，我们总结出了燧发手枪的特点，进而也发现了它的一系列明显缺陷。首先，最主要的是实际击发率，毕竟此时的点火方式还是相当原始和简陋，因此每次点火并不能确保膛内火药都能被有效点燃，据估算，其至少有25%以上的失败率；点火过程也相对较为缓慢，这就造成了射击的延迟性，直接导致距离目标稍远一点或目标快速移动就很难击中，所以燧发手枪一般都是贴身战时抵近射击。再者，由于使用散装火药，直接造成火药受外界条件影响，可能受潮甚至失效；而燧石的使用寿命也是一个困扰人们的大问题，虽然燧石较为坚硬，但磨损程度难以控制，上述也曾提到，即使是一颗质量上乘的燧石也不过只有30次左右的使用寿命，所以燧石本身也对射击影响巨大。最后，虽然燧石手枪的制造工艺与之前相比，已经得到了相当程度的简化与提升，但依旧存在整体质量难以控制、维护保养麻烦等实际困难。

对于枪械性能发展的需求，使得人们迫切需要一种全新的击发方式。

1799年，英国人霍华德（1774—1816）发明了雷汞（雷酸汞）。雷汞比此前发明的雷酸金、雷酸银和雷酸钾等催化物的性能都要稳定，并且其能引起相当猛烈的爆炸效果。如果将其像之前的散装火药那样直接用作发射药的话，强烈的压强甚至会导致枪身枪管爆裂。其对撞击力相当敏感，因此可以作为“底火”来使用，即对其使用撞击发火方式点燃黑火药，以完成击发。

正是利用这种工作原理，出现了用击锤的撞击力来点燃膛内火药的发火方式，这就是击发手枪。击发式枪械的出现可谓是奠定了现代手枪的发展之路。最早的击发手枪是在燧发手枪的基础上改造而成的。据说一位将业余时间都花费在打猎、修理枪械、做化学实验等事情上的英国牧师亚历山大·福赛斯（1768—1843），因为燧发武器的延迟不能很好地击中天上的飞禽，对燧发方式非常不满，进而结合雷汞发明了早期的雷汞发火武器，这便是火帽击发手枪的前身。

1805年，福赛斯在与他人合作的前提下，研制出了一种全新的击发装置——形如香水瓶的击发发火装置（以下暂且直接将该部件称为“香水瓶”），并将其安装在改装过枪身的手枪上，该技术在1807年4月17日获得了专利，专利号3032。

这种“香水瓶”击发手枪在发射时需要先向后扳倒击锤以形成待击状态；然后再扳动枪身侧面的“香水瓶”（里面装有雷汞粉末），这样一部分雷汞就会落入火嘴上，再将“香水瓶”复位后即可瞄准目标并扣动扳机；回旋的击锤迅速击打“香水瓶”上端的锤杆（平常其由弹簧定位），锤杆下端挤压火嘴上的雷汞粉末以达到发火效果，然后再通过传火孔点燃发射药并推射出弹丸，完成击发。

这一设计并不安全，“香水瓶”里的雷汞不仅剂量不好精确控制，而且雷汞还存在随时速爆的危险，所以其被实际使用的时间并不长。但是这一设计在枪械发展史上具有划时代的意义，因为发射药从点燃到实际引爆，其延迟时间与此前的各种燧石发火方式相比几乎可以忽略不计。

继“香水瓶”雷汞击发装置之后，于19世纪初期出现了以防水纸包裹雷汞的底火设计；随后很快又有人发明了铜质火帽底火，这是枪械史上一次彻底的革命。

1814年，英籍美国人乔书亚·肖（1777—1860）在美国费城将雷汞放入铜质薄片之间，用于锤击发火，这在安全性和使用便捷性等方面强于此前出现的防水纸包裹雷汞的方式。

1818年，英国人艾格等人再次对雷汞的装填方式进行了改进，将雷汞装入小型铜质帽状物中，制成了铜火帽，并用铜火帽进行发火。

19世纪20年代左右，以撞击方式工作的铜质火帽得以完善并逐渐被广泛采用，从此开启了火帽击发手枪的新纪元。这种方式通过直接触发来点燃发射火药，其主要形制为封装在铜质火帽底部的底火，火帽的另一端是开放式的。使用时，将火帽直接装在枪身的引火嘴部件之上即可，这个引火嘴其实是充当此前手枪中传火孔的作用。射击时，只需要扣动扳机，后倒形成待击状态的击锤迅速回转，下砸撞击装在引火嘴上的火帽底火，火帽内的雷汞受到撞击力而点燃，火星通过引火嘴的引导直接点燃发射火药，火药燃烧以发射弹丸——这就是火帽击发手枪的工作原理。

这种撞击式的火帽击发方式，不仅使用方便、换装快捷，更易于携带和保存。不仅有效地避免了自然环境对弹药的影响，还极大地提升了射击的成功率，使得射击体验有了进一步提升。使用者彻底不用再担心风雨潮湿，也不用担心击发时无法掌控的延迟时间。而且铜质火帽的应用第一次真正实现了火药系统的密封性，射击时除了枪管口外其他地方不会有火药燃气喷出——这点对后世手枪的性能和技术发展起到了决定性的作用。

19世纪50年代左右，法国人克劳德·爱迪尔内·米涅发明了膨胀弹丸技术，再配合



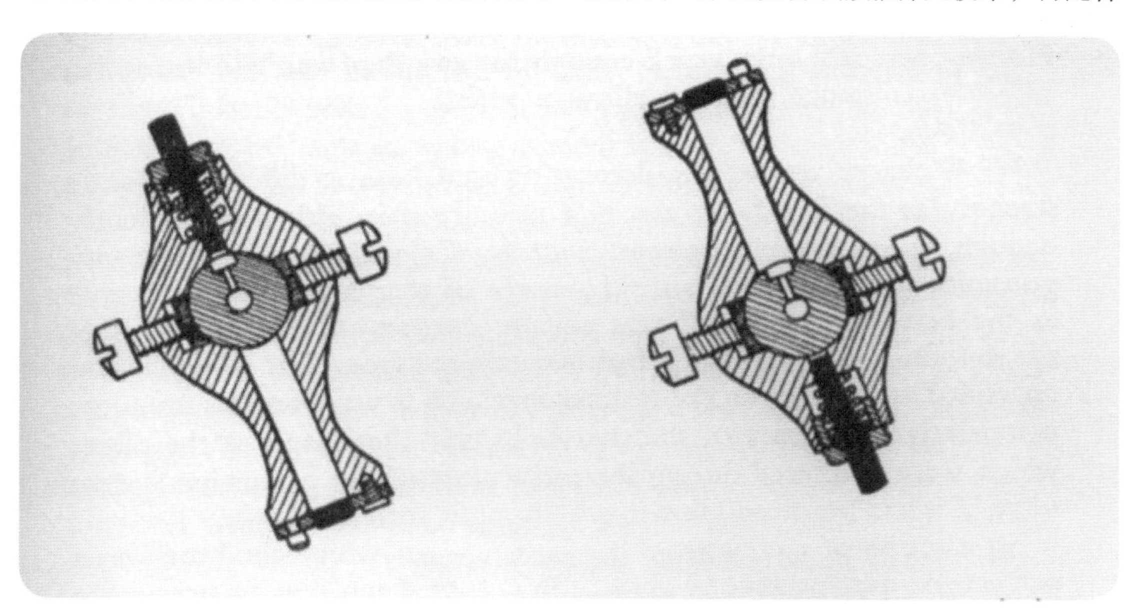

☆ 福赛斯枪机前端的“香水瓶”结构，其被安置于火嘴中间使其能绕火嘴旋转；下端装雷汞粉末，上端则设有打火用的销子

枪管里的膛线设置，使得弹丸前装式的火帽击发手枪的射程和精准度都有了提升。一时间，制造工艺得到进一步简化、射击性能得到进一步提升的火帽击发手枪迅速在欧洲和美国流行开来。除了新制造的产品外，此前绝大部分燧发手枪也被改造成了击发火帽的发火方式。除了军用外，在当时的很多决斗中，火帽击发手枪也是首选，因为再好的燧发手枪也比不上火帽击发手枪的实战性与可靠性，所以在相当长的一段时期内，火帽击发手枪都焕发着顽强的生命力。

随着机械加工工艺的发展，这一时期也出现了各种过渡型的后装弹药的火帽击发手枪。

此外，旧时的中国其实也是火帽击发手枪的使用大户。火帽击发手枪在中国持续使用的时间比西方要长得多，自产品诞生之初便通过海上渠道输入中国，直到民国时期大量民间作坊和部分官方兵工厂仍有制造，民间使用则更为庞杂。虽然中国当时各地厂家众多，但设备参差不齐、工艺差异甚大，而且品类繁多，口径长短不同，数量已经无法统计。其中现在尚能看到的实物，多以文物性质出现于国内相关博物馆中，但绝大部分因没有铭文标识又缺少背景史料，因此都没有什么详细的考据。

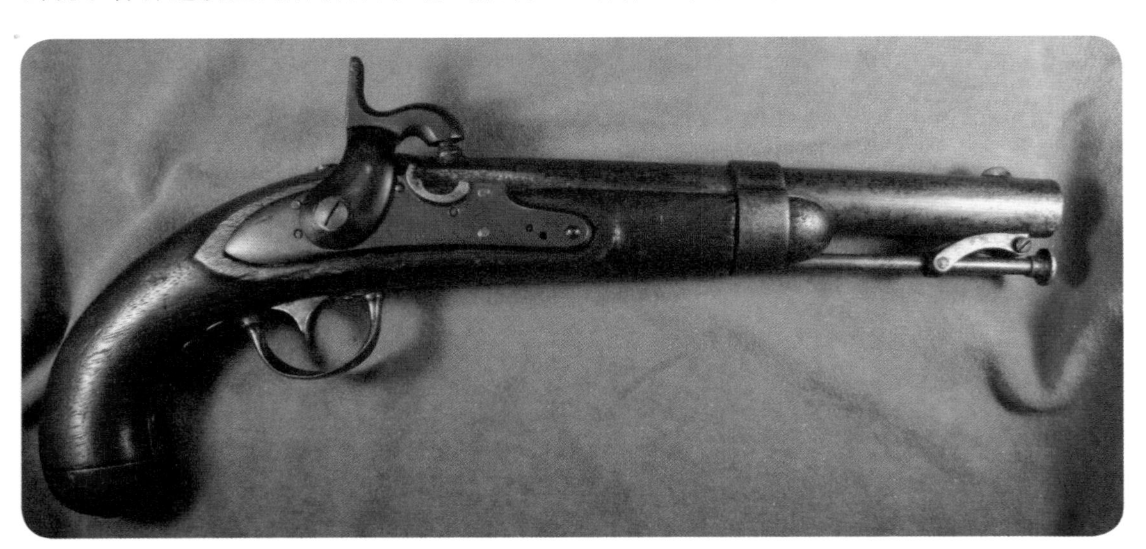

☆ 使用铜火帽发火的火帽击发手枪

## 19世纪　美国柯尔特火帽击发转轮手枪（一）

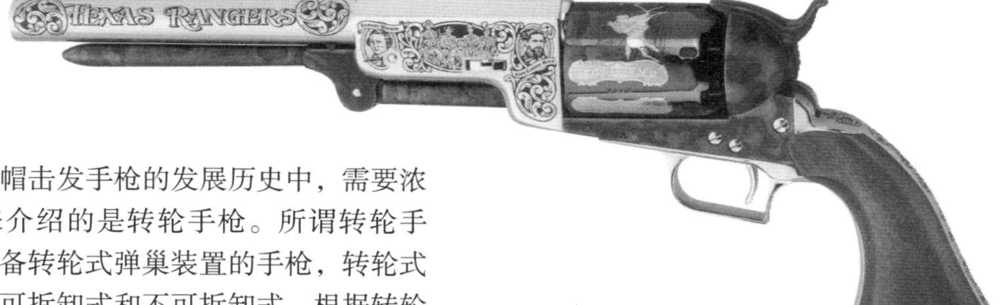

☆ 镀金版柯尔特火帽击发转轮手枪

在火帽击发手枪的发展历史中，需要浓墨重彩来介绍的是转轮手枪。所谓转轮手枪，即具备转轮式弹巢装置的手枪，转轮式弹巢分为可拆卸式和不可拆卸式。根据转轮式弹巢向不同方向打开，又可分为左轮（转轮式弹巢向枪身左侧摆出）、右轮（转轮式弹巢向枪身右侧摆出）、下折（转轮式弹巢向枪身前方下折）3种。

随着弹药的发展，虽然在火帽击发方式之后出现了定装弹药（即具有弹头、火药、弹壳、底火等完整结构的子弹），发展到今天又出现了各种尺寸、功能和不同口径的转轮手枪，但实际上转轮手枪的整体结构和简单易用的工作原理都没有发生过太大的变化，只是对弹巢结构进行了适合定装弹药使用的改进而已。可见火帽击发转轮手枪在转轮手枪的发展中处于决定性的地位。

☆ 击锤与转轮锁定器的配合关系

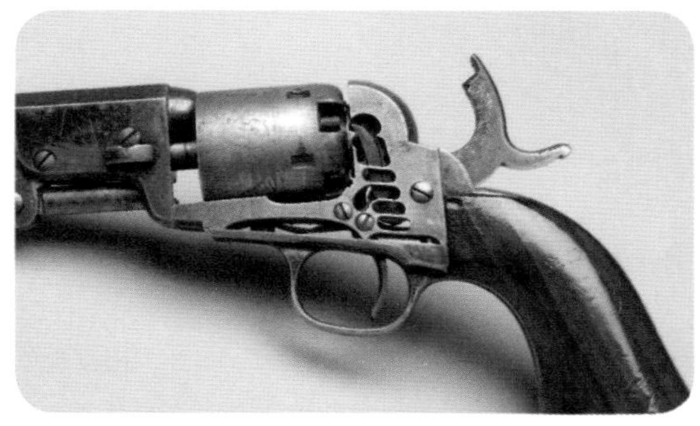
☆ 击锤与转轮拨杆的配合关系

提起转轮手枪，很多人第一时间想到的就是柯尔特品牌的产品。的确，柯尔特转轮手枪自火帽击发转轮手枪到现代转轮手枪，拥有庞大的产品线，形成了独具特色的转轮手枪家族，但转轮手枪的工作方式并不是塞缪尔·柯尔特（1814—1862）首先发明的。

转轮手枪的前身可以追溯到燧发手枪时代的多管火器，为了得到更快的射速以弥补装填弹药的时间，人们一直都在探索多管火器使用的可能性。最初并未形成可旋转的弹巢结构，还是以多枪管（并排或垂直排列）+多发射机构的方式。虽然设计理念相当简单，但是制作工艺却是非常复杂，要远难于制造单发火器。随后出现了多枪管以同心轴方式排列、可以通过旋转枪管来共用一个发射机构的“转管”武器。在此基础上才最终出现了单一枪管+可旋转弹巢的“转轮”武器。

据记载，柯尔特的转轮手枪设计理念最初是受到英国博物馆中收藏的四管转管手枪（17世纪50年代）的启发。这个“古董”采用固定式的共用击发机构，四个枪管呈矩形排列，射击一发枪弹后，可手动转动一次枪管，将下一根枪管对准击发机构。待四发枪弹发射完毕后，可以将枪管向机匣前方推动，从后装填弹药和枪弹。

而柯尔特最杰出的贡献在于，在前人的设计基础之上，将此前各种转轮火器的优缺点加以对比取舍后，整合出了一款工作稳定、性能可靠的新式武器。1835年，20岁出头的柯尔特就在转轮武器领域取得了成功：他利用新出现的火帽击发发火的技术，研发出新式火帽击发转轮手枪。这一设计其实主要是涉及动作灵活的转轮式弹巢供弹系统，并先后在英国和美国获得相关专利。由此后世的转轮手枪基本都是在其结构基础之上研发的，所以世界轻武器界称柯尔特本人为“转轮手枪之父”。

☆ 柯尔特火帽击发转轮手枪的转轮后端可以看到火嘴、防蹿火隔断及隔断上的保险销凸起等

柯尔特所研发的转轮系统由按中心轴围绕排列的5～6个独立弹膛形成一个完整的弹巢组织。由于最初依旧是前装设计，所以需要将火药和独立弹头依次从弹巢上的各弹膛前端口部填入，再将具有完整被击发系统的铜质火帽安装在弹巢尾端对应各弹膛的凸起状火嘴位上即可。此外，柯尔特所设计的转轮手枪成功地实现了在手动扳倒击锤的同时，与击锤联动的弹巢转杆推动弹巢后面的棘齿，棘齿可以带动弹巢自动旋转并露出相应火帽，使待击发弹膛正好对正枪管位置，然后一个垂直枪机还会锁定弹巢，以形成稳定可靠的待击状态。击锤与转轮的联动在转轮手枪上首次得以实现。

当然，最初设计的转轮手枪是单动模式，即每次射击前都需要手动扳倒击锤，扣动扳机释放击锤，回旋的击锤击打火帽才能形成击发。击发后再次扣动扳机手枪不会继续工作，还需要手动再次扳倒击锤，弹巢旋转，击发后的空弹膛转走，旁边的新弹膛转至对正枪管的待击位，才能形成再一次击发。

后来转轮手枪发展出最为普及的双动模式，既可以用上述方式射击，也可以不用提前扳倒击锤，射击时直接拔枪扣动扳机即可。在扳机扣动的行程中，除带动弹巢转动外，内部结构会直接联动击锤从原始位后倒至待击位；待扳机扣动到位后（扳机行程完结），击锤即回转击打火帽，即可击发。击锤击打完毕后停留在原始位。当需要再次射击时，依旧只需要扣动扳机即可重复上述动作。简单来说，单动模式类似于非自动武器，打一枪上一发枪弹；双动模式类似半自动武器，可以通过连续扣动扳机得到持续射击火力。但需要注意的是，双动模式是包含单动模式的，所以虽然后世转轮手枪基本都是双动模式设计，但因为双动模式时需要使用更大力量来扣动扳机，所以很多人在使用时也会采取单动模式操作。这时的扳机行程已经随着手动扳倒击锤的过程完成了前半部分，接下来的后半部分只需要相对扣动扳机全行程的力量小得多的力量即可完成扳机扣动射击。这样不仅便于力量小的射手操控转轮手枪，还因为施力方式的调整而能提升射击精度。

最初，美国康涅狄格州的东哈特福德兵工厂一位名叫安森·查斯的枪械师为柯尔特手工制造了一款转轮手枪，这款转轮手枪被称为是世界上最早的转轮手枪，也因其制造者而被称为“查斯”转轮手枪。但这一设计实际上并没有进行过正式生产，只是由查斯进行了一些试验型样品的试制工作。在初次尝试积累了经验之后，柯尔特又在查斯的协助下开始了第二轮设计，这就是后来著名的“二号设计”，也被定义为是柯尔特设计成功的第一款转轮手枪。后经过完善，直到19世纪40年代初，柯尔特“二号设计”转轮手枪才真正完成。

柯尔特火帽击发转轮手枪的设计与之前的燧发手枪和火帽击发手枪相比，可谓是巨大的创新，不仅在安全使用方面得到普遍认可，转轮手枪的连续火力更是令大家看到了枪械发展的未来。因此当时许多国家和地区的枪械生产厂家都希望获得“二号设计”的生产权，但却都未得到柯尔特的同意。直到1850年，美国新泽西州的帕托森兵工厂才获准进行了小批量试生产工作。但不久后，该工厂破产倒闭，其生产也被迫中断。除帕

☆ 柯尔特火帽击发转轮手枪简单分解

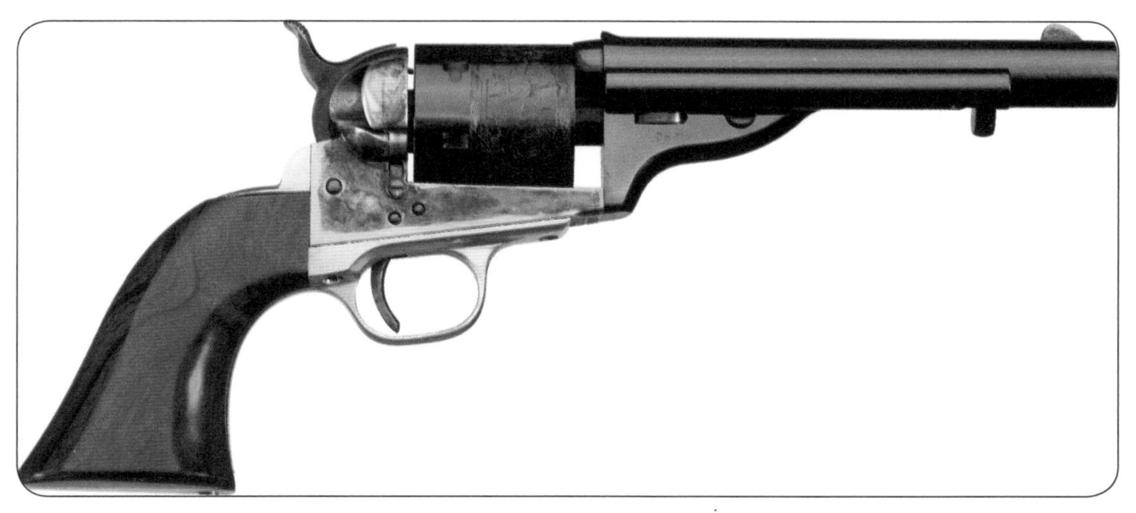

☆ 柯尔特公司的M1872转轮手枪，还是由三部分组成的敞开式枪身，其转轮尾部已经没有火帽嘴和防窜火的凸起，击锤顶端也改为尖嘴状，装填杆换为退弹杆

托森兵工厂外，柯尔特还将其设计授权给欧洲等处兵工厂制造。1853年，柯尔特在伦敦开办了一家生产柯尔特转轮手枪的兵工厂；1855年，该兵工厂正式制造出转轮手枪。同年，柯尔特又在美国康涅狄格州的怀特利维尔工厂恢复了他在美国本土中断了五年之久的转轮手枪制造事业。

由于柯尔特是枪械标准化生产的坚定支持者，所以其在自己的工厂中大力推行枪支零部件的生产规范标准，这不仅极大提升了产品质量，更使得部分零部件可以进行方便地互换通用，提高了生产效率。据说柯尔特的几处工厂都能在建厂一年之内达到日产150只枪械的产量。除此之外，标准化部件的互换也为使用后的维修保养提供了极大便利，这使得人们不再依赖于专业枪匠的手艺。同时也对枪械部件的装配有了一定的自主权，可以按照自己的需要选择不同尺寸的枪管或弹巢。

☆ 美国柯尔特连发火帽击发转轮手枪

## 19世纪　美国柯尔特火帽击发转轮手枪（二）

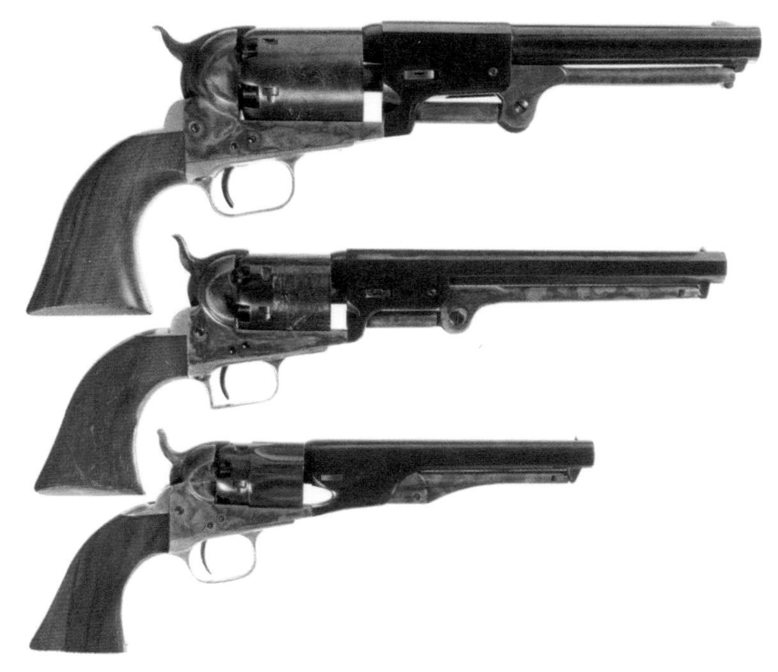

☆ 至上而下分别为柯尔特骑兵型、海军型、陆军型

19世纪中期是火帽击发转轮手枪大发展的时期，由于火帽击发这种新击发方式被普遍接受和迅速推广，使得美国和英国都在短时间内出现了大量相关设计的转轮手枪，其中多款被军队所制式采用，极大提升了当时军队的战斗力。

倘若说起其中的佼佼者，自然还是以柯尔特产品为最。说起柯尔特公司的发迹史，就不得不提到其被美国军方认可的历史。1844年夏季，当时还是美国得克萨斯州骑警的塞缪尔·沃尔克在跟随军官进行勤务巡逻的途中突然遭到美洲科曼奇族印第安人的攻击。当时塞缪尔·沃尔克所在的巡逻队只有14人，而对方数量不少于80人。可见，当时双方兵力悬殊，就以往的武装冲突情况来看，这支美国骑警巡逻队可能会遭到灭顶之灾，但事实结果并非如此。

印第安人在对骑警巡逻队发起了两轮试探性战术冲击之后，认为对方弹药已经消耗殆尽，同时探明对方的兵力规模要明显弱于己方，于是在重新集结好队伍后，随即全力对骑警巡逻队发起了第三次冲击，意欲一举全歼骑警巡逻队。

但令全速冲锋的印第安人意想不到的是，这支骑警巡逻队装备了柯尔特火帽击发转轮手枪，印第安人冲进手枪有效射程之内后，遭到了连续火力的射击，毫无准备的印第安人立刻被骑警巡逻队的火力所覆盖。最终结果是，35名印第安人阵亡、另有数十名印第安人重伤。

柯尔特火帽击发转轮手枪经过此战之后可谓是一战成名，其公司产品也随之名声大噪。1845年12月，美国得克萨斯州骑警被编入美军序列，成为正规军；随后这支美国骑兵队伍由已经升为上尉的塞缪尔·沃尔克出面向柯尔特公司正式发出了大批量采购火帽击发转轮手枪的订单，这也是柯尔特公司首次获得超过1 000把产品的军方大单。同时，塞缪尔·沃尔克上尉还与柯尔特进行了详谈，并依据自己的实战经验，对这批产品提出了相关建议：例如从手枪实战的杀伤力角度考虑，全部采用0.44英寸（11.18毫米）口径的加长型枪管和相应弹药；标配装填杆设置，以便能快速压实装药；随着弹药威力的增加，为了有效握持，握把尺寸也进行了相应增加。这就是柯尔特“骑兵”型火帽击发转轮手枪。

1846年5月13日，美国和墨西哥爆发了“美墨战争”，美军因此急需大批可以连发的火帽击发转轮手枪来投放战场。其中在1847年7月13日，美军曾向柯尔特公司订购了2 000把0.44英寸口径的火帽击发转轮手枪。因为这些手枪在实战中表现出色，后被军方正式定型为柯尔特M1847火帽击发转轮手枪。随后很快又通过一些细微改造，出现了柯尔特M1848、M1849等后续型号的火帽击发转轮手枪，这些产品均为前装弹药式，大部分采用当时流行的八角形枪管，皆为“骑兵”型序列。据统计，1848—1873年，仅上述两款产品的总产量就超过了34万把，包括1.5万把M1848、32.5万把M1849。

同时期，由于柯尔特“骑兵”型火帽击发转轮手枪及后续产品在服役期间受到了普遍好评，因此在美国民间也受到了热烈的追捧。在1848年，柯尔特将“骑兵”型火帽击发转轮手枪缩小口径和枪身整体尺寸之后，推出了5发容弹量的柯尔特M1849火帽击发转轮手枪。在看到民用市场的巨大潜力之后，柯尔特又于1849年推出了柯尔特M1850火帽击发转轮手枪。为了便于客户使用，这种升级版的袖珍型产品同时提供三种尺寸的枪管和两款弹巢转轮供组合。因此在当时掀起了一股购买高潮，令柯尔特公司树立了在此领域的霸主地位。

此后，柯尔特更是推出了令自己扬名海外的M1851“海军”型火帽击发转轮手枪。此前“骑兵”型系列产品一直是柯尔特公司的主打产品，但这些军用产品大多相当笨重并在射击时难以操控。尤其是0.44英寸口径的柯尔特“骑兵”型火帽击发转轮手枪，其整体尺寸相当巨大，通常配备190毫米长的枪管，重量更是达到了1.8千克。1851年，在柯尔特将口径从0.44英寸改为0.36英寸（9.14毫米）后，推出了更轻（1.2千克）的柯尔特M1851“海军”型火帽击发转轮手枪。

说起“海军”型这个称谓，其实非常有趣，因为它不是来自于美国，而是因英国而得名。最初，柯尔特依旧将这款0.36英寸口径的轻量化改进产品归为“骑兵”型序列；随后在1851年，柯尔特带着一系列柯尔特火帽击发转轮手枪来到英国伦敦，参加了当时在海德公园“水晶宫”中举办的世界博览会。柯尔特此行的目的非常明显，那就是在美国本土之外，要争取到当时世界上最大的军火采购方——英国陆军；因此也将最新产品称为“陆军”型，为此柯尔特还煞费苦心地将厂址选在了当时离英国陆军部很近的泰晤士河边，意图不言而喻。但出人意料的是，这款新转轮手枪在世博会上引起关注后却首先获得了英国皇家海军的大额订单，进而就在设于伦敦的柯尔特兵工厂最先得以实际生产。正是源于这个出处，这款产品后来才被称为柯尔特M1851“海军”型火帽击发转轮手枪。该工厂此后在1854—1856年期间，终于收到了来自英国陆军共计6.5万把火帽击发转轮手枪的大订单。

实际上，这款柯尔特M1851火帽击发转轮手枪不论是在美国陆军（骑兵）还是英国海军、陆军的军队中都拥有大量的使用者。据统计，自1851年该型号开始生产至1876年停产，总产量超过22万把。柯尔特M1851“海军”型火帽击发转轮手枪与其他柯尔特的同类产品在美国“南北战争（1861—1865）”时期曾被广泛使用，在美国历史和社会发展中产生了巨大的影响。当时美国有这样一句“谚语”：“阿贝·林肯使人们得到解放，塞缪尔·柯尔特使人们得到平等。”

## 19世纪　英国火帽击发转轮手枪

在柯尔特的光环之下，美国国内许多同类设计师显得黯然失色，甚至直接被历史无视，但内森·斯塔尔却值得被特别提及，因为他被公认是“下折式转轮手枪”的开创者。其设计是通过简单的铰链结构将此前原本一体式的枪身框架分为前后两个部分，需要更换弹药的时候，只需要将铰链打开，以便使位于前部的枪管部分连同转轮一同下折，即可打开弹巢，这样就可以很方便地进行退壳和重新装填弹药操作。

19世纪60年代左右，以此为原理而设计的斯塔尔“陆军”型火帽击发转轮手枪成为其代表作。虽然该手枪依旧为单动设计，但对于转轮手枪的操作方式却是一个巨大的发展。

另外，在美国本土之外，当时的英国也对火帽击发转轮手枪的发展做出了极大贡献。英国在该领域的“开化”时间比较晚，直到上文提到的1851年世博会期间，柯尔特带来的产品引起了巨大的轰动，才使英国人才真正意识到火帽击发转轮手枪的发展优势。

也许是受到“上天的眷顾”，柯尔特此前在英国所注册申请的相关专利技术此时已经到期（其专利有效期截止到1849年），又受到柯尔特在会上获得了英国皇家海军大订单的刺激，大批英国本土的枪械设计师蜂拥进火帽击发转轮手枪的研发领域——其中的佼佼者就包括罗伯特·亚当斯、迪恩·约翰、威廉·哈丁、博蒙特等人。

虽然罗伯特·亚当斯在商业上的成就明显不如柯尔特，但很多人却认为罗伯特·亚当斯所设计的火帽击发转轮手枪在实战中的使用效果与性能要强于柯尔特的同期产品。其实这并不难理解，由于火帽击发转轮手枪本身的设计此前已经发展到了一定的高度，所以当罗伯特·亚当斯开始设计时，火帽击发转轮手枪在结构上实际已经相当完善。1851年2月24日，罗伯特·亚当斯在英国申请了他所设计的火帽击发转轮手枪的相关专利，专利号为13527。

其整体尺寸和重量与柯尔特的军用品大体相近，但5发容弹量的转轮部件通过侧面设置的铰链结构被连接在枪身上，枪管、握把与转轮框为一体式锻造，拥有很高的结构强度。最重要的是，罗伯特·亚当斯从一开始就采用了“双动模式”，这就是亚当斯M1851双动火帽击发转轮手枪。因为当时罗伯特·亚当斯与迪恩·约翰合作，该产品也被称为“亚当斯–迪恩”型。由于其产品的品质坚固强悍，因此得到了很高的赞誉，被认为品质和可靠性都要优于柯尔特产品。在当时世博会的评比单元中，机械化批量生产的柯尔特转轮手枪仅仅是受到了组委会的荣誉提名，而罗伯特·亚当斯通过手工方式制作的M1851双动火帽击发转轮手枪却最终获得大奖。

1851年9月10日，英国伍尔维奇皇家兵工厂的性能测试活动，正式拉开了柯尔特M1851火帽击发转轮手枪和亚当斯M1851火帽击发转轮手枪的真正较量——这是首次在官方主持下的比拼。当时的媒体对这场历时近两个小时的测试做了报道：“试验从11时以柯尔特转轮手枪在50码（约46米）外的射击开始，射击效果很好，在不同的几个距离内，6发子弹全部击中目标……”

实际上，亚当斯M1851火帽击发转轮手枪的性能要优于柯尔特M1851火帽击发转轮手枪，其主要表现在：前者装填弹药时间（38秒）比后者（58秒）要短；前者使用射击精度更高的弹头；前者更加安全，而后者在试验中多次走火；前者重量更轻、口径更大。正是由于罗伯特·亚当斯及其他人的设计，最终导致柯尔特关闭了设在英国的兵工厂，退回美国本土。

1853年，迪恩·约翰停止了与罗伯特·亚当斯的合作，转而与威廉·哈丁合作，开始生产由威廉·哈丁所设计的一款拥有全新简单结构的双动火帽击发转轮手枪，即迪恩–哈丁（陆军）型火帽击发转轮手枪。该产品被认为是后世转轮手枪普遍采用的“双动模式”的真正开端。相比单动模式，双动模式明显提升了转轮手枪的实战射速，并且给使用者提供了更丰富的操作。

此后一位名叫博蒙特的英国中尉军官设计出了全新的双动模式。1855年，罗伯特·亚当斯和博蒙特、威廉·哈丁等人合伙成立了伦敦武器公司，在原亚当斯火帽击发转轮手枪的基础上融入了博蒙特的设计，于是诞生了著名的博蒙特–亚当斯火帽击发转轮手枪。

博蒙特–亚当斯火帽击发转轮手枪秉承了原亚当斯火帽击发转轮手枪的优良特点——坚固构造，同时又采用了博蒙特改进后的双动模式，实用价值更高。这种双动模式其实就是在扳机上加了一个连杆，连杆可推动转轮上的棘爪，使转轮转动。博蒙特–亚当斯火帽击发转轮手枪比早期的亚当斯火帽击发转轮手枪在结构方面有了很大程度的简化，性能也提高了许多。

亚当斯发明的整体框架结构和博蒙特发明的双动模式是该手枪的两大显著特点。亚当斯整体框架结构在英国的专利注册使得柯尔特在英国一直不能使用这种先进的技术，这是柯尔特在与其竞争中处于劣势的一个重要原因。博蒙特的双动模式设计使早期的亚当斯火帽击发转轮手枪有了简单有效的发射机构，使其产品的性能和安全性得到明显提升。这种双动模式将击锤的后摆、转轮的转动和制动同扳机的运动整体联系起来，设计

☆ 著名的英国博蒙特－亚当斯火帽击发转轮手枪，英国军队曾制式采用

十分巧妙。

博蒙特–亚当斯火帽击发转轮手枪的动作原理是：将火药和弹头通过转轮前方的压弹杆从前方压入各个弹仓，同时在转轮后方的各个火帽嘴上装上火帽；扣动扳机，击锤后摆，和扳机连在一起的连杆向斜上方移动，推动转轮后部的棘爪，从而使转轮开始转动。与此同时，位于扳机上方的制动凸起也随扳机扣动向上移动；当扳机扣动到位时，连杆推动棘爪停止，转轮在惯性下仍要转动，由于此时扳机上方的制动凸起已升起，挡在转轮后部的凹槽处，使转轮停止转动；这时，火帽正对击锤，击锤后摆到位后，在簧力作用下自由前摆，击中火帽后，引起火药速燃，燃气将弹头推射出去；当松开扳机后，扳机在簧力的作用下复位，扳机上的制动凸起逐渐落下，连杆也逐渐收回到位；再次扣动扳机，重复上述动作。

1855—1856年，英国政府批量采购博蒙特–亚当斯火帽击发转轮手枪以制式英国军队。至1858年，英军更是全面标配该手枪。大多数博蒙特–亚当斯火帽击发转轮手枪的口径为0.36英寸。这种口径不仅在英国大量生产，在其他国家也曾被大量生产。例如美国马萨诸塞州的一家武器公司就曾在1857—1861年大量生产博蒙特–亚当斯火帽击发转轮手枪。“南北战争”期间，美国政府还曾购买过1 000把这种手枪。比利时的一些枪械制造商也曾取得了该手枪的生产许可权，因此该手枪在比利时也有大规模生产的情况。甚至当时许多欧洲国家在没有得到授权的情况下，也出现过大量仿制品。

# 第3章
# 手枪的“白银时代”

19世纪60年代

20世纪20年代

## 1866　美国雷明顿–德林杰双管手枪

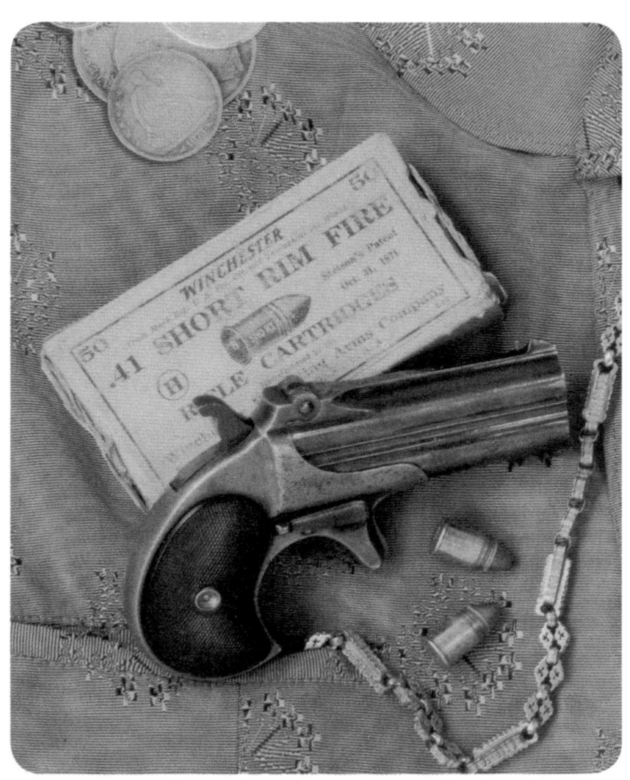


☆ 雷明顿–德林杰双管手枪与配用枪弹

1825年，德裔美国人亨利·德林杰（1789—1868）成立公司，开始生产短枪管的大口径火帽击发手枪。其产品大多制造精美、结构简单、携带方便，很适合作为自卫防身武器来近距离紧急使用，因此很受欢迎。19世纪50年代末，由于定装枪弹的发展，原本前装的德林杰手枪被改进成为使用后装定装枪弹的各类小手枪。

随后，由于各式袖珍手枪在当时欧美社会中非常流行，因此催生了大量类似的产品，人们出于对德林杰小手枪的熟悉，于是将当时各种结构简单的独子、双管、多管袖珍手枪统称为“德林杰手枪”。

在19世纪的美国轻武器领域中，纽约州的威廉姆·H.埃利奥特可谓是其中一位举足轻重的枪械设计师。非常有趣的是，他最初的职业是一名专业的牙科医生，但埃利奥特本人对机械，尤其是轻武器方面的设计却有着浓厚的兴趣，在他工作之余，更是常常沉迷其中。埃利奥特虽然利用业余时间进行相关设计，但他的设计却毫不业余，因为早在1860年他就开始与位于纽约州的雷明顿公司进行相关枪械设计制造的合作。

为追随当时袖珍手枪流行的潮流，埃利奥特最初设计了一款发射0.22英寸口径短弹的“胡椒瓶”手枪——即拥有多个枪管结构的手枪统称。这款容弹量为6发的小手枪采用小型指环式扳机，没有固定的扳机护圈，扳机部件直接就是一个指环，手指扣住指环直接扣动即可。正是这款整体结构精巧且较为实用的设计引起了雷明顿公司的兴趣，很快就和埃利奥特签订了相关生产合同。有了第一次的顺利合作，雷明顿公司又于1863年开始生产埃利奥特后续设计的两款容弹量均为4发的小手枪：其中一款使用0.22英寸口径的短弹；另一款则使用0.32英寸口径的边缘发火式枪弹。这两款以埃利奥特命名的小手枪都取得了不错的销售业绩，并长期跻身于雷明顿公司的枪械销售目录册前列。

虽然埃利奥特在其人生中拥有超过150项的各类武器发明设计专利，但毫无疑问，雷明顿–德林杰双管手枪才是使他名扬海外的作品。雷明顿公司于1865年12月获得德林杰手枪的相关专利生产权，并于1866年开始生产由埃利奥特所设计的发射0.41英寸（10.41毫米）口径边缘发火枪弹的后装双管袖珍手枪。至1935年停产，这款雷明顿–德林杰双管手枪的总产量已经达到15万多把。

稍加留意就会发现，雷明顿的“德林杰”（derringer）写法不同于最初的“德林杰”（Deringer），这是为什么呢？原来这里面还牵扯到一场著名的刺杀事件：1865年4月14日，美国第16任总统亚伯拉罕·林肯在华盛顿被刺身亡，凶手使用的正是一把11.8毫米口径的德林杰手枪。可想而知，这对德林杰手枪造成了非常恶劣的影响。

当雷明顿公司正式取得德林杰手枪的相关专利生产权后，首先面临的就是一场“危机公关”。考虑到德林杰手枪此前积累的市场人气及刺杀林肯事件给公众造成的心理阴影，最终决定在原来的“Deringer”中间加入一个字母“r”，并把原首字母从姓氏大写改为小写——这才诞生了“derringer”这样一个新的品牌。人们可以将其理解为“不再是德林杰手枪，而是德林杰品牌”。此举收到了很好的效果，可以说使德林杰手枪又焕发了生机。

雷明顿公司生产的这款德林杰双管手枪外形小巧、操作简单、坚固耐用。全枪长127毫米，枪管长76毫米，全枪重量312克。可见其整体尺寸和重量都非常适合隐藏携行，并且整体枪形圆滑流畅，在掏枪的过程中，小巧的击锤和圆润的扳机都不会产生过多的阻碍。这也就使德林杰双管手枪在当时有了多种的携行方式，绅士们可以轻松地将其放在大衣、西服、长裤的口袋，也可以插在腰带或马靴中。许多女士也可以将其放在自己拎的小手包之中，毫不累赘。

这款雷明顿–德林杰双管手枪采用标志性的结构设计，其两根枪管呈竖直排列的一体式构造，上方枪管的根部与握把顶端后方相铰链，其结构简单且坚固。握把采用圆润的鸟头式样，并未设置扳机护圈。扳机右侧上方设有一个较长的闩式枪管开锁扳杆，扳杆呈前粗后细的锥形设计，其后方设有一个小突起。当需要装填枪弹时，只需手动扳动扳杆后方的小突起，使扳杆逆时针旋转180°，便可解除锁定，随后将枪管口部向上方旋转即可打开弹膛。

在弹膛内装好枪弹（定装弹）后，再将枪管向下旋转闭合，并将扳杆扳回原位以锁定枪管。需要射击时，要先手动扳倒击锤，使击锤形成完全待击状态。再瞄准目标扣动扳机，击锤得到解脱，回旋击打枪弹底火，即可发射，操作非常简单。此外，击锤还可以手动控制到半待击位置，也可以安全携行。但是当需要射击时，还是需要将处于半

☆ 19世纪早期生产的雷明顿 - 德林杰手枪，火帽击发方式，独子单枪管

☆ 埃利奥特设计、雷明顿公司生产的“胡椒瓶”手枪：带有“Elliot 1860”等字样的铭文，当时在小手枪上流行的指环式扳机很有特色

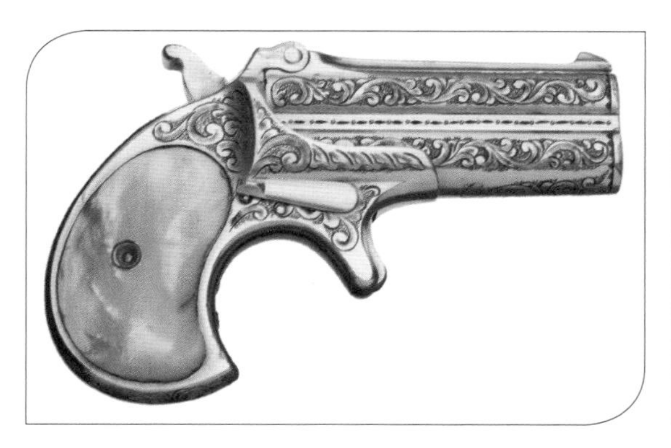

☆ 雷明顿－德林杰双管手枪（右侧图），可见闩式枪管开锁扳杆，铰接上折式枪管

☆ 标准款雷明顿－德林杰双管手枪（左侧图），可见带有防滑纹的退壳钮部件

☆ 枪膛呈打开状态的雷明顿－德林杰双管手枪

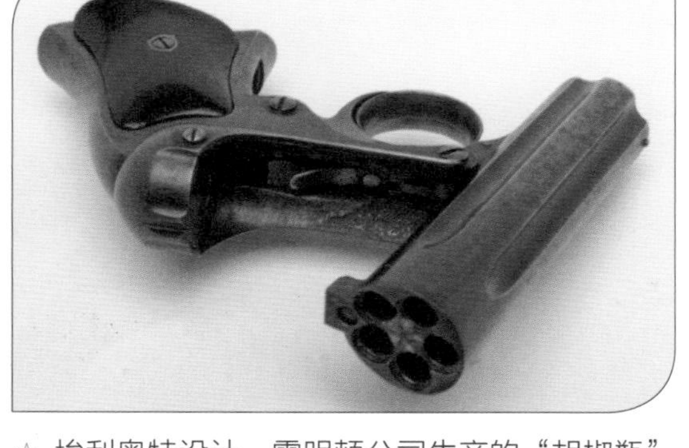

☆ 埃利奥特设计、雷明顿公司生产的“胡椒瓶”手枪：0.22英寸口径、容弹量5发、3英寸（76.2毫米）长枪管，通体烤蓝处理，配胡桃木材质握把镶片

待击状态的击锤继续手动后压到完全待击状态，才能正常扣动扳机发射。那么如何控制双管的发射呢？这全靠击锤上带有棘轮的击针来实现，每次扣动扳机时，击针在棘轮的作用下会轮流击发不同枪管内的枪弹。

雷明顿–德林杰双管手枪在上方枪管上部设置有简单的机械瞄具，包含一个一体式铸造在枪管前端的楔形准星，以及一个缺口式照门。照门被设置在枪管与握把的铰链位置，但因为铰链部位在使用过程中难免出现松动，自然会造成照门位置出现变化，考虑到这款小手枪只需要进行近距离概略射击，所以既然不需要精准射击那也就可以忽略这个照门的设置缺陷。另一个问题就是其扳机力略大，约在22牛以上，所以虽然很多女性乐于使用，但有时却感到力不从心。

其退壳钮部件被设置在枪身的左侧，通过螺钉被安装在两根枪管之间的连接部位，带有防滑纹的退壳钮与退壳挺相连，推动退壳钮使其整体向后滑动，借助弹壳底缘的设置，就可以直接推出空弹壳或退出尚未击发的枪弹，再手动取出即可。

雷明顿–德林杰双管手枪（标准款）的表面采用发蓝或镀镍处理，此外还有一些后期产品采用蓝灰色表面处理。握把镶片通常有两类不同材质制作，均刻有网格状防滑纹：一种是硬橡胶材质，另一种则通常采用打磨光滑的红木或胡桃木等材质。另外，这种充满艺术感的小手枪也有不少订制款，枪身通体豪华雕刻、金银镶嵌，再配以珍珠母贝或象牙等高档材质的握把镶片。当然这些产品大多属于礼品馈赠或鉴赏收藏的范畴。

雷明顿–德林杰双管手枪所使用的枪弹比较独特，即1863年发明的0.41-100枪弹。

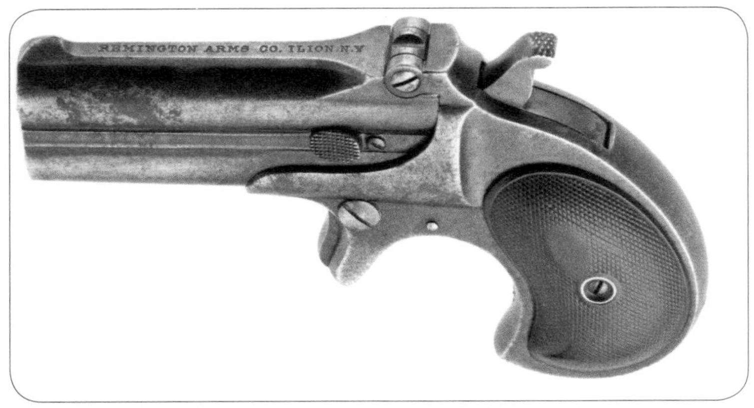

☆ 雷明顿－德林杰双管手枪（上部图），收藏家通过铭文来区别不同时期产品

☆ 雷明顿－德林杰双管手枪拥有两大部分，以铰接方式相连

此前美国国家武器公司和柯尔特公司也将其配用在自己生产的德林杰手枪上。这是一种0.41英寸口径的边缘发火短弹，铅质弹头重量约为8.4克，由于弹壳尺寸非常有限，所以装药量自然比较少（0.64克黑火药），初速仅为130米/秒，枪口动能约为70.5焦耳。比其他枪弹动辄几百焦耳的枪口动能，该枪弹的枪口动能确实非常小，厚重的大衣、钱夹、怀表，都可能抵挡住这种枪弹的攻击。但雷明顿–德林杰双管手枪属于近距离射击的袖珍手枪，所以在非常近的有效射击范围内，还是可以造成严重的人员伤亡。

雷明顿–德林杰双管手枪拥有长达69年的生产历史，尽管在此期间生产的产品外形都非常相似，但大多数收藏家还是将其加以区分，并公认该枪共有5种不同的型号（实际上是按五段连续生产的时期而划分的）。其中第一型于1866年生产，生产数量少于2 000把，特征是其枪管左侧不带有退壳钮部件，并且在上下两根枪管之间的部位刻有“雷明顿父子公司，伊利昂市，纽约州”或“雷明顿父子公司制造，伊利昂市，纽约州”等字样的铭文，而另一侧则刻有“埃利奥特专利1865年12月12日”的铭文；第二型于1867—1868年生产，带有退壳钮部件和“雷明顿父子公司，伊利昂市，纽约州”字样的铭文；第三型于1868年生产，其设计与第二型相同，并在上方枪管的顶端刻有公司的地址；第四型于1888—1911年生产，带有退壳钮部件，上方枪管的顶端刻有“雷明顿武器公司，伊利昂市，纽约州”字样的铭文，生产数量大约为80 000把；第五型于1912—1935年生产，带有退壳钮部件，上方枪管顶部刻有“雷明顿武器–U.M.C.公司，伊利昂市，纽约州”字样的铭文，生产数量大约为55 000把。需要注意的是，这些产品的生产编号不是连续的，而是按各自不同的批量分组而相对独立，因此并没有太多的规律可言。

☆ 通体雕花、配以珍珠母贝握把镶片的黄金版雷明顿－德林杰双管手枪

## 1887 英国韦伯利转轮手枪

☆ 爱尔兰皇家警察配备英国韦伯利转轮手枪

韦伯利军用转轮手枪在英军服役长达九十多年，一直是皇家海军和陆军军官手中最可靠的自卫武器之一。从研发之初，直到朝鲜战争时期，军官一直都在配用该枪，而这一辉煌历史也使得韦伯利公司成了英国历史上最成功的转轮手枪制造商之一。

韦伯利公司成立于1835年，是由两个均做过7年学徒工的兄弟——菲利普·韦伯利和詹姆士·韦伯利组建的。最初，他们在伯明翰的韦曼街一起合作制作枪机。菲利普·韦伯利在3年后结婚，并在1845年从其岳父（威廉·大卫）那里购置了制造枪械的设备和工厂。10年后，兄弟俩生意兴隆，业务范围迅速发展。从生产子弹模具、充填机床以及各式各样的小工具，到生产手枪和步枪的枪机。1853年，他们自己创新的单动左轮手枪技术获得专利。

韦伯利公司从建立之初发展至今，历史错综复杂，这是因为该公司不断结识新的合作伙伴，帮助公司能够持续发展。大多数人认为，韦伯利公司与政府的第一次合作是韦伯利军用转轮手枪被英国政府采用为军用手枪，该枪用于取代不受欢迎的恩菲尔德手枪。实际上，韦伯利转轮手枪与大英帝国第一次亲密接触是在1868年——韦伯利RIC（爱尔兰皇家警察）转轮手枪。在联合王国的统治下，顽强的爱尔兰人并不屈服于征服者的高压统治，因此这里就成为当时大英帝国最麻烦、最头疼、最难以控制的地方。1868年，武装警察在爱尔兰成立，即爱尔兰皇家警察。他们最先采用韦伯利及其儿子所制造的双动操作、固定枪身、可装填6发子弹的手枪，最初使用的是0.442英寸（11.22毫米）口径的子弹。正是该型手枪为韦伯利转轮手枪在制式手枪领域赢得了性能坚固可靠的美誉。

根据1887年与政府签订的生产合同，韦伯利生产出Mk.I型军用转轮手枪，用来装备英国陆军和皇家海军部队。该转轮手枪最初设计配备有改进型的“鸟头”握把，传统的扁平立体弹膛，三角形皮套，枪管有4英寸（101.6毫米）和6英寸（152.4毫米）

两种型号。可以使用0.45英寸（11.43毫米）口径、0.455英寸（11.56毫米）口径、0.476英寸（12.09毫米）口径子弹。由于子弹的停止能力非常强大，因此深受帝国统治者的宠爱。

紧随韦伯利Mk. Ⅰ型手枪之后出现了5种不同的改进型号，其中应用最广泛、最活跃的就是韦伯利Mk. Ⅳ型转轮手枪，或者称为“布尔战争手枪”，于1899年进入部队服役。1913年12月，韦伯利Mk. Ⅳ被Mk. Ⅴ型转轮手枪所取代，但后者服役时间较短，在1915年便被韦伯利Mk. Ⅵ型转轮手枪取代。在此期间Mk. Ⅴ型转轮手枪仅生产了2万把，是最少的一款韦伯利军用手枪。这6款转轮手枪，除了Mk. Ⅵ型外，其余5款仅在细节上有所不同，而韦伯利Mk. Ⅵ型一眼就能从握把上分辨出与前五种“鸟头”握把的不同（Mk. Ⅰ型握把和后4款也不一样）。在第一次世界大战之后，根据生产合同，韦伯利每周生产2 500把Mk. Ⅵ型转轮手枪。

到1932年，恩菲尔德NO.2 Mk. Ⅰ型转轮手枪将其取代，至此韦伯利Mk. Ⅵ型转轮手枪总共生产了50万把。第一次世界大战期间，Mk. Ⅵ型的两端还装备了附加装置，后端添加了可分离的抵肩式枪托，前端装配了刺刀，但这些附加装置没得到广泛使用。实战证明，Mk. Ⅵ型除了能够发射子弹外，还能在混乱不堪并且非常泥泞的堑壕中表现出近乎完美的特性。而韦伯利军用转轮手枪的0.38英寸口径型也在第二次世界大战中发挥了作用，在武器不足时继续装备英军，老式的韦伯利Mk. Ⅵ型转轮手枪也被用来填补不足。很多军官已经习惯使用韦伯利系列转轮手枪，后来还把这些枪带到朝鲜，参加朝鲜战争。

韦伯利转轮手枪是一款双动6发的铰链式转轮手枪，这种铰链式转轮手枪有着同步抛壳系统。转轮手枪可以从中间拆开，亨利·韦伯利把老式的三个相互作用的复杂开锁结构改成了一个简单的顶部止动器。只要用拇指按下止动器的扳手，就可以开起枪身。这个简单的装置不仅简化了枪身的开锁结构，而且保证了枪身的坚固性。

韦伯利转轮手枪的同步抛壳系统是指只要打开手枪枪身就会有一个星形退壳器自动清除转轮中的弹壳，使退出空弹壳变得非常快速，只需一秒就可以完成。正是这两个装置的结合，使韦伯利转轮手枪变成简单可靠的铰链式转轮手枪。而它的另一个优点就是“双动”结构。在早期左轮手枪中，射手必须在每次射击之前用拇指扳倒击锤，然后再扣动扳机来释放击锤，而韦伯利军用转轮手枪只需扣动扳机就能带动击锤动作。

其原理是：扣动扳机，扳机杆向后推动击锤，击锤后倒时，会压缩握把里的一条金属弹簧片。同时，附在扳机上的制转杆会推动棘齿来带动转轮旋转。将下一个转轮里的子弹转到枪管的位置，另一根制转杆嵌在旋转转轮上的一小块凹陷处，这会将旋转转轮中的弹膛停在特定位置，以便它与枪管完全处在一条直线上。当一直向后推扳机杆时，由于压缩弹簧片的作用，可以将击锤向前弹起。韦伯利转轮手枪的击锤和击针是一体的，击锤会直接击发子弹底火。当然，该枪也可以和老式转轮手枪一样，采用“单动”发射方法。韦伯利总共6款军用转轮手枪及后期的0.38英寸口径型号，在改型过程中的设计基本没有太大变化，都是采用这种“双动”发射结构。

0.455英寸口径（11.56毫米）韦伯利枪弹是英国研发的手枪子弹，大部分用于韦伯利军用转轮手枪（曾经有0.455英寸口径的M1911手枪也能使用.455韦伯利子弹）。每一款韦伯利军用转轮手枪都有专门为此款手枪设计的0.455英寸口径韦伯利子弹，不过各型子弹都可以通用于韦伯利转轮手枪，但Mk. Ⅴ型以前的如果发射无烟火药弹药会有危险。

早期两款.455韦伯利子弹装有17.2克黑

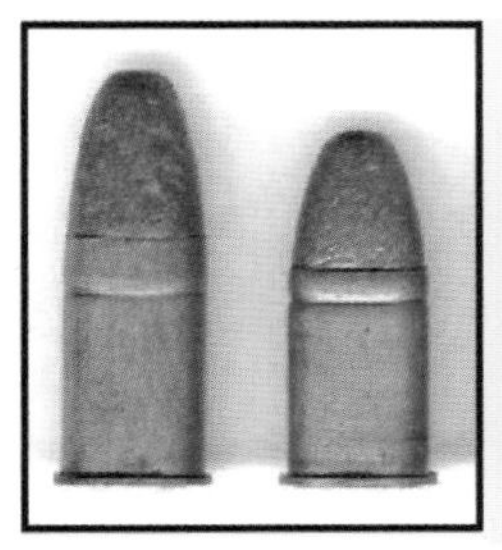

☆ 早期4种子弹：从左到右分别是Mk.I型到Mk.IV型

火药，弹头采用实心铅弹。其中Mk.Ⅰ型子弹和Mk.Ⅱ型子弹都是尖头弹，这两款在后期也都改为无烟火药。Mk.Ⅲ型子弹和Mk.Ⅳ型子弹都是平头弹，这种平头弹停止杀伤力更大。Mk.Ⅲ型子弹减装了发射药，而随后推出的Mk.Ⅳ型子弹则改为无烟火药。Mk.Ⅴ型子弹是最短命的无烟火药子弹，它外形几乎和Mk.Ⅳ型子弹一样，只是在弹头中加入了很多锑元素，很快就被Mk.Ⅵ型子弹代替。Mk.Ⅵ型子弹是铜制披甲弹，这种子弹是最后一种0.455英寸口径韦伯利子弹，其一直生产到朝鲜战争结束。

另外，韦伯利军用转轮手枪也可以临时使用现代流行的0.45英寸口径ACP弹，但不能长期使用，否则可能会造成炸膛。同时，这一点也暴露出韦伯利军用转轮手枪的缺点，那就是其只能用大口径的低初速子弹。

1922年英国军方决定采用更小口径的转轮手枪，主要是在一战期间许多军人认为韦伯利Mk.Ⅵ型过于沉重笨拙。其实这主要的原因是掌握手枪射击技术是需要通过密集训练的，但在第一次世界大战中，因为长期服役的专业英国军官和士兵大量损耗，而新服役的士兵和军官则没有足够的时间来进行手枪训练。

韦伯利公司在1921年7月19日向军方提交了0.38英寸口径的改良款韦伯利Mk.Ⅲ型转轮手枪样品和200发改良后的.38S&W子弹。这款韦伯利转轮手枪采用内藏击锤设计，并且韦伯利公司在1922年1月再次提交了Mk.Ⅳ型的0.38英寸口径转轮手枪。但到了1922年8月，军方却采用了恩菲尔德的新转轮手枪。直到1927年，韦伯利公司才意识到恩菲尔德No.2 Mk.Ⅰ型转轮手枪实际上是抄袭了他们的设计。韦伯利公司随即提出控告，但最终他们与恩菲尔德共享了该枪的皇家委员会发明奖。韦伯利显然吃了大亏。

到了“二战”期间，由于常规手枪的战时生产供不应求，英国政府才接纳了韦伯利Mk.Ⅳ型0.38英寸口径转轮手枪，总共采购了120 000把，从此与恩菲尔德转轮手枪一起在英军服役。这款Mk.Ⅳ型0.38英寸口径转轮手枪设计上和Mk.Ⅵ区别不大，只是击锤外形有所变化，加上了保险装置，总共生产了500 000把。该枪总重1.1千克，全长266毫米。除服役英军外，韦伯利公司还把它销售到世界各地，基本都是英国曾经的属地，装备的都是当地警察和海关——这款也是最广为人知的韦伯利军用转轮手枪。

韦伯利转轮手枪登陆我国是在清政府割让香港岛之后。在香港的英军军官都装备韦伯利转轮手枪，英国人为了加强在香港的统治，在当时的殖民地印度招聘了一批警察来到香港，这些印度籍警察也配发韦伯利转轮手枪。在英国殖民统治之下的香港，起初华人警察不受信任，基本很少有人配枪，直到“二战”后才有所改变。这时香港警察配备了0.38英寸口径的Mk.Ⅳ型韦伯利转轮手枪，直到后期才慢慢被史密斯–韦森转轮手枪所替代。

除了香港，在天津与上海，英国殖民者在自己的租界内雇佣了许多印度人担任租界警察。这些印度人也配备有0.455英寸口径的Mk.Ⅵ型韦伯利转轮手枪。随着上海与天津的解放，印度籍的租界警察也成了历史。而他们所使用的韦伯利Mk.Ⅵ型转轮手枪现在被上海公安博物馆收藏。

从1887年开始，该系列转轮手枪即装备英国皇家海军和陆军，主要是配备给各级军官。装备后跟随大英帝国的铁蹄，几乎参加了1887年以后各次殖民战争和与殖民地百

☆ 描写祖鲁战争的油画，英国军官手持韦伯利转轮手枪

不过，直到第一次世界大战才真正体现出韦伯利军用转轮手枪的威力和可靠性。在一战泥泞的战壕中，韦伯利Mk.Ⅵ型转轮手枪不会像其他半自动手枪那样，因为进了泥水而失灵，就算碰到哑弹也可以继续扣动扳机射击下一发。“一战”的开始阶段，韦伯利转轮手枪只是配发给军官，不过随后就开始配发给皇家海军军舰上的官兵和专门登船检查的士兵。而后陆续配发给机枪手和坦克驾驶员等普通士兵，属于自卫武器。除此之外，韦伯利Mk.Ⅵ型转轮手枪还增加了3种可选附件：一把刺刀（根据法国刺刀改进而来）、快速装弹器和枪托。不过这些附件大部分是配备给战壕冲锋队的，装有刺刀的韦伯利转轮手枪可以在近距离进行肉搏战。韦伯利Mk.Ⅵ型一直服役到第一次世界大战结束，大部分0.455英寸口径的韦伯利Mk.Ⅵ转轮手枪才被替换下来。到了第二次世界大战，因为武器不足，0.455英寸口径韦伯利Mk.Ⅵ型转轮手枪再次从库房里取出装备部队。“二战”后，还有一些怀旧的军官一直配用它，韦伯利Mk.Ⅵ型转轮手枪又参加了马来西亚的殖民战争和朝鲜战争。直到1963年，0.455英寸口径的子弹停产，韦伯利Mk.Ⅵ型转轮手枪才完全退役。

姓的冲突。其中最著名的就是第二次布尔战争。而在第二次布尔战争中韦伯利转轮手枪真正发挥作用的是与南非祖鲁人部落的战斗。祖鲁人手里只有长矛和匕首，当他们袭击英军时，英军军官手中的韦伯利Mk.Ⅳ型转轮手枪就成了最后的防线。在近距离肉搏战中，一手握持韦伯利Mk.Ⅳ型转轮手枪、另一手拿着佩剑的英军军官形象已经成了祖鲁战争里典型的英军军官形象。韦伯利转轮手枪可以在10秒左右打倒6个冲过来的祖鲁人。而采用0.455英寸口径平头手枪弹的转轮手枪，对强壮的祖鲁人有着很大的杀伤力。英军军官们对这种在关键时刻可以有效保护自己的武器十分满意。他们把韦伯利Mk.Ⅳ型转轮称作“布尔战争手枪”，可见其在布尔战争中起到的作用。

☆ 1954年产的香港警察使用的0.38英寸口径的韦伯利Mk.Ⅳ型转轮手枪

0.38英寸口径的韦伯利转轮手枪有Mk.Ⅲ型和Mk.Ⅳ型两款，真正装备英军的是Mk.Ⅳ型。韦伯利公司把它出口到了世界各地，爱尔兰、新加坡、澳大利亚、加拿大、南非等，当地的警察都装配过该枪。甚至到现在，有些地方还在使用。这款手枪直到1978年才在英军退役。如果算上这款0.38英寸口径Mk.Ⅳ型，韦伯利转轮手枪在英军

服役长达九十多年，可谓是英军服役时间最长的转轮手枪。

韦伯利的各种型号。

·Mk.Ⅰ型转轮手枪：研发于1887年。被采用后的型号全长260毫米，枪管长101.6毫米（4英寸），空枪重0.995千克。采用0.455英寸口径韦伯利Mk.Ⅰ型子弹。Mk.Ⅰ型的“鸟头”握把是最特别的一款，握把上面的枪体突出一块，和后面的5款握把并不一样。

·Mk.Ⅱ型转轮手枪：研发于1894年。外形与Mk.Ⅰ基本相同，但改进击锤设计，把外形类似马鞍的击锤改成了两侧扁平的设计。加固枪身后部，改变握把“鸟头”设计，这一设计一直沿用到Mk.Ⅴ型转轮手枪。该枪采用0.455英寸口径韦伯利Mk.Ⅱ型子弹。

·Mk.Ⅲ型转轮手枪：研发于1897年。沿用Mk.Ⅱ型击锤设计，重大改变是可以拆卸下转轮用于清理。到1905年，一些Mk.Ⅲ型出现了127毫米（5英寸）枪管。采用0.455英寸口径韦伯利Mk.Ⅲ型子弹。

·Mk.Ⅳ型转轮手枪：研发于1899年。基本和Mk.Ⅲ型一样，但在钢材上采用了新的技术，减轻枪身重量。击锤外形改回Mk.Ⅰ型类似马鞍的设计。和Mk.Ⅲ型一样，在1905年出现127毫米（5英寸）枪管。采用0.455英寸口径韦伯利Mk.Ⅳ型子弹。

·Mk.Ⅴ型转轮手枪：研发于1913年。有重大改变，主要是为了使用新型无烟火药制作的弹药。加大并加固转轮，并为此重新设计了枪身。采用0.455英寸口径韦伯利Mk.Ⅴ型子弹。但这款手枪很快就被Mk.Ⅵ型取代。

·Mk.Ⅵ型转轮手枪：研发于1915年。是最后一款0.455英寸口径的韦伯利转轮手枪，也是最成功的一款。枪管加长到152.4毫米（6英寸），枪全长为286毫米，空枪总重为1.1千克。握把改为更适合握紧的矩形握把，准星可以拆卸。在一战中还配备枪托和刺刀，这也使韦伯利Mk.Ⅵ型转轮手枪成了最独特的一款转轮手枪。

这6款韦伯利0.455英寸口径转轮手枪总共大概生产了125 000把。基本射速在每分钟20~30发。有效射程是50码（45.72米），最大射程是300码（274.32米）。作为一种自卫武器，它的射程与威力已经足够大。不过该枪在超过50码后，已经基本没什么精度可言。除了这6款外，还有一种.22英寸口径（5.6毫米）的单发手枪。其实是韦伯利Mk.Ⅵ型的.22版，但只能发射一发子弹，其将转轮换成了只能容纳一发子弹的方形弹巢，外形和Mk.Ⅵ型一样，只是枪管和转轮不一样，用于新兵训练。

☆ 韦伯利Mk.Ⅰ型转轮手枪

☆ 韦伯利Mk.Ⅱ型转轮手枪

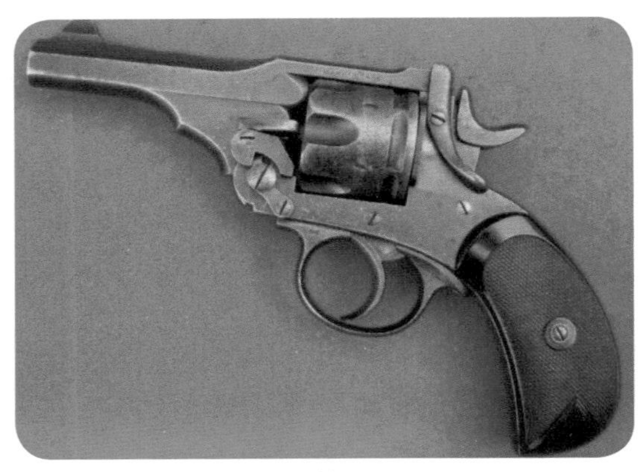

☆ 韦伯利Mk.III型转轮手枪

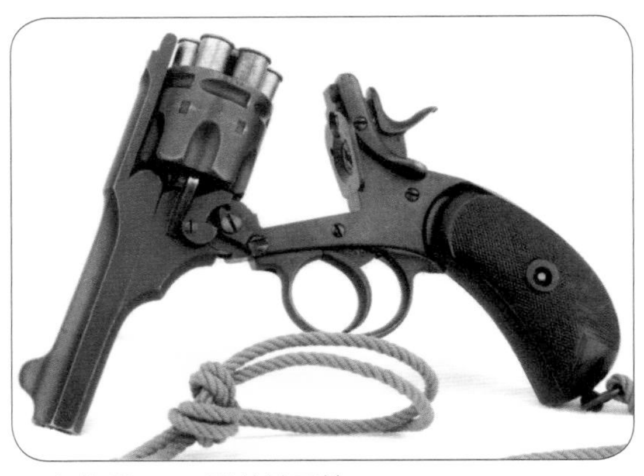

☆ 韦伯利Mk.IV型转轮手枪

☆ 韦伯利Mk.V型转轮手枪

☆ 韦伯利Mk.VI型转轮手枪

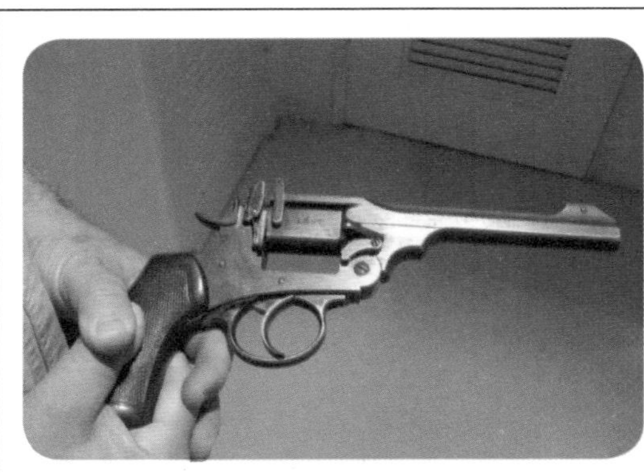

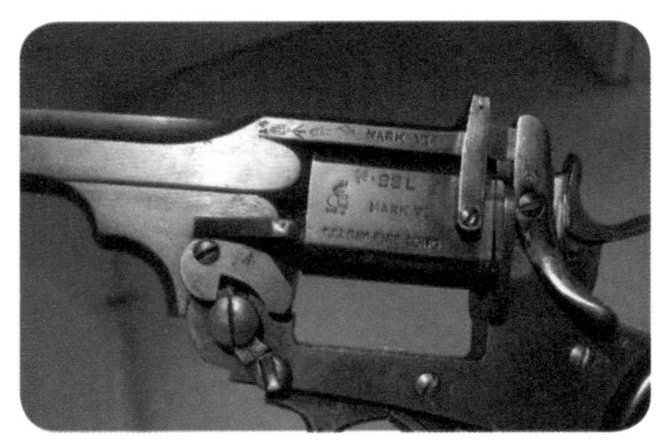

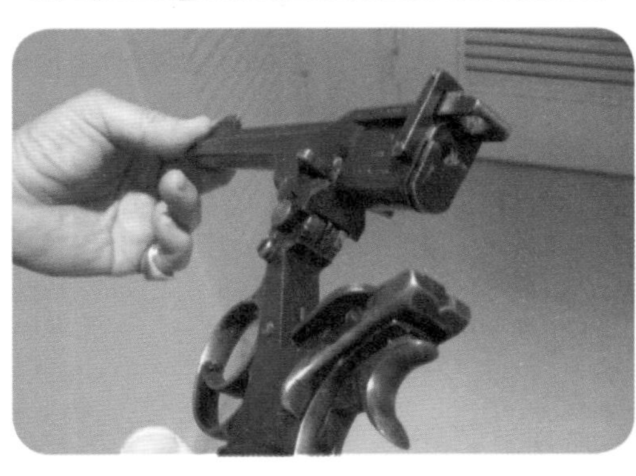

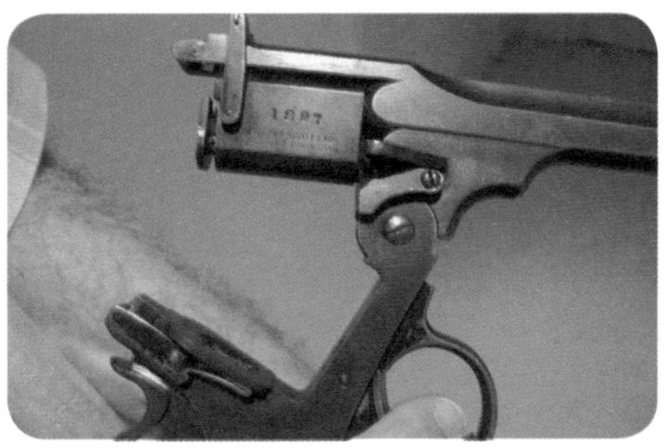

☆ 韦伯利训练型（.22口径）转轮手枪（各角度视图）

## 1893　法国“突突”转轮手枪

自从柯尔特转轮手枪扬名天下以来，人们就从未停止对新型转轮手枪的研发。在美国，大口径转轮手枪一直处于主导地位。而在欧洲，人们却有着不同的想法。一名叫查尔斯·弗朗索瓦·加兰德（1832—1900）的法国人在见到柯尔特转轮手枪后，产生了自己也要研发转轮手枪的想法——而这个突发奇想使他成了法国历史上最有名的转轮手枪设计师之一。

加兰德的第一把转轮手枪在1868年研发成功，该款手枪有着独特的同步抛壳系统，一举被法国军队相中并装备法军。随后在1870年爆发的“普法战争”时期，这款转轮手枪派上了用场。之后，加兰德的新枪便四处投标，并被沙皇的海军采用。但在1872年，他将改进后的转轮手枪重新投标给法国军队，却遭到拒绝。随后他开始把自己的武器投向民用市场，开始了加兰德公司全面的商业化历程。

加兰德在1893年推出了一款新型的转轮手枪，命名为“突突”转轮手枪（Tue Tue法文意思是“杀、杀”）。这款转轮手枪非常小巧，并且搭载加兰德发明的同步抛壳系统。一经推出就受到欢迎，因为这是一款实用的自卫型小手枪。不过“突突”转轮手枪也是他最后一款自行研发的转轮手枪。因为加兰德在1900年去世，而他的大儿子继承了父亲的事业，并研发出一款名为“静犬”的转轮手枪。但“突突”转轮手枪并未从此销声匿迹，而是以另一种身份继续出现在人们面前。

在接下来的1905年，加兰德的枪械创意设计给另一位比利时枪械设计师提供了灵感。就在“突突”转轮手枪热卖之时，一名叫迪厄多内·乌里的比利时枪械设计师在“突突”转轮手枪的基础上，设计出一款带有折叠扳机和折叠握把，并改进了“突突”转轮手枪双动扳机结构的新型转轮手枪。起初命名为“诺沃”（Novo）转轮手枪，并在不久后将其更名为“拉诺沃”（Le Novo）转轮手枪。

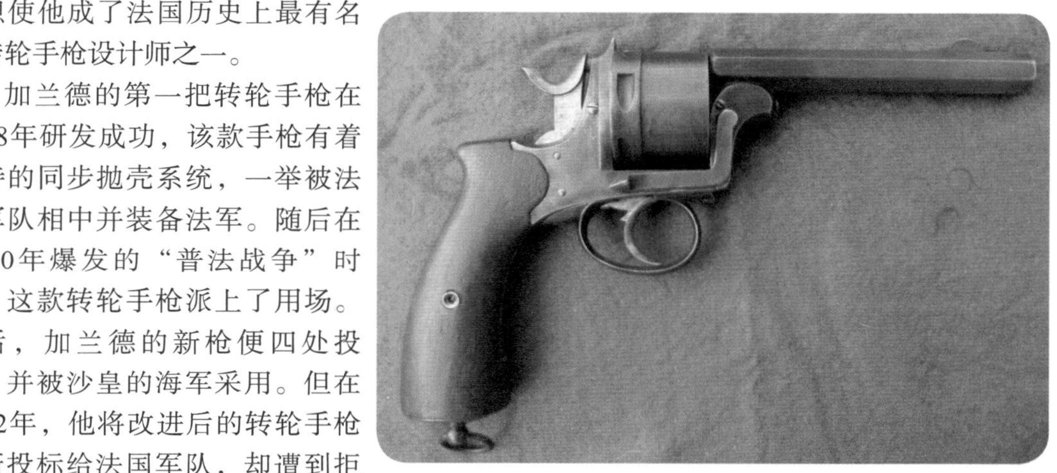

☆ 改进后形成的分解杆设计独特，后来得以延续下来

因为沿用了“突突”转轮手枪的同步抛壳设计，所以他和加兰德公司达成协议，

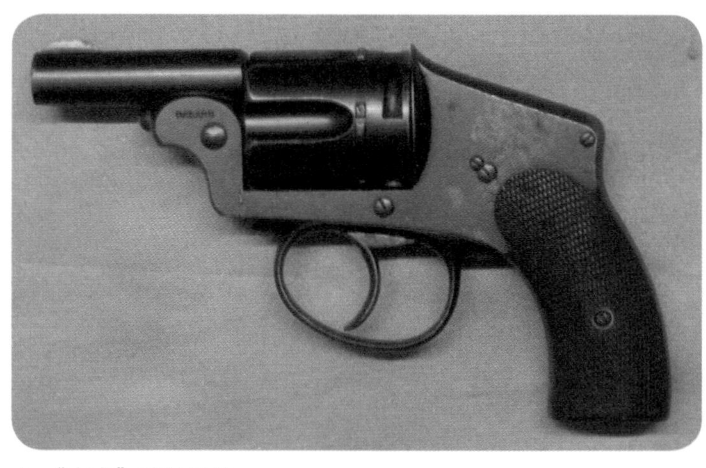

☆ “突突”转轮手枪

最终使得双方都拥有这款转轮手枪的专利权。在法国专利权自然是由加兰德公司拥有，而在比利时专利权仅属于迪厄多内·乌里个人。所以，产地为法国的“拉诺沃”转轮手枪都由加兰德公司生产；而在比利时，迪厄多内·乌里则把生产权卖给了好几家公司，其中规模最大的HDH公司产量最多。

☆ 折叠握把上的圆孔用于与转轮座上的卡榫结合

“拉诺沃”转轮手枪全长大约3英寸（76.2毫米），枪管长约1英寸（25.4毫米），握把长大约2英寸（50.8毫米），折叠后最宽约1.5英寸（38.1毫米），最窄约1英寸（25.4毫米）。扳机长约1英寸（25.4毫米）。“拉诺沃”转轮手枪是一款纯双动（击锤内置、只能通过扣动扳机完成击发）转轮手枪。拥有一个可以向前折叠的扳机和一个可以向前折叠的握把。

早期的“诺沃”转轮手枪握把左侧刻有“Novo”字样，后期“拉诺沃”转轮手枪握把左侧刻有“Le Novo”字样。握把右侧则统一为“1905”字样，代表1905年研发成功。握把后有一个圆形的孔洞，相对应的是转轮座尾部有一个卡榫，卡榫与孔洞相配合，作用是在握把展开后能够与转轮座相固定。想要把握把折叠，则可以按下卡榫前方的按钮，让卡榫翘起后脱离握把上的孔洞，这样握把就可以向前折叠。折叠握把一般采用黄铜制造。

☆ 镀镍版“拉诺沃”转轮手枪

☆ 枪把折叠的镀镍版“拉诺沃”转轮手枪

“拉诺沃”转轮手枪拥有两种口径：一种是迪厄多内·乌里自行研发的5.5毫米“诺沃”弹，转轮弹巢里能装下6发5.5毫米“诺沃”弹；除这种特别研发的弹药外，“拉诺沃”转轮手枪还有一款6.35毫米口径的型号，采用.25ACP弹，因为口径变大，转轮弹巢里只能装下5发.25ACP弹。

因为“拉诺沃”转轮手枪采用加兰德设计的同步抛壳系统，无论装弹和卸弹壳都需要向前扳动转轮座右侧的分解杆，向前扳动分解杆后就可以卸下枪管和转轮。这样就可以抛出弹壳，重新装填。“拉诺沃”转轮手枪有镀镍和发蓝两种不同表面处理的版本，不过最近在美国市场上还出现了重新加工过的镀镍版本，此版本将握把也进行镀镍处理，这使全枪呈现出十分惹眼的银色。

除此之外，这类小手枪通常都有精美的定制版本，包括折叠握把部件为黄金材质的特殊版本。旧社会上海滩的青帮头子黄金荣就曾经拥有一把黄金材质

☆ 向前扳动分解杆

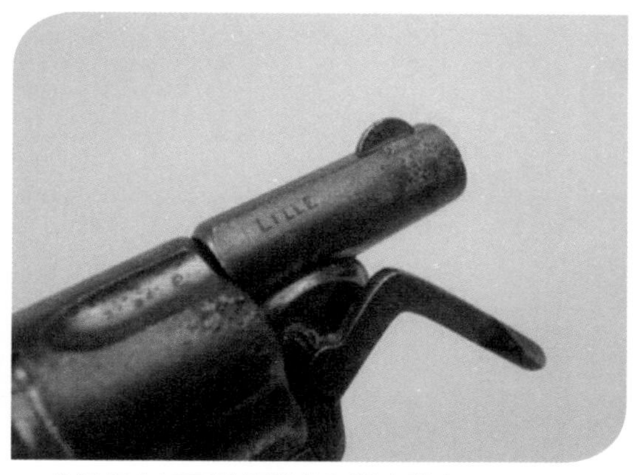


☆ 分解杆也用于装填弹药和退出弹壳

☆ 通过分解杆解脱枪体锁定后，可以卸下枪管

☆ 最后卸下转轮弹巢，可以清理和重新装填弹药

握把的“拉诺沃”转轮手枪。

新中国成立以前，上海滩乃是鱼龙混杂之地。作为一名当年呼风唤雨的黑帮老大，黄金荣自然也非常喜欢武器。他平时一身马褂，喜好洗澡。尤其在澡堂中，他身上根本没有能带枪的地方。虽然其保镖众多，但他的仇家也不少，自然随时都得给自己找个护身的“家伙”。不明就里的人从旁看上去，此时的黄金荣周身都没有任何可以藏匿武器的地方，可让大家万万都想不到的是，在他手中烟斗下方的烟斗袋里就藏着这把可以折叠的小手枪。

新中国成立后，上海公安局得到情报，说黄金荣家中藏有枪械。此事非同小可，公安局马上派人找黄金荣谈话，责询有无此事。黄金荣装作一脸无辜，连连否认。后来经过查明，黄家确有一批枪械，公安局派人抄出武器，长、短枪共计有10支(其中2支已锈坏)，另有子弹数百发，日本刀数把。其中的“拉诺沃”黄金转轮小手枪就是在这次行动中被搜缴的。

随后没有多久，黄金荣因发热病倒，昏迷几天后于上海去世，时年85岁。而他的那把“拉诺沃”黄金转轮小手枪，现在则收藏于上海公安博物馆中，继续见证着那段历史。

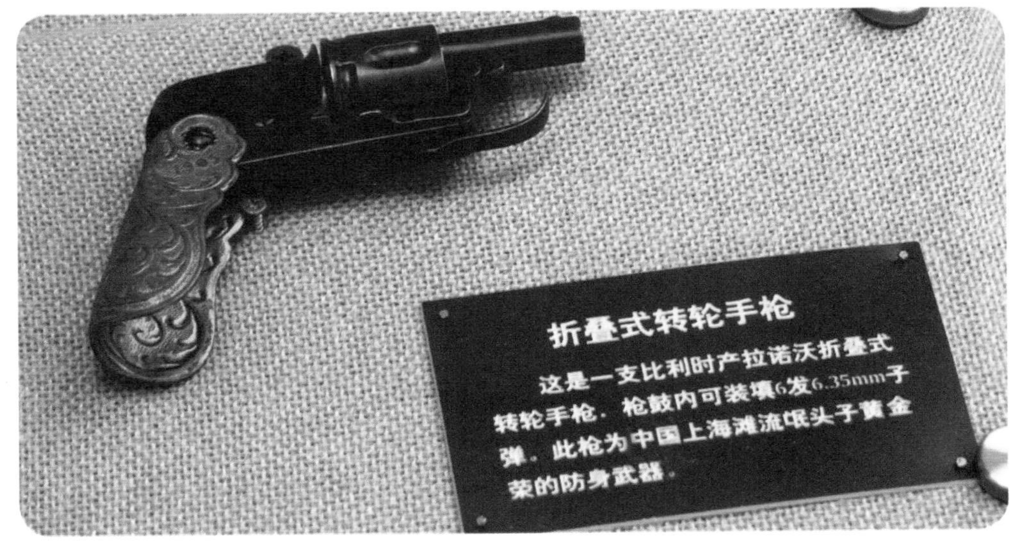


☆ 黄金荣的“拉诺沃”折叠式转轮手枪

☆ 带有“迪厄多内・乌里”铭文的“拉诺沃”转轮手枪

☆ 带有加兰德字样的加兰德版“拉诺沃”转轮手枪

## 1893　日本二十六年式转轮手枪

☆ 侵华日军军官所使用的二十六年式转轮手枪

柯尔特发明转轮手枪后，让美国人变得人人可以保卫自己。这种新型结构的转轮手枪可以发射6发枪弹，双枪情况下就是12发枪弹。在美国开拓者看来，用这样的武器来对付以冷兵器为主的印第安人是非常有效的。

那时的日本还处于幕府时代，虽然已经出现“火枪”这样的热武器，但武士们手中大多还是传统的日本刀。当时的日本处于闭关锁国的状态，直到1854年美国海军准将马休·佩里率领舰队驶抵江户附近的浦贺，才重新敲开了日本的国门。很有可能正是这个时期，才让日本人第一次见识到了美国的转轮手枪。

1869年，日本建立第一支近现代化的海军，命名为“大日本帝国海军”。1872年设立海军省管理海军，由帝国总军令部的海军总军令部指挥。海军建立后，指挥官使用的武器成为问题，虽然指挥官配备军刀，但对要跟上世界脚步的日本来说，自卫用的手枪自然是必不可少的。1878年（明治十一年），日本海军从美国直接订购了史密斯–韦森3型转轮手枪。这款转轮手枪与柯尔特转轮手枪有所不同，其在重新装弹的设计上有了新的突破。这使得其装弹时间变得很短，所以被日本海军相中——这样日本人有了第一批转轮手枪，并以此开始了海军个人轻武器的装备之旅。

虽然日本海军已经引进了史密斯–韦森转轮手枪，但日本其他的军队却还没有制式手枪，尤其是炮兵和骑兵，甚至都没有像样的自卫武器。这样的局面让日本军方下定决心要设计一款自己的转轮手枪。

这个设计任务最终交由东京的小石川工

☆ 二十六年式转轮手枪的6发弹巢，同样刻有编号

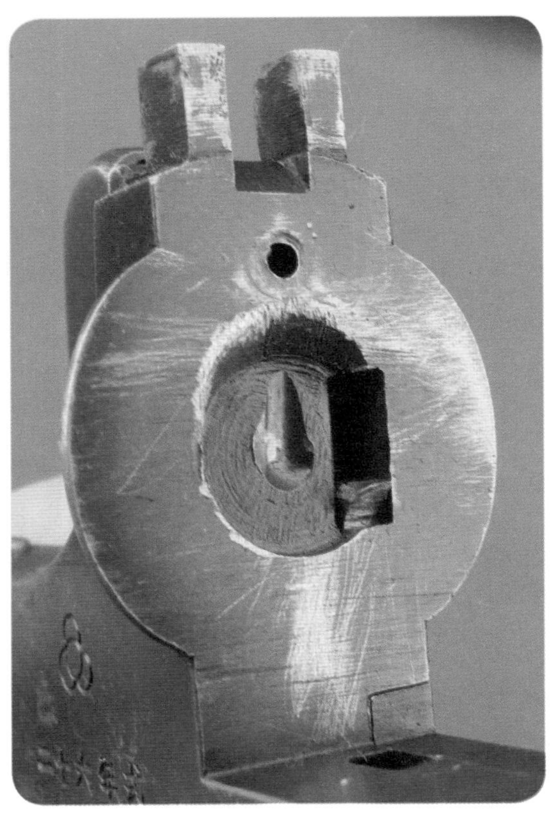

☆ 二十六年式转轮手枪的击针孔特写

厂完成。小石川工厂在1871年建立，开始时专门生产“村田步枪”，从1893年开始研发新型的转轮手枪。因为其有转轮手枪的制造经验，所以很快便设计出了一款新型的转轮手枪。由于1893年是明治二十六年，于是这款转轮手枪被命名为二十六年式转轮手枪。这款二十六年式转轮手枪成了日本第一款自己研发的制式手枪。

从外表看，二十六年式转轮手枪比以往的转轮手枪没有什么不同，但仔细观察还是有一些不同之处。其中最大的就是击锤的设计了，其击锤外形居然是一个长圆形，这样的击锤虽然不便于射手用手指向后扳动，却避免了使用者误操作击锤造成“走火”，所以这样的设计能让射手十分安全地携行。除此之外，二十六年式转轮手枪还延续了史密斯–韦森的铰链式设计。

二十六年式转轮手枪参数如下：全枪长度为230毫米，枪管长度为120毫米，全枪最高处为130毫米，空枪重量为0.88千克，弹容量为6发，口径为9毫米。其与史密斯–韦森3型转轮手枪一样，采用了铰链式的结构。只要开启顶部控制器就可以打开手枪的转轮弹巢。随之就是一个同步抛壳系统，只要打开手枪转轮座就会有一个星形退壳器自动清除转轮弹巢中的残留弹壳。

二十六年式转轮手枪的准星是可拆卸的样式，为半圆形准星。后面是一款V型照门，右侧转轮座上刻有“二十六年式”字样，下方是枪号。二十六年式转轮手枪的握把是长圆形的，握把片有两片。握把片早期是木质的，后期出现了橡胶材质的款式，握把片上设有菱形的防滑纹，握把底部设有拴

☆ 二十六年式转轮手枪的枪绳环特写

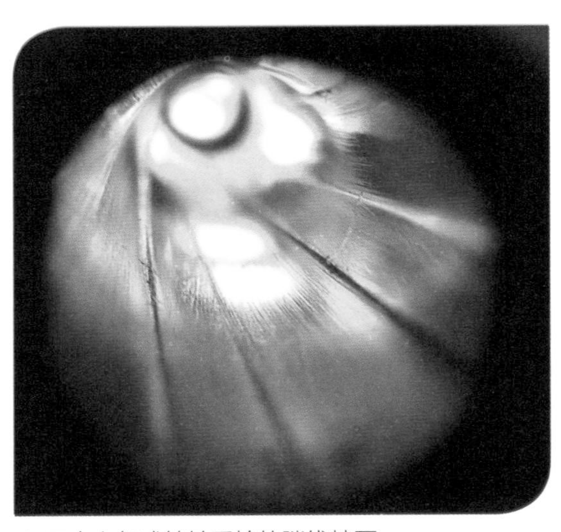

☆ 二十六年式转轮手枪的膛线特写

☆ 二十六年式转轮手枪右侧图

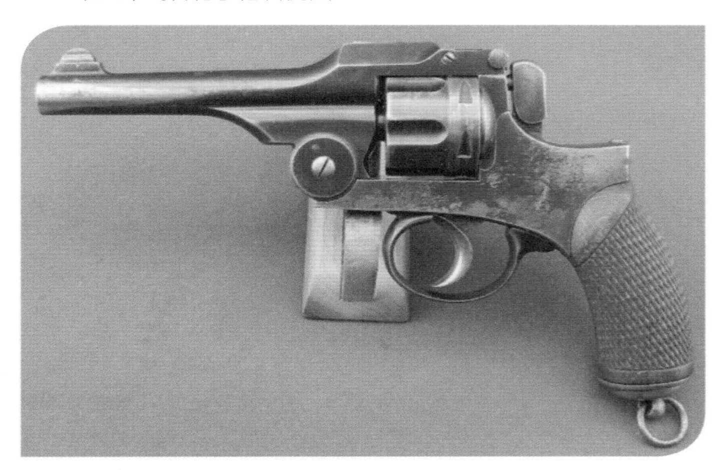
☆ 二十六年式转轮手枪左侧图

枪绳的环。

扳机护圈前方设有菱形防滑纹，扳机护圈可以从后方开启。这样就能打开转轮座后方，从而可以拆卸分解并清理击发组件。

二十六年式转轮手枪没有直接采用现有的枪弹，而是自行研发了一种9毫米口径的枪弹。其弹头采用无披甲的铅弹，填充黑火药。

这款枪弹全长为29.99毫米，弹壳长为21.89毫米，弹头直径是9.04毫米，弹壳的顶部直径是9.47毫米，弹壳底部直径是9.83毫米。这款枪弹的尺寸与.38S&W枪弹近似，但不能通用。发射时，其初速度为150米/秒。测试时，30米处的散布圆直径是93毫米；50米处为155毫米。虽然日军号称该子弹的最大射程是1000米，但实际有效射程只有100米左右。当时的测试数据显示，这款枪弹飞到100米处可以打穿25毫米厚的报纸或30毫米厚的杉木板。

这款9毫米口径的新型枪弹同时也开发了“空包弹”。当年3日元能购买100发该9毫米枪弹。在1900年以后，这款枪弹的填充药从黑火药改成了无烟火药，效率提升后的枪口初速度达到了230米/秒。

日本军方为了让军官和士兵能很好地佩带二十六年式转轮手枪，还专门配发了该枪专用的皮质枪套。

早期的枪套是深色的，并且同时配发一条枪带。枪套的外形很特别，有一个很大的“壳”，枪套后面有挂枪带的环。当打开枪套后，会发现除了装枪以外，还有一排装枪弹的部分，这样的设计很独特，其一次能装入12发枪弹。

除了枪套外，日本军方还研发了一种90式催泪瓦斯发射器。这个发射器装在二十六年式转轮手枪枪管前方，采用空包弹来发射催泪瓦斯，不过这种装置数量稀少。

日本军队从1894年开始装备二十六年式转轮手枪。日本工厂则从1893年开始到1894年第一批生产了300把，最初的这300把手枪没有任何标识。

标准版的手枪枪号从1000开始到58900为止。“关东大地震”中该工厂被震毁；在地震后，二十六年式转轮手枪又继续生产了325把——这些手枪装备了当年的日本陆军和海军。可以说在南部十四年式手枪诞生前，全日本都在使用二十六年式转轮手枪——真正可谓是一款“见证了日本罪恶扩张史”的手枪。

日本侵略者从“甲午战争”时期就开时装备二十六年式转轮手枪，用于他们罪恶的海外侵略战争。随后在八国联军侵华时，日军更是已经全面换装该枪。到了“日俄战争”期间，日本军官也佩带着二十六年式转轮手枪。在第一次世界大战中，日本军官依旧佩带着二十六年式转轮手枪。

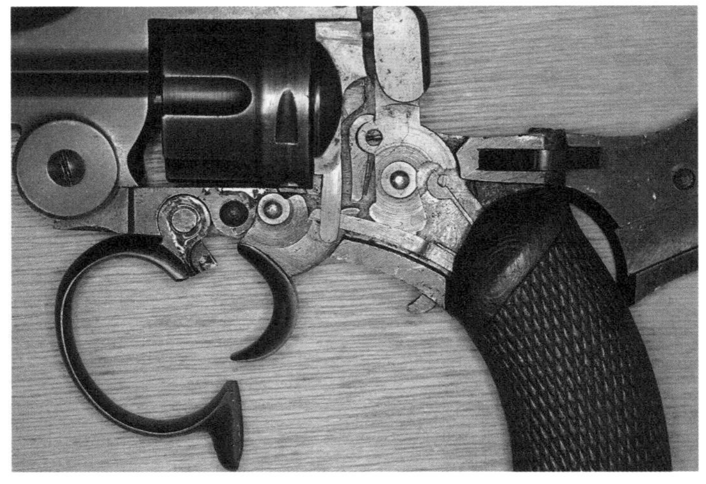

☆ 二十六年式转轮手枪比较特殊的分解方式在于，先打开扳机护圈，然后打开合页状的一侧枪体

直到1935年，二十六年式转轮手枪才逐步停产，日军开始全面换装“南部十四年式半自动手枪”。此后这款转轮手枪开始退居二线，不过实际上由于日本战时的武器供给不足，在第二次世界大战中，二十六年式转轮手枪还是装备日军非一线部队官员的首选。例如在部分日军所设立的战俘营中，当时的日本军官还在使用该枪。

此外，在“抗日战争”中，该枪也随着日军的罪恶扩张而进入了中国大地。八路军在成功消灭某股日军后，就曾经缴获过这种二十六年式转轮手枪。后来这些战利品也成了我们消灭敌人的利器。

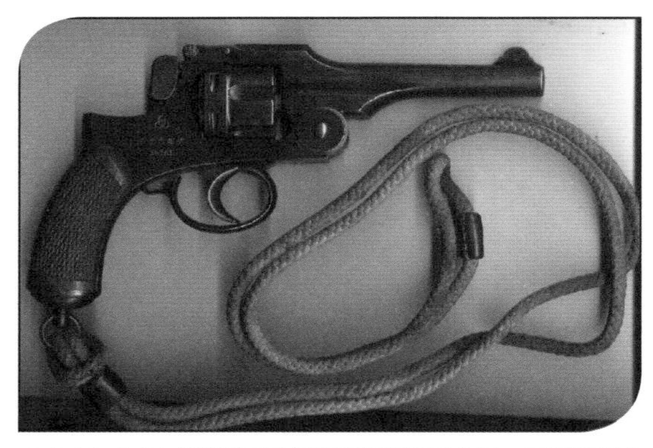

☆ 二十六年式转轮手枪的原版配用枪绳，可以将枪挎在肩头使用

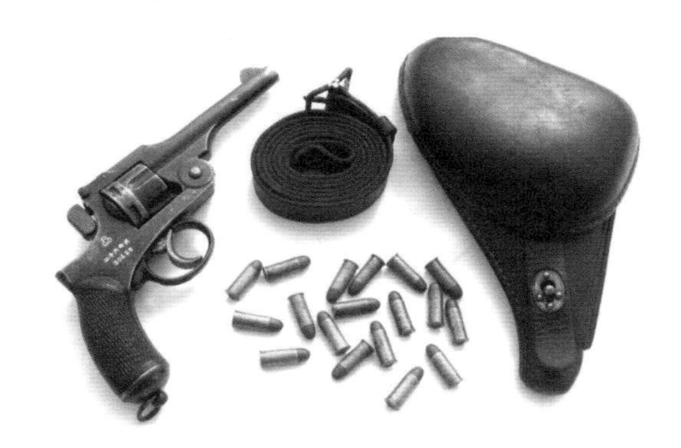

☆ 二十六年式转轮手枪的配件：子弹、枪套、背带

## 1893　美国博查特C93手枪

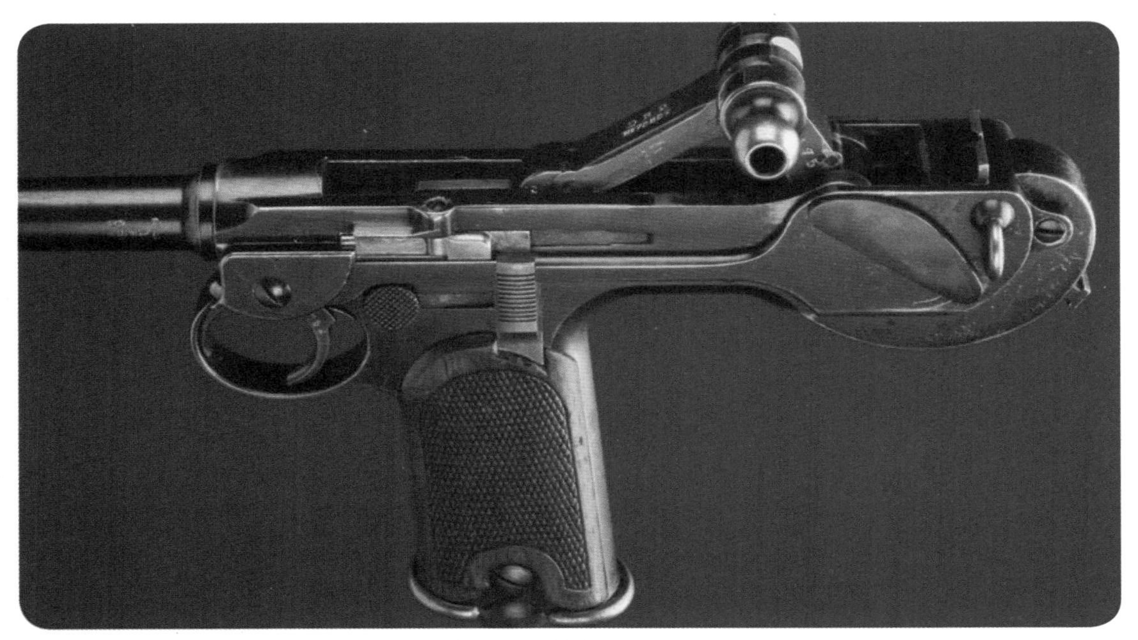

☆ 博查特C93手枪的肘节式运动，此时为枪机打开状态

19世纪末，为了解决火帽转轮手枪的缺陷，自动武器开始登上历史舞台。1884年，英籍美国人海勒姆·马克沁发明了自动装填机枪，马克沁机枪的出现开创了自动武器的新纪元。自动武器的出现为自动手枪的发明奠定了基础。1892年，奥地利人约瑟夫·劳曼发明了第一支自动手枪——肖伯格手枪，但这支手枪没有通过奥地利军方的试验。

1893年，美籍德国人雨果·博查特发明了第一支实用的自动手枪——7.65毫米口径的博查特C93自动手枪（以下简称“博查特C93手枪”），同时配用其发明的同口径瓶颈式博查特手枪弹。自此，自动手枪算是正式登上历史舞台，开创了手枪发展的新纪元。博查特于1893年9月9日获得发明专利，因此被称为博查特C93手枪。根据文献记载，该手枪也是当时唯一一款能完成连续自动装弹并使用无烟火药的小型武器。该手枪为枪管短后坐自动方式，肘节式闭锁机构，弹匣供弹；其开锁、抛壳、供弹、闭锁等动作均由枪机的后坐和复进簧来完成。这种结构原理与设计为现代手枪的发展奠定了基础，在枪械发展史上具有里程碑意义。

1844年6月6日，博查特出生在德国的马格德堡市；1860年，博查特16岁的时候，

☆ 博查特C93手枪的保险、弹匣解脱钮等设置齐全

他随全家移民到了美国。博查特在美国的第一份工作就是在一家武器公司就职，这个公司是马萨诸塞州的先锋后膛武器公司。年轻的博查特并不喜欢在一个地方干太久，因为无法发挥他的才能。随后他换了几份工作，其中就包括著名的柯尔特公司和温彻斯特公司。最后他来到了夏普斯步枪公司——这是第一个能让他真正发挥才能的地方。

随着经验的积累，他在夏普斯步枪公司做出了人生中的第一款步枪——这就是最新款的夏普斯–博查特M1878步枪。这款步枪有着优良的品质，并且总共卖出了22 000把以上。但这款步枪没能挽回夏普斯步枪公司的衰落，随后博查特离开了夏普斯步枪公司，辗转来到雷明顿武器公司，在这里他协助公司研发了雷明顿李氏步枪。虽然在美国他申请了3个专利，已经是一名成功的轻武器设计师了，但他似乎没有感觉自己是个美国人，所以还是决定回到德国，那个生他养他的国度。

他回到德国柏林，加入德国路德维格·洛伊公司。自此他开始研发手枪，当时的自动手枪还属于新鲜的品种，而博查特利用自己在美国学习到的各种枪械知识，成功研发了一款新型的自动手枪，这款手枪被命名为博查特C93自动手枪。

之所以将博查特C93手枪定义为世界上第一款实用的自动手枪，是因为其完全符合现代自动手枪主要特征：使用金属弹壳的中心发火式定装弹；依靠火药燃气能量后坐并完成抽壳、抛壳和供弹动作；有很好的气闭性；利用击针击发枪弹；采用弹匣供弹，并且弹匣在握把里面设有保险装置等。

博查特C93手枪最明显的特征是采用肘节式闭锁机构。该手枪的握把位于枪身中部、弹匣从握把底部插入、枪身后部有一个显眼的“大肚”，其主要由六大部分组成：肘节与枪机组件、枪管与节套组件和枪底把组件、扳机组件、复进簧、弹匣组件。从机构动作看，该手枪主要由闭锁机构、供弹机构、击发机构和保险机构组成。

☆ 博查特C93手枪的肘节式动作方式，被后世的德国卢格P08手枪所继承，成为一代军用手枪的经典之作

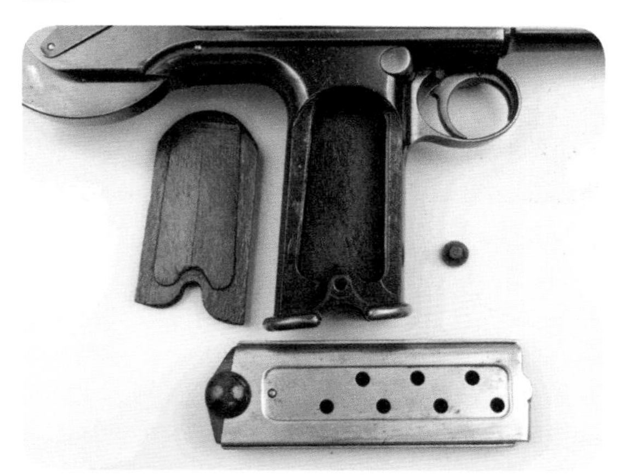

☆ 博查特C93手枪拆除的握把镶片，弹匣插入方式和现代手枪已经如出一辙

博查特C93手枪开锁动作原理：扣动扳机，扳机上的斜面压节套左侧的击发杠杆，使击发杠杆脱离击针簧销，释放击针，击针打击底火，点燃火药。火药点燃瞬间，枪弹在火药燃气作用下后退，推动枪机，由于同枪机相连的肘节在复进簧的拉力下不能弯曲，并且节套尾部同肘节连接在一起，这时枪机、枪管、节套和肘节就实现了共同后坐，完成了击发瞬间火药的密闭。枪机、枪管、节套和肘节在后坐力的作用下共同后坐一定距离后，肘节后臂尾部的滚动滑轮撞到枪底把尾部的弯形滑道，滚轮沿滑道内壁下滑，肘节后臂作转动动作，并向后平移，肘

节前臂拉动枪机迅速后退，枪机上的抽壳钩将弹壳向后拉出弹膛，当弹壳被完全拉出弹膛时，弹壳后部遇到抛壳挺，在抽壳钩和抛壳挺合力作用下弹壳向上抛出。在枪机后坐的过程中，肘节上的棘爪将击针簧销拨回，击针随击针簧销后退。当枪管、节套、肘节后坐到位时，该手枪就完成了开锁的全部动作。

博查特C93手枪闭锁动作原理：当枪管、节套、肘节后坐到位后，复进簧拉动肘节后臂，使肘节下移，枪机在肘节前臂的作用下向前复进，此时，由于肘节后臂和节套连接在一起，枪管和节套也一起向前移动。当击针簧销随枪机移动到击发杠杆时，击发杠杆将击针簧销挡住，使击针处于待击状态。枪机继续前进，推动枪弹进入弹膛，直到肘节完全伸直，此时枪管、节套停止运动，枪弹完全进入弹膛，枪机密封住弹膛，处于闭锁状态。再次扣动扳机，发射枪弹，重新开始上述开锁动作。

博查特C93手枪的保险装置是一个位于枪底把左侧、握把上方，带有防滑横纹的长方形销子。当枪处于闭锁状态时，将保险上推到位，此时，击发杠杆被压住，不能击发，节套也被锁定，不能移动，从而实现保险。其采用弹匣供弹，但博查特设计的这种弹匣有两个弹匣簧，这一点和现在常见的手枪弹匣不太一样。

☆ 博查特C93手枪枪身后部的“大肚”非常显眼，大型拉机柄具有卡宾枪特征

博查特C93手枪研制成功后，制造方给予了厚望，洛伊公司迅速与美国等具有强大购买潜力的政府客户进行联系。1893年6月至1896年1月，驻柏林武官、时任美国第十二步兵团中尉的罗伯特·K.伊万斯和包括博查特在内的洛伊公司的代表们有过几次接触，至少3次实地参观了在查洛顿伯格的制造工厂。伊万斯随后还提交了试射博查特C93手枪的相关报告：“这是一款实射非常精确、密闭性良好的自动速射武器。握把处于重心位置，因此在握持时可以很好地保持平衡，这一点比普通的转轮手枪要强得多。”并且由于伊万斯使用该枪亲自试射了大量的子弹，对博查特C93手枪的性能可谓是了如指掌，因此在报告中特别提到：“该手枪的部件配合精密、安全耐用，即使在大量试射后依旧可以保证如最初使用时的命中精准度，在10米外的距离，速射460毫米×460毫米的靶位，8发枪弹全部射中。该手枪的后坐力不明显，但是目前产量很小……”

当时美国《纽约时报》全面报道了博查特C93手枪，这也是美国新闻界全面介绍的第一款自动手枪。这使得本来就具有设计特性优势的博查特C93手枪更加光芒四射。但后期一些报纸又对此评论道：这一时期对博查特C93手枪的赞赏程度已超过了其自身的价值。

1894年11月，在洛伊公司的努力下，美国海军先于陆军对博查特C93手枪进行了实测。1894年11月12日，美国《波士顿先驱报》登载了罗德岛一个海军军官委员会对博查特C93手枪的测试报告。

“海军轻武器委员会今天展示了一款可能将变革世界海军和陆军装备的手枪。这款手枪是由美国人雨果·博查特发明的，该手枪第一次在美国展示。

这是一款可供各种部门使用的武器，

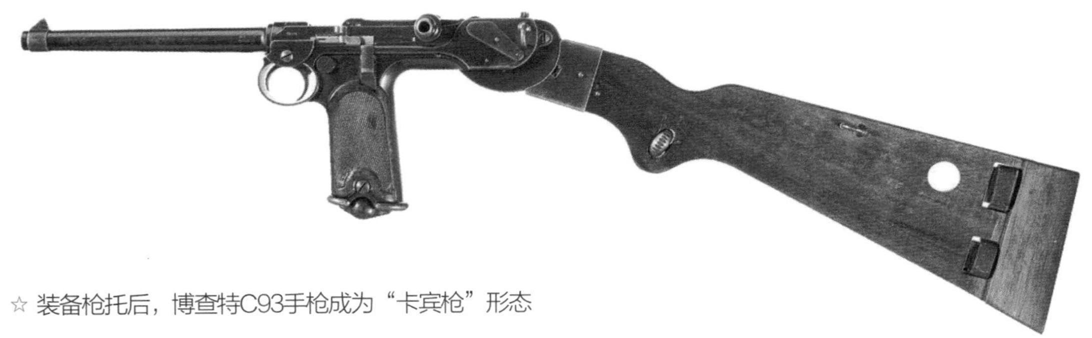

☆ 装备枪托后，博查特C93手枪成为“卡宾枪”形态

也是（目前）唯一一款可使用无烟火药的小型武器。这种无烟火药绝不能被用于转轮手枪。

该手枪紧追马克沁机枪的设计理念，射击的后坐力为装弹和抽出空弹壳等动作提供动力，以实现自动方式。据悉，该手枪是（目前）唯一一款具有能连续完成装弹抽弹能力的小型武器。

在展示中，该手枪连续发射100发枪弹，期间没有发生任何故障。射手在33.5米远处用时43.25秒发射了24发枪弹，并且全部命中靶位，射手并非专业射击人员。

该手枪口径7.65毫米，全枪重量为1.31千克，全枪长350毫米。握把设在该手枪的重心处，这为该手枪提供了稳定的射击性能。该手枪使用弹匣供弹，容弹量8发，枪弹镀镍，具有很强的穿透贯彻力。

该手枪配有轻型可调节枪托，这种枪托专门为骑兵设计，装上枪托后该手枪就成了一款卡宾枪。”

随后，博查特和洛伊公司还尽力通过各种途径尝试让美国军械部官员试验该手枪，最后美国军械部同意测试博查特C93手枪。1897年10月16日，DWM公司（此时的洛伊公司已与DWM公司合并）驻美国代表汉斯·道彻在写给美国军械部主席达涅·W.弗拉格勒尔将军的信中提到“附带500发枪弹的博查特C93手枪将于10月20日被运抵斯普林菲尔德兵工厂”。在1897年10月20～23日，一个由3名成员组成的军械试验委员会在美国斯普林菲尔德兵工厂进行了一系列测试。

该测试报告于1897年12月23日发布，其中包括如下关键信息。

使用博查特C93手枪在16米处射击，其弹头初速可达395.2米/秒。该手枪50秒即可完成拆卸，140秒可完成组装。在试射测试中，博查特C93手枪首先配装枪托，以“卡宾枪形态”射击30.5米外的1.83米×0.61米大小的目标靶。第一轮试射中，68秒完成射弹40发，其中39发命中；第二轮试射结果是45秒完成射弹40发，其中35发命中。随后，拆下枪托，以手枪形态试射，38秒完成射弹32发，但其中仅有12发命中……最终在连续发射了262发枪弹后，手枪出现故障，不得不拆卸分解后进行清理。发现故障原因是射击后的火药残渣聚集在枪膛之上，妨碍了枪弹进入枪膛，无法实现正常闭锁。在枪弹的穿透贯彻力测试中，每隔25.4毫米放置一块厚度为25.4毫米的白松木板，然后在22.9米处进行射击，实际射穿10层木板；在68.6米处射击，实际射穿7.5层木板；在157米处射击，实际射穿3.5层木板。

以下为该枪械委员会根据本次测试过程和结果而做出的分析报告。

第一，该手枪的结构和动作原理显示了最高的技艺水准。

第二，以弹道学角度评价，该手枪的精确性和穿透性都在转轮手枪之上；但是，由于弹头较轻，随着飞行距离的增加，穿透能力迅速下降。

第三，该手枪获得连发的途径是一种

天才的设想，安全实用、性能作用、相对简单。

第四，该手枪因为使用小口径、相当轻量化的弹头，使其“停止作用”较弱，特别是作为骑兵武器使用时无法达到使用目的。

第五，该手枪以令人相当满意的测试结果通过了委员会的所有评测。

但在该报告中还明确指出：博查特C93手枪作为训练武器是最为出色的，但是因为军队使用的武器必须具有结实、耐用等特性，而这些特性只有在实战中才能被检验，因此委员会谨慎建议可以先行购买一小批博查特C93手枪，以装备少量部队使用，待得到进一步的测试报告后再行决定。

虽然这种权宜之计并不能令DWM公司满意，可终究还有机会。但是时任斯普林菲尔德兵工厂的行政长官奥弗兰德·茂德卡伊上校不知出于何种考虑，断然拒绝购买博查特C93手枪进行配装试用。后来在DWM公司的不断努力下，才使美国军械部购买了数量极其有限的博查特C93手枪。但是DWM公司最想争取到的大客户美国陆军却并未再对博查特C93手枪进行任何后续的测试，此事就这样不了了之了。

其实博查特和他的同事们在希望打开美国军用市场的同时，还将博查特C93手枪向瑞士军械部进行了推销。瑞士军方是当时欧洲最早对自动手枪产生兴趣的国家之一，其在1895年成立了一个专门的枪械委员会来评估曼利夏M1894手枪和伯格曼M1894手枪，并试图采用这二者中的一款来替代瑞士军方使用的M1882转轮手枪，但结果都不理想。直到两年后的1897年夏季，一个新的枪械委员会在瑞士一家兵工厂内组建，其目的依旧是为了替换M1882转轮手枪。本来是要对曼利夏M1894手枪、伯格曼M1894手枪、博查特C93手枪和毛瑟C96手枪进行评估，但考虑到1895年的测试报告，因此决定直接放弃前两款，只对新加入的博查特C93手枪和毛瑟C96手枪进行测试——遗憾的是，这两款手枪同样没有令委员会感到满意，但是博查特手枪所配用的枪弹倒是给他们留下了比较深刻的印象。

在研究了美国和瑞士的相关测试报告后，博查特和包括设计师乔治·卢格在内的DWM公司工作人员，为对该手枪颇有好感的瑞士当局特别设计了一款改进型手枪。改进型博查特手枪设有特殊的后坐弹簧，增加了卢格设计的扳机和安全机构，并且重量更轻，体积更小。同博查特C93手枪相比，新设计的手枪全枪重量只有1千克、全枪长272毫米，但该手枪并不是后来在1898年出现的博查特–卢格手枪，而是一款明显区别于博查特C93手枪的过渡型试验品。

1898年，DWM公司按照瑞士军方的要求本来要对这款改进型博查特手枪进行测试，但是在实测的过程中，却使用了当时最新设计的博查特–卢格手枪来代替了这款改进型博查特手枪。参加当时这场“大比武”的手枪，除了博查特–卢格手枪外，还包括伯格曼3号手枪、伯格曼5号手枪、坎卡–罗兹M1898手枪、曼利夏M1896手枪、毛瑟C96手枪。测试结束后，瑞士军方对所有参加测试的手枪产品进行了排名：博查特–卢格手枪最好、毛瑟最差，而其他手枪产品则多为类似“差强人意”等词汇的评价。

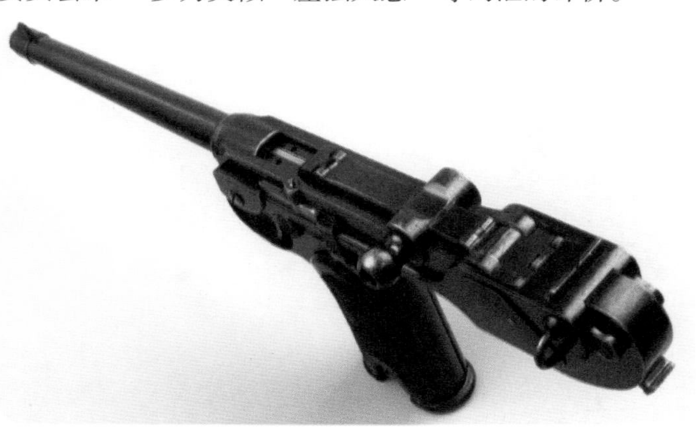

☆ 博查特C93手枪上部特写

## 1896 德国伯格曼M1896手枪

19世纪末，随着自动武器的前景被普遍看好，欧美许多自动手枪如雨后春笋般出现。其中德国的西奥多·伯格曼就是这个时期探索、研制自动手枪的重要推动者之一。他始终深信军用轻武器具有巨大经济利润，这也是他研发产品的最主要动力。

1850年5月21日，西奥多·伯格曼出生于德国斯百萨道夫镇的一个父亲开旅馆、酿酒的家庭。年轻时，伯格曼在当地的一个火炉工厂工作，逐渐对钢铁制造这一行业产生了兴趣。1879年，他携妻眷来到加詹纳镇，加詹纳镇是德国的重工业区之一，拥有许多钢铁产品制造公司，在那里伯格曼成为一家钢铁公司的股东之一。

随着时间的推移，伯格曼在公司的地位逐渐上升，当第二大股东退休时，他已完全掌控了公司，并把公司改称为伯格曼钢铁公司。在19世纪末的最后几年里，伯格曼钢铁公司一直生产火炉、家用器具、农业工具、栅栏、煤气炉的调节阀以及气手枪和气步枪。

自1906年起还生产过“东方快递”汽车。但是，帮助伯格曼公司获得国际声誉的主打产品是其生产的轻武器，特别是手枪。

这一切还要源于1892年，伯格曼遇见了匈牙利钟表制造者奥都·布拉乌塞特。布拉乌塞特将自己关于在手枪上使用后膛闭锁自动装填方式的想法与伯格曼进行了交流。伯格曼对此非常感兴趣，并很快于1892年在德国申请了该项设计的专利。

但是作为一个企业家，伯格曼迫切需要杰出的枪械设计师来为他设计出采用这种工作方式的手枪，而路易斯·施梅塞尔（1848—1917）正是他所需要的人。

在伯格曼的支持下，施梅塞尔以被伯格曼申请专利的布拉乌塞特设想为基础，并对其进行了改进，从而设计出一款延迟后坐方式的自动装填手枪，这款手枪的枪机因为设置在枪机框上的倾斜表面而迟滞了枪机的后坐——这就是伯格曼M1893手枪。该手枪只进行了数量极其有限的试制，其中一把样枪还曾于1893年被送到瑞士进行过测试。

此后，伯格曼和施梅塞尔根据瑞士的相关测试报告数据，在伯格曼M1893手枪的基础上进行了部分改进，研制出伯格曼M1894手枪，其生产数量很少，也曾在上文提到曾与博查特C93手枪一起参加过瑞士军方的选型测试。

在M1894的基础上，于1896年才又诞生出伯格曼M1896手枪，伯格曼M1896手枪成为伯格曼公司第一款真正产生较大影响力的成功产品。尤其是该手枪所采用的自动方式为伯格曼首创的自由枪机式，因此在手枪发展史上占有重要的地位。

当时生产的伯格曼M1896手枪主要有三种型号：口径为5毫米的伯格曼M1896手枪No.2型、口径为6.5毫米的伯格曼M1896手枪No.3型、口径为8毫米的伯格曼M1896手枪No.4型，也被分别称为伯格曼2号、3

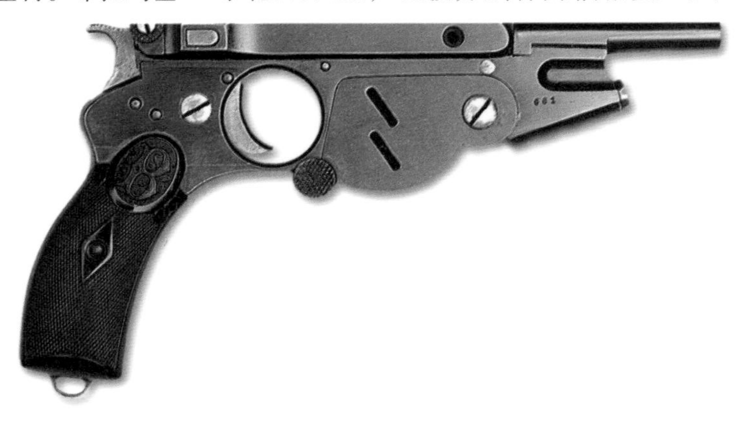

☆ 伯格曼M1896手枪No.2型

☆ 伯格曼M1896手枪No.3型

号、4号手枪。

这三款手枪除了口径和一些细微的差别外，在整体构造上基本没有什么区别。据估计，伯格曼3号手枪和4号手枪总共生产了4 400把，而2号手枪的生产数量大约在1 500~2 000把。另外还生产了大概几百把4号手枪，这明显是为了迎合瑞士军方对伯格曼手枪的兴趣而制造的。

在上述产品中，以伯格曼M1896手枪No.3型最有代表性，其在结构设计上具有独特之处，主要表现如下。

伯格曼M1896手枪No.3型拥有一套独特的供弹结构，在其枪身右侧设有一个弹匣盖，向下旋转打开弹匣盖时，托弹杆随弹匣盖一同向下旋转；当弹匣盖全部打开时，托弹杆也停止旋转，此时可以装填枪弹。然后将弹匣盖向上旋转，托弹杆在弹簧的作用下与弹匣盖一起向上旋转；当弹匣盖旋转到位时，弹匣盖对托弹杆失去控制，此时托弹杆在弹簧的作用下将枪弹固定在弹仓里——这种弹匣盖及从侧面装弹的设计只在早期伯格曼相关自动手枪上出现过。

早期生产的伯格曼M1896手枪No.3型由于没有设置抽壳钩和抛壳挺，因此只能使用弹壳底部无抽壳钩的枪弹。其工作原理是通过火药燃气产生的后坐力直接将弹壳和枪机向后推，当弹壳刚好退出枪膛时，弹壳在下一发进入枪膛枪弹的挤压下而排出。这种抛壳设计虽然不需要设置抽壳钩等部件，看似简化，但通过后世长期的经验来看，为了确保正常抛壳，抽壳钩的设置其实是非常必要的——后期制造的伯格曼M1896手枪No.3型则大多设有抽壳钩，并可以正常使用带有抽壳钩的无底缘枪弹。

装弹完毕后，向后拉枪机，击锤在枪机后退的压力下向后倒，复进簧被压缩。当枪机向后拉到不能动时，枪弹在托弹杆的作用下上移，此时扳机后压到位。松开手，枪机在复进簧的作用下自由前冲，将位于弹匣最上面的枪弹推入弹膛，并在复进簧的作用下形成“闭锁”。这时，扣动扳机，释放击锤，击针在击锤作用下打击枪弹底火，击发枪弹。

此外，伯格曼M1896手枪No.3型的保险是通过向上扳动保险杆实现的。保险杆是一个位于枪身左侧握把上方的弧形杆。当击锤后压到位时，向上扳动保险杆，便将击锤锁定，实现保险。

但伯格曼M1896手枪自动方式的特点在于，枪机和枪管其实并没有真正意义上的锁定，只是靠枪机的重量和复进簧的张力来关闭弹膛。这种自动方式虽然设计简单，但只

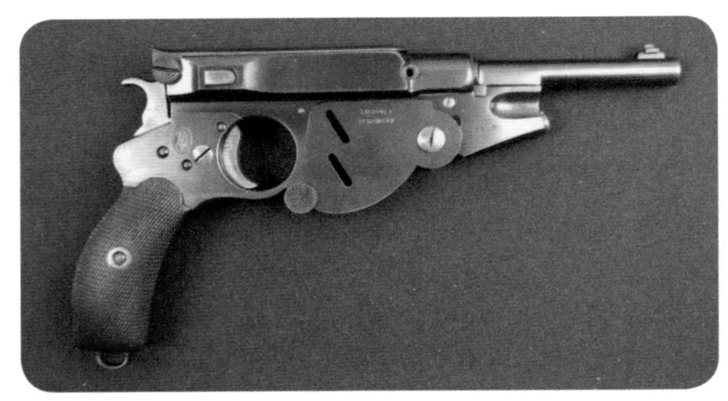

☆ 伯格曼M1896手枪No.4型

适用于小型武器，因为随着枪弹装药量增大，出现弹壳炸裂和后坐力太大等问题的概率就会明显增加。同时正是因为枪弹装药量有限，也使得所有的伯格曼M1896手枪都存在一个共同的缺陷，那就是枪弹威力不足。

为了获得大宗的军队手枪订单，伯格曼和施梅塞尔针对伯格曼M1896手枪威力不足的缺陷，设计出了一种威力较大的枪弹，其与用在毛瑟C96手枪上的7.63×25毫米枪弹的尺寸和威力相仿，被命名为7.8毫米口径伯格曼枪弹，以区别于毛瑟枪弹。以此为契机，两人随后在伯格曼M1896手枪的基础上制造出后膛闭锁式样的伯格曼M1897手枪，通常被称为No.5型，即伯格曼5号手枪。

该手枪有一个可横向移动的枪机，发射枪弹时，枪管和枪机同时后坐一段距离，直到枪机被推到右边时，枪管停止后坐。该手枪同伯格曼M1896手枪一样，有一个滑动防尘盖。这两种手枪的相似之处还包括发射系统和保险系统，此外安装皮套式卡宾枪肩托的方式也是一样的。但该手枪与伯格曼M1896手枪最大的不同是对供弹方式的改进，改为一个方便可靠的直插式可拆卸弹匣。

令人遗憾的是，伯格曼M1897手枪大概仅生产了800把，并没有得到军方青睐，在民用市场上也反响平平。

随后，伯格曼又生产了一款8毫米口径的伯格曼–辛普莱克斯手枪。该手枪看上去似乎是伯格曼M1897手枪的缩小版，也被称为伯格曼M1901手枪。该手枪的早期型可能在德国苏尔市的V.C.希林兵工厂生产，1902年后转到了比利时生产。据说为了在当时如火如荼的袖珍手枪市场中抢到“一杯羹”，伯格曼M1901手枪普遍没有采用高质量的材料，工艺也很粗糙。该手枪除了德国和比利时生产外，在西班牙也有生产。据估算，至少生产了4 000把。但其并不具备与同时期的勃朗宁袖珍手枪一较高下的实力，因此销售并不理想。

在1901年，伯格曼还申请了一项专利，包括一个安放在枪机后部、可垂直移动的闭锁系统。这种闭锁系统被应用到一款新产品上，伯格曼将这种自动装填手枪命名为“火星”（伯格曼M1903手枪），也被称为No.6型，即6号手枪。据说最初制造样枪时存在几种不同的口径版本，但投入实际生产的只有发射9×23毫米枪弹的枪型。

由于之前的持续受挫，伯格曼在准备投产伯格曼M1903手枪时非常谨慎。他甚至希望在实现大规模生产前，先确定一笔大额订单。因为他从一开始就“心虚”，认为伯格曼M1903手枪将来的订单甚至不足以收回投在机器设备上的资金。这样谨慎的结果

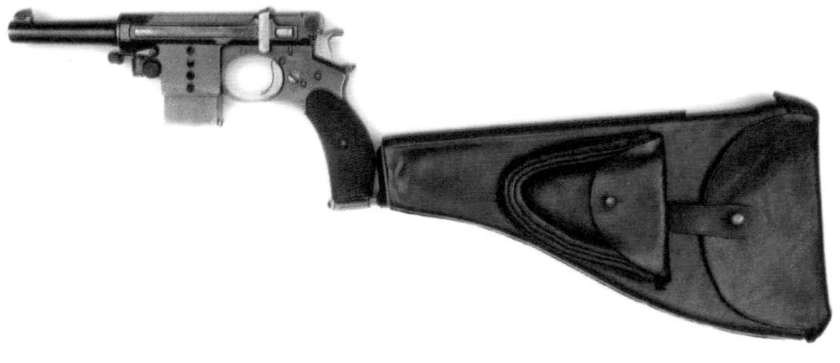

☆ 伯格曼M1897手枪改为直插式弹匣，依旧可以将枪套作为枪托连接使用

☆ 伯格曼M1908手枪

就是，因为前期投入不足，当西班牙政府想要制式采用伯格曼M1903手枪时，他却不能按时完成西班牙政府的订单。与此同时，马德里（西班牙首都）的军火官员还希望伯格曼能对伯格曼M1903手枪做一些改动，改进后的型号就是9毫米口径的伯格曼M1908手枪，该手枪最显著的改进是设计了一个更好的保险系统。

为了按时完成订单，伯格曼此时选择了一种更加稳妥的操作方式：他和位于比利时赫斯塔尔市的AEP工厂签订了一项转让特许协定，授权该厂为西班牙生产订单手枪。在接下来的几年里，大约3 000把由该厂生产、被称为伯格曼–贝亚德手枪的产品被运往西班牙。据统计，伯格曼–贝亚德手枪的总产量大约是2万把。

虽然伯格曼一直为开发新枪和推广销售各种产品而不断努力，但所取得的业绩及影响比他预想的要差得多。1910年，伯格曼从公司管理者位置上退下来；21年后逝世，享年81岁。施梅塞尔则是在1921年离开了伯格曼公司；同年，伯格曼公司被里格诺斯公司收购。“一战”后，伯格曼公司生产了许多小口径的袖珍型手枪，但是没有一种被军队制式采用；“二战”后期，该公司则以化学产品而闻名。

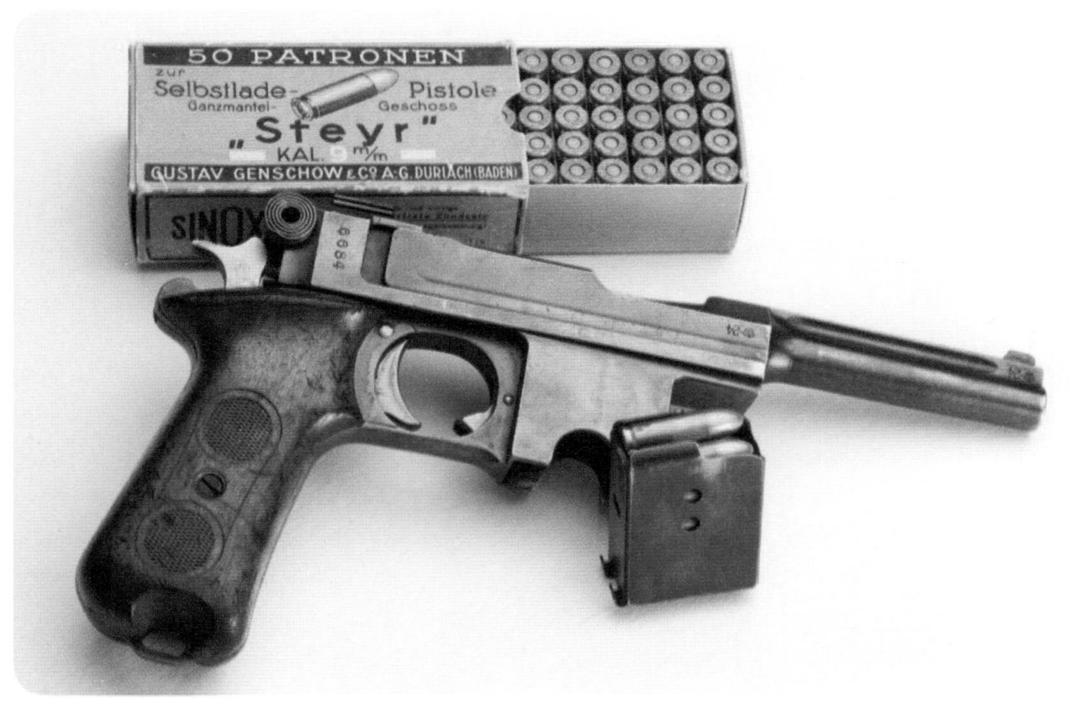

☆ 伯格曼M1910手枪

## 1898 德国卢格手枪

乔治·卢格在1849年出生于奥地利的布伦纳山口斯泰纳赫镇（当时是“奥匈帝国”）。那是一个非常漂亮的小镇，他的父亲是一名外科医生，他把卢格送进一个意大利学校，所以除了母语德语以外，卢格还能讲一口地道的意大利语。毕业后，他的父母把他送到维也纳一家商学院学习。1867年10月，卢格自愿加入奥匈帝国陆军预备军官学校，隶属于第78步兵团。他先当上了下士，随后成了少尉。卢格的枪法很准，这引起长官的注意。随后他被送到了“奥匈帝国军事武器学校”，在那里他很快成了一名射击教官，此时他对自动装填武器产生了兴趣。

1871年他成为中尉，不过他最终还是离开了军队，来到奥地利的赛马会当了一名会计师。赛马会是奥地利顶级社交场所，他在这里遇到了费迪南德·冯·曼利夏。两个同样喜欢轻武器的人一拍即合，开始共同设计步枪弹仓。1891年卢格进入德国路德维格·洛伊公司。

当雨果·博查特研发出博查特C93自动手枪的时候，卢格也在这家公司任职。1894年卢格被派往美国，任务是向美国海军展示这款最新的博查特C93自动手枪。1896年在路德维格·洛伊公司的基础上成立了更大的“Deutsche Waffen-und Munitionsfabriken”，译为“德国武器和弹药工厂”，简称为DWM。除了去美国公干外，在1897年，卢格还向瑞士政府展示了这种最新型的自动手枪，可他没有成功把博查特C93自动手枪推销出去，因为这款手枪被批评为“太重、太大、全无平衡性”，但博查特C93自动手枪的射速和自动装填能力得到了大家的肯定。

这一趟失败的推销经历让乔治·卢格感觉到博查特C93自动手枪有诸多缺点需要改进，于是他开始对这款手枪进行全面的改进，其实这并不亚于重新设计一款新枪。但作为一个天才的枪械设计师，卢格很快就完成了新款自动手枪的设计。

☆ 获得各种荣誉的老年时期的乔治·卢格

这款自动手枪保留了博查特C93自动手枪上的肘节式枪机闭锁结构。肘节式枪机闭锁结构是博查特在美国的最大收获。

在1898年，卢格正式完成新枪的设计工作，新枪是一款外形更小巧的自动手枪。其口径为7.65毫米，这款手枪被命名为“卢格手枪”。

卢格手枪采用外露枪管设计，自动方式为枪管短后坐，肘节式枪机闭锁结构，采用可拆卸弹匣供弹，这些设计在当时来讲都很先进。其全枪长为222毫米、枪管长为102毫米、空枪重量为890克。外露枪管通过螺纹固定在套筒（机槽）上，套筒可以在套筒座上滑动，这样当手枪发射枪弹的时候，枪管和套筒会一同向后移动13毫米；当套筒运动到套筒座里的凹槽尾部后会停止向后运动，这时枪机组件会继续向后运动，现在肘节开始发挥作用；肘节会像胳膊一样屈起，这样

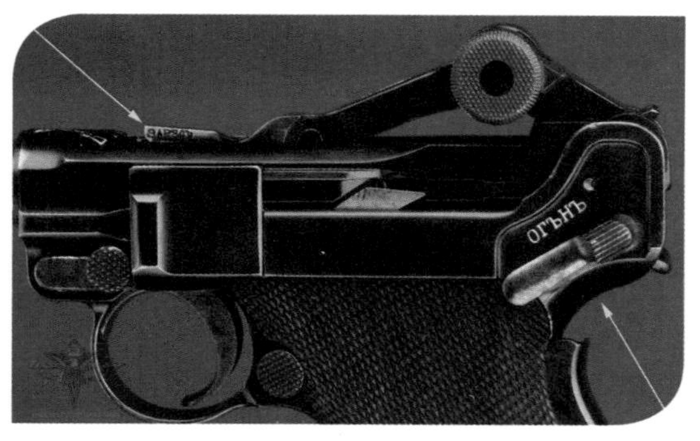

☆ 箭头所示的抽壳钩起到了弹膛指示器的作用，从保险铭文可见其为俄国版

☆ 卢格系列手枪经典的“肘节式”动作方式，此时为“空仓挂机”状态

枪机就能继续向后，完成抛壳动作；这时握把内的复进簧和复进簧导杆起到了复进的作用，这个力量通过连接钩传到枪机组件上，这样枪机组件会再次向前运动，肘节就会向前伸直，完成了上膛动作。

卢格手枪的准星直接固定在枪口位置，而V型照门位于肘节枪机的尾部。枪管是锥形，锥度不大；枪管内部设有4条右旋膛线。枪管后面的套筒部分并不是传统意义的“全包”，而是套筒顶“开槽式”。套筒中间部分是枪机组件，枪机组件顶部设有一个很大的抽壳钩，当枪弹上膛的时候抽壳钩不仅能抽壳，也起到了弹膛有弹指示器的作用。

枪机组件后半部分就是肘节部分。肘节上有两个对称的圆形部件，这个位置起到“胳膊肘”的作用。射手需要上膛的时候，就用拇指和食指夹住两个圆形部件，向后拉动。松手后枪机自动向前完成上膛动作。枪机内部采用平移式击针，击针后面是击针簧。套筒座部分的设计十分超前，尤其是握把的外形，握把与套筒形成一个夹角，而不是垂直设计，这样让射手握持起来更舒服、稳固。当发射时后坐力能够直接作用于虎口部分，降低了枪口上跳的幅度。

扳机护圈为圆形，扳机为月牙形，这个扳机行程比较短。扳机护圈前方设有分解杆，后方设有弹匣（释放）扣，弹匣扣的设计十分超前，直到十多年后其他型号的手枪才开始这么设计。这样能更快地更换弹匣，这也是卢格手枪大批量装备的原因之一。弹匣细长，并且容易分解进行维护。

套筒座后方设有手动保险。向上扳动，保险处于解除状态；向下扳动，则处于保险状态。这时保险会锁住阻铁，这样就能起到保险作用。握把片起初是木质，上面刻有菱形防滑纹，后期握把片也采用橡胶制造。

卢格在瑞士推销博查特C93失利之后，他不仅研发了手枪，还研发了相应的枪弹。这款枪弹就是7.65毫米口径巴拉贝鲁姆枪弹，这是一款7.65×21毫米的枪弹，是在博

☆ 插入手枪握把中的弹匣（右）与单独弹匣（左）底部特写，都带有配件编号

☆ 卢格手枪弹鼓的使用方式

查特C93使用的7.65×25毫米博查特枪弹基础上改进而来的。

这是一款缩颈弹壳枪弹：枪弹全长为29.85毫米，弹壳长21.59毫米，底缘直径是9.98毫米，弹壳尾部直径是9.93毫米，弹壳口部直径是8.43毫米，弹头实际直径是7.85毫米，弹头重量为6克。用标准卢格手枪发射时，枪口初速度为370米/秒，枪口动能达到412焦耳。

当7.65毫米口径的巴拉贝鲁姆枪弹完成后，这款新型手枪才正常登场。其被DWM公司正式命名为“DWM Pistole-Parabellum”，译为“DWM巴拉贝鲁姆手枪”。“Parabellum”这个词汇来源于拉丁语“Si vis pacem, para bellum”，这是拉丁语的一句谚语：“若要和，先备战”。

这种新型的卢格手枪首先被瑞士军方看中，瑞士军方在1900年正式装备了这款DWM巴拉贝鲁姆手枪，命名为“Ordonnanz pistole 00”，简称OP00自动手枪。“Ordonnanz pistole”是德文“序号手枪”的意思，也就是00号手枪。这款手枪直接使用了7.65毫米口径巴拉贝鲁姆枪弹，瑞士版的卢格手枪也采用了120毫米的枪管，并且OP00自动手枪在套筒顶部刻有瑞士的“十”字标识。第一批2 000把在1901～1903年交付瑞士军方使用，瑞士总共订购了73 500把，DWM公司在1923年全部交付瑞士军方。

当然只成功装备瑞士军方是不够的，DWM公司把自己的新枪也带到了美国。交给美国军方测试的卢格手枪都刻上了“美国鹰”的标识，所以测试的手枪都被称作美国鹰卢格手枪。第一次测试，DWM公司提交了两把美国鹰卢格手枪。随后，DWM公司很快在美国民用市场上也推

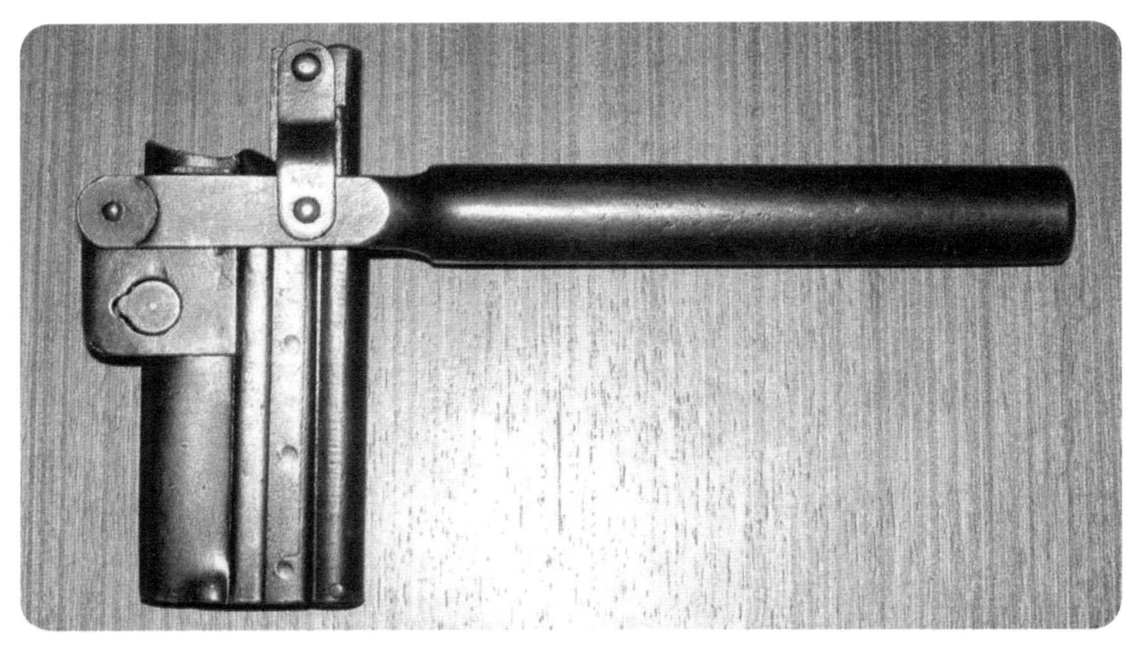

☆ 卢格手枪的装弹器

☆ 早期卢格系列手枪就设计了握把保险（红圈），体现出高效的安全性

出了美国鹰卢格手枪——总共1 000把（配用美国岩岛兵工厂制造的枪套），枪号从6100到7100。

俄罗斯军方也对卢格手枪进行了测试，测试用的卢格手枪上刻有两支交叉摆放的莫辛–纳甘步枪。测试的结果是俄罗斯军方订购了1 000把卢格手枪。此外，卢格手枪还被卖到过塞尔维亚，带有塞尔维亚标识的手枪数量极少。保加利亚军方也订购了卢格手枪。商贸版本的卢格手枪更是到处开花，其中最有名的一个拥有者是葡萄牙国王卡洛斯。他手里的卢格手枪是专门为他打造的，刻有皇冠和“CI”字样。可以说，卢格手枪一经出现就卖到了世界各地。

1901年，乔治·卢格对自己设计的手枪取得的初步成功并没有沾沾自喜，而是继续从枪弹下手进行改造。

因为7.65毫米的枪弹停止作用不是特别好，所以他把弹头直径提高到了9毫米，弹壳也从缩颈改成了直筒，这样的改变诞生了一款新型的枪弹。这就是现在已经被广泛采用的9毫米巴拉贝鲁姆枪弹，也被称作9×19毫米卢格枪弹。

最开始的弹头设计为全金属披覆弹头，形状像削去尖端的圆锥，重量8.03克，弹头的直径是9.02毫米，弹壳颈部直径是9.65毫米，弹壳底部直径是9.93毫米，弹壳长度为19.15毫米，枪弹全长为29.69毫米。

当新枪弹产生后，相应的新款卢格手枪也诞生了。这种9毫米口径的卢格手枪被命名为巴拉贝鲁姆手枪。1902年，新枪和新枪弹开始投入生产。

卢格手枪虽然是德国DWM公司进行生产和售卖，但德国军方却没有看上这款手枪。当然原因是多重的，其中一点是因为卢格手枪的动作方式容易进入沙土。当9毫米版本的卢格手枪出现后，其他国家继续订购，而德国军方还没有动静。当DWM公司被英国维克斯股份有限公司介绍给了英国皇家小型枪支委员会，再加上把9毫米的样枪提供给美国军方测试后，德国军方终于对9毫米口径的卢格手枪提起了兴趣，而有兴趣的是德国海军。

德国海军对这种9毫米的卢格手枪进行测试后就开始装备，并且正式命名为Pistole 04型手枪——卢格P04手枪诞生。

这款卢格P04手枪采用150毫米的枪管，套筒顶部没有任何标识，并且对照门进行了改进，可以从100米调节到200米。德

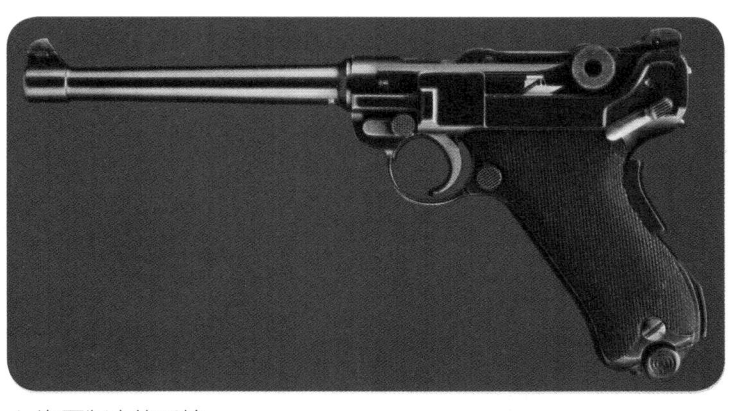

☆ 海军版卢格手枪

☆ 卢格的美国鹰版

☆ 瑞士军用版卢格手枪

国海军测试时订购了5把卢格手枪，随后正式订购了2 000把。其中一部分还装备了潜艇部队，应该是装备了U型潜艇的艇长和大副。

1903年，乔治·卢格亲自带了50把9毫米口径的卢格手枪来到美国纽约，用于替换以前的7.65毫米口径卢格手枪——这些都是为了满足美国军方的测试需求。最后美国军方认为卢格手枪的9毫米巴拉贝鲁姆枪弹停止作用不足，于是美国军方把这50把测试用卢格手枪全部拍卖了，其中绝大部分被弗朗西斯旗下公司买下后翻新了。虽然1904年成功装备德国海军冲淡了其在美国的失败，但DWM公司并没有放弃美国市场，首先是推出了带有握把保险的新型卢格手枪。这款卢格手枪面向美国民用市场，并且还刻有“美国鹰”的标识。随后，根据美国军方的要求，推出了口径更大的.45英寸（11.43毫米）口径卢格手枪。首批用于测试的.45英寸口径的卢格手枪只有2把，当然测试结果败给了勃朗宁的M1911手枪。这2把卢格手枪在1994年的估价是100万美元/把：其中1把陈列在诺顿博物馆中，另1把被私人收藏家收藏。

## 1900　比利时FN M1900手枪

☆ 比利时FN M1900手枪，因手枪商标得名“枪牌撸子”

比利时FN公司位于比利时列日市附近的赫斯塔尔，成立于1889年。FN公司有一个大工厂和一批熟练的工人，以及完备的机器。当时FN公司即将完成比利时政府M1889毛瑟步枪的订单合同，同时又没有什么后续的新订单合同。这让FN公司非常头痛，被迫做出一项“大胆”决定，就是让公司的对外事务总监哈特·伯格回到自己的家乡去学习最新的自行车制造技术。这位老兄出生在美国康涅狄格州哈特福德，当他回到家乡时，碰巧勃朗宁也来到了哈特福德。两个人就在这个不大不小的地方不期而遇，虽然后人很难得知这两人是经人介绍还是自行认识的，但总之他们很快就成了非常好的朋友。

这时柯尔特与勃朗宁的合作只限于勃朗宁的第二款半自动手枪。柯尔特公司已经拥有了勃朗宁第二款半自动手枪的专利，可研发出产品还有很长的一段路要走。并且柯尔特公司想要往军用方面发展，所以柯尔特就放弃了勃朗宁的第三款半自动手枪，委婉拒绝了勃朗宁。这事让勃朗宁比较郁闷，就向好朋友伯格倾诉，伯格一听大喜，主动要求与勃朗宁合作。随后伯格带着勃朗宁第三款半自动手枪的原型枪和子弹回到比利时。在FN工厂中他与工程师们惊奇地发现，这把枪居然连续发射了500发子弹却毫无故障。很快于1897年7月17日，FN与勃朗宁签署合同，生产和销售这款手枪，但只限于欧洲，该合同明确禁止新枪在美国和加拿大销售。

1898年1月，伯格前往犹他州的奥格登，尝试邀请勃朗宁来比利时监督制造手枪模具的进程。但这一时期是勃朗宁生命中最有创意的阶段，他有其他的事情需要优先去做，所以与FN的第一次合作他没能亲临现场。不过FN公司很快进行了生产，第一把原型枪于1898年7月进行了测试。第一批产品在1899年1月生产了出来，因为生产年份为1899年，所以该手枪被FN公司命名为FN M1899半自动手枪。

FN M1899半自动手枪一经推出就受到欢迎，从1899年开始生产直到1901年停产，总共生产14 400把。枪号从1~9999，之后（即第10 000把）开始，改成A打头的A1开始。这些FN M1899手枪基本在欧洲销售，从未登陆美国市场。该手枪一经推出就被比利时军方相中，虽然有毛瑟、绍尔等竞争对手，但该手枪最终成功胜出。不过比利时军方对FN公司提出了几项改进意见：第一，改进机匣，增加强度；第二，把保险的英文字母改成德文字母（比利时的官方语言是德语与法语）；第三，在握把上增加可以拴枪绳的固定环等。就这样，改进型的新枪被命名为FN M1900半自动手枪——就是大家熟悉的“枪牌撸子”。

“枪牌撸子”全长为164毫米，枪管长102毫米，全枪高为112毫米，空枪重0.629千克，口径为7.65毫米。采用自由枪机的自动方式，勃朗宁在设计时为了满足自由枪机的需要，重新设计了一款.32ACP（8毫米）枪弹。弹容量虽然只有7发，但在那个年代已经算多了。

☆ FN M1899手枪特写

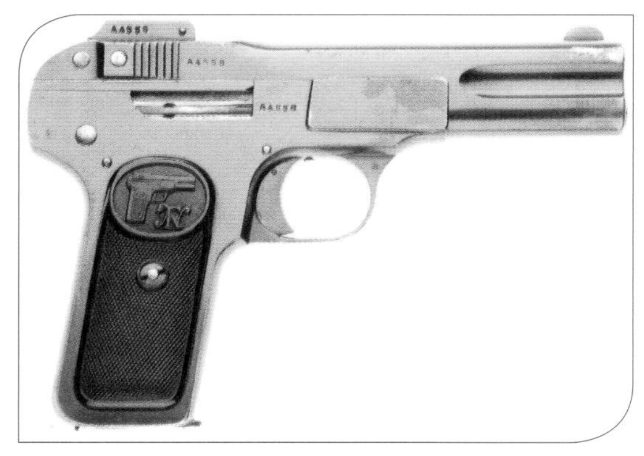

☆ 枪号为A4558的FN M1899手枪特写

“枪牌撸子”的设计与现代手枪相比，极其独特，就是枪管在套筒下方，套筒上方是复进簧与复进簧导杆。这样的设计让枪管轴线降低到与射手的持枪手虎口同高，射击时后坐力几乎平正作用于射手的虎口，基本抵消了射击时的枪口上跳——这也是“枪牌撸子”成为天下第一枪的重要原因。

其套筒前部是半圆的片状准星，后部是V型照门，两侧带有防滑纹。套筒尾部用两个螺杆固定套筒后部的枪机组件，击发机构非常简单，采用平移式击针击发原理。设有一个独特的拨杆，拨杆可以连接复进簧导杆与枪机，并且能作为待击指示器来用。拨杆平时凸出套筒，挡在照门和准星之间。当拉动套筒上膛后，击针会被阻铁卡在枪机后方，拨杆一端和击针相连，所以拨杆的那端就会随着击针停留在枪机后方。但拨杆另一端随套筒向前，并随着拨杆部分“缩入”套筒内。这时射手就会知道枪机处于待击状态，可以随时扣动扳机。除了拨杆，复进簧导杆也起到一定的指示作用，当枪机处于待击状态，复进簧导杆会缩进套筒内。反之击发状态，复进簧导杆会与套筒齐平。

该手枪还有个类似“空仓挂机”的设置，其实并不是“空仓挂机”，只是可以让套筒停在后面，用于在不进行分解时清理枪膛内部。算是“空仓挂机”的雏形。

“枪牌撸子”的枪管固定在套筒座上。套筒座左侧刻有铭文，起初为“BREVET S.G.D.G”的字样，后期把套筒上的“BROWNING'S PATENT”铭文向下移到了套筒座上，并且字体很大，用于突出这是勃朗宁的专利与设计。套筒座右侧后部有个缺口，是抛壳窗，因为枪管在下方，所以抛壳窗的位置也很特殊。

该手枪的手动保险设在套筒座左侧靠后的地方，当保险处于下方位置时，其上方露出“FEU”字样，表示保险已经关闭，可以随时进行射击；当保险被拨向上方位置时，

☆“枪牌撸子”与.32ACP弹药

首先装备的是比利时军方，并且也装备过俄国军队，成为俄国军队校官和警察配枪。一战后，从俄国独立出来的芬兰继续采用该手枪作为警察用枪。区分标识是芬兰警察用的该手枪握把上有个特殊的图案，即握把上方带有一个短剑图案，剑柄带有独特的戴皇冠的狮头形象。

很多资料显示，导致第一次世界大战的萨拉热窝事件中，刺客采用了“枪牌撸子”刺杀了奥匈帝国皇储斐迪南大公。实际上这是个误传，因为当初报道中只是提及了勃朗宁自动手枪，而当年最有名的勃朗宁自动手枪就是“枪牌撸子”。其实刺客使用的是当时刚刚面世的“花口撸子”（勃朗宁FN M1910）。由此可见当年在欧洲“枪牌撸子”有多么出名，可以说是人们能在第一时间想起的手枪。

自从“枪牌撸子”流入中国，就非常受欢迎。如果说“盒子炮”是战斗手枪的典范，那么“枪牌撸子”就是自卫手枪的状元。

其下方露出“SUR”字样，表示处于保险状态，此时不能拉动套筒，也不能击发。

“枪牌撸子”的分解过程：首先，卸下弹匣，确认膛内无弹。然后，使用螺钉旋具或者专用扳手拧下套筒与枪机结合的两颗螺杆。向前推动套筒，然后卸下套筒。套筒卸下后，可以看到复进簧与复进簧导杆，用手向上抬起复进簧导杆，让复进簧与复进簧导杆从复进簧驻栓上面的开口脱出，这样就可以把后面的枪机一并卸下，完成部分分解。

起初比利时军方采用的“枪牌撸子”上的握把，与我们后来看到的该手枪握把并不一样。比利时军方的该手枪握把没有后期握把顶端的椭圆形结构，而是一整片木质握把。不过，对民用市场销售的FN M1900和FN M1899手枪握把则相同，采用橡胶材质，顶端带有标志性的“枪牌”图案。直到1905年后，该手枪改为只有“FN”字样标识的握把。另外，“枪牌撸子”的弹匣卡榫设置在握把底部。

“枪牌撸子”在市场上一经推出就大受欢迎。

☆“枪牌撸子”呈现“空仓挂机”状态

☆ 三把不同的“枪牌撸子”。其中上面两把是发蓝处理，下面一把是镀镍处理

☆ 不完全分解的“枪牌撸子”

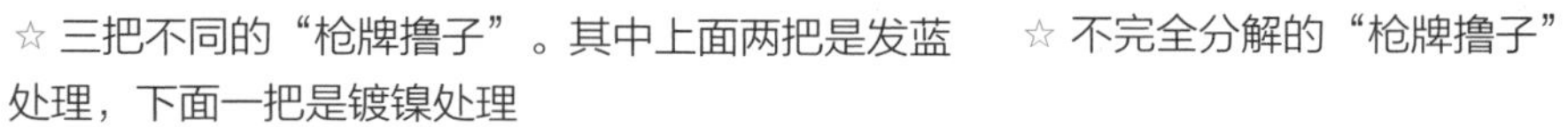

**“枪牌撸子”的产量明细**

| 生产年份 | 产量 | 枪号范围 |
|---|---|---|
| 1900 ~ 1901年 | 10 000把 | 1 ~ 10000号 |
| 1901 ~ 1902年 | 21 700把 | 10001 ~ 31700号 |
| 1902 ~ 1903年 | 40 000把 | 31701 ~ 71700号 |
| 1903 ~ 1907年 | 328 300把 | 71701 ~ 400000号 |
| 1907 ~ 1910年 | 275 000把 | 400001 ~ 675000号 |
| 1911 ~ 1912年 | 49 550把 | 675001 ~ 724550号 |

# 1903　比利时FN M1903手枪

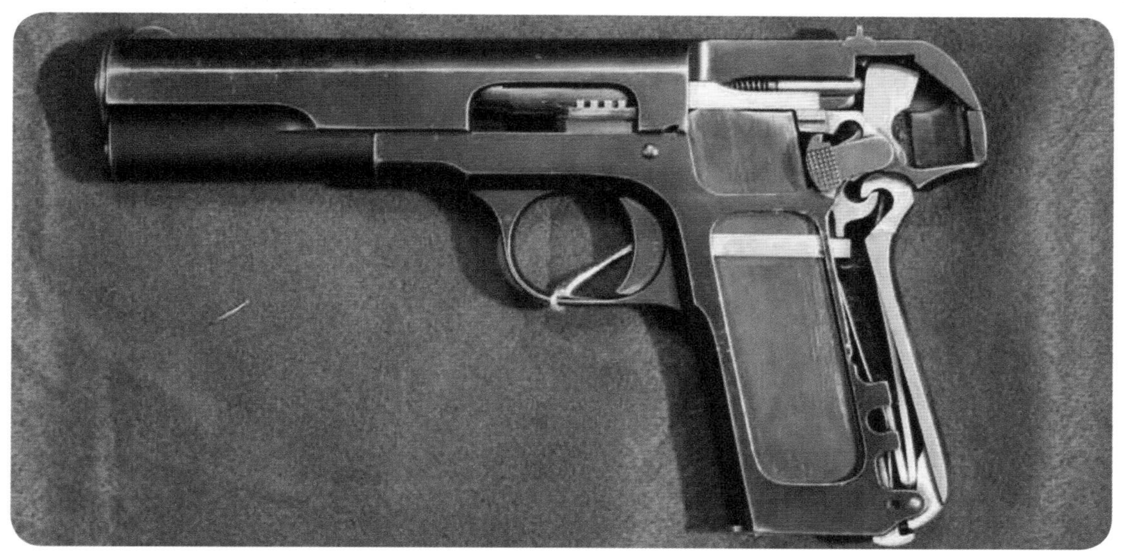

☆ FN M1903手枪内部构造

当哈特·伯格认识了约翰·勃朗宁之后，比利时FN公司的命运也随之发生了改变，FN公司不仅成功得到了原先想要学习的自行车制造技术，也得到了勃朗宁这个天才的一系列手枪设计。

在成功推出“枪牌撸子”，也就是FN M1900半自动手枪（以下简称FN M1900手枪）之后，FN公司非常满意勃朗宁的设计，他们觉得得到了“绝世高手”的指点，能够大赚特赚，但“枪牌撸子”相对于高大的欧美人来说显得有些小巧。并且枪弹尺寸也有点小，于是他们希望勃朗宁能够研发一种使用9毫米口径枪弹的“大型手枪”。

当时是1901年，勃朗宁正在改进自己的第一款手枪的设计，而这款被命名为柯尔特M1900半自动手枪的口径也正是9毫米。但勃朗宁并没有直接给FN公司这个设计，而是在柯尔特M1900半自动手枪与“枪牌撸子”的设计基础上进行新枪的研发。

一年以后，也就是1902年的某一天，勃朗宁的新枪设计终于出炉了，并且连同一款新型的9毫米枪弹被一并送到比利时FN公司的工厂。FN公司很快就对这个新设计进行了测试，并加以改进。最终将这款新枪增大尺寸，最初命名为“Grande Modèle”，法语的意思是“大型号”。随即，FN公司决定把这款新枪推向市场，根据用年份取名的习惯，计划在1903年将正式推出的这款新枪最终命名为FN M1903半自动手枪。

与此同时，美国柯尔特公司也向勃朗宁提出要求，想要一款类似FN M1903手枪式样的小手枪。所以，勃朗宁再次改进了自己的设计，把这个“小弟”给了柯尔特公司，而这个“小弟”就成了本书后文将要提到的“马牌撸子”，此乃后话。

FN M1903手枪采用自由枪机的半自动方式，单动的内藏式击锤。全枪长205毫米，枪管长127毫米，空枪重0.903千克，弹容量7发。

枪身表面使用发蓝处理，呈现黑色。采用片状准星和U型缺口照门。FN M1903手枪的套筒外观十分漂亮，套筒右侧刻有“FABRIGUE NATIONALE D’ARMES de GUERRE HERSTAL BELGIOUE”，法语译为“比利时赫斯塔尔国家兵工厂”；下面一行是“BROWNINGS PATENT”，译为“勃朗宁专利”。套筒后方两侧都带有纵向的防滑纹，右侧套筒抛壳窗后方带有一个外露的抽壳钩。

其最有特点的是套筒座上两侧均设有用于卡住套筒动作的装置，右侧套筒上有个长条状的卡榫，可以卡住套筒，然后进行部分分解；而左侧的卡榫则为手动保险。在后拉套筒到位的同时，其凸出的部分也可以与另一个位于套筒前部的小凹槽相配合，以卡住套筒进行部分分解。

套筒右侧带有枪号。握把保险与手动保险组合在一起的设计思路，让FN M1903手枪成为当年最安全的半自动手枪之一，这两个保险均是针对阻铁运动而设计的。握把片为橡胶材质，与“枪牌撸子”一样，其上方带有FN的商标，美观大方。

弹匣卡榫在握把底部，这是当年的流行设计。此外，在握把的左下方还设有一个用于拴枪绳的环。

应客户要求，FN公司还曾经推出过木制的枪套。这款枪套外形与著名的“盒子炮”一样，可见这些客户很有可能来源于中国。

因为设计时并没有考虑在手枪上安装这个“盒子”作为枪托，所以FN公司为此特别开发了一款10发的加长弹匣，通过这款10发加长弹匣可以把木制的枪套固定在握把后方，以作为枪托使用。

☆ 用手动保险卡住套筒

加装这个枪托后对射击精度有所提升。之后还出现了采用表尺照门的FN M1903半自动手枪型号。不过，这种带有表尺照门的型号十分少见，极其珍贵。

在美国曾经出现过一款.38ACP枪弹，这是为柯尔特M1900半自动手枪所设计的弹药，之后由于美国军方希望采用.45英寸（11.43毫米）口径而被淘汰。

这款.38ACP枪弹是一款“纯”9毫米枪弹，因为弹头直径正好是9毫米。在这款手枪弹的基础上，勃朗宁设计出一款9×20毫米枪弹，这就是9毫米勃朗宁长弹。与此相对应，.38ACP枪弹也有了另一个名字，那就是9毫米勃朗宁短弹。

FN M1903手枪正是使用这种9毫米勃朗宁长弹：其弹头直径为9毫米，枪弹整个长度为28毫米，弹壳顶部直径是9.6毫米，尾部直径是9.8毫米，底缘是10.3毫米，弹壳长度为20毫米。这款枪弹的弹头重量为7.1克，用FN M1903手枪发射时的初速度达到318米/秒，枪口动能是350焦耳。

自从FN M1903手枪问世后，这款符合欧洲人对全尺寸手枪需求的产品就立即得到了许多国家的订单。但由于当时FN公司同时开工生产两种手枪，再加上这种超出预期的热卖，让FN公司有些应接不暇。因为当时中国对“枪牌撸子”的喜爱，所以FN公司

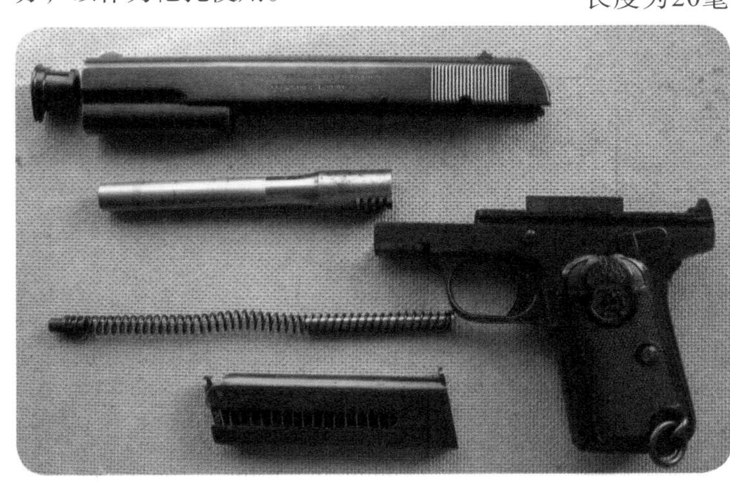

☆ 组件：枪口帽、套筒、枪管、套筒座组件、复进簧、弹匣

把生产完全倾向于“枪牌撸子”，也就是FN M1900手枪。这就造成了FN M1903手枪的产量相对而言很低的局面。

但在欧洲，各个国家的需求则与中国不同，这反倒让FN M1903手枪成了抢手货。包括比利时、瑞士、荷兰、爱沙尼亚、俄国、土耳其和瑞典等国，都相继采购了大量的FN M1903手枪。

其中荷兰与比利时主要用于装备警察部队，其他国家则用来装备军队与警察。尤其是俄国一口气订购了7 000把，大约3 100把用来装备铁路警察部队。而土耳其订购的FN M1903手枪更是独特，其要求在套筒侧面和顶部加刻阿拉伯文，这种独特的FN M1903手枪现在十分少见，自然也受到许多收藏家的追捧。南美洲的巴拉圭也曾经订购过一批FN M1903手枪用于武装。

FN公司的FN M1900手枪与FN M1903手枪同时在欧洲大卖，但FN M1900手枪大部分卖向民间，而FN M1903手枪则基本上都销往军方和政府。该枪从1903年开始生产，在第一次世界大战比利时被德国占领后，FN公司被迫停产。但第一次世界大战结束后，FN公司便立即开始生产。可随着第二次世界大战的爆发，FN公司在1939年底再次被迫停产FN M1903手枪。

至1939年底，FN公司生产的FN M1903手枪的总数量是58 442把。产量虽不大，但绝大部分用于装备欧洲的各国军队与警察部队。后来，美国也进口过一批FN　M1903手枪，并且把口径改为在美国相当常见的.38ACP。由于该枪拥有坚固的金属部件，所以其与100年后（当今）制造的.38ACP口径的很多手枪来比，依旧拥有相同或者更高的操作可靠性。

最初瑞典军方从比利时FN工厂来直接订购FN M1903手枪，瑞典军方对这款手枪十分满意，前后总共订购了9 000把。但因为第一次世界大战爆发，比利时被德国占领，这让瑞典人无法从比利时得到FN M1903手枪，于是瑞典人决定购买生产权，并自行生产FN M1903手枪。

随后，这个工作交给了瑞典的胡斯华纳兵工厂，这个工厂生产与FN M1903手枪原品一模一样的产品，但这款手枪被瑞典人命名为胡斯华纳M1907半自动手枪。瑞典从1907年开始装备FN M1903手枪，而这款胡斯华纳M1907半自动手枪与FN M1903手枪最大的区别，就是握把上的FN商标被改为了瑞典皇家标识。套筒上的铭文改为“HUSQVARNA VAPENFABRIKS AKTIEBOLAG，BROWNINGS PATENT”，瑞典语译为“胡斯华纳兵工厂，勃朗宁的专利”。后期改为“SYSTEM BROWNINGS”，译为“勃朗宁系统”。但可能是随着一代大师的去世，后来生产的手枪上将“勃朗宁”字样去掉了。

瑞典的胡斯华纳兵工厂从1907年开始生产，直到1942年才停止生产，期间总共生产了97　400把，其中88　600把交付给了瑞典军方，剩下的部分被卖到了包括哥伦比亚在内

☆ 瑞典购买的FN　M1903手枪

☆ 瑞典军人的装备：FN M1903手枪及相关配件

的南美洲各国家与地区。

更加神奇的是，这些瑞典产的胡斯华纳M1907半自动手枪与比利时FN原厂生产的FN M1903手枪共同存在，在瑞典军队中装备了近80年。直到20世纪80年代著名的Glock系列手枪出现，才使得这些手枪被替换了下来。由此可见，这款手枪是多么可靠与耐用。

勃朗宁设计这款FN M1903手枪时，他并没有想到这款手枪会有什么不一般的经历，更不会想到这款手枪会成了世界上第一款被众多国家军、警所采用的全尺寸半自动手枪。虽然他的其他设计也在随后的几年中流行开来，但这款FN M1903手枪的霸气外形却已经整整影响了全世界一个世纪，直到现在，它的影子依然可见。

FN M1903手枪上的主要设计思路被运用到柯尔特M1911系列半自动手枪上。其外形又被苏联的枪械设计师托卡列夫相中，他将FN M1903的外形设计运用到了他所设计的TT-30手枪上。而这款手枪在我国成了51式半自动手枪，随后我国的54式半自动手枪问世，成为我国枪械制造历史上最重要的武器之一。但其实很少有人知道，54式半自动手枪漂亮的枪口设计等元素是由勃朗宁在1902年完成的。

在瑞典，FN M1903手枪与它的后辈们一同在这个世界上服役。直到现在，这种手枪已经成了各国枪械收藏家们的首选藏品之一，包括瑞典生产的数量，这款手枪全球总产量为155 842把。虽然不是产量最大的手枪，但却是世界上第一款真正用来装备军队的全尺寸半自动手枪。

☆ 土耳其版FN M1903手枪，注意套筒上有阿拉伯文

# 1903　美国柯尔特M1903/08手枪

☆ 第一型“马牌撸子”

在旧时中国的名枪谱里，“一枪二马三花口”中的二号“人物”指的便是国人俗称“马牌撸子”（或直呼“马牌”）的柯尔特手枪，而“马牌撸子”的得名就在于其手枪握把上的一只“小马”标识。

这个“小马”其实是美国柯尔特公司的商标，但因为新中国成立前大众的文化水平普遍较低，上面的洋文很难有人看懂，甚至于枪身上刻的“shanghai”这个“上海”的汉语拼音都没人能够看懂。但是这些洋文遮挡不住中国人民的智慧，就像中国的汉字是象形文字一样，国人从来不缺乏发散思维和联想能力，所以凭着该手枪握把上的“小马”形象便使这款柯尔特M1903/08半自动手枪在中国成了大名鼎鼎的“马牌撸子”。实际上“马牌撸子”是我国人民对柯尔特公司生产的柯尔特M1903/08手枪的一种统称。

“马牌撸子”的设计者约翰·勃朗宁其实在给柯尔特公司该款手枪的正式专利之前，就已经设计出了这款“马牌撸子”的雏形样枪，并且把这款样枪的设计先给了比利时的FN公司——即本书上一章节所提到的比利时FN M1903手枪，可见FN M1903手枪与柯尔特M1903/08手枪可谓是“同父”（勃朗宁同款设计）、“异母”（不同厂家生产）的“兄弟”。

枪械设计大师勃朗宁与柯尔特公司的合作可以追溯到1894年，就算勃朗宁和比利时的FN公司合作之后，还是继续与柯尔特公司保持着合作关系。而柯尔特的第一款半自动手枪——柯尔特M1900半自动手枪就是勃朗宁设计的。

但是很可惜，由于当时这款手枪没能受到美国军方的重视，后来勃朗宁的第三款半自动手枪出炉时，他决定要“平分”这个设计。于是，他的第三款半自动手枪在比利时FN公司称为FN M1903半自动手枪，而在美国的柯尔特公司这款手枪略作改动后被命名为柯尔特M1903半自动手枪。该手枪是勃朗宁设计的第一款内藏击锤型半自动手枪，也被称作口袋型手枪。柯尔特公司得到专利后，与勃朗宁签订协议，答应每把枪售出后会付给勃朗宁40美分的专利费。

就这样，第一把“马牌撸子”诞生在1903年的6月，并于同年8月正式推向美国市场，该手枪一经推出就受到了美国人的喜爱。随后这款“马牌撸子”又经历了四次改动，由此衍生，最后该家族成员囊括五种型号、两种口径。因为改动口径后的型号通常被称为柯尔特M1908半自动手枪，所以为了统一这种“不同口径但实质却相同”的两款手枪，就将它们统称为柯尔特M1903/08半自动手枪。而在我国，以上各款无论是哪种型号或者哪种口径都会被冠以“马牌撸子”的名称。

柯尔特M1903/08手枪采用自由枪机的半自动方式，单动的内藏击锤。全枪长7英寸（178毫米），枪管长4英寸（102毫米），空枪重0.68千克。但到了第二型，枪管缩短为3.75英寸（95毫米），全枪长也相应变短为6.75英寸（171毫米），全枪重量略有下降。口径为7.65毫米的“马牌撸子”采用的是.32ACP弹药，装弹量为8发。而口径为9毫米的“马牌撸子”采用.38ACP弹药，装弹量为7发。上述枪型都是采用片状准星和U型缺口照门，理论有效射程在50米内。

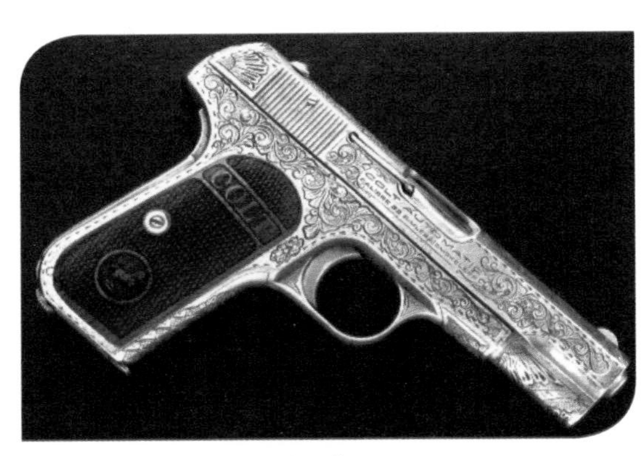

☆ 枪身刻花的“马牌撸子”

☆ 军用订单版本“马牌撸子”，上面刻有U.S. Property（联邦财产）

枪身表面有经过发蓝处理的黑色“马牌”标识，也有镀镍的银色“马牌”标识。除此之外还根据客户需要镀金，或者镀银，并且还有在枪身上刻有各种各样图案的高级定制版“马牌”。另外，军用版本的“马牌撸子”表面用锌锰系磷化处理技术，增加了耐磨性。套筒后部带有纵向的防滑纹，防滑纹上有一个固定销，这就是“击针挡杆”，用于固定击针尾部，控制击针的位置。击针挡杆下方是手动保险，这是“马牌撸子”的第一道保险。除此功能以外，当拉动套筒到后部便可以使用手动保险卡住套筒，不让套筒复进，用途是在分解时来固定套筒。握把背面则有第二道保险，就是握把保险。弹匣释放钮被设计在握把底部，后期的“马牌”拥有的第三道保险就是弹匣保险。

“马牌撸子”的标识就是握把防滑镶片上的那匹扬蹄的“小马”，而这匹“小马”也并不是一成不变的，而是随着枪型的改进在不断变化的，由此而产生了多种不同款式的“小马”式样，这也成为区分该系列手枪不同型号的一个参考依据：第一款的“马牌”握把防滑镶片采用橡胶制成，呈现黑色，上部有“COLT”的铭文，波浪纹环绕，下部则有标志性的“小马”，“小马”外部是一个圆形；第二款的握把防滑镶片也是橡胶制成，上部有横条框形制的“COLT”铭文，下面的“小马”比第一款的大了一点儿，“小马”身下还压有“橄榄”形状的标识；第三款的握把防滑镶片依旧采用橡胶制成，上面和第二款一样是横条框形制的“COLT”铭文，下面的“小马”没有改变，但去掉了“小马”身下的“橄榄”标识；第四款则改换材质，用胡桃木来制作握把防滑镶片，其上取消了单独的“COLT”的字样，改为了一个镶嵌形制的金色扣子，扣子里还是那匹“小马”。当然，除了这些标准的握把形制，还有专门为客户定制的特殊式样，比如象牙制成的高级款式。甚至也有握把防滑镶片上不带有“小马”标识的产品，但仍然可以从套筒右侧尾部的“小马”标识来判断出它就是“马牌撸子”。

“马牌撸子”之所以产量大、寿命长、在美国备受欢迎，原因很简单：它是第一款能安全放入衣袋的“口袋型”半自动手枪。除了内藏击锤的设计，最重要的是其带有三道保险。

第一道保险：位于套筒左侧后部的手动保险，手动保险不仅能卡住套筒，也能锁住击锤不让击锤动作，起到保险作用。

第二道保险：握把保险，这是勃朗宁第一次使用握把保险，握把保险压杆安装在握把正后方，借助保险簧的力量略凸出于握把后部。内部结构是保险突榫抵住击发阻铁，这样扳机与击发阻铁不能动作，扳机自然就不能使击锤作用，从而达到保险功能。当需要射击时，手握住握把就能使握把保险进入握把内，从而解除保险，这样就可以进行射击。通过第一道保险与第二道保险，能够确保待击的击锤被保险锁住，而扳机与击发阻铁也被握把保险挡住。这样的“双保险”能够保证使用者可以将上膛后的“马牌撸子”安全放入口袋中。

第三道保险：是从第四型才开始加上去的弹匣保险。弹匣保险的作用就是在没有弹匣的时候，扳机无法击发弹膛内的弹药。其作用是保证在分解维护时，只要使用者卸下了弹匣，即使没有检查弹膛有弹与否，也不至于发生意外。这样的保险结构使“马牌撸子”在当时成了最安全的半自动手枪。

勃朗宁在设计半自动手枪的时候，不仅要设计枪械，还得设计相应的弹药。“马牌撸子”的第一种7.65毫米口径型号使用的是.32ACP弹药。这款.32ACP弹药是勃朗宁研发的第一款半自动手枪的枪弹，又称为7.65×17毫米勃朗宁弹。该弹起初用在FN M1900半自动手枪上，也就是在中国排行第一的“枪牌撸子”。

这款.32ACP弹药只适合自由枪机的半自动手枪，威力不是很大，但作为民用自卫手枪的弹药却很合适，其威力足矣。后来人们开始追求威力更大的弹药，尤其是作为一款军用手枪，所以“马牌撸子”需要一种能提升该手枪威力的弹药，这就是.38ACP弹药，这款弹药又被称作9×17毫米子弹。虽然这款弹药直径为9毫米，但总长度和.32ACP一样，相比较之下，还是9毫米直径拥有更大的停止作用。所以对于军队和追求大威力的使用者们来说，使用.38ACP弹药的枪型更受欢迎。

在美国，柯尔特M1903/08半自动手枪（也就是俗称的“马牌撸子”）从1903年开始生产直到1945年停产，产量达到了71万把。除了部分出口以外，大部分的该手枪都留在了美国本土。起初柯尔特公司是将该手枪推向民用市场的，许多购买者都看中了这款不外露击锤的手枪能够安全放入口袋中。很快，警方也注意到了这款新枪的实用价值。纽约市、底特律市、波士顿市等警方都给自己的警员配备了“马牌撸子”。

当然，美军也装备了“马牌撸子”，空军飞行员使用该手枪当作自卫武器，海军也有少量装备。不过一些非常棒的“马牌撸子”都是装备给了军中更高级的官员，比如当时美军的将军们基本都配备了高级的“马牌撸子”，柯尔特公司还可以按照将军们自己的意愿在枪身上刻上他们的名字，或者是不同图案，随身佩带着“马牌撸子”的美国将领们贯穿了二战的历史。

“马牌撸子”是旧时中国人给柯尔特M1903/08半自动手枪起的一个俗称，由此也体现出该手枪和中国有着非常紧密的联系。依记录来看，从1925年开始，为维护英国在旧时中国的利益，英政府曾向柯尔特公司陆续订购过该手枪，并且在枪身上刻有“SHANGHAI MUNICIPAL POLICE”的字样。而刻有“SWW Co 22”字样的“马牌撸子”，便是其中给上海自来水厂相关人员配备的武器，这些英国人订购的“马牌撸子”都是9毫米口径款式。

除了英国人，法国人也为租界警察订购过9毫米口径的“马牌撸子”。枪身上有“CONCESSION FRANCAISE CHANGHAI”的铭文。新中国成立后，这些枪成为我人民公安的配枪，直到20世纪70年代才逐渐退役。除此之外的“马牌撸子”则可能是通过各种不同的渠道流入了中国境内，在旧时中国上演了不少“马牌撸子”的传奇。

柯尔特公司除了出口中国，还出口给菲律宾、日本、荷兰、英国、澳大利亚、比利时等国家。其中，最有趣的是其出口给比利时的“马牌撸子”出现“撞衫”，因为比利时FN公司生产的FN M1903就是“马牌撸子”的孪生兄弟。可是，比利时政府还是在1916年4月订购了这批7.65毫米口径的“马牌撸子”。由此可见，柯尔特制造的“马牌撸子”质量之上乘。

**五种不同的型号**

| 型号 | 生产年代 | 产量 | | 特征 |
|---|---|---|---|---|
| | | 7.65毫米口径 | 9毫米口径 | |
| 第一型 | 1903~1908年 | 72 000把 | 1把（1908年底研制的第一把9毫米口径） | 特征是尺寸最大，全枪长7英寸（178毫米），枪管长4英寸（102毫米），握把防滑镶片式样是第一款。枪口内带有枪口帽，口径只有7.65毫米的一款 |
| 第二型 | 1909年 | 33 000把 | 6 250把 | 特征是尺寸缩小了，枪管缩短为3.75英寸（95毫米），全枪长为6.75英寸（171毫米）。握把防滑镶片式样为第一款。口径有7.65毫米与9毫米 |
| 第三型 | 1910~1926年 | 363 000把 | 86 750把 | 特征是枪口有所改变，取消了枪口帽，枪管形状也有相应变化。握把防滑镶片式样从第一款、第二款直到第三款都有 |
| 第四型 | 1927~1943年 | 94 000把 | 43 000把 | 特征是采用了新型的弹匣保险，握把改用胡桃木制作，即第四款握把防滑镶片式样 |
| 第五型 | 1944~1945年 | 10 215把 | 2 008把 | 特征是准星与照门改成和柯尔特M1911A1相同 |

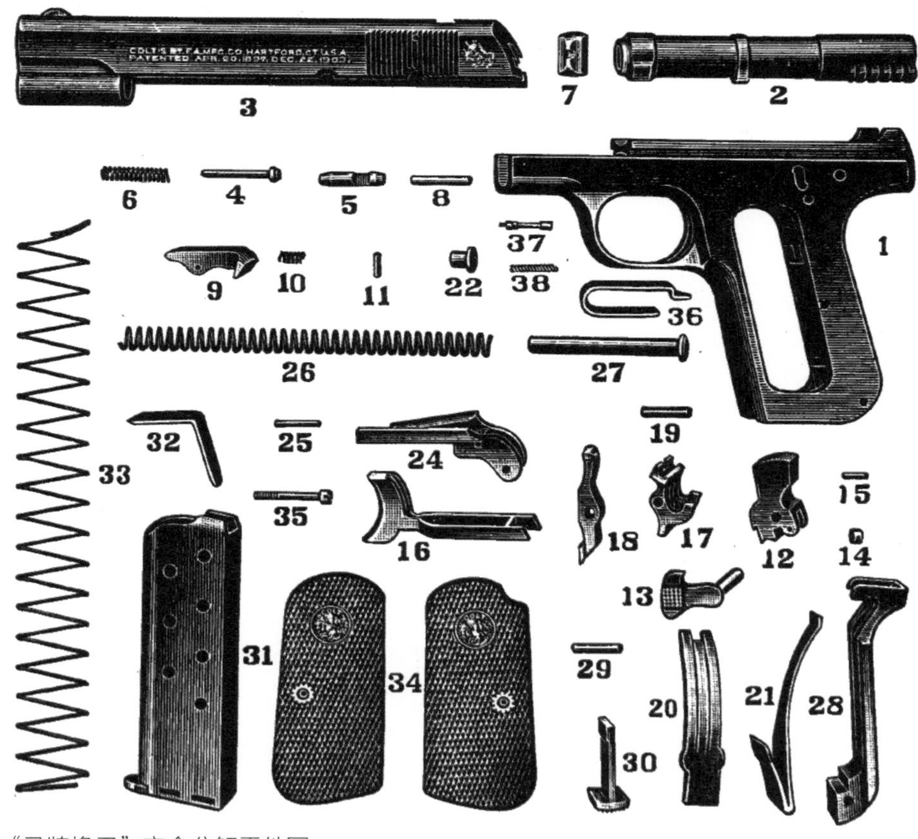


☆ “马牌撸子”完全分解零件图

**完全分解零件图**

1—套筒座
2—枪管
3—套筒
4—击针
5—击针限位块
6—击针簧
7—照门
8—击针挡杆
9—抽壳钩
10—抽壳钩簧
11—抽壳钩销
12—击锤
13—保险
14—击锤滚轮
15—击锤滚轮销
16—扳机
17—阻铁
18—单发阻铁
19—阻铁销
20—阻铁簧
21—击锤簧
22—复进簧顶头
24—抛壳挺
25—抛壳挺销
26—复进簧
27—复进簧导杆
28—握把保险
29—握把保险销
30—弹匣释放钮
31—右侧握把防滑镶片
32—弹匣托板
33—弹匣簧
34—左侧握把防滑镶片
35—握把防滑镶片固定螺杆
36—弓簧
37—顶头固定销
38—限位销

## 1904 美国萨维奇“野人”手枪

☆ 美国萨维奇“野人”手枪及包装

亚瑟·威廉·萨维奇于1857年5月13日在牙买加金斯敦出生。他的家庭十分富裕，所以家里给他提供了一系列良好的教育，曾经把他送到美国的马里兰州上学，随后又转去英国伦敦求学。当他在伦敦毕业后，就职于伦敦市内的一家报纸，从事美工方面的工作。

不过很快萨维奇就厌倦了这种工作，他决定搬到澳大利亚去，接着他移居到了澳大利亚并于1878年与一名叫安妮·布莱恩特的姑娘结婚。当时他在澳大利亚的工作就是在内陆寻找名贵的“猫眼石”，可他被生活在内陆地区的澳大利亚土著居民抓住，并且将他扣留在他们的村子里。不过他最后终于得以返回自己的家，后来他开始经营一个很大的农场。他在这个农场里养牛，到1890年，他已经成为澳大利亚最大的养牛“专业户”了。

1891年，34的萨维奇搬回牙买加，并且在牙买加开始经营咖啡生意。就在同一年，他的另一部分天才能力被挖掘出来，那就是设计武器。

首先，萨维奇自己改进了几把英国的李氏步枪（李–恩菲尔德步枪），又和别人共同设计了萨维奇–哈尔贝斯鱼雷。此后他移民美国，开始在纽约州尤蒂卡市的尤蒂卡运输系统公司担任主管。

在萨维奇35岁这一年，他终于设计出了自己人生中的第一支步枪。这是一支拥有内置击锤，以及圆形旋转弹仓的杠动式步枪。随后他把自己设计的这款步枪送到美国军方进行测试，但最终美国军方并没有采用这款步枪，而是采用了后来备受诟病的克拉格–乔根森步枪。

萨维奇并没有因为这次“失败”而一蹶不振，首先他将自己的这款步枪申请了专利，随后便创建了自己的武器公司，这就是著名的萨维奇武器公司。萨维奇用自己的家族姓氏命名公司，同时“萨维奇”一词也有“野人”的意思，再加上他曾经与澳大利亚土著打交道的经历，于是就把美国土著，也就是印第安人酋长的形象设计为公司的商标。随后在1899年，其正式推出了公司成立后的第一款步枪，这就是萨维奇M99杠动式步枪。

萨维奇虽然有了自己的拳头产品，但他还是想拓展更广阔的军用武器市场，当时美国军方已经开始检测柯尔特公司产的手枪。而萨维奇当时还并没有自己的半自动手枪，不过他找到了一名叫厄伯特·西尔勒的发明家和他的生意伙伴威廉·康迪特。

厄伯特·西尔勒和他的朋友从1903年开始在萨维奇的工厂内研发新型半自动手枪，并很快就设计出一款很有特色的半自动手枪，并且开始申请专利。专利在1904年10月1日被成功申请下来，专利号是804985。

厄伯特·西尔勒设计的这款萨维奇半自动手枪（以下简称萨维奇手枪）于当时来讲，可谓是“前无古人”。因为这款独特的萨维奇手枪采用的自动原理是半自由枪机方式，其拥有一个前半部分为圆形的套筒，而套筒内部设有一段凹槽，在其末端还设置有一小段斜置的凹槽。这段凹槽与枪管尾部上方的突榫在动作中相配合。

当射手扣动扳机击发枪弹后，子弹向前，而产生的向后推力会让套筒后坐运动。当套筒向后运动时，套筒上方的凹槽和枪管上方的突榫配合则会使枪管自己向右旋转5°。

☆ 萨维奇手枪分解枪管、复进簧等

不要小看这5°旋转，正是这个过程使得套筒的运动速度减慢，因此起到了一定的延时作用。会让膛压从危险的水平降低到安全值内。这时套筒继续向后完成抛壳，再借助弹簧力完成套筒复进和上弹过程。需要指出的是，枪机与枪管的关系靠复进簧力闭合在一起，而套筒和枪管之间则通过突榫和凹槽配合相锁定。其枪管本身只会进行自转，而不回转。

萨维奇手枪的套筒不是“全包型”，而是和枪机组合在一起的。套筒尾部外露式枪机从表面看来很像传统的击锤回转式击发方式。但实际上萨维奇手枪采用的是平移式击针击发方式。尾部类似击锤的东西根本不是击锤，而是待击杆。

这个“假击锤”，在平时未上膛时，处在击发位置。如果射手拉动套筒时套筒座内部的阻铁就会卡住击针，使击针处于待击位置。又因为击针与待击杆连接，所以待击杆也就向后处于待击位置，这时的待击杆也起到了弹膛指示器作用。

当射手扣动扳机，阻铁降下，击针靠弹簧力向前击发枪弹底火。一旦此时出现哑火状况，那么射手就可以使用这个待击杆：这时的待击杆因为击针向前，已经向前运动回到了击发位置，所以射手需要用手指把待击杆尾部向后扳动，扳至待击位置。这样就可以再次扣动扳机，再次尝试让击针来击发枪弹。

萨维奇手枪的阻铁分为两个部分。枪机内部设有阻铁，而扳机上方设有阻铁挡杆。当扣动扳机时，阻铁挡杆降下，随即枪机内部的阻铁也从击针前部移开。这样的设计保证了萨维奇手枪的可靠性，却增大了加工的难度。萨维奇手枪的枪机组件除了枪机本体以外，其内部还包括击针、击针簧、待击杆、抽壳钩和阻铁等10个小零件。由此可见萨维奇手枪的枪机结构十分复杂，可以说其枪机组件是全枪中最难加工的部分。

萨维奇手枪的保险位于套筒座尾部，保险本身结构十分简单。当保险杆向下（垂直于套筒）时就是解除保险状态，射手可以随时扣动扳机击发枪弹；如果把保险杆向握把右上方扳动（保险杆平行于套筒）时则是保险位置，这时保险杆伸入套筒座内部的部分可以有效阻止待击杆下部向下移动——这就是种“跷跷板效应”。向下运动的待击杆与击针连接，所以待击杆能拽住击针，不让击针向前，这样就能起到保险作用。这款保险虽然简单可靠，但操作时却不能单手完成。

萨维奇手枪除了独特的自动方式和击发方式以外，还首创了双排弹匣结构。虽然这个双排弹匣与现代手枪的双排弹匣还是有区别的，但已经能有效增大弹容量。所以，萨维奇手枪无论是哪种的口径版本都比同期任何一款手枪的弹容量要高。其弹匣左侧带有四条观察槽，并且每款不同弹匣都带有相应的口径铭文。

萨维奇手枪的弹匣解脱杆也十分独特，设置在握把前面下方。需要卸下弹匣时，射手只需要用小拇指按压弹匣解脱杆尾部就能解脱出弹匣。这个设计也存在问题，虽然其设计十分巧妙，但手指按错位置可能造成弹匣意外滑脱。如果射手戴有较厚的手套时，用小拇指按压凹槽就非常不便。

1906年1月31日，美国陆军军械部部长威廉·歇尔将军向许多个人与制造商发出邀请，请他们提供采用新型.45ACP枪弹的新枪进行军队的测试工作。

萨维奇公司在1907年1月提交了样枪。这款萨维奇（半自动）手枪被称作萨维奇M1907 .45ACP口径军用半自动手枪。同年萨维奇公司也推出了7.65毫米口径的萨维奇M1907半自动手枪。

测试用的萨维奇M1907 .45ACP口径军用半自动手枪总共发射了913发.45ACP枪弹，暴露出来许多问题。陆军军械部要求萨维奇公司进行修改。经过修改后的萨维奇手枪面貌有所改变：核桃木握把，握把保险、抛壳窗设置在顶部，枪管长度为5英寸（127毫米），弹容量为8+1发。

当时其每把的售价为65美元，美国军队总共订购了200把作为测试用枪。本应该从1907年10月开始生产，但推后一年才进行生产。更有趣的是，萨维奇公司只是生产出零件，而把这200把手枪的所有零件送到了斯普林菲尔德兵工厂进行组装。

据资料记载，其中的65把进行过测试。测试结果发现萨维奇M1907改进型手枪在射击中出现的主要是卡壳和上膛问题，其原因被归咎于枪机和弹匣设计缺陷。随后这200把手枪被送回萨维奇公司，军方要求萨维奇公司进行再次改进。但在运输过程中居然莫名其妙地丢失了5把。被送回的195把萨维奇手枪均做了改进，尤其在保险杆处打上了“保险”和“开火”的标识文字。

在经过改进后这批手枪于1909年3月再次被送交美国军方，美国军方把萨维奇手枪分散发给了美国骑兵队、陆军军械部和步枪射击学校进行测试。在步枪射击学校，枪号为2和7的两把萨维奇手枪进行过射击测试，但效果还是不理想：总共发射了871发枪弹，出现了43次故障，并且3个零件损坏。美国骑兵队的詹姆士·科尔上尉做出的报告上则写明：萨维奇手枪的握把拥有很好的防滑性，手枪具有很好的指向性，很容易进行瞄准，并且射击精度很高。但是，萨维奇手枪不合适在军中配发，不适合使用。

萨维奇公司副总裁格林认为军方无视萨维奇手枪，但军方对此予以否认。这批萨维奇手枪再次被返回萨维奇公司，运输过程中再次出现纰漏，这次居然丢失了72把之多，并且军方要求这72把的损失由萨维奇公司自己承担。

萨维奇依旧还是没有放弃，1910年2月萨维奇公司提供了新型改进的萨维奇手枪，这次萨维奇手枪重新改进握把、增厚套筒、改小抽壳钩和照门等组件。这款手枪被命名为萨维奇M1910半自动手枪。

但这“瘟疫”般的故障阴霾还是没有消散。随后，萨维奇公司在1911年初又推出了改进型的萨维奇M1911半自动手枪。在最后的一轮测试中，还是难免卡壳、抽壳钩故障与弹匣故障等问题。最终，柯尔特公司的柯尔特M1911半自动手枪成功战胜了萨维奇M1911半自动手枪。

萨维奇公司前后总共生产了288把.45口径的萨维奇手枪，在美国军方手中最初总共有185把.45口径的萨维奇手枪，但最后军方居然以每把60美元的价格，把其中的181把返销回了萨维奇公司。当然后人认为萨维奇手枪最终落败的主要原因之一也是因为其65美元的价格，因为当时柯尔特M1911半自动手枪单价只有25美元。

萨维奇回购后，把这些军用测试过的.45口径的萨维奇手枪全部通过民用市场售卖出去，总算是没有赔本。这里要指出的是，萨维奇手枪并不是失败的作品，因为萨维奇手枪在研发初衷就不是为了.45ACP这样大威力手枪弹而设计的。只是为了竞争军用手枪订单而改变了其设计的初衷，以至于造成了所有设计需要重新改进的局面，但最终依旧没有改进到令军方满意的程度。但总体来说，萨维奇手枪本身并没有太多问题，这个在民用市场上得到了体现。

在竞标军用半自动手枪项目的同时，萨维奇公司向民用市场推出了萨维奇M1907半自动手枪。这是一款7.65毫米口径的半自动手枪，构造与.45口径的萨维奇手枪基本相同，但7.65毫米口径的萨维奇M1907半自动手枪的抛壳窗设置在套筒右侧。

这款萨维奇M1907半自动手枪（民用版）的全枪长为6.5英寸（165毫米），枪管长为3.75英寸（95毫米），空枪重19盎司（539克），弹容量为10+1发.32ACP枪弹。这已经是当年采用.32ACP枪弹的半自动手枪中最大的弹容量了。所以萨维奇M1907半自动手枪，也被称为“10响枪”。当年该手枪售价为15美元，弹匣售价为50美分。

萨维奇M1907半自动手枪从1907年开始生产，在1913年推出了9毫米版本的萨维奇M1907半自动手枪，这款手枪又被称为萨维奇M1907/13半自动手枪。其全枪长为7英寸（178毫米），枪管长为4.25英寸（108毫米），空枪重20盎司（567克），弹容量为9+1发.38ACP枪弹。当年售价为16美元，弹匣售价为50美分。

萨维奇M1907半自动手枪从1908年开始生产，除上述这两种口径以外，还进行了诸多的改进。每次改进都没有更改手枪的原有名称，只是在后面加上当年的年份来组合命名。

起初的萨维奇M1907半自动手枪的握把片采用金属冲压制造。随着军用测试版本的改进，民用版的握把片也进行了改进，但不是使用核桃木制造，而是采用橡胶制造。并且握把片上带有了此后著名的“野人”商标。其套筒顶部刻有铭文，包括萨维奇公司与专利的字样，还有就是口径等信息。套筒顶部起初是完整的圆形，后期加增了一条防反光槽，这样其上铭文就被一分为二，照门也经过修改。套筒两侧的防滑纹为10条纵向的粗防滑纹，后期改为了很细的30条纵向防滑纹。枪号早期刻在套筒座最前方和扳机护圈之间的部位，后期干脆刻在了套筒座最前方。

保险处最早没有铭文，也是因为军用版本改良后，民用版本才加上铭文。套筒座右侧的萨维奇铭文也是后期增添。在改进过程中，该手枪增加了空仓挂机功能。不过最大的一次外部改变是把传统的圆形待击杆改为了马鞍型待击杆。这些改变因为出现在1919年，所以改进款被称为萨维奇M1907/19半自动手枪。

直到萨维奇M1907半自动手枪停止生产，萨维奇公司也没有停止对该手枪的系列改进工作。其最后一个版本出现在1920年。所以被命名为萨维奇M1907/20半自动手枪。

☆ 雕刻版（珍珠母贝握把）萨维奇M1907半自动手枪

萨维奇7.65毫米口径M1907半自动手枪产品明细

| 生产年份 | 枪号 | 产量 |
| --- | --- | --- |
| 1908 | 1 ~ 2000 | 2 000 |
| 1909 | 2001 ~ 15000 | 13 000 |
| 1910 | 15001 ~ 30500 | 15 500 |
| 1922 | 30501 ~ 50500 | 20 000 |
| 1912 | 50501 ~ 80500 | 30 000 |
| 1913 | 80501 ~ 100000 | 19 500 |
| 1914 | 100001 ~ 115750 | 15 750 |
| 1915 | 115751 ~ 130000 | 14 250 |
| 1916 | 150000 ~ 166572 | 16 752 |
| 1917 | 166573 ~ 184500 | 17 748 |
| 1918 | 184501 ~ 185847 | 1 346 |
| 1919 | 185848 ~ 223850 | 38 004 |
| 1920 | 223851 ~ 245750 | 5 951 |
| 总产量 | | 209 801 |

注：萨维奇公司7.65毫米口径的M1907半自动手枪的枪号并不是完全连号，所以根据枪号计算数量会导致错误。

萨维奇9毫米口径M1907半自动手枪产品明细

| 型号 | 枪号 | 产量 |
| --- | --- | --- |
| M1907/13-1型 | 2000B ~ 2350B | 350 |
| M1907/13-2型 | 2351B ~ 7000B | 4 400 |
| M1907/13-3型 | 5618B ~ 6248B | 250 |
| M1907/13-4型 | 7000B ~ 10000B | 3 000 |
| M1907/19 | 13900B ~ 14700B | 800 |
| M1907/20 | 14701B ~ 15748B | 1 050 |
| 总产量 | | 9 850 |

注：萨维奇公司9毫米口径的M1907半自动手枪的枪号并不是完全连号，所以根据枪号计算数量会导致错误。

萨维奇M1907半自动手枪系列是萨维奇公司的主打产品，此前的改进型只是在后面加上改进年份，其他变动微小。后来萨维奇公司还推出了改进后以当年年份命名的新型萨维奇半自动手枪，这些产品因为改进比较大，所以重新命名推向市场。

第一次较大改进在1915年，这款萨维奇产品最大的改进有两点：第一点是把外露的待击杆改为了内置待击杆，这就无法用手指扳动待击杆，增加了安全性；第二点就是增加了握把保险，当然这不是第一款带有握把保险的萨维奇半自动手枪。但这款握把保险与军用版本的.45口径萨维奇半自动手枪并不相同。这款萨维奇产品被命名为萨维奇M1915半自动手枪，其也有9毫米和7.65毫米口径两个版本。

萨维奇M1915半自动手枪产品明细

| 型号 | 制造年份 | 产量 |
| --- | --- | --- |
| 7.65毫米口径 | 1915 | 6 380 |
| 7.65毫米口径 | 1916 | 120 |
| 9毫米口径 | 1915 | 3 900 |
| 总量 | | 10 400 |

第二次较大的改进在1917年，这次对原来的握把形状进行了改进。当然这个改进依旧是基于M1907系列进行，从原来的长方形握把改成了上窄下宽的“大肚子”形。这样的握把让射手握持时候更加稳固，增强了人机一体的工效。命名为萨维奇M1917半自动手枪，有9毫米和7.65毫米口径两个版本。不过因为“一战”和其他一些原因这款M1917半自动手枪从1920年才开始正式生产。

萨维奇M1917半自动手枪产品明细

| 型号 | 制造年份 | 产量 |
| --- | --- | --- |
| 7.65毫米口径 | 1920 | 11 200 |
| 7.65毫米口径 | 1921 | 4 750 |
| 7.65毫米口径 | 1922 ~ 1926 | 13 100 |
| 9毫米口径 | 1920 | 14 222 |
| 总量 | | 43 272 |

作为一款独特设计的半自动手枪，虽然口径和型号不尽相同，但为了进行维护，其各款的部分分解方法都是一样的。

☆ 9毫米口径萨维奇M1907半自动手枪

☆ 定制版（木制握把）的萨维奇M1915半自动手枪

首先卸下弹匣，然后拉动套筒检查弹膛（当然这步骤可以通过看待击杆的位置来确认，不过为了确保安全还是要养成好的习惯）。把保险从“FIRE”位置扳动到“SAFE”位置，这样就可以拉动套筒到后方，并用手指夹住枪机部分，随后将枪机向右旋转90°。

这样就能解脱枪机，用手指拉出枪机即可。枪机取出后，把套筒向前移动就可以取出套筒。再把枪管和复进簧一并取下，就完成了部分分解。完成维护后，只要反向操作就能把手枪装好。

虽然萨维奇“立志”想要拿下美军的军用手枪订单，但最终还是失败了。这两次失败不免让萨维奇感到十分沮丧，但这款设计巧妙的半自动手枪并不是失败的作品，有些国家还是对这款半自动手枪产生了兴趣。

在“一战”期间，首先是葡萄牙订购了一批萨维奇M1907/13半自动手枪，最终总共有1 200把该手枪被装船送到了葡萄牙军方手里。虽然美国军方没有采用.45口径的萨维奇半自动手枪，但“一战”开始后，美国军方却给了萨维奇很多其他武器的订单，其中就包括李氏步枪、刘易斯机枪、汤姆森冲锋枪等，可就是始终没有再次采购萨维奇半自动手枪。

资料显示，一名美军飞行员自购过一把7.65毫米口径的萨维奇M1907半自动手枪。这名飞行员自购该手枪平时在地面上用来自卫，而飞到空中则是用于自杀。看过《空战英豪》的读者都知道，在“一战”期间飞行员驾驶的双翼飞机一旦被击中，飞行员根本没有办法逃生。为了避免自己被大火活活烧死，飞行员宁可选择使用手枪自杀，以此来结束自己的生命。值得庆幸的是，这名飞行员没有使用该手枪自杀，而是打完仗后平安回到了家乡，这把手枪也被他的子孙们传承了下来。

在“一战”中该手枪订购量最大的是法国。法国总共订购了27 000把7.65毫米口径的萨维奇M1907/13–3型半自动手枪。按照法国人的要求，该手枪在握把上增加了拴枪绳的环，这也成为法国军版的明显特征。该款枪型从1915~1917年陆续生产和供应法国军队，每把法国军版萨维奇半自动手枪配发3个弹匣，这就让当时的法国军官拥有了30发火力的半自动手枪。这样的配置在当年来讲十分少见，当时可谓是法国军队中的抢手货。

和其他公司的半自动手枪一样，萨维奇公司也推出了一些豪华版的萨维奇半自动手枪。比较引人关注的是其中生产了400把装有珍珠母贝握把片的手枪，却从未推出过大家习惯的象牙握把版本，如果出现也应该是定制版本。

除了特殊的握把片外，在枪身表面的处理方面，萨维奇半自动手枪也推出过镀镍版本的产品，数量大约为500～600把。而镀金版本总共生产过12把，最少的应该是镀银版本，据资料显示，只有2把镀银版本，可谓极其罕见。

此外，萨维奇公司还推出过一款非传统的口袋型，这款萨维奇口袋型半自动手枪取消了以往的半自由枪机设计，而是直接采用自由枪机设计。这种发射.25ACP枪弹的

☆ 各款萨维奇半自动手枪的不同商标位置

口袋型空枪重量只有12盎司（340克）重。该手枪从1912年开始设计并生产，直到1918年停止生产，虽然时间跨度很大，但实际上只生产了不超过30把而已。据了解，此前有100把左右的订单，但是被取消生产了，原因是勃朗宁小手枪价格降低，以及“一战”停止，需求下降等诸多因素。目前遗留的20余把萨维奇口袋型半自动手枪显得异常珍贵，曾经在1996年有人每把出价17 000美元收购。

在旧时的中国，美国货源源不断地被输入进来，萨维奇系列半自动手枪也不例外。但是由于留存的资料不多，尚不能统计出详细的数量。国内某博物馆中就收藏有萨维奇M1907半自动手枪和萨维奇M1917半自动手枪。

萨维奇系列半自动手枪总共生产了27万余把，但同时期的“马牌撸子”不仅生产时间长，产量更是高达71万把。所以在中国，产量大的“马牌撸子”比萨维奇这款“野人撸子”要普及得多。

因为萨维奇半自动手枪握把上的印第安人头像极具个性，所以中国的老百姓似乎没法给起个通俗的名字，索性以“野人撸子”称呼。虽然因为种种原因，这些大容量的萨维奇半自动手枪并没有在中国“叫响”，但也并不妨碍这款独特的“野人撸子”在中国的枪械历史上留下自己独特的一笔。

## 1905 美国柯尔特M1905手枪

☆ 柯尔特M1905手枪

约翰·勃朗宁在19世纪末设计了三款新型的半自动手枪（全部申请了专利）。第一款半自动手枪因为采用导气式结构，并不适宜，最终没有进行生产。不过，勃朗宁的第二款半自动手枪被柯尔特公司看中，这样就开创了勃朗宁与柯尔特公司共同开发半自动手枪的历史。这款手枪被柯尔特公司命名为柯尔特M1900半自动手枪，这款柯尔特M1900手枪也是世界上第一款采用枪管短后坐自动方式、枪管偏移式闭锁机构的半自动手枪。

在1991年年底，这款柯尔特M1900手枪参加了美军新型手枪的竞标选拔。随后按照军方要求进行了改进，改进型被命名为柯尔特M1902军用型半自动手枪。改进后的柯尔特M1902手枪虽然让美国军方感到满意，但这时的美国军队根据在战斗中吸取的经验，觉得这款使用.38ACP口径枪弹的半自动手枪不能满足他们的火力需求，要求柯尔特公司继续针对口径进行改进。

1903年初，柯尔特公司研发了一款口径为0.41英寸的枪弹，这是基于老式的.41口径柯尔特长弹而研发的新型枪弹。但美国军方并没有采用，而是要求柯尔特公司继续研发更大口径的枪弹。

1903年10月16日，美国陆军军械理事会召集了两个军人，一名是陆军上尉约翰·T.汤普森，另一名则是军医路易斯·拉格特上校。陆军军械理事会要求他们通过实验得出军方所需要手枪的最小口径。

这两位中的约翰·T.汤普森当年曾经参加过对柯尔特M1900手枪的测试，这次他与军医路易斯·拉格特一起在一年内对9种不同口径和尺寸的枪弹进行了多项测试。最终在1904年3月18日提交了他们的报告，报告得出的结论是：军方需要采用手枪的最小口径为0.45英寸（11.43毫米）。

其实这一结果也在意料之中，原因是.45口径的柯尔特单动军用转轮手枪一直是之前美军长期装备的主要武器之一，实际测试中.45口径的柯尔特枪弹表现最为出色。可是现有的.45口径柯尔特枪弹弹壳很长，并且采用老式的黑火药，并不适用于最新的半自动手枪，还好这时新型的无烟火药让柯尔特公司有了新选择。

依靠研发.38ACP口径枪弹时所取得的经验，柯尔特公司研发的新型.45口径枪弹比老款.45口径柯尔特枪弹弹壳缩短了一半，因为使用了新型火药，初速没有变化，威力也没有任何降低。但这其中要注意，如果直接采用重量为16克的.45口径柯尔特长弹的原有弹头，则无法保障精度。此后又经过反复实验，新型枪弹的弹头重量被降低到13克。这种新型枪弹的生产任务则交给了美国联合金属弹药公司，随后生产出来的新型枪弹被命名为.45ACP枪弹。

新型的.45ACP枪弹弹头直径为11.5毫米，弹壳长为22.8毫米，子弹总长为32毫米，枪口初速为275米/秒。起初弹头为纯铅弹，后来改为全披甲弹头。为了确保抽壳动作的可靠性，研发人员还在1907年对弹壳尾部进行了修改。而当年的研发人员当时也许并没想到他们的这种新式枪弹会流行百年之久，成为一代名弹。

1904年9月，当.45ACP弹药诞生后，勃朗宁开始继续改进原先柯尔特M1902手枪的设计，希望以此为基础来制作一款能够使用这种新型枪弹的半自动手枪。起初，勃朗宁仅仅是将柯尔特M1902手枪的口径进行单纯的扩大化。经过测试发现，柯尔特M1902手枪套筒内部枪管下的铰链无法长期承受新型子弹所造成的膛压与后坐力，容易发生断裂破损。

随后，勃朗宁对早期枪管下方设置的双铰链设计进行了修改。把枪管前部下方的铰链取消，用一个很大的枪管固定凸榫代替。同时保留了后面的铰链，并在枪管后部的3个闭锁凸榫下方还设置有3个很小的块状枪管固定凸榫结构，用于加强枪管短后坐动作时的可靠性和耐久性。

该枪管前后共计有4个枪管固定凸榫和后部的铰链结构，都与套筒座上的凹槽配合动作。这种结构使得枪管在向后移动时，会向下摆动进而完成开锁动作。这样的设计让新枪能够承受新型.45ACP枪弹的膛压和后坐力。

这个修改在1905年5月25日申请了新专利，于同年12月19日得到批准。而这款修改后的新枪被柯尔特公司命名为柯尔特M1905半自动手枪。

最初的柯尔特M1905手枪全枪上下均由手工打造，非常精致。所有部件均经过发蓝处理，全枪呈现黑色，也有少数的镀镍型号，呈现银色。全枪长为8英寸（203毫米），枪管长为5英寸（127毫米），空枪重为32.5盎司（0.92千克），弹容量为7发。

柯尔特M1905手枪的套筒后部带有纵向防滑纹，右侧后部有一个长长的抽壳钩。套筒上方带有半圆形准星和缺口式照门。套筒右侧刻有“柯尔特自动”与“.45中心发火”等英文字样，而套筒左侧的铭文几经修改，前半部为专利权的日期，后半部则为柯尔特公司的铭文。套筒左侧后方带有柯尔特公司的经典“小马”商标。

其枪管前部呈现陀螺形是为了配合套筒往复。枪管前部下方安装有一个钩形枪管固定凸榫，后方则带有铰链设计。枪管后部上方带有3个闭锁凸榫，闭锁凸榫的下方均带有三角形的枪管固定凸榫。枪管下部为复进簧与复进簧导杆。

其套筒座上设有空仓挂机，这个设计沿用了柯尔特M1902手枪的原有设计。枪体左侧的扳机护圈上部刻有枪号，扳机呈现月牙形。套筒后部的击锤总共有两种设计：一种是长圆形，一种是马鞍形。握把镶片采用核桃木材质制造，但最早的柯尔特M1905手枪握把镶片上不带任何防滑纹，随后的改进型增加了菱形防滑纹。

在后期生产的柯尔特M1905手枪中，大约有400把带有可以充当枪托的皮质枪套。该皮质枪套的尾部与手枪握把后部的凹槽进行配装，让射手可以抵肩进行射击，因此柯尔特M1905手枪也可以被归为驳壳枪。

1905年6月8日，一把柯尔特M1905手枪的样枪被送到美国弗兰克福特兵工厂，该兵工厂是坐落于美国宾夕法尼亚州费城的一家弹药

☆ 镀镍版柯尔特M1905手枪

生产企业，这把柯尔特M1905手枪在这里进行了新型弹药的测试。1905年9月，美军军械处购进一把柯尔特M1905手枪进行深入测试。而商业版柯尔特M1905手枪则在1905年12月1日正式发售。1906年1月31日，美军军械部部长威廉·歇尔将军向许多个人与制造商发出邀请，请他们提供采用新枪弹的新枪来进行测试，柯尔特公司与联合金属弹药公司一起合作来参加测试。

☆ 柯尔特M1905手枪

测试于1906年9月12日开始，但因为海外公司样品送递和一些其他问题，实际测试直到1907年1月15日才正式开始。这其中，柯尔特公司提交了两把柯尔特M1905手枪进行测试，一把采用马鞍形击锤，而另一把则采用长圆形击锤。

经过测试，柯尔特M1905手枪在整个测试过程中只出现过很少的问题。最终，军械委员会建议，柯尔特M1905半自动手枪、卢格半自动手枪、萨维奇半自动手枪可以得到进一步测试的机会。但同时他们明确指出，柯尔特M1905半自动手枪和萨维奇半自动手枪应该进行修改。这样，实际上是“宣布”卢格半自动手枪已遭淘汰出局。

1907年5月6日，军械委员会正式发布了要求上述两家公司修改手枪的相应函件，其中要求两家公司改进后的半自动手枪，需要添加弹膛指示器、保险和加强握把的防滑性，并且要求提供200把样枪，同时随手枪附带10万发.45ACP枪弹。在此次的函件中，还特别对柯尔特公司的柯尔特M1905手枪提出了单独的建议，那就是要加强扳机、扳机销等部件的强度——由此可见，军械委员会已经比较偏向于勃朗宁的这款手枪设计。

除了送交军方的测试用柯尔特M1905手枪以外，柯尔特公司还及时地将柯尔特M1905手枪推向海外市场，其很快就被英国人相中，进口了一部分。实际上柯尔特M1905手枪自1905年诞生以来，只持续生产到1917年，总产量6 210把，虽然产量有限，但柯尔特M1905手枪为该系列的发展奠定了一个坚实的基础。

按照军械委员会的要求，柯尔特公司对柯尔特M1905手枪进行了相应修改。柯尔特公司的乔治·坦斯利、卡尔·艾彼得斯与詹姆斯·佩尔德三名工程师负责该项目。其中，詹姆斯·佩尔德设计了一个弹膛指示器，这个弹膛指示器在套筒顶部，当弹膛有弹时，弹膛指示器会凸出套筒外，让射手可以观察和触摸到。同时乔治·坦斯利与詹姆斯·佩尔德各自都设计了一个保险，其中乔治·坦斯利设计了握把保险，詹姆斯·佩尔德则设计了套筒不到位保险。握把保险平时

☆ 柯尔特M1907手枪左侧特写

处于保险状态，只有射手握住握把，保险才会进入握把中，这时保险变为解除状态，射手就可以扣动扳机击发枪弹。套筒不到位保险是一个击针挡杆，在套筒没有复进到位时，击针挡杆挡住击针，即使击锤击打击针底部也不能让击针前移击发枪弹，起到保险作用。

这样的修改，实际上已经使柯尔特公司拥有了一款全新的手枪，最终这款新半自动手枪被命名为柯尔特M1907半自动手枪。

柯尔特M1907手枪比柯尔特M1905手枪略长一点，第一把样枪在1907年9月出炉，随后便被提交到军械委员会进行审查。军械委员会立即要求柯尔特公司开工生产，并以每把25美元的加工费订购了余下的199把。在1908年3月17日，柯尔特公司向军械委员会提交了200把柯尔特M1907手枪，大概在同年9月底或10月初，这200把柯尔特M1907手枪被送到美国陆军第2、第4、第10骑兵队进行测试。在1908年初，军械部订购了5把柯尔特M1907手枪，用于奖励神射手。后来，柯尔特公司又在同年9月生产了2把柯尔特M1907手枪——这样，实际上柯尔特M1907手枪的总产量只有207把。

柯尔特M1907手枪在经过一系列的测试后，暴露出一些问题。其中，阻铁因为没能很好地进行热处理，导致硬度不够，使用时间长了会造成断裂。还有，如果对握把保险按压时力度过大，可能会引发枪弹走火。而且，击针也出现过损坏现象。一名叫梅多斯的军官提交了一份详细的使用分析报告，随后在1909年7月10～15日，柯尔特公司召回了所有柯尔特M1907手枪，重新进行维修。维修后的枪性能比较好，一定程度上提升了可靠性，但还不够完善。最后的测试报告在1910年初提交并公示。

针对测试反馈和修理报告，美军军械部立即要求柯尔特公司对柯尔特M1907手枪进行进一步改进。这次勃朗宁亲自出马，对柯尔特M1907手枪进行了更大的改进。其中最大改进就是完善了枪管尾部单个铰链的设计，并且取消弹膛指示器，改变了空仓挂机的设计，把弹匣卡榫的位置从弹匣底部移到了扳机护圈的后方。该款新改进型被命名为柯尔特M1909半自动手枪。柯尔特M1909手枪于1910年2月开始生产，仅生产了51把样枪。

随后，经过进一步的测试分析，勃朗宁再次对柯尔特M1909手枪进行了修改。在1910年7月，勃朗宁将修改后的手枪制造出来，这款手枪被命名为柯尔特M1910半自动手枪。

这款柯尔特M1910手枪比柯尔特M1909手枪最大的不同就是修改了握把的角度，让射手握持更舒适，使用起来更可靠。随后在生产出的第6把柯尔特M1910手枪上，勃朗宁还增加了手动保险的设计。柯尔特M1910手枪仅生产了11把。

随后美国军方在1910年底对柯尔特公司提供的柯尔特M1910手枪进行测试。事实证明，这款柯尔特M1910手枪性能可靠，连续发射6 000发枪弹后仍然没有发生故障。

虽然在上述的这一系列演变和改进中，只有柯尔特M1905手枪具备一定产量，但在整个过程中的不断蜕变却不容小觑，因为正是在这样的基础上，才升华出在世界手枪历史上缔造了“百年辉煌”的经典之作。

☆ 柯尔特M1909手枪：13号枪，功能已经比较完善

## 1906　比利时FN M1906袖珍手枪

☆ FN M1906袖珍手枪

约翰·勃朗宁在成功研发新型的半自动手枪之后，就一直想要研发一款更小的半自动手枪。起初他在1904年，以柯尔特M1903手枪（“马牌撸子”）为蓝本，制作了一款小型化的手枪，并想推销给柯尔特公司。可柯尔特公司高层认为此枪结构过于复杂，并没有采用。

勃朗宁只好转向比利时FN公司，因为FN公司十分喜欢勃朗宁的设计，便立刻答应了合作。随后勃朗宁就继续进行研发，改进了原先的设计，最终在1905年设计出一款非常小的半自动手枪——FN M1906袖珍半自动手枪。随后，FN公司于1906年7月，正式把这款新型的口袋型手枪推向市场。

FN M1906袖珍手枪全枪长114毫米，枪管长53.5毫米，全枪宽25毫米，空枪重量为0.35千克，弹容量为6发。采用自由枪机的自动方式，作为一款微型手枪，这种自动方式非常合适。勃朗宁延续了“马牌撸子”上的一些优点，枪管固定方式和“马牌撸子”类似，但击发方式却和“马牌撸子”不一样，采用的是平移式击针的击发方式。

这款手枪非常小，口径为6.35毫米，采用了一款很小的.25ACP枪弹。其实FN M1906袖珍手枪外形很像缩小版的“马牌撸子”，全枪经过发蓝处理会呈现出黑色，也有全枪经过镀镍处理的银色版。当然，也少不了雕花版的高级手枪。

套筒外形基本和“马牌撸子”没有什么区别，套筒尾部带有纵向防滑纹。套筒左侧刻有两行铭文，上面是“Fabrique Nationale d’Armes de Guerre, Herstal lez Liége”，直译是“列日市赫斯塔尔国家兵工厂”。下面写着“Browning’s PATENT”和“DEPOSE”，意为勃朗宁的专利权。套筒右侧则有一个很长的外露抽壳钩，抛壳窗里的枪管上刻有所需弹药的铭文。在抛壳窗下面的套筒座上刻有枪号。握把则是橡胶材质的，带有FN商标和菱形防滑纹的传统FN式样握把。弹匣解脱扣在握把底部，这也是当年最流行的设计。

从1906年第一批FN M1906袖珍手枪推向市场之后，该手枪发展出三版不同的样式。起初第一版FN M1906袖珍手枪在保险方面带有一个握把保险。这个握把保险不是针对扳机，而是阻挡击发阻铁，在握持时，保险就会让开击发阻铁。这样扣动扳机就可以让击发阻铁落下，让击针前移打击枪弹底火。第一版出现在1906—1909年，总共大约生产130 000把。

第二版FN M1906袖珍手枪出现在1909年底，勃朗宁给这版手枪加上了一个手动保险。这个手动保险有两个功能：首先就是保险功能，保险向上即卡入套筒的缺口内，阻止套筒运动，同时套筒内部保险上升还会顶住击发阻铁。这样就算握住手枪，并且扣动扳机，击发阻铁也不会释放。除了保险功能，再者就是为了枪械分解的需要了。套筒上除了保险缺口，还有一个分解缺口在保险缺口前面。当拉动套筒向后，并同时扳动保险向上时，保险便会卡住套筒。这时候就可

☆ 极其少见的加长枪管版FN M1906手枪

以腾出手来，转动枪管使得枪管与套筒座相解脱。进而可以让套筒（含枪管）向前运动，并卸下套筒。随后可以进一步分解出枪管、复进簧、击针、击针簧等部件，方便完成部分分解。该版本大概生产了30 000把。

第三版FN M1906袖珍手枪是勃朗宁对小手枪进行的最后一次更改。增加了弹匣保险，即未装弹匣时该部件可锁住扳机，不能击发。弹匣保险的作用是防止虽然枪内没有弹匣，但枪膛内却有子弹存留时的安全隐患，这种情况在使用者清理分解时可能发生，曾经也是非常容易出现的“走火”现象。自此，这版小手枪自身已经拥有了三重保险机构。除此之外，勃朗宁还更改了枪管的设计，在枪管尾部增加了一个独特的凸榫。并同时在枪机机头部位设有一个凹槽，好让凸榫插入凹槽，保证了枪管和枪机在惯性闭锁时，枪管本身不会发生位移，更加牢固稳定。在套筒上，其也改进了套筒上的第二个缺口（即保险缺口）的形状。扳机也进行了修改，扳机的扣击面上出现了一个可以让手指更大面积按压的平面结构，增加了人机工效。这第三版的改进，让FN M1906袖珍手枪变得十分完美。在1914年“一战”前，其产量已经达到550 000把。直到1959年该枪停产，FN公司总共生产了1 311 256把该版FN M1906袖珍手枪。

很多人都认为是勃朗宁发明了.25ACP枪弹（又名6.35×16毫米SR枪弹）。实际上是勃朗宁在研发手枪的同时，曾要求威廉·摩根·托马斯设计新型枪弹。威廉·摩根·托马斯是联合金属弹药公司的一名工程师，他在1903～1904年研发了这款.25ACP枪弹。勃朗宁在1904年7月从联合金属弹药公司取走了500发.25ACP枪弹用于自己的新手枪实验，然后新手枪与新弹一同被推向市场。

这款.25ACP枪弹全长只有23毫米，弹头直径是6.4毫米。全金属披甲弹头重量为3.2克，初速达到230米/秒，枪口动能达到了88焦耳，近距离对人体有很好的停止作用。随着新型.25ACP枪弹的推出，各式各样的小手枪都相继采用了这款子弹。这里面除了各种仿造的勃朗宁FN M1906手枪外，还有一些新型的小手枪，后来甚至被用到了小型转轮手枪上，其也成了当年最流行的枪弹之一。

勃朗宁FN M1906袖珍手枪在中国曾十分流行。这种武器又叫“掌中宝”，还有个别称叫“对面笑”。

FN公司在欧洲成功推出FN M1906袖珍手枪后，美国柯尔特公司终于坐不住了。起初他们拒绝了勃朗宁的设计，现在又跑去主动向勃朗宁提议要生产这款小手枪。勃朗宁终究是美国人，所以最后他还是“宽宏大量”地把专利卖给了柯尔特公司。于是柯尔特公司立即开始生产，在1908年推出了美国版的勃朗宁小手枪，名为柯尔特M1908口袋型手枪。

柯尔特M1908口袋型手枪外形完全就是个缩水版的“马牌撸子”。起初的版本，握把还带有和FN M1906手枪一样的圆弧顶，后期则改成了方形握把，外形变得非常漂亮。柯尔特M1908口袋型手枪推出时就已经带有了第二版FN M1906手枪才有的手动保险设置。随后又加入弹匣保险，但和FN

☆ 柯尔特M1908口袋型半自动手枪

M1906手枪不一样的是，柯尔特M1908口袋型手枪的枪号在套筒座左侧。随着“马牌撸子”握把的变化，柯尔特M1908口袋型手枪的握把也随之改变。所以，和“马牌撸子”一样，柯尔特M1908口袋型手枪也拥有各种各样的握把，包括木质、橡胶、象牙等不同材质。

当FN M1906袖珍手枪在欧洲、亚洲大卖之际，美洲却见不到FN公司的这款产品，取而代之的是柯尔特M1908口袋型手枪的大卖特卖。从1908年开始生产，直到1948年停产，柯尔特公司总共生产了410 006把该手枪，可谓大赚了一笔。

其实，勃朗宁一直想再进一步完善自己的小手枪，但他在1926年去世了，这个心愿只能留给他的学生迪厄多尔·赛弗来完成。赛弗在1927年完成了一款以FN M1906袖珍手枪为基础而设计的新型小手枪，这款手枪比FN M1906袖珍手枪更小、更轻。

☆ FN BABY口袋型半自动手枪左侧图

其全枪只有103毫米，全枪高为73毫米，宽只有21毫米。弹容量也是6发.25ACP枪弹。握把保险被取消，手动保险改到了更易操作的扳机护圈尾部的位置。套筒尾部带有一个弹膛指示器，内部结构与FN M1906袖珍手枪没有本质区别。该手枪在设计完之后并没有被FN公司立刻推向市场，而是到了1931年才正式登陆民用市场。这款新型的小手枪称为FN BABY口袋型半自动手枪。

这款手枪上同样标有勃朗宁专利权字样，也可以说是勃朗宁最后的一款小手枪。FN公司从1979年开始不再生产这款手枪，而是转由位于法国巴约纳的MAB公司生产；但在1983年，这个公司倒闭了，于是在欧洲就完全停止了这款手枪的生产。此外，在美国还有一家名为PSP有限公司的企业还在继续生产这款小手枪。

## 1907 美国柯尔特警用转轮手枪

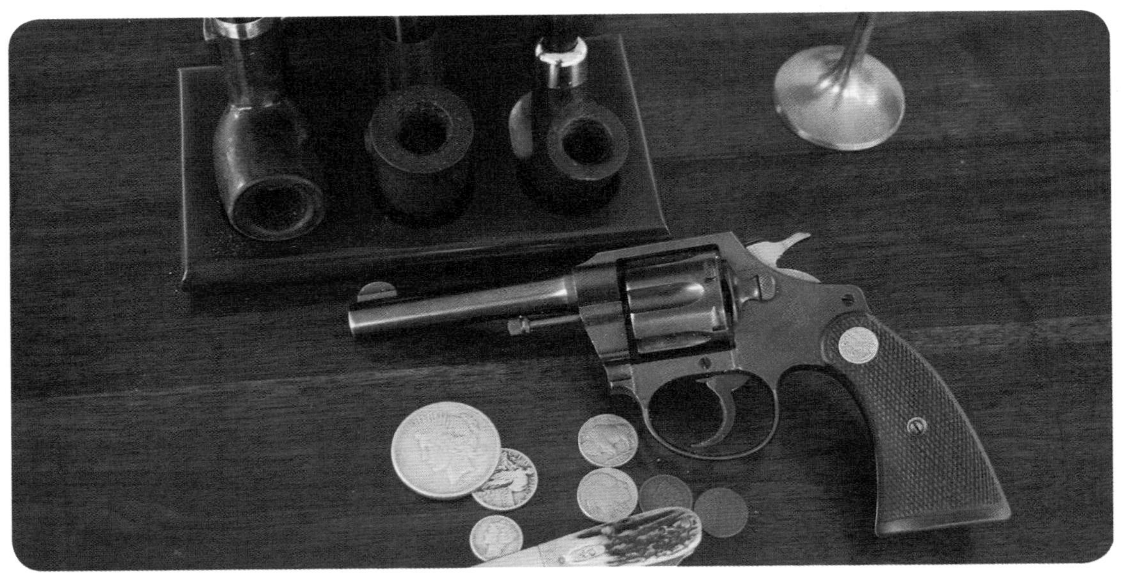

☆ 柯尔特警用转轮手枪

柯尔特公司在各种转轮手枪的研发生产上可谓是大名鼎鼎，这一切还是要从美国康涅狄格州哈特福德市说起。故事开始于1814年7月19日，这天是柯尔特家的大日子，一个新生儿来到了这个世界上，这就是塞缪尔·柯尔特。

柯尔特的父亲是一个纺织厂的老板，柯尔特从小就在父亲的纺织厂里玩耍，久而久之对机械产生了很大的兴趣。然而他后来并没有子承父业，而是成了一位著名的枪械发明家，并终其一生。虽然柯尔特的生命有限，但他发明的柯尔特转轮手枪却有着无限的生命力。

早期的柯尔特转轮手枪是以黑火药为动力的前装转轮手枪，它们虽然不如后来的完整枪弹装弹快，但在那个年代已经算是“连发武器”了。

在完整枪弹出现后，柯尔特公司推出了其最著名的一款武器——柯尔特单动军用转轮手枪。这款柯尔特单动军用转轮手枪因为结构非常坚固，可以发射各种大威力的手枪弹，所以其很快就成了西部牛仔的象征物，也成了当时美国军方的主力手枪。

后来随着新型结构的出现，逐步进化完善后的各种转轮手枪也进入到了现代转轮手枪的历史队列中。

老款的柯尔特单动军用转轮手枪虽然是一代名枪，但由于装填枪弹的方式非常烦琐，所以当时大家通常会带上两把柯尔特单动军用转轮手枪，以尽可能维持火力。为了解决装填问题，外摆式转轮手枪的发明让转轮手枪有了新的出路。

所谓外摆式就是转轮手枪的转轮（弹巢）可以向枪身的一侧摆出（向左摆出的类型也被俗称为“左轮”），这样就可以一次性地退出所有空弹壳，同时装弹过程也变得更加快速。

柯尔特公司第一次推出这种结构的转轮手枪是在1892年，这款新式的转轮手枪被命名为柯尔特M1982转轮手枪。这款手枪还有个名称就是柯尔特陆军和海军新转轮手枪。随后在1893年柯尔特公司推出了柯尔特口袋型新转轮手枪，到了1897年，柯尔特公司推出了柯尔特警用新转轮手枪。

这时新型的外摆式转轮手枪已经被市场完全接受了，也就是在同时期，柯尔特公司对自动化武器的研发也提上日程。尤其是勃朗宁的到来，让半自动手枪成了柯尔特公司大力研发的对象之一。但柯尔特公司也并没有放弃对转轮手枪的开发，因为半自动手枪的研发并没有立即成功。

于是在1907年，柯尔特公司面向市场推出了其最新的一款转轮手枪，这就是本文要重点介绍的柯尔特警用转轮手枪（区别于之前同名称的型号），其英语名称原文依旧为“Colt Police Positive”。

这款转轮手枪采用了外摆式转轮，并且在整体结构上很好地延续了前几代转轮手枪的优点，并改进了它们的缺点。这款最新的柯尔特警用转轮手枪，主要是为了替代上文提到的那款柯尔特警用新转轮手枪。

请注意，下面文中所介绍的均为这款最新的柯尔特警用转轮手枪。

柯尔特警用转轮手枪全枪采用碳钢打造而成，表面进行了烤蓝处理，高级版本则采用镀镍处理。

柯尔特警用转轮手枪是一款双动转轮手枪，弹容量为6发。第一版为.32口径（8毫米），发射的是.32长弹；随后出现了发射.32S&W长弹的版本和.38口径版，发射的是.38S&W弹。因为其发射的枪弹威力并不是很大，所以枪管前部显得十分“纤细”，不过在枪管尾部连接转轮座的部分有意进行了加粗。

枪管顶部刻有“COLT'S PT. F. A. MFG. CO. HARTFORD. CT. U.S.A.”和“PAT'D AUG. 5, 1884, JUNE 5, 1900, JULY 4, 1905”两行铭文；枪管右侧刻有“POLICE POSITIVE 32POLICE CTG”的铭文，主要说明型号和.32口径；如果是.38口径的话，铭文则变成“POLICE POSITIVE 38POLICE CTG”。枪管前部安装有半圆形准星，转轮座后方采用了凹型照门。转轮座后方的击锤上有菱形的防滑纹，转轮座上刻有柯尔特公司著名的“小马”商标。其转轮部分显得比较小巧，下方的扳机护圈为椭圆形。

握把片最初是木制，包括核桃木等材质，后来出现了橡胶材质，其上还带有柯尔特公司的商标，在某些高级版本里还出现了象牙或珍珠母贝等材质。除了握把片材质存在不同外，枪管长度也不尽相同。根据长度区分，总共有四款：最短的是比较少见的是2.5英寸（63.5毫米）枪管，另外就是4英寸（102毫米）、5英寸（125毫米）和6英寸（153毫米）枪管。

当然，对于一款著名武器来说，其一定有多个版本，柯尔特警用转轮手枪也不例外，除了标准版外，其中主要还有一种用于训练的.22（5.56毫米）口径版。这个版本被命名为柯尔特警用标靶型转轮手枪，英文为“Police Positive Target”。其可以发射.22SR和.22LR这两种枪弹；后来也推出了.32口径版，发射.32S&W长弹这种威力较小的枪弹。总的来说，这款标靶型的主要特点就是比标准版要轻，为22盎司（0.62千克），枪管统一为6英寸。这个标靶型从1910年开始生产，在1925年进行过一次改进。改进前为G型，改进后为C型，区别是增强了转轮的质量，改进后的标靶型重量增加到了26盎司（0.74千克）。该标靶型持续生产到1941年停产，累计总共生产了45 741把。

还有另一种版本出现得更早，其在1908年被推出，名

☆ 柯尔特警用转轮手枪，标准橡胶材质握把片

☆ 8毫米口径，枪管为2.5英寸的特制黄金版，通体雕花，象牙材质握把片的柯尔特转轮手枪

为柯尔特警用特别型转轮手枪，英语原文为“Police Positive Special”。这种特别型的特点是为了能够发射更大威力的枪弹，而将转轮加长并且整体加固。主要有能发射.38特别弹、.38S&W弹和.32-20温彻斯特弹这三个不同版本。在枪管方面，有6英寸枪管和4英寸枪管两种。

从1907年推出开始，.32口径的柯尔特警用转轮手枪的枪号并没有从初始的0或者1开始，而是延续了之前柯尔特警用新转轮手枪的枪号序列。所以其实际枪号从49500开始，并且随后还把柯尔特警用特别型转轮手枪的枪号也算了进去。这样，从1907年开始制造，到1943年停止，按枪号统计，其总共制造了189 123把。这期间停产过两次，累计停产共计9年时间。

.38口径版则从1908年开始生产，枪号从1开始，几乎逐年都在生产，包括动乱的“一战”和“二战”时期也不曾中断。到1969年时，该版的产量已经突破百万。此后其枪号首位也变为由字母开始，最终又持续生产到1973年才正式停产。

柯尔特警用转轮手枪首先面向的当然是当时的美国警用手枪市场，所以开始是针对美国国内的警用手枪市场进行销售的，不过由于该枪性能优秀，很快就扩大到整个民用市场。这样一来，警察和老百姓手里就有了相同的转轮手枪，不过最具有戏剧性的是当时很多警方的对手——那些黑帮人物们，也非常喜欢这款转轮手枪。

其中就包括美国历史上最臭名昭著的黑帮老大——艾尔·卡彭。艾尔方斯·加百列·卡彭（1899—1947），昵称为艾尔·卡彭，绰号“疤面”。这个黑帮老大在风光的时候就使用一把柯尔特警用转轮手枪，这是一款1929年制造的.38口径的柯尔特警用转轮手枪。这把卡彭的个人手枪在2011年被拍卖，当时的价格高达109 080美元。

旧时殖民统治下的香港警察也装备过这款柯尔特警用转轮手枪，也有少量该枪装备过当时的澳门警察。

因为柯尔特警用转轮手枪进入广阔的民用市场自由流通，自然也随着外来者被带到了号称“世界枪械大杂烩”的中国（不含港澳台地区）。在“解放战争”时期，时任中国人民解放军总司令的朱德也曾使用柯尔特警用转轮手枪作为自己的贴身配枪。这是一把镀镍的柯尔特警用转轮手枪，.32口径，采用6英寸枪管，橡胶材质握把。从枪号上判断，应该是1926年左右生产的版本。这把曾经伴随朱德征战的柯尔特警用转轮手枪，在新中国成立后，捐赠给了中国人民革命军事博物馆收藏——这把柯尔特警用转轮手枪见证了那段光辉的革命岁月，弥足珍贵。

☆ 朱德使用过的柯尔特警用转轮手枪

## 1907 德国德莱赛M1907手枪

☆ 德国德莱赛M1907手枪外形简洁，利于隐藏

约翰·尼古拉斯·冯·德莱赛是德国著名的枪械设计师，他一手创办了德莱赛公司。

德莱赛出生于1787年11月20日，他从1824年开始研制新型步枪，经过长时间的研发，终于在1836年成功设计了著名的德莱赛击针枪。这款武器是德国的第一款后装式步枪，发射纸质的“完整枪弹”。该步枪使得射速大大提升，此后很快就装备了当年的普鲁士军队。

德莱赛由此而创办了自己的公司，德莱赛在当时的普鲁士可以说拥有极高的声望，不过在1867年9月9日德莱赛过世了。公司虽然被他的孩子所继承，但毛瑟兄弟的异军突起，直接导致了这个老牌公司日薄西山。1901年，莱茵金属制品与机械制造公司（莱茵金属公司前身）收购了德莱赛公司，但保留了“德莱赛”的名称。这是因为“德莱赛”品牌在当时的德国人心中依旧拥有非常高的地位。

德国军方曾在1879年装备了一款德国绍尔M1879转轮手枪，不过由于半自动手枪的兴起而使得这款转轮手枪退出了军用制式手枪的行列。尤其是在毛瑟C96手枪，也就是俗称的“盒子炮”出现后，半自动手枪更是成了德国大地上各家厂商竞争的焦点所在。

隶属于莱茵金属公司的德莱赛公司此时也想推出自己的半自动手枪。其实早在曾经辉煌的老“德莱赛时代”，德莱赛公司就推出过一款特别的后装单发手枪。这是一款结构很特别的手枪，随后德莱赛公司还推出了一款转轮手枪，不过都不成功。

这种局面直到一名枪械设计师的到来才改变，这就是路易斯·施迈瑟。他在1905年开始研发新型的半自动手枪，直到1907年研发才取得成功。这款全尺寸的手枪被命名为德莱赛M1907半自动手枪。

德莱赛M1907手枪从外形看上去就十分独特，这是因为这款手枪并不是现在大家习以为常的全包式套筒结构。虽然从外表看，其套筒部分和普通的勃朗宁手枪差不多，但实际上其套筒分为上下两部分：上半部分套筒是可以滑动的，而下半部分套筒则是固定在套筒座上的。并且其枪管被设置在下半部分套筒内，这样后坐力直接作用于射手手掌的虎口部位，减小了枪口上跳。

德莱赛M1907手枪是一款采用了自由枪机自动方式和平移式击针击发方式的半自动手枪。口径为7.65毫米，全枪长度为160毫米，枪管长度为92毫米，空枪重量为0.71千克，弹容量为7发.32ACP枪弹。

该手枪的套筒组件在当时可谓是前所未有的，就算到现在也是不多见的，这是因为其套筒组件分为两部分。

套筒上半部分可以往复滑动，当拉动套筒后坐上膛的时候，上半部分套筒的前部分露出在外面；而后部分则是枪机组件，枪机组件内包含了击针和击针簧。射手需要上膛的时候，用手指扣住上半部分套筒前方的防滑纹向后拉动即可。

套筒上部向内凹进，最前方设有准星。下半部分套筒被一个固定销与套筒座连接在一起，下半部分套筒包含枪管、枪管套和复进簧。枪管套上的凸出部分深入上半部套筒内部，所以在射手拉动套筒向后的时候，枪管套会被一起带动向后，从而压缩复进簧。

下半部分套筒的后部包含枪机组件，套筒尾部设有一个缺口照门。套筒右侧为抛壳窗，左侧刻有铭文，铭文为“DREYSE”（德莱赛的德文原文），以及“Rheinische Metallwaaren-& Maschinenfabrik；ABT. SOMMERDA”（莱茵金属公司的铭文）。

套筒座样式与其他半自动手枪差不多，扳机护圈前方就是用于固定套筒的固定环，扳机护圈部分可以从套筒座上拆卸下来。扳机通过扳机连杆来控制套筒座内部的阻铁，阻铁下降就会释放击针。

握把片部分由橡胶制作而成，分为左右两片。握把底部是弹匣卡榫，内部的弹匣弹容量为7发，并且设有6个观察孔。

保险是手枪不可缺少的部分。德莱赛M1907手枪的手动保险设置在套筒座左侧的握把上方。手动保险直接卡住阻铁，不让阻铁下降，从而起到保险作用。

除此之外，该手枪还有弹膛指示器。当射手上膛后，其套筒尾部的枪机组件里就会伸出弹膛指示器。这样射手可以看到或者摸到弹膛指示器，就能分辨弹膛是否有弹。

最早版本的德莱赛M1907手枪的上半部分套筒前方的防滑纹设在整个套筒的中间，等于是凸出于上半部分套筒的下方，这个版本即为“第一版（早期型）”。

随后德莱赛公司对其进行了修改，把上半部分套筒前方的防滑纹完全设计到上半部分套筒上，这样易于加工，并且在阻铁旁边增加了锁定装置，这个版本被称作“第一版（后期型）”。

在此之后，德莱赛公司才推出了真正意义上的“第二版”。这个版本把原先纵向设置的防滑纹改为了斜向的防滑纹，并且重新设计了手动保险。

德莱赛M1907手枪诞生之初就得到了德国警方的重视，最初的第一批700把手枪就装备了德国萨克森的警察。根据最终记录来看，总共有6 000把德莱赛M1907手枪被用于装备德国警察。

当然民用市场也有销售，实际销售数量不好统计。

此外，便是作为军用制式武器使用的情况。其真正装备的军队最初不是德国军方，而是奥匈帝国的军队。到了第一次世界大战爆发时，德国军方才少量装备了该手枪。

在欧洲，捷克斯洛伐克在1921~1922年购入了几千把德莱赛M1907手枪，用于装备本国的军队。而最著名的销售成绩就是1912年梵蒂冈的教皇卫队购买了30把德莱赛M1907手枪，这30把德莱赛M1907手枪用于装备瑞士国籍的教皇警卫，并且这30把手枪直到1990年才被替换为西格P225半自动手枪。

当然，德莱赛M1907

☆ 德莱赛转轮手枪

手枪也随着海外列强们的扩张势力来到过中国，但因为数量太少并没有留下什么线索。还有一点就是，德莱赛M1907手枪从未被正式进口到美国市场，现在在美国的德莱赛M1907手枪基本都是“二战”时期被美国大兵私自夹带回国的战利品。

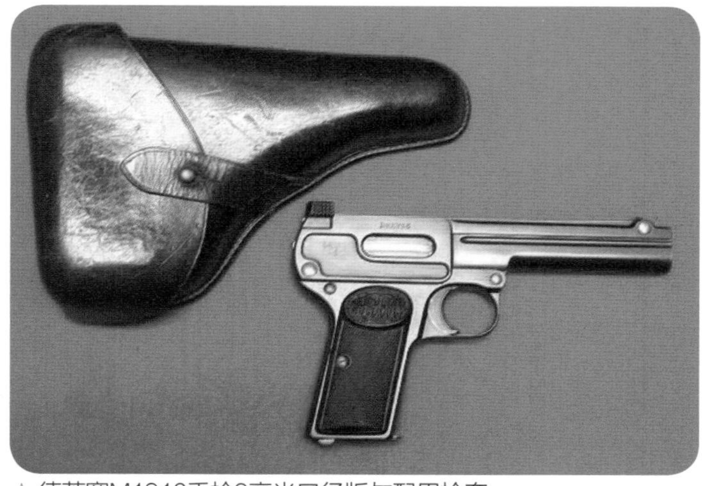

☆ 德莱赛M1910手枪9毫米口径版与配用枪套

1909年，雨果・施迈瑟（路易斯・施迈瑟的儿子）曾对德莱赛M1907手枪进行了重新设计，改变了原有套筒的部分设计。其中最大的改变是让该手枪能够发射威力更大的9×19毫米鲁格弹，这款手枪被命名为德莱赛M1910半自动手枪。

随后莱茵金属公司决定参加德国军用手枪的竞标，但最终还是败给了卢格P08手枪。德国警方想要装备这款德莱赛M1910半自动手枪，并且下了2700把的订单。但这个订单要求的时间太紧，根本无法在短时间内生产出来，所以实际上这款手枪并没有装备德国警察。

虽然没有装备德国警察，但商贸版的德莱赛M1910半自动手枪还是生产了出来，不过只有区区600把左右。如此稀少的数量，对现在的轻武器收藏家们来讲，绝对是珍宝级别。

德莱赛M1907手枪颇具生命力，直到1990年才正式退出历史舞台。由此可见这款半自动手枪的质量不错，据统计其前后总共生产了约25万把。

该手枪虽然没有大规模装备德国军方，但在“二战”期间部分装备了纳粹德国，并且这款手枪是众多德国半自动手枪中设计最为特别的一款。虽然结构看起来有些怪异，但据说直到现在这款老古董手枪还是可以正常使用。德莱赛的名声，也正是因为这款系列手枪而得以延续。

## 1908 德国德莱赛袖珍手枪

德莱赛公司曾是一家独立的制造公司，但是在1901年被著名的莱茵金属公司的前身——莱茵金属制品与机械制造公司所收购。1906年，著名的武器设计师路易斯·施迈瑟（1848年2月5日—1917年4月23日）在莱茵金属公司开始设计自己的另一把半自动手枪。

路易斯·施迈瑟出生于德国图林根州的策尔尼茨镇，曾经设计过多款手枪。而他有两个儿子，分别是雨果·施迈瑟和汉斯·施迈瑟——两个人都是著名的武器设计师。尤其是雨果·施迈瑟，他更是设计出了举世闻名的MP40冲锋枪和Stg44突击步枪。

老施迈瑟在1906年为莱茵金属公司设计了一款半自动手枪，就是上一章节介绍的德莱赛M1907手枪，这是一款标准尺寸的“大手枪”，在推出后受到了市场的肯定。而当时袖珍型的手枪也开始流行起来，尤其是在勃朗宁设计的FN M1906袖珍手枪出现后，更是掀起了市场波澜，使人们看到了商机。

于是，老施迈瑟决定开始设计一款袖珍手枪，1908年，其设计出了一款可以与FN M1906袖珍手枪相媲美的袖珍手枪，其被莱茵金属公司命名为德莱赛背心口袋型手枪，

☆ 德国德莱赛袖珍手枪左视图

简称为德莱赛袖珍手枪。

全黑色的德莱赛袖珍手枪非常精致，从外形上看与FN M1906袖珍手枪似乎没有什么区别，但实际上德莱赛袖珍手枪属于外露式枪管设计。即整个枪管外露在套筒之外，其枪管与套筒前半部是一个部件；实际用于机械动作的套筒部分，则只是覆盖在后半部分（枪机组件部位）。

另外比较特殊的是，在分离开来的德莱赛袖珍手枪（前部）枪管和（后部）套筒两者的顶部还设有一条独立的金属条。这个金属条前方设有准星，后方设有照门，其整体在分解时属于一个独立部件。其被固定于（后部）套筒之上，当射手拉动套筒时，这个金属条因为固定在套筒上，所以也会跟着套筒向后移动。

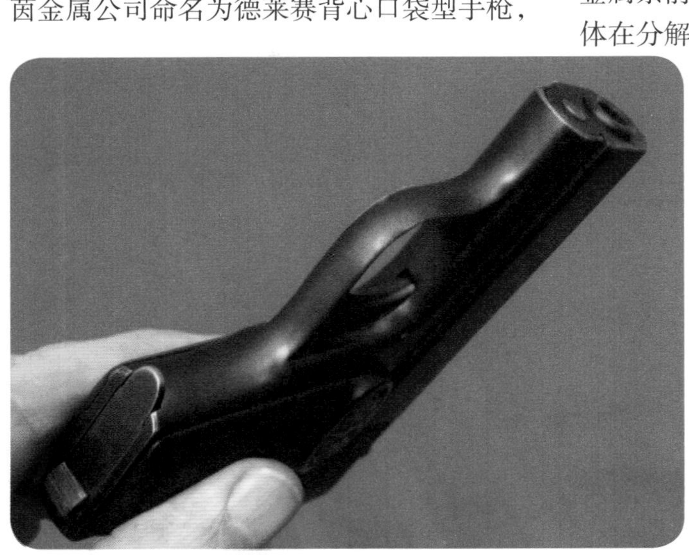

☆ 德莱赛袖珍手枪底部特写，可见与成人男子手的比例情况

德莱赛袖珍手枪全枪长为114毫米，枪管长为53.5毫米，口径为6.35毫米，弹容量为6发.25ACP枪弹，枪口初速度为230米/秒。德莱赛袖珍手枪采用了自由枪机的自动方式，平移式击针的击发方式。德莱赛袖珍手枪的套筒本身采用了镂空式设计，所以并没有专门设计的抛壳窗部位（这点与

☆ 德莱赛袖珍手枪的手动保险用于控制阻铁动作

著名的“沙漠之鹰”大口径手枪相似）。

套筒座内部有两根复进簧，一根是位于枪管下方的复进簧，一根位于击针后方的复进簧。因为采用平移式击针设计，所以没有击锤；由扳机带动扳机连杆进行动作，再由扳机连杆带动阻铁运动，当阻铁解脱时，击针就能击发枪弹。

手动保险设置在套筒座左侧，保险是针对上述的击针阻铁而设计的。橡胶材质的握把上有一个非常特别的商标，这个商标其实是由当时的莱茵金属制品与机械制造公司的缩写“RM&F”组合在一起的字样。其弹匣卡榫依旧体现出当时的流行特色，被设置在握把底部。

德莱赛袖珍手枪总共生产过两个版本。第一版的德莱赛袖珍手枪特征非常明显，采用在套筒上设置有两个抽壳钩的设计，并且其击针后方的复进簧还设有复进簧导杆。而在第二版的德莱赛袖珍手枪上，其套筒只在右侧设有抽壳钩，并且取消了击针后方的复进簧导杆部件。

德莱赛袖珍手枪自研发及改进后，一经推出就在市场上就收获了不少好评。但时至今日，其生产和销售的资料差不多都被销毁了。单从一份保存到现在的1915年3月4日的购买收据来看，当时这名德国人购买的德莱赛袖珍手枪的枪号是“7485”，这至少说明，在最初的这几年间，德莱赛袖珍手枪产量似乎并不是特别大。

但可以肯定的是，德莱赛袖珍手枪自上市开始，其间一直都在持续生产，直至第一次世界大战爆发后。甚至到“一战”后，德莱赛袖珍手枪还是能够买到。从目前现存的资料上来看，德莱赛袖珍手枪的实际产量大约为7万把以上、10万把以下。对于一款袖珍手枪来说，这样的产量算是相当不错了。

像其他德国产的手枪一样，在当时的中国看来，“德国造”就是好东西。所以德莱赛袖珍手枪也是一样，虽然数量不详，但肯定有不少被带到了中国。

在1938年1月，来自直隶定县（今河北定州）清风店吴村的张怀瑞参加了八路军，这名当时年仅16岁的年轻人在参军后表现得非常优异，随后进入了当时的晋察冀军区教导团。其带领的中队被晋察冀军区授予“常胜之队”荣誉称号，张怀瑞个人也被授予“甲级战斗模范”称号。在新中国成立后报道其事迹的新闻图片中曾出现过一把袖珍手枪。当时的图片文字标注为“曾在晋察冀军区教导团工作的张怀瑞在反‘扫荡’中用过的手枪”。这把袖珍手枪正是德莱赛袖珍手枪。

张怀瑞从士兵到大校，参加了无数的战斗，后来担任了沈阳军区的副司令员。当年，平津战役纪念馆建立之时，他就把自己珍藏多年的这把袖珍手枪捐献给了纪念馆收藏。

☆ 德莱赛袖珍手枪套筒拉动到后方的特写，因为独特的套筒设计，所以并没有设计单独的抛壳窗

## 1908 德国卢格P08手枪

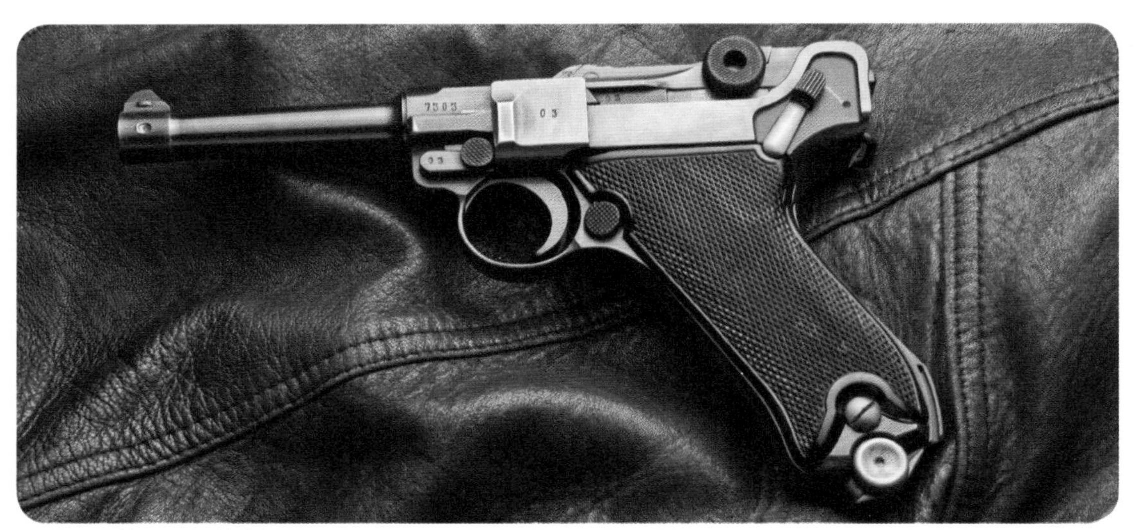

☆ 德国卢格P08手枪左视图

当半自动手枪出现之后，各种类型的半自动手枪就层出不穷，到第一次世界大战爆发时，半自动手枪已经成了军用手枪的主力配置。

在这些军用半自动手枪中，最著名的一款就是德国军队曾采用过的卢格P08半自动手枪。

最初，在德国海军订购了卢格P04手枪后，卢格并没有停滞，而是继续改进自己的手枪。随后1906型卢格手枪诞生，这是一款带有握把保险的手枪，并且内部的复进簧也进行了改进，这种1906型卢格手枪继续被用于装备德国海军。这时在卢格手枪的配件中还出现了木质枪托附件，但这和当年的“盒子炮”并不一样，是一种纯枪托，不能作为枪套使用。

这时，德国陆军也对卢格手枪产生了兴趣，从1906年开始，德国军方向DWN公司订购了1906型卢格手枪进行测试。经过1907年的测试阶段，德国陆军决定在1908年开始正式列装卢格手枪，并且将其命名为Pistole 08手枪，这就是后来大名鼎鼎的卢格P08手枪。

卢格P08手枪取消了之前的握把保险，采用标准的100毫米枪管，和海军型不同，其照门为普通的V型固定照门。当然，不只是德国军队采用了卢格P08手枪；在1908年，玻利维亚军方也采用了卢格手枪；随后包括巴西、保加利亚、法国、芬兰、伊朗、荷兰、波兰和土耳其等诸多国家的军队都或多或少装备了卢格手枪。

DWM公司除了向军方供应卢格P08手枪外，还在民用市场上进行销售，影响深远。

“一战”时期，德国陆军开始全面装备卢格P08手枪，当然首要还是以军官为主，也有将军喜欢佩用卢格P08手枪。德国军方对此都配发了统一的皮质手枪套，其外观和德国陆军曾经装备的转轮手枪枪套非常容易区分。

德国军方第一批订购了50 000把卢格P08手枪，DWM公司在1909年生产了25 000把卢格P08手枪。对战斗手枪来讲，毛瑟C96是很好的选择，不过卢格也设计了一款枪管达到200毫米，并且带有表尺照门的型号。其表尺从100米可以调节到800米，当然其有效射程其实根本无法达到那么远。这款新型手枪可以安装木质枪托，这样就变身为半自动

☆ 卢格P08手枪

卡宾枪，其被德国军方命名为Lange Pistole 08手枪，简称LP08手枪。也就是大家非常熟悉的炮兵型卢格手枪。

威廉二世在1913年6月3日批准LP08正式装备德国军队。起初的LP08被装在一个木质枪套中，这和毛瑟C96的枪套如出一辙，也成为一款“盒子炮”，不过很快木质枪套就被皮质枪套代替。其标准款皮质枪套为褐色，因为枪管很长，自然也比卢格P08的枪套更长。随后在第一次世界大战爆发后，还出现了一款Mars枪套，这款枪套后方可以绑住新型的木质枪托。这样就能让士兵一起携带手枪和枪托。当然士兵还会配发皮质的弹匣套，弹匣套可以装入两个备用弹匣。标准款的卢格P08手枪也配发了这种弹匣套。

可见在第一次世界大战中，德国陆军有两种不同型号的卢格手枪同时使用。军官、军医和宪兵一般佩带卢格P08手枪，而骑兵、机枪手、炮兵采用的是LP08手枪。当年已经初具规模的德国空军曾经也装备过LP08，但最著名的是战壕突击队所装备的LP08手枪。战壕突击队的队员一般装备大量手榴弹和LP08手枪，并且为了达到持续的火力，这些LP08配备有32发弹鼓，这款弹鼓被德国军方命名为TM08弹鼓。LP08不仅装备了德国军队，还装备了芬兰军队，随后泰国也装备过LP08手枪。

不过德国海军方面却一直装备150毫米枪管的卢格P04手枪，尤其是水兵装备的很多，并且配发斜挎式弹匣套。同时也有配备木质枪托的型号，并且还有少数皮质枪套兼做枪托的型号。

在“一战”爆发后，DWM公司开足马力生产，于1915年达到生产峰值。其每天可以生产700把各式卢格手枪，在战争时期，DWM公司生产了大约740 000把卢格手枪。但仍然不能满足军方需求，于是军方干脆到民用市场上去直接采购，所以在“一战”德军装备的卢格手枪中也有民用型号。在德国军队装备民用版卢格手枪后，就出现了某些混乱，因为民用版卢格手枪中很多是7.65毫米口径。为避免士兵在前线误装枪弹，随后便出现了一款握把上刻有红色9字样的LP08手枪；相同例子也出现在毛瑟C96上。

从1914年开始，DWN公司生产的P08和LP08上都刻有年代标识，包括“1914”“1915”“1916”和“1917”等字样。

第一次世界大战以德国失败告终，所以

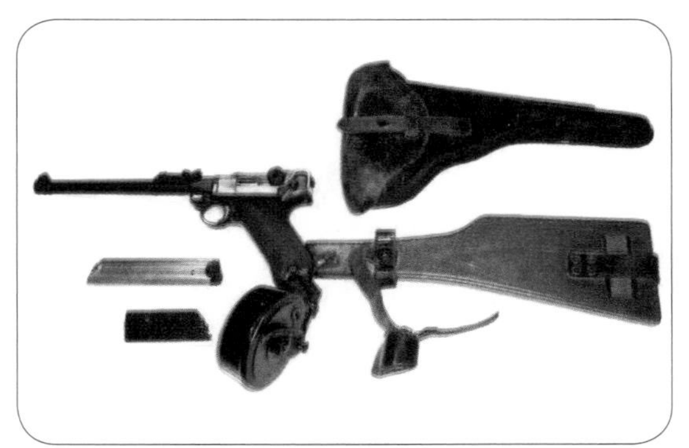
☆ “全配”炮兵型卢格手枪

其签署了《凡尔赛条约》。这样DWM公司虽然能够继续生产卢格P08手枪，但口径从9毫米改为7.65毫米，并且这种民用版由德国的Krieghoff公司代理销售。

☆ 赫尔曼·戈林（黄金版卢格P08手枪）

由于《凡尔赛条约》规定手枪枪管长度必须小于100毫米，所以炮兵型LP08被打上"German（德国）"字样后卖往海外。当然德国政府并没有完全遵守相关条约，还是把炮兵型LP08发给德国海军使用。这种LP08握把上被打上了M和锚的标识；并且此时海军还在使用卢格P04手枪。德国政府把重新回收的卢格P08手枪装备本国警察，其中一部分卢格P08手枪加装了阻铁保险装置。

在DWN公司订单方面，荷兰一直是大客户。但因为《凡尔赛条约》的限制，DWN公司无法直接卖给荷兰政府。于是荷兰政府通过英国Vickers公司"曲线"购买卢格P08手枪：即由DWN公司首先完成大部分手枪的制造，然后发给Vickers公司，再由Vickers公司完成最后一部分的制造与组装，手枪在完成后会被直接运到荷兰。这批卢格P08手枪在"二战"时期还曾出现，日本占领爪哇岛时，他们从被俘的荷兰军官和士兵手中缴获了一部分。

"一战"结束后，德国政府不仅回收各款卢格手枪，还开始订购新的卢格P08手枪，但1923年其订购对象从DWM公司改为了西姆松公司。

西姆松公司当时位于德国绍尔市，从1924年4月1日至1934年3月31日西姆松公司总共生产了12 000把手枪。这个产量可能不算特别多，但对于当时的政府来讲已经足够。

与此同时，DWN公司并没有停止卢格手枪的生产，只是将产品销售到民用市场和其他国家了，并且开始生产9毫米口径的各款卢格手枪，由Krieghoff公司代理销售到世界各地。

当阿道夫·希特勒开始逐渐掌权德国后，德国已经不再遵守《凡尔赛条约》。早在1930年毛瑟公司就开始生产卢格P08手枪，起初只是商贸型，也销售到美国市场；随后其又得到了伊朗和土耳其的军用订单。

纳粹在1933年得到实际权力后，毛瑟生产的卢格P08手枪又开始获得德国军用订单。从1934年开始，纳粹德国向毛瑟公司订购第一批卢格P08手枪。毛瑟在1934年生产的卢格P08手枪上刻上"K"字样，标识为1934年生产，1934年毛瑟大约生产了109 00把卢格P08手枪。

1935年，毛瑟开始启用"G"字样来标识1935年产品，1935年的产量是54 700把，其中700把打上了海军的标识，成为德国海军装备款。随后，毛瑟工厂开始把日期标识改回标准年份，所以1936年生产的都刻上"1936"字样。毛瑟工厂一直生产卢格P08手枪，直到1942年才开始转为瓦尔特P38手枪的生产。这些卢格P08手枪除了装备德国军队外，还装备了德国警察，并且在"二战"后期还装备过纳粹的爪牙——其他国家的"志愿兵"。

当时纳粹德国的头面人物大都是德皇军

队的军人，也大都钟爱使用卢格P08手枪。这里面表现最为突出的就是海因里希・希姆莱，他用自己的卢格P08手枪射击娱乐时就被拍摄过影像。

当然其他将军的使用例子也很多，现在看来，其中最值钱的应该是“胖子”赫尔曼・戈林的黄金版卢格P08手枪。这是一把镀金并且刻花的高级手枪，握把采用象牙制造。这款黄金版卢格P08手枪是由DWN公司制造，由Krieghoff公司代理销售的产品。

当然，黄金版卢格不止一把，约阿希姆・冯・里宾特洛甫也有一把这样的卢格P08手枪，但这把手枪是毛瑟公司生产的。除了黄金版外，约阿希姆・冯・里宾特洛甫还有一把普通版卢格P08手枪，是由DWN公司生产的。

在“二战”早期，卢格P08手枪是德国士兵的一个象征，可到了后期，却是同盟国军人最好的战利品。

著名的《兄弟连》中就有一名美国兵十分喜欢卢格P08手枪，天天想捞一把，可他得到卢格P08手枪后，却被这把手枪所杀的桥段。原因是他把上了膛的卢格P08手枪放到了口袋里导致误击发。大家因此会觉得卢格P08手枪不可靠，因为上膛的卢格P08手枪在衣服口袋内通过摩擦，不仅有可能会自行打开保险，更有可能会自行击发。

德国兵也知道美国兵喜欢卢格P08手枪，有时他们会设下这样的陷阱让美国兵“自取灭亡”，当然这些都抵挡不了纳粹德国的失败。“二战”结束后，美国兵把大量的卢格P08手枪带回家，当然英国兵和苏联红军也缴获了不少卢格P08手枪。

其中最有意思的是法国，这些现成的战利品并不能满足法国人的需求，法国政府在自己的控制范围内找到了毛瑟工厂的工程师，并让他们继续开工生产卢格P08手枪。1945—1946年，法国版的卢格P08手枪总共生产了2 560把。

卢格P08手枪有许多版本，包括各种长枪管型号，但也有.22英寸口径的训练型，并且有改装套件，其发射.22LR枪弹。除了这种训练手枪外，还有隐藏型的Baby卢格手枪。这款Baby卢格手枪的枪管不过50毫米左右，但非常少见。

当同盟国士兵把卢格手枪带回家后，各种卢格手枪就出现在民用市场上。此外，也出现在其他地方，包括越南战争时期还有人使用卢格P08手枪。

毛瑟公司在1969年重新开始生产卢格P08手枪，也是为了向美国市场出口。其直到1986年才停止生产卢格P08手枪，不过还是在1999年推出了200把卢格P08手枪纪念版。这种百年纪念版卢格P08手枪每把售价居然高达17 545美元。

除了原厂产品，美国还有些公司把卢格P08手枪翻新以后再次推向市场，供那些喜爱卢格手枪的收藏家进行收藏。

在“一战”和“二战”题材的电影中，卢格P08手枪就算不是主角也至少是个配角，出镜频率非常多。电视剧中也常有它的身影，包括非战争题材的影视剧中也经常出现。日本动画片中也出现过若干次卢格P08手枪，最近这些年兴起的一些枪战游戏中也少不了它的身影。可以说它是一个不折不扣的“大明星”。

与闪耀着光环的卢格P08手枪相比，其设计者的境遇就没那么光鲜了。

其实早在1919年，乔治・卢格就已经正式离开了DWM公司，并且把公司告上了法庭，此后他获得了专利费。但在第一次世界大战结束时他失去了大部分的积蓄，好在此前他在柏林购买了房产。

1923年12月22日，乔治・卢格去世了，但他设计的卢格手枪一直“活”在这个世界上，而他的名字也因此而一直“活”在人们心中。

## 1908 德国瓦尔特M系手枪

弗里茨·瓦尔特受到父亲的影响，对制造轻武器充满兴趣。最初的瓦尔特公司还是以生产长枪为主，虽然当时转轮手枪还是主流，但半自动手枪已经开始登上历史舞台。弗里茨·瓦尔特比他父亲要更“前卫”和敏锐，他开始劝说父亲老瓦尔特制造一种新型的半自动手枪。在1906年，FN公司推出了勃朗宁设计的FN M1906袖珍手枪，这款小手枪让弗里茨·瓦尔特觉得从口袋型手枪入手会取得良好的过渡，于是在1908年，瓦尔特公司推出了自己的第一款半自动手枪。

这是一款标准的口袋型小手枪，被瓦尔特公司命名为瓦尔特M1型半自动手枪。从外表看瓦尔特M1袖珍手枪是一款外露枪管式小手枪，套筒上方有很大一块开口，所以枪管大部分暴露在外。其口径是6.35毫米，全枪长度为113毫米，枪管长度为53毫米，全枪最高处为80毫米，全枪最宽处为22毫米，弹容量为6发.25ACP枪弹。

瓦尔特M1袖珍手枪为自由枪机，采用平移式击针的击发方式。这样的设计源于斯太尔系列手枪，全枪共由36个零件组成。套筒采用开放式套筒，开放式套筒上方兼为抛壳窗，套筒顶部设有抽壳钩。外露于套筒的枪管并不是真正的枪管，而是枪管套。枪管套上设有一个半圆的准星，套筒上有个V型槽贯穿，这样就能当作V型照门使用。枪管使用尾部的螺纹固定在套筒座上，枪管套也是用尾部螺纹固定在枪管上。枪管内部设有6条右旋膛线，枪管下方为复进簧和复进簧导杆。套筒座内部设有扳机连杆和阻铁，套筒座握把部分采用橡胶握把片，握把片上通常是一个由“W”与“C”组成的商标。套筒座上最大特点是两处：第一处是扳机后方的扳机连杆一部分外露出了套筒座；第二处是分解杆设置在扳机护圈前方。保险装置设计在套筒座后方，采用类似现在霰弹枪的

☆ 瓦尔特M1袖珍手枪

保险样式：用手指按压保险向右侧凸出，当保险在右侧凸出时，就是保险解除状态，在保险右上方可以看到“F”字样，随时可以击发；保险左侧凸出时，对应左上方刻有的“S”字样，意为保险位置。

1909年8月8日瓦尔特公司得到了该袖珍手枪的专利权，专利号为235994，专利的授予日期是1911年6月22日。瓦尔特M1袖珍手枪于1908年开始生产，第一批手枪套筒上刻着“Deutche Selbstlade Pistole Walther, Modell 1910, Kaliber 6,35”也就是“德国瓦尔特手枪，M1910，口径为6.35”等。最初该手枪被命名为瓦尔特M1910袖珍手枪，后来才改为瓦尔特M1袖珍手枪。第一种版本的瓦尔特M1袖珍手枪总共生产了8 000把，随后瓦尔特公司对M1袖珍手枪进行了改进。第二版M1袖珍手枪的阻铁部分进行了修改，第二版的枪号从8001号到15000号。第三版M1袖珍手枪对套筒铭文进行了修改，“SELBSTLADE-PISTOLE.CAL 6,35. WALTHER’S-PATENT”是本款的套筒铭文，并且沿用至今的瓦尔特商标也在此时诞生了，所以握把上的WC商标被换成了“6.35”的口径铭文。该型从1913年开始制造到1914年停产，枪号从15001号到24300号。第四版M1袖珍手枪更改了套筒铭文“SELBSTLADE-PISTOLE.CAL 6，35. / PATENT”，枪号从24301号到25500号。第五版也是最后一个

版本，更改套筒铭文为“SELBSTLADE-PISTOLE CAL 6,35. WALTHER’S-PATENT”，这个版本在1915年进行生产，枪号从25501号到30000号。

瓦尔特M1袖珍手枪从1908年开始生产，到1915年停产总共生产了30 000把，这样的销量足以让瓦尔特公司的名声遍布全德国，瓦尔特M1袖珍手枪也因此而被誉为德国第一口袋型手枪。

在瓦尔特M1袖珍手枪成功上市后，销量很好。弗里茨・瓦尔特得到鼓舞后决定继续研发新款小手枪，很快瓦尔特M2袖珍手枪在1909年出炉。新枪和M1袖珍手枪从外形上完全不同，首先套筒改成了“全包型”，枪管前方多了个枪管帽。在长度上M2比M1袖珍手枪还要短一点，全枪长度为108毫米。口径还是6.35毫米，空枪重量为0.276千克，弹容量为6发.25ACP枪弹。

但需要注意的是，瓦尔特M2袖珍手枪不是M1袖珍手枪的改进版，而是新枪。因为瓦尔特M2袖珍手枪的击发方式为击锤回转式，并且采用了内置击锤的设计。其套筒顶部有条凹槽，凹槽的顶端是点状准星。套筒上的铭文是“SELBSTLADE-PISTOLE CAL.6,35.WALTHER’S-PATENT”，套筒内部的复进簧已经改成了直接套在枪管上。保险改成在套筒座右侧的拨杆式，保险杆向前就是保险状态，后方露出“F”字样，可以击发；把保险杆拨到后方的“F”上，

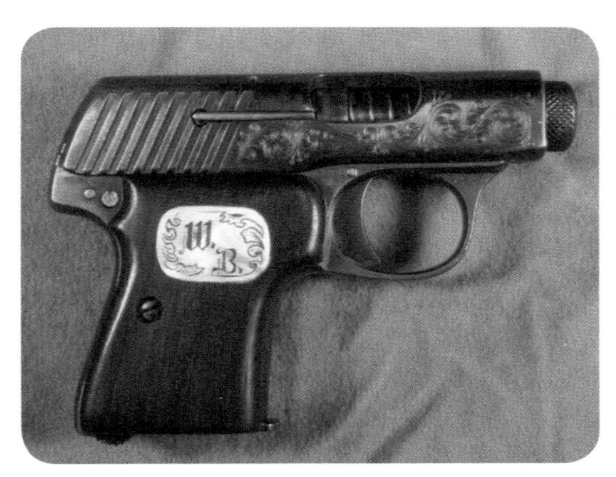

☆ 瓦尔特M2袖珍手枪

前方会露出“S”字样，这样就是保险状态，此时保险会卡住击锤，这样就起到保险作用。

这款瓦尔特M2袖珍手枪从1909年开始上市，一段时期内与瓦尔特M1袖珍手枪同期售卖，但两款不同的小手枪互不影响。最终瓦尔特M2袖珍手枪的产量达到了19 000把，并且还存在不同的版本。后期该袖珍手枪还增加了弹匣保险，这款则被称为瓦尔特M2s袖珍手枪。同时也有镀镍的高级版本和不同的木质握把。此外，瓦尔特M2袖珍手枪的分解方式也已经改变，分解销在扳机上方，分解时需要用工具把销子敲出来，然后进行分解。

瓦尔特公司的头两款半自动手枪都是6.35毫米口径，所以改进口径是瓦尔特的下一个目标。1910年新款瓦尔特M3袖珍手枪出现，这款手枪的最大特点就是口径改为7.65毫米。自由枪机自动方式和击锤回转式击发与M2袖珍手枪相同，但细节上却有很多改变。瓦尔特M3袖珍手枪全枪长为127毫米，枪管长度为64毫米，全枪最高处为87毫米，全枪最宽处为26毫米，空枪重量为0.536千克，弹容量为6发.32ACP枪弹。

瓦尔特M3袖珍手枪的套筒很有特色，枪口处的枪口帽用分解销和套筒固定在一起。套筒后方比前方向下多出了一块，不过最具特色的是抛壳窗的位置不是传统的顶部或者右侧，而是左侧——这个设计在半自动手枪中极为少见。抛出的弹壳会从射手的面前飞过，当然左撇子用的时候反倒顺手。套筒顶部设有一条凹槽用于瞄准，枪管套上设有准星。套筒内的复进簧还是直接套在枪管上。套筒座上的保险还是设置在后方，基本与M2袖珍手枪相同。这款瓦尔特M3袖珍手枪总共生产过3 500把，这么少的原因是瓦尔特公司很快就推出了瓦尔特M4袖珍手枪。

虽然瓦尔特M3袖珍手枪开创了7.65毫米口径的半自动手枪，但尺寸还是口袋型的

☆ 瓦尔特M3袖珍手枪

☆ 瓦尔特M4手枪

尺寸。这时的瓦尔特公司已经想要进军军用市场，所以第一款标准尺寸的瓦尔特M4手枪诞生了。瓦尔特M4手枪全枪长151毫米，枪管长度88毫米，全枪最高处103毫米，全枪最宽处20毫米，空枪重量0.521千克，弹容量为8发.32ACP枪弹。

结构上瓦尔特M4手枪可以说是M3袖珍手枪的放大版，在细节上也有改进，但抛壳窗还是设计在左侧，弹容量是当时少见的8发，这个特点让瓦尔特M4手枪一举成了当时普鲁士军方的首选。瓦尔特M4手枪此后历经了多次改进，尤其是准星和照门都不再是简易型，套筒上的照门采用了V型缺口设计。德皇的普鲁士军队总共订购了250 000把，这个巨大的数字让瓦尔特公司从小公司成了德国最大的手枪制造厂商。而且这些瓦尔特M4手枪基本都被用于随后爆发的第一次世界大战之中。此外，瓦尔特M4手枪还装备了德国警察，也在民用市场上销售。可以说瓦尔特M4手枪才是瓦尔特公司第一款成功之作，从1910年开始生产直到1929年才停产，随后瓦尔特PP手枪出现。

瓦尔特M4手枪的热卖并没有让瓦尔特公司在口袋型手枪的业务上停步，期间还是在积极研发，随后瓦尔特M5袖珍手枪在1913年诞生。6.35毫米口径的瓦尔特M5袖珍手枪与M2袖珍手枪的外形非常类似。也可以说是M2袖珍手枪的改进版或后续型号。

瓦尔特M5袖珍手枪全枪长110毫米，枪管长度53.5毫米，全枪最高处77毫米，全枪最宽处23.5毫米，空枪重量0.289千克；弹容量为6发.25ACP枪弹。

瓦尔特M5袖珍手枪套筒后方的防滑纹很细，而M2袖珍手枪则较粗，并且套筒壁M2袖珍手枪也比M5袖珍手枪厚很多。从这点也可以看出瓦尔特公司的加工水平在不断提高。但是瓦尔特M5袖珍手枪整体结构没有发生太大变化，套筒上增加了标准的准星和照门。后来瓦尔特M5袖珍手枪也出了改进版，被称作瓦尔特M5s袖珍手枪，从1913年开始生产直到1917年结束，总共生产了12 000把。

由于当时的军方对9毫米口径手枪有很大需求，比如卢格P08这种9毫米口径的半自动手枪就大有市场。瓦尔特也看到这点，随后决定研发一款发射9毫米口径卢格枪弹的手枪。

1915年定型的瓦尔特M6手枪就是这样一款发射9毫米口径卢格枪弹的半自动手枪。其全枪长210毫米，空枪重量为0.964千克，弹容量为8发。1915年是第一次世界大战爆发的第二年，所以这款手枪很快也被军方看中，但这款手枪并不受欢迎，这款放大版的9毫米口径手枪实际只生产了两年，产量也不大，大约只有1 000把。虽然这么少的产量在当年看来是失败的作品，可在现在却成了值钱的收藏品，甚至可以说瓦尔特M6手枪那短暂的生命反而让它变为了瓦尔特公司历史上最罕见的手枪之一。

当第一次世界大战爆发后，瓦尔特的首要生产任务肯定是瓦尔特M4手枪，但这不等于瓦尔特停止了对新枪的研发工作。1917年瓦尔特M7手枪出炉，这是一款口径为6.35毫米的标准尺寸手枪。这种设计是瓦尔特对手枪的最新探索，不过这个全尺寸比瓦尔特M4手枪的全尺寸略小，瓦尔特M7手枪全枪长132毫米，枪管长度77毫米，全枪最高处95毫米，全枪最宽处25毫米，空枪重量0.34千克，弹容量为8发.25ACP枪弹。

这款瓦尔特M7手枪外形与M4手枪类似，明显区别是抛壳窗改回到右侧。军方对这种产品毫无兴趣，所以这款瓦尔特M7手枪只出现在民用市场上，从1917年开始生产到1919年停产，大约生产了45 000把。

第一次世界大战德国失败后军工遭受了巨大的打击，瓦尔特公司也不例外，因为《凡尔赛条约》的限制，瓦尔特公司干脆继续研发口袋型手枪。弗里茨·瓦尔特在1919年就开始了新枪的设计工作，在1920年瓦尔特M8手枪诞生。弗里茨·瓦尔特的新枪经过了大刀阔斧的改变，他总共申请了8项专利。瓦尔特M8手枪外形已经完全改变，套筒为一体式，取消了枪管套部件。从外观上看很像奥奇斯手枪，并且两款手枪诞生的年代也非常接近，很难判断谁抄袭了谁的套筒设计，不过两者的内部结构却是大相径庭。瓦尔特M8手枪采用了内置击锤的结构，口径还继续采用了6.35毫米。其全枪长134毫米，枪管长77.6毫米，全枪最高处93毫米，全枪最宽处26毫米，空枪重量为0.335千克，弹容量为8发.25ACP枪弹。瓦尔特M8手枪虽然发射威力较小的.25ACP枪弹，但外形和不错的手感依旧让瓦尔特M8手枪成了民用市场上的新星。此时的瓦尔特M8手枪已经有了瓦尔特PPK的影子，可以说是瓦尔特PPK的祖先。

外观上其分解杆在扳机右侧前方，上面设有防滑纹，按动分解杆后就可以把扳机护圈向下拉动，这样就能解脱套筒进行部分分解。保险的位置在扳机护圈左侧后方，这个位置十分利于射手操作。瓦尔特M8手枪总共有3个不同版本：第一版从1920年到1926年总共生产了84 000把；第二版在枪机组件上进行了修改，击针外形有明显变化，从1926年到1933年总共生产了24 000把，1933年的瓦尔特M8手枪售价27.99马克，而进货价格是27.5马克，薄利多销；第三版取消了扳机右侧的分解杆，并且为纳粹德国进行生产，所以很多第三版瓦尔特M8手枪上会带有纳粹鹰的标识，第三版从1933年到1940年总共生产了37 000把。著名的戈培尔有一把雕刻版的瓦尔特M8手枪，他这把瓦尔特M8手枪后来在美国被卖到了26万美元。

从数字上可以看出，瓦尔特M8手枪在瓦尔特PP手枪和PPK手枪出现后还一直在生产，并且产量也不低，可见瓦尔特M8手枪是瓦尔特公司第二个成功热卖的半自动手枪。并且瓦尔特M8手枪也参加了“二战”，

☆ 瓦尔特M5手枪右侧图，抛壳窗在右侧

☆ 瓦尔特M6手枪右侧图

☆ 瓦尔特M7手枪右侧图

☆ 瓦尔特M8手枪左侧图

部分装备了德国警察。因为威力较小，更适合作为护身用手枪。瓦尔特M8手枪也有过很多高级版本，除了戈培尔的雕刻版本以外，还有镀金、镀镍、雕刻版等。

从瓦尔特M1袖珍手枪开始，瓦尔特手枪一直是按顺序排列命名。而最后一款以这种方式命名的手枪就是瓦尔特M9袖珍手枪。虽然叫瓦尔特M9袖珍手枪，其实基本上是与瓦尔特M8手枪并行研发成功的，但却完全是两种不同类型的手枪。瓦尔特M9袖珍手枪回归了M1袖珍手枪时的设计，也就是采用了平移式击针的击发方式，属于6.35毫米口径口袋型手枪。

瓦尔特M9袖珍手枪全枪长100毫米，枪管长51毫米，全枪最高处70毫米，全枪最宽处17毫米，空枪重量0.259千克，弹容量为6发.25ACP枪弹。从尺寸看，M9袖珍手枪属于最袖珍的一款瓦尔特手枪，这也是因为采用了新的设计。瓦尔特M9袖珍手枪的套筒是开放式的，枪管和套筒座则是一体式，枪管顶部设有准星，并且大胆地采用了简化复进簧导杆的设计，在枪管下方的复进簧中没有很长的导杆，而是在复进簧顶部设有一个锥形的复进簧帽。手动保险设计在扳机护圈后方，套筒尾部有弹膛指示器。这样的全面设计让瓦尔特M9袖珍手枪拥有了更好的可靠性和安全性。

当时的瓦尔特M9袖珍手枪与FN Baby袖珍手枪是市场上的竞争对手，后人评价瓦尔特手枪略小，但精度略高，可见瓦尔特小手枪还是略胜一筹。瓦尔特M9袖珍手枪总共三个版本，第二版简化了复进簧帽，这个部件被设计到了套筒上；第三版增加了弹匣保险，让保险机构更完善了。瓦尔特M9袖珍手枪从1921年开始生产，直到1945年“二战”结束才停产，总共生产了250 000把。由此可见这款M9袖珍手枪是瓦尔特公司最成功的口袋型手枪，并且瓦尔特M9袖珍手枪也有镀金、镀镍、雕刻版等。

这9款M系手枪产品在瓦尔特公司有着很重要的地位，它们不仅打开了全世界的市场，也让瓦尔特公司从小公司变成了武器制造大厂商，而且对之后瓦尔特推出瓦尔特PPK和瓦尔特P38这两款有名的手枪积累了很好的经验。当然在“二战”后瓦尔特公司还推出了后续的瓦尔特TP手枪，这款手枪上还有瓦尔特最初系列的影子。瓦尔特公司的历史还在继续，而瓦尔特各种手枪一直是轻武器历史上的明星。

☆ 罗马尼亚国王卡罗尔的瓦尔特M9袖珍手枪

## 1910 比利时FN M1910手枪

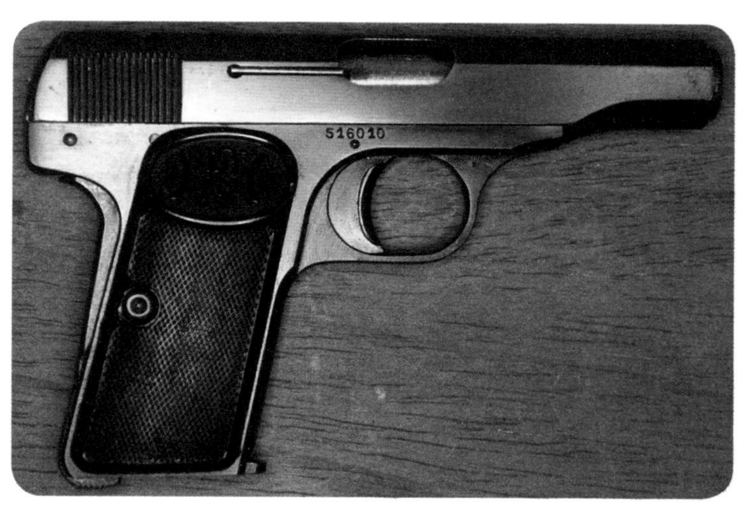

☆ “花口撸子”右视图

约翰·勃朗宁在完成FN M1906袖珍手枪之后，又开始新的研发。他吸取了以往的手枪制造经验，并且在创新方面有了新突破，终于在1908年设计出了一款与以往样式不同的新型半自动手枪。

对于勃朗宁的新枪，美国柯尔特公司还是像以往一样，不大感兴趣。当时他们正在为如何才能得到美国军方的订单而头痛，所以勃朗宁把他的新设计又给了“老伙伴”（比利时FN公司）。

FN公司看到勃朗宁的方案后大喜，并且FN公司的老板认为这款武器将会成为跨时代的产物，所以立刻开始了对这款手枪相关专利的申请工作，并在1909年2月20日成功申请到了比利时的专利权，而这款手枪在美国则没有任何专利。待专利申请后，FN公司才开始抓紧生产样枪，最终于1910年经过部分改进后的手枪被定型为FN M1910半自动手枪。

型号已经确定，样枪也已经出炉，可FN公司并没有直接把FN M1910手枪推向市场。原因很简单，FN公司高层当时认为：FN M1910手枪肯定能完全取代FN M1900手枪，也就是“枪牌撸子”的位置及市场份额。那么为了利益更大化，FN公司高层认为应该先行完成现有的所有“枪牌撸子”订单，然后再把这款新手枪推向市场，这样不会引起对现有FN M1900手枪订单的冲击。

这里所指的就是当时比利时军队对FN M1900手枪的订单。根据这个方针，直到1912年这份订单完全交付后，FN公司才在1912年底不慌不忙地向欧洲市场推出了第一批FN M1910手枪。

事实证明，FN M1910手枪推出之后的确完全取代了FN M1900手枪。一方面是因为FN M1910手枪性能确实出众，但其中另一个相当关键的原因还是FN公司此后就不再继续生产FN M1900手枪，而只生产FN M1910手枪。FN M1910手枪参数：全枪长6英寸（152毫米），枪管长3.5英寸（89毫米），空枪重量为1.3磅（590克）。

和FN M1900手枪一样，FN M1910手枪也有两种口径：一种是7.65毫米，采用.32ACP枪弹，弹容量为7发；另一种是9毫米，采用.38ACP枪弹，弹容量为6发。FN M1910手枪和FN M1906袖珍手枪一样，采用了平移式击针击发、自由枪机的自动方式，内部构造也与FN M1906袖珍手枪的设计有着异曲同工之妙。FN M1910手枪也拥有三重保险，但和FN M1906袖珍手枪不一样的是，FN M1910手枪在保险的设计改进过程中从没有改动过，可以说其自从专利申请之初就已经相当完善，其保险设置包括手动保险、握把保险和弹匣保险。

FN M1910手枪之所以好看，主要是其套筒的样式非常漂亮。对此勃朗宁采用了一种新的设计，把原先的复进簧导杆去掉，直接让复进簧套在枪管上。这样就省去了套筒下面的部分，让套筒看上去成为一种“O”形。而FN M1910手枪也是因为其套筒盖上的一圈滚花而得名，从正面看，这一圈滚花与枪管组合成了一种特别的图案，让人感觉十分美丽。而从侧面看，圆形套筒和枪口的滚花图案更是相映成趣。

套筒上方，照门与准星都很小，照门与准星之间有一道纵向防反光纹。套筒左侧依然是刻有FN公司的铭文和勃朗宁专利的字样。而在右侧的抛壳窗位置，可以看到露出的枪管尾部上刻有口径的铭文。套筒尾部两侧均带有竖向的防滑纹。左侧套筒防滑纹下面带有两个缺口：一个用于分解；一个用于保险插入缺口，锁住套筒。和一般手枪相比，总感觉FN M1910手枪好像少了点什么，原因就是其枪身没有了放置复进簧导杆的部分。扳机连杆与阻铁的设计与FN M1906袖珍手枪则非常类似，套筒右侧扳机上方刻有枪号。

FN M1910手枪表面大部分都是发蓝处理的黑色样式，不过也有一些雕花的高级版，表面镀镍为白色。此外，还有金色的高级版。握把大部分都是采用黑色的橡胶材质，握把上部带有FN的标识。在后期也出现了木质握把，相对来说，木质握把手感更好。当然，除了普通款握把，还有高级的雕花版象牙材质握把。

FN M1910手枪在FN公司从1912年开始生产，直到1975年停产，期间总共生产了大约724 550把。FN M1910手枪因其枪口样式，在中国有“花口撸子”之称，除了拥有完美的外表之外，其自身的威力也绝不逊色于任何手枪，因此一经面世就得到了世界枪械使用者和爱好者们的追捧，与勃朗宁的“枪牌撸子”和“马牌撸子”并称为“枪林三杰”。在中国名牌手枪“一枪二马三花口”的排行榜上更是位列“探花”。

“花口撸子”就像“枪牌撸子”“马牌撸子”等名枪一样，当年通过各种渠道源源不断输入中国。比起“枪牌撸子”和“马牌撸子”来，无论是租界里的便衣警察，还是国民党的特务们都更加钟爱这款FN M1910手枪。因为FN M1910手枪不仅外表好看时尚，最关键的还在于其突然从口袋中抽出时比“枪牌撸子”和“马牌撸子”要更加顺畅，威力又明显大于FN M1906袖珍手枪，所以极受欢迎。再者，“花口撸子”的枪身大小非常适合中国人的手形，因此在中国很快打响了名号。

部分敌人使用的“花口撸子”也曾被我党我军缴获，并为我所用。因为“花口撸子”造型美观、性能优秀，所以缴获的该类手枪大都成了我党我军领导人的配枪。比如，刘少奇同志就曾有一把“花口撸子”，他在解放战争时期就佩带着这把手枪在东北指挥全局战事。

另外，时任华北军区副司令萧克、时任中共中央上海局书记的刘晓等革命前辈都曾使用过的“花口撸子”。现在也都成了历史文物，被珍藏于相关的博物馆、纪念馆中。而当年上海市公安局局长扬帆（原名石蕴华）的配枪更是一把装有象牙握把镶片、枪身拥有精美雕刻花纹的“花口撸子”。

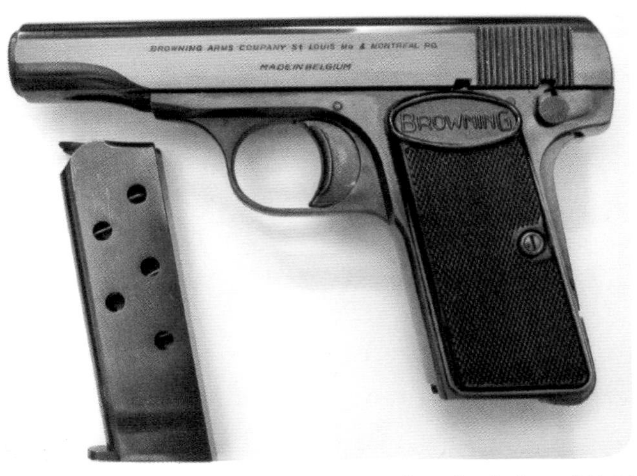

☆ 美国版“花口撸子”，握把上的“FN”改成了“勃朗宁”字样

除了在中国，FN M1910手枪在世界范围内都是大名鼎鼎，欧洲、亚洲乃至美洲都有它的身影。其在欧洲大地更可谓是遍地开花，当时法国警察的配枪就少不了FN M1910手枪。在亚洲，日本人也看上了这款小巧而精美的手枪，被打上“樱花”和“大”字标识的FN M1910手枪装备了当时的日本军官。而其在美洲登陆比较晚，直到1955年，由勃朗宁武器公司在比利时生产的新版FN M1910手枪才正式登陆美国。新版FN M1910手枪带有“勃朗宁武器公司”的字样。不过在1968年美国政府推出了“枪支控制法案（GCA68）”之后，因为产地等问题一下子就把FN M1910手枪挡在美国国门之外了。

FN M1910手枪更是“引发”了第一次世界大战。

1914年6月28日清晨，“青年波斯尼亚”组织在斐迪南大公夫妇所要经过的大街上布置了7名刺客，其中4名刺客都配备有9毫米口径的FN M1910手枪用于刺杀行动。上午10时左右，斐迪南夫妇在城郊检阅军事演习之后，乘坐敞篷汽车进入萨拉热窝城。当车队经过市中心米利亚茨卡河上的楚穆尔亚桥，驶进阿佩尔码头时，埋伏在这里的第一个暗杀者没能动手。随后又经历了另一个暗杀者察布里诺维奇不成功的“手榴弹袭击”之后，斐迪南大公一行正好撞上了在街口拐角处守候的普林西普。普林西普拔出早已准备好的FN M1910手枪，刚要举枪射击，离他不远处的一个警察发现了，箭步冲上来欲抓住他的手臂。就在这一瞬间，刚好赶到这里的一位名叫米哈伊洛·普萨拉的“青年波斯尼亚”成员，挥拳猛击警察颈部。同时，普林西普的FN M1910手枪响了，奥皇储夫妇当场死亡。普林西普当场被捕，最后死在狱中。萨拉热窝事件被奥匈帝国当作对塞尔维亚发动战争的借口，也成为第一次世界大战的导火线。

第一次世界大战结束后，南斯拉夫在1920年初向FN公司提出了想要购买手枪的意向，并且给出了自己的要求。这项任务就交给了FN公司的研究发展办公室。研究发展办公室认为：当时的南斯拉夫无法支付研发新枪的费用，所以FN公司决定采用改造现有FN M1910手枪的方式来实现该订单。

很快，在原FN M1910手枪的基础上，新的改造方案推出：第一，加长枪管，枪管长度达到113毫米，因此枪口帽也进行了加长和改造；第二，加大了照门与准星的尺寸；第三，加长了握把的尺寸，使容弹量增加到8发。

这款新型的手枪被命名为FN M1922半自动手枪。因为枪口帽的改造，使得新型的枪口帽上没有了那圈滚花，从花口变成了圆口，这种新型的FN M1922手枪很快装备了南斯拉夫军队。

FN公司对这些改进也十分满意，随后FN M1922手枪还装备了比利时军队、荷兰军队、希腊军队、土耳其军队、罗马尼亚军队、法国海军、丹麦警察部队等武装力量。到了第二次世界大战期间，在比利时被德国占领后，FN M1922手枪也被纳粹军队用作一部分军官的配枪——可见这款由FN M1910手枪改进的FN M1922手枪也和它的原型一样受到欢迎，成了一代名枪。

☆ “二战”德国用FN M1922手枪

## 1910 德国毛瑟M1910系列手枪

在20世纪初期，枪械设计大师美国人约翰·勃朗宁所设计的各式半自动手枪风靡全世界，其中尤以小型手枪最受追捧。虽然当时德国毛瑟武器制造股份公司的盒子炮（毛瑟C96手枪）也是大卖，但其在小型半自动手枪市场仍处于空白。

这样的情况让保罗·毛瑟感到必须推出小型半自动手枪来抢占市场。在1910年，第一款小尺寸毛瑟手枪诞生，口径为6.35毫米。因为是在1910年研制成功，于是被命名为毛瑟M1910半自动手枪。这款毛瑟M1910手枪一经推出即畅销欧洲与北美市场。尤其是在美国，将近6万把的销量让人咋舌。

随后毛瑟工厂改进了毛瑟M1910手枪的设计，改进型命名为毛瑟M1914半自动手枪。毛瑟M1914手枪除了传统的6.35毫米口径外，又新增了7.65毫米口径，而这款7.65毫米口径毛瑟M1914手枪正好赶上第一次世界大战的爆发。随即这款新型手枪被德国军方采用，在“一战”中装备德国军队。战后，德国及斯堪的纳维亚半岛（包括挪威和瑞典）的大部分警察均装备该枪。随着德国工业的恢复，毛瑟厂又开始进一步对毛瑟M1914手枪进行改进，推出更加符合人体工程学的毛瑟M1934半自动手枪。

这个系列手枪（以毛瑟M1910手枪为开端，包括毛瑟M1914手枪、毛瑟M1934手枪）均采用自由枪机，平移式击针击发方式。起初毛瑟M1910手枪口径为6.35毫米，采用.25ACP枪弹，全枪长140毫米，枪管长80毫米，高102毫米，空枪重为0.425千克。后期毛瑟M1914手枪新增7.65毫米口径，采用的是.32ACP枪弹，全枪长度增长到154毫米，高114毫米，空枪重0.595千克。

该系列手枪的总产量超过一百万把，生产时间跨度达到31年，所以对于不同时期枪体表面处理也是多种多样：包括发蓝、抛光、镀铬、镀镍等工艺，其中镀铬款直到现

☆ 德国毛瑟M1934手枪左视图

在仍然保持光亮，镀镍款则会呈现黄色的印迹。

该系列手枪均采用开放式套筒，外露枪管设计。枪管上设有半圆形准星，枪管前部上方虽然没有套筒，但下部两侧均有套筒保护。套筒呈圆柱形，这样的设计从正面看像“张嘴”形态，也有人觉得像个“蒸汽机头”。套筒后部设有防滑纹，7.65毫米口径毛瑟M1910手枪套筒后部有两个凸起，便于更好地拉动套筒。套筒顶部后方为V字形缺口照门，套筒两侧都有铭文，基本上是口径与枪号。右侧后方铭文大多刻有毛瑟公司的名字，随着时间推移，不同版本枪体上毛瑟公司铭文均不一样。套筒右侧抛壳窗后面有个很大的外露抽壳钩，起初抽壳钩很小，存在强度不足等问题。后来进行了重新设计，抽壳钩变得很大很有力，这样抛壳后给人的感觉就是“蹬”。套筒尾部有待击指示器，当击针处于待击状态时，击针尾端突出于套筒后端，白天可以看到，夜晚可以触摸到，这样就能保证射手随时知晓自己的手枪是否处于待击状态。

该系列手枪因为是自由枪机，所以枪管是固定在套筒座上的。枪管下方前后各有固定环，后部固定环先插入套筒底座，然后横插的枪管分解杆贯穿枪管的两个固定环中，用于固定枪管。枪管分解杆顶部起到复进簧顶头与固定套筒的作用。起初的毛瑟M1910手枪，枪管分解杆嵌套在复进簧导杆内，

☆ 毛瑟M1910(左)与毛瑟M1914(右)，可以看到毛瑟M1910上明显有侧板和分解杆

枪管分解杆顶部固定在套筒座上。到毛瑟M1914手枪新增了一个在套筒座前下方的弹簧卡榫用于辅助固定枪管。

该系列手枪的套筒座有一个特别设计。就是左侧有块侧板，可以卸下，用于清理扳机组件。这个侧板上有个分解杆，只要取下侧板分解杆就可以取下侧板。不过到了毛瑟M1914手枪就取消了分解杆，必须拆卸套筒后才能取下侧板。

除了这个特点，保险机构也非常特别。乍看上去，一般人会认为枪身左侧扳机后方带有弹匣解脱钮和空仓挂机解脱杆。其实并不是，这两处为保险解脱钮与保险杆。保险机构的工作方式也很特别，它可锁住套筒，以避免从口袋里掏出手枪时，套筒意外移动而发生走火危险。保险机构的操作很方便，只需向下扳动保险杆就可使套筒处于保险状态。如果需要解脱保险，则无须扳回保险杆，只要按压保险解脱钮，就会快速恢复到待击状态。除了这道保险，毛瑟M1914手枪还新增了弹匣保险。

该系列手枪还有一个超前设计，就是空仓挂机。当弹匣内最后一颗子弹发射完时，套筒在弹匣托弹板的作用下停留在后方，呈现空仓挂机状态。此时拔出弹匣，空仓挂机仍起作用，套筒保持不动。直到再次插入弹匣时，空仓挂机才解脱，套筒向前复进。但该动作与弹匣内是否重新填弹无关，倘若弹匣有弹，第一发就自动入膛。这种机构有利于更换弹匣后快速射击，而且速度比现代某些手枪还要快些。

该系列手枪的握把从材质上分木制、橡胶制两种。从形状上也可分为两种：一种是早期毛瑟M1910手枪与毛瑟M1914手枪使用的"直款"，另外一种是毛瑟M1934手枪的"弧度"握把，该新款握把包括橡胶与木制两种不同材质。

该系列手枪有两种口径：6.35毫米与7.65毫米。相应拥有两款不同弹匣，其中.25ACP弹匣装弹量为9发，.32ACP子弹因为尺寸略大，弹匣容量为8发。两款弹匣都设有不同样式的观察孔。其弹匣释放钮设立在握把底部，这样的设计符合当年的潮流。

该系列手枪总共诞生出2种口径11个版本，以下就来详解这11个版本。

第1版：毛瑟M1910手枪。口径是6.35毫米，产量为61 000把。这一款毛瑟M1910手枪因为侧板可以用分解杆取下，所以也叫侧板型。左侧套筒上的一行铭文为"WAFFENFABRIK MAUSER A.G. OBERNDORF A.N.MAUSER'S PATENT"，意思是"毛瑟武器制造股份公司，毛瑟专利权"。套筒后部有9条防滑凹纹。

第2版：毛瑟击锤版。是一款非常稀少的毛瑟M1910手枪，产量只有2 800把，是一款实验性质产品。采用击锤回转式击发，套筒外形改变较大，后部比前部高。口径7.65毫米，从1912年研发到1913年停产。套筒上铭文与毛瑟M1910手枪相同，不过分为三行排列。这是第一款7.65毫米口径的毛瑟

M1910手枪。

第3版：毛瑟M1914手枪早期型。口径7.65毫米，内部改变非常大。取消侧板分解杆，对击针、阻铁、复进簧、握把螺钉和弹匣等均作了改进。铭文没有变化，但分为两行。套筒后面的防滑纹形成两个凸起部，能够让射手更好地拉动套筒。从1913生产到1914年初停产，产量为10 700把。

第4版：毛瑟M1914手枪的6.35毫米口径版。因为和毛瑟M1910手枪采用相同的口径，被命名为毛瑟M1910/14过渡型手枪。铭文为一行，内容与毛瑟M1910手枪的铭文相同，但很明显取消了侧板分解杆。套筒后面采用与毛瑟M1910手枪相同的9条防滑凹纹。从1914年开始制造，直到1921年停产，总共生产了160 800把。

第5版：毛瑟M1914手枪“一战”型。因为战争爆发，7.65毫米口径的毛瑟M1914手枪被提供给军方使用。战争结束后，工厂继续生产到1923年，总共生产了282 500把。这款毛瑟M1914手枪“一战”型与毛瑟M1914手枪早期型在铭文上有所区别，由两行改为一行。

第6版：改进套筒防滑纹的毛瑟M1910/14手枪。因为之前的该系列手枪基本都是采用套筒后部带有防滑纹的设计。这次把细纹改成粗纹，由9条改成了7条凹纹。从1921年生产至1928年停产，产量为123 200把。

第7版：毛瑟M1914手枪战后型（毛瑟M1914手枪“一战”型的改版）。其与毛瑟M1914手枪“一战”型的区别在于铭文由一行改回两行。1923年生产至1929年停产，总共生产了183 000把。

第8版：6.35毫米口径的毛瑟M1910/14手枪最终版。因为毛瑟工厂的变化，铭文有所变化，铭文改为“MAUSER-WERKE A.G. OBERNDORF A.N.”（毛瑟工业股份公司）。1928年生产至1936年停产，共生产了58 300把。

第9版：也是因为毛瑟工厂的变化，铭文改成了“MAUSER-WERKE A.G. OBERNDORF A.N.”。握把左侧下方增加拴枪绳的枪环。1929年生产至1933年停产，共生产66 000把。

第10版：7.65毫米口径的毛瑟M1934手枪。最大的变化是握把改进了人机工效。握把后部弧度更大，让射手握持更加舒适。这是最后一款7.65毫米口径的该系列手枪。1933年生产至1941年停产，总共生产118750把。

第11版：6.35毫米口径的毛瑟M1934手枪。其被命名为毛瑟M1910/34手枪。1936年开始生产至1941年停产，总共生产25 700把。

自从第一把毛瑟M1910手枪被推出后，迅速获得了市场的认可，取得了可喜的销售业绩。通过毛瑟公司提供的数据来看，1911年销售了11 012把，1912年销售了30 291把，1913年销售了18 856把，这三年总共销售了60 159把，几乎可以说把当时生产出来的毛瑟M1910手枪销售一空。

☆ 不同时期的毛瑟M1910系列手枪

这样的销售业绩在今天都是很难想象的，随后第一次世界大战爆发，毛瑟M1914手枪理所当然成了德军武器，装备量更是达到十万把以上。战后，继续成为德国警察配枪。

第二次世界大战爆发后，德国国防军与海军也向毛瑟工厂订购了8 000把毛瑟M1934手枪，这款手枪随后成为德国海军军官的配枪，而德国国防军则把该手枪下发给国防军下属的警察部队。直到“二战”末期同盟军占领毛瑟兵工厂后，毛瑟M1934手枪才彻底停产。由此而没有在战后恢复继续生产，这也造就了该系列手枪成为当今武器收藏家们追捧的对象。

而当时的中国，刚刚进入抗战初期，德国与中国的贸易并未停止，大量的德国武器装备被运入中国，当时国民政府就购买了一批毛瑟M1934手枪。和毛瑟原版盒子炮（毛瑟C96手枪）一样，枪身上都刻有“德国造”的中文字样，起初配给国民党高级军官使用。

除正式采购之外，也有数量不详的德国原版毛瑟M1910手枪与毛瑟M1914手枪通过一些其他渠道流入中国，其中包括6.35毫米与7.65毫米两种口径。

在欧洲、北美地区，该系列手枪的销路也非常好。这一点可以通过其总产量来加以了解，该系列手枪总共生产了31年，总产量达到了1 092 750把，可见其受欢迎程度。

该系列手枪与当时的其他手枪相比，外形都显得非常独特：套筒前端为完全敞开式，枪管上半部分暴露在外；枪管上为半圆形准星，枪口与枪管下方的枪管分解杆顶部设计独特——从侧面看像是一只小狗在吐着舌头，而从前面看则好像是狗在“张着嘴”一样。所以被称为“张嘴”，而“蹬”是形容该枪抛壳动作干脆利落，因为抛壳方向是向右上方抛壳，并且在抛壳窗后面有个非常大的抽壳钩，有力的抛壳动作使得弹壳像被人“蹬”飞了一般。于是，该系列手枪在中国有了一个俏皮的名字——“张嘴蹬”。

虽然“张嘴蹬”最早进入中国的时间已无从知晓。但是，在历史一些关键点上的画面中却能看到“张嘴蹬”的身影。时间来到1915年，正是孙中山先生流亡海外、筹划发动二次革命的时期。早在一年前，宋庆龄接替她的姐姐宋蔼龄（1914年9月宋蔼龄回上海与孔祥熙结婚），做了孙中山的秘书。而一年后，也就是1915年10月25日，孙中山与宋庆龄在日本著名律师和田瑞的见证下于日本东京完婚。

在新婚之时，孙中山先生赠送给宋庆龄的新婚礼物并不是什么昂贵的珍珠项链，而是一把德国毛瑟手枪，这把毛瑟手枪正是“张嘴蹬”，另外还有20颗子弹。这是为什么呢？原因是，当年孙中山先生流亡海外，处于被袁世凯等反动势力的通缉追杀下，并且孙先生正在积极筹划二次革命，以推翻“窃国大盗”袁世凯的独裁统治，所以这时的孙中山与宋庆龄实际上正处于复杂政治斗争的风口浪尖之上，随时都有生命危险，一把贴身配枪是必不可少的。而关于那随枪所赠的20颗子弹，这也有一个著名的说法：孙中山先生的寓意是19颗子弹射向敌人，最后一颗则留给自己。遗憾的是，其子弹的去向在随后宋庆龄的一系列转移活动中没有了踪迹，不可考究，今天只剩这把“张嘴蹬”留存于世，现存于北京宋庆龄故居中。

☆ 德国警察部队使用的毛瑟M1934手枪，带有纳粹军队鹰的标识

## 1911 美国柯尔特M1911手枪

☆ 用于教学的解剖型柯尔特M1911手枪，可以看到闭锁结构

自从1889年开始，约翰·勃朗宁就一直想要研发一款能够成功替代当时美军列装的转轮手枪的自动装填手枪。也就是从那时开始，勃朗宁就与柯尔特公司一直合作，从柯尔特M1900半自动手枪开始，经过不断改进，并与卢格、毛瑟、斯太尔–曼利夏、萨维奇等世界各地的武器制造商制造的产品进行了长达10多年的较量。这之后，美国柯尔特M1910半自动手枪终于成功打败其他厂商的产品，成为美国军方的唯一选择。

经过短暂的调整定型，1911年3月29日，由勃朗宁设计、柯尔特公司生产的0.45英寸（11.43毫米）口径的半自动手枪被选为美军制式武器，并正式命名为柯尔特M1911半自动手枪。

柯尔特M1911手枪的结构开创了半自动手枪全新的历史，成为不朽的经典。这种枪管短后坐自动方式与枪管偏移式闭锁方式被沿用至今。当时柯尔特M1911手枪采用枪管后坐方式是为发射大威力.45ACP枪弹而发展起来的。这样的结构足以保证在膛压降到安全程度之前能使枪管与套筒一直处于闭锁状态。

枪管尾部下方带有铰链，上方则设有环形闭锁凸起。当柯尔特M1911手枪射击时，完成自动动作的能量来源于火药燃气，火药燃气一方面推动弹头向前，另一方面则通过弹底将能量传给套筒及枪管一同形成后坐。

柯尔特M1911手枪的套筒和枪管带动铰链绕枪管结合轴向后转动，铰链拉动枪管后端向下倾斜，逐渐使枪管环形闭锁凸起与套筒闭锁凸起槽脱离，进而枪管与套筒分开。当铰链座与握把座相接触时，枪管即受阻停止后坐运动，套筒则继续单独后坐，从而完成开锁动作。

然后，借助复进簧的力量，套筒停止后坐运动，随即套筒开始向前复进。当套筒的弧形凸起与原先停止不动的枪管尾端面相碰撞后，带动枪管向前运动。枪管前进时，又带动枪管尾部的铰链绕枪管结合轴向前转动，随即铰链将枪管尾部上抬，逐渐使枪管的环形闭锁凸起与套筒的闭锁凸起槽扣合，并稳定住枪管，从而完成闭锁动作。

柯尔特M1911手枪为单动击发的半自动手枪：口径为0.45英寸（11.43毫米），全长为8.5英寸（216毫米），枪管长为5英寸（127毫米），空枪重为38盎司（1.077千克），弹容量为7发.45ACP枪弹，有效射程为50米。全枪采用发蓝处理，后期也有镀镍版本，高级定制版本也有镀金型号。握把护板采用带菱形防滑纹的胡桃木制作而成，用两个螺栓固定在握把护板螺栓座上。高级版本的握把护板采用象牙制造。

柯尔特M1911手枪的套筒外形十分经典，套筒上方设有片状准星和凹型缺口照门，照门通过燕尾榫与套筒连接。套筒后方带有纵向防滑纹。套筒前部有两个“大眼儿”，上面是用于放置枪管，下面是用于和套筒座相配合的枪口帽。套筒内部抛壳窗前方带有用于与枪管闭锁的凸起槽。其抛壳窗后面的枪机内侧带有一个很长的抽壳钩，抽壳钩尾部可以从套筒尾部看到。从套筒尾部还能看到击针定位片，击针定位片用于卡住击针尾部，不让击针飞出套筒。击针前方带有击针簧。

套筒枪机底部还有一个凹槽，这是与套筒不到位保险配合的凹槽。套筒左侧刻着专利铭文与柯尔特公司信息铭文，右侧则刻有“MODEL OF 1911.U.S.ARMY”等字样。这说明该手枪是美国陆军款，另外当时的海军陆战队也采用这种陆军款柯尔特M1911手枪。同时，美国海军的柯尔特M1911手枪则在右侧刻有“MODEL OF 1911.U.S.NAVY”字样，以示区别。

柯尔特M1911手枪的枪管位于套筒内部上方，用枪口套固定在套筒内。枪管尾部上方设有环形闭锁凸起，枪管后部下方带有铰链座，铰链座用于安装使枪管偏移运动的铰链。枪管尾部设置有一个引导子弹的斜面，好让枪弹顺利进入弹膛。枪管下方设有复进簧与复进簧导杆，这两个部件被套筒前部下方的顶头挡住。

用现代眼光来看，柯尔特M1911手枪的套筒座设计颇具人机工效。套筒后部带有一个被称作“海狸尾”的凸起，并且握把带有一定角度，使射手握持柯尔特M1911手枪时，虎口与套筒尾部能够更好地配合。弹匣扣设计在扳机后方，让射手能够快速更换弹匣。再加上空仓挂机解脱杆设置在弹匣扣上方，射手只需要使用拇指就可以轻松完成操作。

这些都让柯尔特M1911手枪成为最早的一款能够快速更换弹匣与上膛的手枪，并且这些设计沿用至今。在套筒右侧扳机上方刻有枪号。左侧空仓挂机解脱杆前方刻有“UNITED STATES PROPERTY”字样，译为“美国政府财政”。如果没有这个铭文，说明这把柯尔特M1911手枪不是美国政府采购的军用型号。

套筒座里面安装有击发机构。柯尔特M1911手枪的击发机构十分简单可靠，由扳机连杆、阻铁、击锤与压杆组成。射手扣动扳机时，扳机连杆带动阻铁下部向后，阻铁前段向前解脱击锤，击锤回转便可以击打击针底部，从而击发枪弹。因为扳机是单动设计，所以扳机行程比较短，扳机力很轻。套筒顶部带有固定抛壳挺的两个侧孔，中心有一个让套筒不到位保险通过的开孔。套筒座后方安装有握把保险，左侧带有手动保险。握把里的击锤簧座底部带有拴枪绳的固定环，最初弹匣底部也带有固定环，但很快被取消了。

柯尔特M1911手枪的保险机构是当年最完善的保险机构，这款手枪总共设有4处保险机构。

第1处：套筒不到位保险。套筒不到位保险是指套筒底部的凹槽与套筒座内部的压杆配合作用，压杆起到单发杆作用，也起到防早发作用。压杆一头是圆形、凸出套筒座外，另一头是片状。如果套筒移动位置，压杆会被套筒底部向下压，而压杆另一端就会向下移动，从而挡住了扳机连杆的尾部，这时即使扣动扳机，扳机也不会向后动作。只有套筒复进到位，压杆顶部进入套筒底部凹槽，压杆尾部向上就会躲开扳机连杆后部。这时扳机才可以向后移动，从而解脱待击的击锤。

第2处：防跌落保险。这是一种在传统转轮手枪上广泛采用的保险。击锤带有一个很深的保险卡槽，当击锤处于待击位置时，因为不慎跌落或者碰撞等意外情况，让击锤自动解脱阻铁后回转。这时，击锤前方的保险卡槽就会立刻卡在阻铁上，阻止了击锤继续向前打击击针尾部，这样保证了安全性。并且这时即使扣动扳机，也不会解脱击锤，因为扣动扳机通过阻铁使击锤后倒的力矩小于击锤簧使击锤向前转动的力矩，故扣不动扳机，不能击发。射手可以用拇指在击锤处于待击位置时，扳动击锤向前，把击锤移动到保险位置，就此能够保证手枪在弹膛有弹的时候也能放入枪套中安全携带。在有需要的时候，射手只需要再从枪套中取出柯尔特M1911手枪，同时用拇指扳动击锤到待击位置，便可立即射击。这样的设置，比从枪套中取出后再对手枪进行上膛的方法要快很多。

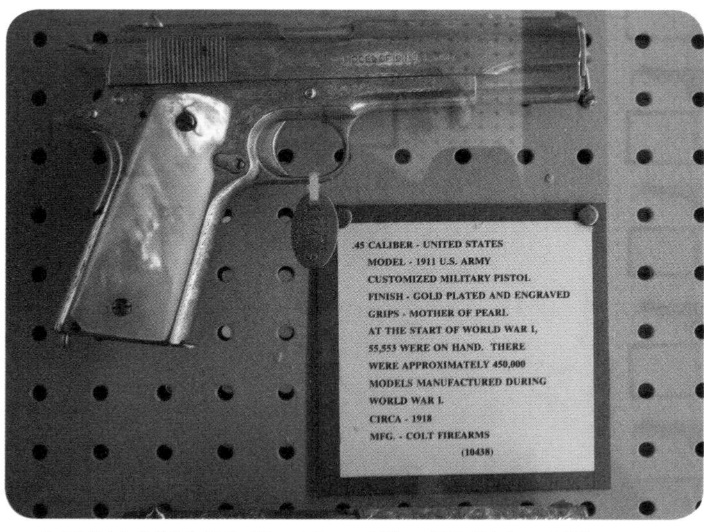

☆ 少见的镀金版本柯尔特M1911手枪，握把是象牙制造

第3处：手动保险。这是柯尔特M1911手枪外部的一个保险装置，位置在套筒后部左侧。把手动保险向上扳动到保险位置，这时手动保险机的内凸轮面向上移动，挡住阻铁尾部，限制阻铁上方向前回转，这样阻铁就无法解脱击锤，起到保险作用。手动保险向下扳动为解除保险位置，这时手动保险机的内凸轮面向下移动，躲开阻铁尾部，这时便可以随时扣动扳机击发枪弹。

第4处：握把保险。位于握把后方，射手握持手的虎口位置。平时在弹簧力的作用下，握把保险一直处于保险位置。这时的握把保险凸齿的斜下方顶住扳机连杆尾部的斜上方，限制了扳机连杆向后移动，这时扳机不能扣动，起到保险作用。如果射手握持住手枪，射手的手掌虎口位置会把握把保险往里推，这时的握把保险就处在解除保险状态。握把保险的凸齿顶向斜上方移动，躲开扳机连杆的尾部，射手便可扣动扳机击发枪弹。

1912年4月，柯尔特M1911手枪开始装备美国部队，并成为美军装备的第一款半自动手枪。第一批500把柯尔特M1911手枪被美国陆军订购，第二批500把被海军订购，而海军陆战队直到第七批才订购了300把。

美国陆军最初订购的500把柯尔特M1911手枪，出厂后就被直接送到斯普林菲尔德兵工厂进行发蓝处理，而第二批海军的500把则被送到海军的纽约海军造船厂进行处理。其中美国军方对该手枪装备量最大的是陆军的骑兵队，基本上当时的骑兵就已经做到人手一把柯尔特M1911手枪了。

在第一次世界大战爆发前，美国军方已经订购了60 400把柯尔特M1911手枪。1914年7月28日“一战”爆发，美国军方加紧订购柯尔特M1911手枪，另外增加斯普林菲尔德兵工厂进行整枪生产。这些由斯普林菲尔德兵工厂生产的柯尔特M1911手枪都带有斯普林菲尔德兵工厂的铭文和标识。斯普林菲尔德兵工厂在1914～1915年总共为军方生产了30 975把柯尔特M1911手枪。

但军方的订购量越来越大，美国军方不得不再引入其他工厂来进行生产。所以订单下到了雷明顿UMC公司（在1912年，雷明顿武器公司收购了联合金属弹药公司UMC，把联合金属弹药公司改名为雷明顿UMC公司，成为雷明顿武器公司下属的分公司，主业是生产枪弹）、温彻斯特公司、巴勒斯计算器公司、兰斯顿莫诺铸排机公司、国家收银机公司、A.J.萨维奇军需品公司、萨维奇武器公司等，除以上的美国公司外，还增加了两个加拿大公司：卡龙兄弟制造公司和北美轻武器有限公司。

其中真正生产并完成订单的是雷明顿UMC公司，雷明顿UMC公司在1918年生产了13 381把柯尔特M1911手枪，在1919年生产了8 295把柯尔特M1911手枪。枪号是相对独立的，1～21676号。1918年6月，加拿大的北美轻武器有限公司也生产了100把柯尔特M1911手枪，枪号为1～100号。

在“一战”期间，将军以下的军官均会佩带柯尔特M1911手枪。其中非常出名的一名军官就是该手枪的设计者约翰·勃朗宁的儿子——勃朗宁少尉，也佩带自己父亲设计的手枪。因为在战壕中使用该手枪的效果明显，尤其是近距离的连发功能，远超于当时的旋转后拉步枪，所以包括机枪手、传令兵、夜间巡逻队等兵种的官兵都会配备柯尔特M1911手枪。尤其是传令兵，为了能够迅速奔跑和隐蔽，柯尔特M1911手枪成了传令兵身上唯一的“火器”。而“一战”中美国著名的英雄阿尔文·约克就是使用柯尔特M1911手枪连续放倒数名敌人的。

柯尔特是一个商业公司，虽然长期为军方提供手枪，但也在不断推出民用版本。自从柯尔特M1911手枪成功装备美国军队后，民用版本的柯尔特M1911手枪就被推向市场。柯尔特公司把该民用版本命名为柯尔特政府型手枪，从名称就可以看出柯尔特的商业策略。

其实，这款民用版手枪与军用版柯尔特M1911手枪在结构性能上毫无区别，主要是套筒上的铭文有区别。其在套筒右侧刻有“COLT AUTOMATIC CALIBRE .45”字样，译为“柯尔特自动手枪，.45（11.43毫米）口径”。套筒座右侧带有“GOVERNMENT MODEL”，译为“政府型”。为了区分枪号，“政府型”的枪号从C1开始，从1912年便开始生产，直到柯尔特M1911A1手枪诞生。

☆ 柯尔特M1912型枪套

柯尔特M1911手枪从1911年诞生，至1918年“一战”结束，总产量达到593 981把。后来到1919年，柯尔特公司和雷明顿UMC公司还继续生产了总共57 195把，这样一来就使得柯尔特M1911手枪的总产量达到651 176把。

在柯尔特M1911手枪诞生后，其他国家也相继订购该手枪。其中，加拿大在1914年10月订购了5 000把。英国在1918年1月订购了10 000把，全部装备英国皇家空军。在1916年2月，俄国订购了51 000把，并且在这批柯尔特M1911手枪套筒座上刻有俄文铭文。挪威在1915年订购了一批400把柯尔特M1911手枪。阿根廷在1914年、1916年与1919年分三批总共订购了1 721把，第一批321把套筒上刻有“阿根廷海军”字样。美国的近邻墨西哥在“一战”后也订购了数量不详的柯尔特M1911手枪。

自从柯尔特M1911手枪诞生之后，原有为柯尔特转轮手枪而设计的枪套就不再适用，于是新型的枪套在1912年推出，被命名为柯尔特M1912型枪套。这个是由纯皮制造、用钢丝固定在腰带上的枪套，上方有一块加长的皮革，用于调整枪套的位置，使之能够正好位于人手自然下垂的位置。在枪套后面有一条可以用于固定在腿部的皮带。

不过这款枪套在“一战”的壕沟里并

没有发挥很好的作用，所以很快在1916年推出了新一款的柯尔特M1916型枪套。这款枪套的最大特点就是取消了原有的那块加长皮革，让枪套直接固定在腰带上。这样士兵和军官在跑动时就不会因枪套的加长皮革来回晃动而产生麻烦。这款枪套一直沿用到越南战争期间，在二战期间，也曾出现过一种改进版本的柯尔特M1916型枪套，但比较少见。

☆ 超级.38口径的柯尔特手枪

美军在配发柯尔特M1911手枪时都会附带一个亚麻制弹匣包。一把手枪配三个弹匣，除了手枪内插入一个外，另外两个备用弹匣会放在弹匣包里。所以每个佩带柯尔特M1911手枪的美军官兵基本都会带有“21+1”（枪膛内预压）发子弹。每把手枪都会配备清理手枪的工具和一条枪绳。

除了手枪，.45ACP枪弹为50发装的纸盒。为了更好地携带，这种50发装纸盒可以放入一个布袋里。一个布袋总共可以放置五个50发装纸盒。而这个布袋也可以放到金属弹药箱里，一个金属弹药箱总共能放下400发.45ACP枪弹。

柯尔特公司在生产.45ACP口径的柯尔特M1911手枪之后，并没有放弃对其他口径的研发，尤其是柯尔特公司的第一款半自动枪弹，即柯尔特M1900手枪所使用的9毫米（.38ACP）口径枪弹。柯尔特公司针对这款枪弹进行了改进，研发出一款新型的9毫米枪弹，这就是.38超级口径枪弹。

这款枪弹随即成了新型民用版柯尔特M1911手枪的枪弹，这种9毫米口径柯尔特M1911手枪被命名为“柯尔特超级点三八手枪”。从1929年开始生产，后来1934年其改进版本被改名为“柯尔特超级比赛型”，直到1971年停产，总共生产了20万把以上。

除了9毫米口径外，还有.22（5.6毫米）口径枪型。在1931年，柯尔特公司推出一款.22LR口径的柯尔特M1911手枪，这款手枪被命名为柯尔特王牌手枪，从1931年开始生产直到1947年停产，该手枪总共生产了10 934把。

除这两种口径外，为了军队的训练目的，柯尔特公司还推出了一款从.45口径改为.22口径的套件。这款套件产量很少，从1938年2月开始，断断续续生产直到1946年彻底停产，只生产了2 670套。而更特别的套件在同一年推出，是将.22口径改成.45口径，这种套件更稀少，直到1940年停产，总共只有112套。现在这些改装套件已成为炙手可热的收藏品。

“二战”爆发时，还存在一款特别口径，这就是援助英国的柯尔特M1911手枪。因为英国普遍列装的韦伯利转轮手枪使用的是.455（11.56毫米）口径的韦伯利枪弹，并且英国有大量的这种库存弹药。所以应英国人的要求，柯尔特公司研发了适用.455口径韦伯利枪弹的柯尔特M1911系列手枪。随后这批特殊口径的柯尔特M1911手枪与.45ACP口径的柯尔特M1911A1手枪一同被运往英国，装备英国军队。

此外，还曾经有两种特殊型号的柯尔特M1911手枪较为出名，说特殊是因为其已经超出了手枪的定义范畴。

第一种就是卡宾型的柯尔特M1911手枪。这种柯尔特M1911卡宾枪其实是使用了一支16英寸（406.4毫米）的枪管与相应的木质枪托，并且还配用加长型弹匣。不过这种附件只是某种大胆的尝试，因为过长的枪管让枪管短后坐的自动方式非常“吃力”，不能可靠地完成复进动作。即使枪托能够贴腮使用，射手实际上也没法双手有效握持这支“卡宾枪”。

而第二种倒是显得十分有用。一名叫希曼·莱曼的年轻枪匠，做了一个大胆的尝试，就是把半自动的柯尔特M1911手枪改造成了全自动的柯尔特M1911冲锋手枪。但是他改造的冲锋型柯尔特M1911手枪却成了美国历史上最著名劫匪的随身武器。这个人就是约翰·狄林杰，他是美国20世纪30年代的银行劫匪，抢劫过数家银行。

另一个使用莱曼改装的冲锋型柯尔特M1911手枪的著名悍匪就是“娃娃脸尼尔森”，他的真名是莱斯特·吉里斯。这个人也曾经加入过约翰·狄林杰的团伙。两个人最终被执法人员击毙，而他们曾使用的冲锋型柯尔特M1911手枪被作为战利品展出。但制造者希曼·莱曼却因为法律的漏洞而逃脱了相应的制裁。

随后，美国法律开始完善，这种冲锋型手枪受到了很大限制。除了上述的私造冲锋型，柯尔特公司在“二战”时期也研发过9毫米口径的冲锋型柯尔特M1911手枪，这种手枪使用.38超级枪弹。但该口径的冲锋手枪实际使用效果却不能使美国军方满意，所以柯尔特公司官方版冲锋型柯尔特M1911手枪最终“流产”。

由于柯尔特M1911手枪优秀的性能，其在除美国之外的很多国家和地区都曾被生产或仿造。

挪威在1915年订购了一批柯尔特M1911手枪，随后便直接购买了生产权，开始生产挪威版的柯尔特M1911手枪，这款挪威版的柯尔特M1911与柯尔特的M1911手枪最大的不同就是其更改了空仓挂机解脱杆的外形。在“二战”期间，纳粹德国占领了挪威，这种挪威版柯尔特M1911手枪很不幸地成了纳粹德国的装备之一，但产量很低。

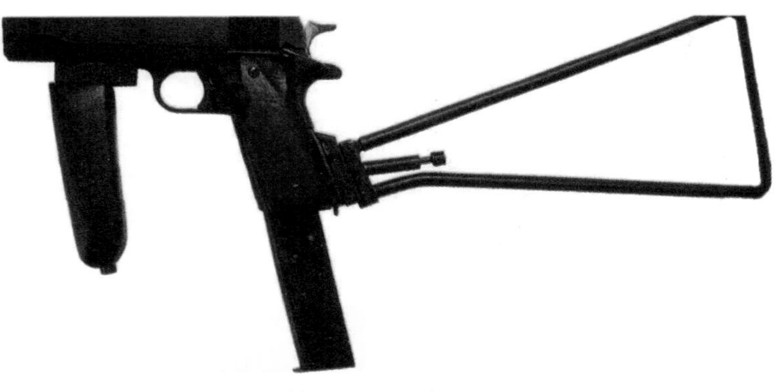
☆ 冲锋型柯尔特M1911手枪

阿根廷与墨西哥也曾经订购过几批柯尔特M1911手枪，随后开始自己仿制。阿根廷仿制的柯尔特M1911手枪取消了握把保险，这款手枪被命名为莫利纳半自动手枪。墨西哥的仿制品虽然保留了握把保险，但取消了手动保险，并且把分解杆与空仓挂机解脱杆改成一体型，这也算是对柯尔特M1911手枪的一种创新，这种墨西哥版的柯尔特M1911手枪被命名为奥夫雷贡半自动手枪。

西班牙在20世纪初成为“山寨手枪”制造大国，而当柯尔特M1911手枪推出后，西班牙的山寨版本随即也推出了——这就是星牌柯尔特M1911半自动手枪与拉马牌柯尔特M1911半自动手枪。星牌柯尔特M1911手枪同样取消握把保险，并且改变了抽壳钩的设计，而拉马牌柯尔特M1911手枪则改变了握把的角度，保留了全部原有保险。

随后，波兰的拉敦半自动手枪、苏联的TT–30半自动手枪也均参考了柯尔特M1911手枪的设计理念，基本可以叫作改造版柯尔特M1911手枪。而以精工制作闻名的瑞士也推出了自己的改造版，这就是著名的西格P210半自动手枪。

柯尔特M1911手枪生产明细（美国地区）

| 年份 | 枪号 | 制造厂商 | 订购方 | 数量 |
|---|---|---|---|---|
| 1912 | 1～500 | 柯尔特公司 | 美国陆军 | 500 |
| | 501～1000 | 柯尔特公司 | 美国海军 | 500 |
| | 1001～1500 | 柯尔特公司 | 美国陆军 | 500 |
| | 1501～2000 | 柯尔特公司 | 美国海军 | 500 |
| | 2001～2500 | 柯尔特公司 | 美国陆军 | 500 |
| | 2501～3500 | 柯尔特公司 | 美国海军 | 1000 |
| | 3501～3800 | 柯尔特公司 | 美国海军陆战队 | 300 |
| | 3801～4500 | 柯尔特公司 | 美国陆军 | 700 |
| | 4501～5500 | 柯尔特公司 | 美国海军 | 1000 |
| | 5501～6500 | 柯尔特公司 | 美国陆军 | 1000 |
| | 6501～7500 | 柯尔特公司 | 美国海军 | 1000 |
| | 7501～8500 | 柯尔特公司 | 美国陆军 | 1000 |
| | 8501～9500 | 柯尔特公司 | 美国海军 | 1000 |
| | 9501～10500 | 柯尔特公司 | 美国陆军 | 1000 |
| | 10501～11500 | 柯尔特公司 | 美国海军 | 1000 |
| | 11501～12500 | 柯尔特公司 | 美国陆军 | 1000 |
| | 12501～13500 | 柯尔特公司 | 美国海军 | 1000 |
| | 13501～17250 | 柯尔特公司 | 美国陆军 | 3750 |
| 1913 | 17251～36400 | 柯尔特公司 | 美国陆军 | 19150 |
| | 36401～37650 | 柯尔特公司 | 美国海军陆战队 | 1250 |
| | 37651～38000 | 柯尔特公司 | 美国陆军 | 350 |
| | 38001～43800 | 柯尔特公司 | 美国海军 | 5800 |
| | 43801～43900 | 柯尔特公司 | 美国海军 | 100 |
| | 43901～44000 | 柯尔特公司 | 美国海军 | 100 |
| | 44001～60400 | 柯尔特公司 | 美国陆军 | 16400 |
| 1914 | 60401～72570 | 柯尔特公司 | 美国陆军 | 12170 |
| | 72571～83855 | 斯普林菲尔德兵工厂 | 美国陆军 | 11285 |
| | 83856～83900 | 柯尔特公司 | 美国陆军 | 45 |
| | 83901～84400 | 柯尔特公司 | 美国海军陆战队 | 500 |
| | 84401～96000 | 柯尔特公司 | 美国陆军 | 11600 |
| | 96001～97537 | 柯尔特公司 | 美国海军 | 1537 |
| | 97538～102596 | 柯尔特公司 | 美国陆军 | 5059 |
| | 102597～107596 | 斯普林菲尔德兵工厂 | 美国陆军 | 5000 |
| 1915 | 107597～109500 | 柯尔特公司 | 美国陆军 | 1904 |
| | 109501～110000 | 柯尔特公司 | 美国海军 | 500 |
| | 110001～113496 | 柯尔特公司 | 美国陆军 | 3496 |
| | 113497～120566 | 斯普林菲尔德兵工厂 | 美国陆军 | 7070 |
| | 120567～125566 | 柯尔特公司 | 美国陆军 | 5000 |
| | 125567～133186 | 斯普林菲尔德兵工厂 | 美国陆军 | 7620 |
| 1916 | 133187～137400 | 柯尔特公司 | 美国陆军 | 4214 |
| | 151187～151986 | 柯尔特公司 | 美国陆军陆战队 | 800 |
| 1917 | 137401～151186 | 柯尔特公司 | 美国海军 | 13786 |
| | 151987～185800 | 柯尔特公司 | 美国陆军 | 33814 |
| | 185801～186200 | 柯尔特公司 | 美国海军陆战队 | 400 |
| | 186201～209586 | 柯尔特公司 | 美国陆军 | 23386 |
| | 209587～210386 | 柯尔特公司 | 美国海军陆战队 | 800 |
| | 210387～215386 | 柯尔特公司 | 美国陆军 | 5000 |
| | 215387～216186 | 柯尔特公司 | 美国海军陆战队 | 800 |
| | 216187～216586 | 柯尔特公司 | 美国陆军 | 400 |
| | 216587～216986 | 柯尔特公司 | 美国海军陆战队 | 400 |
| 1918 | 216987～217386 | 柯尔特公司 | 美国海军陆战队 | 400 |
| | 217387～223952 | 柯尔特公司 | 美国陆军 | 6566 |
| | 223953～223990 | 柯尔特公司 | 美国海军 | 38 |
| | 223991～232000 | 柯尔特公司 | 美国陆军 | 8010 |
| | 232001～233600 | 柯尔特公司 | 美国海军 | 1600 |
| | 233601～580600 | 柯尔特公司 | 美国陆军 | 347000 |
| | 1～13381 | 雷明顿UMC公司 | 美国陆军 | 13381 |
| 1919 | 13382～21676 | 雷明顿UMC公司 | 美国陆军 | 8295 |
| | 580601～629500 | 柯尔特公司 | 美国陆军 | 48900 |

备注：本表不包括加拿大北美轻武器有限公司生产的100把。

## 1912　匈牙利费罗梅尔停止手枪

鲁道夫·费罗梅尔在1868年8月4日出生于匈牙利首都布达佩斯（注：奥匈帝国于1867年成立，所以鲁道夫实际是生在“奥匈帝国时代”）。他从小就受到了良好的教育，并最终成了一名十分出色的银行家。

1896年，在他28岁时，鲁道夫·费罗梅尔收到了匈牙利最有名的武器制造厂——非迈路武器工厂的加盟邀请。有意思的是，当时非迈路武器工厂的高层让他出任的职位并不是武器设计师，而是关于财务方面的职位。原因很简单，他是一名年轻有为的银行家，而据说当时的非迈路武器工厂的财务状况确实是十分糟糕。

在鲁道夫·费罗梅尔进入该工厂后很快就将工厂的财务状况梳理清楚，并且想办法让工厂的高层明白了在生产中控制成本的重要性。为此很多人对鲁道夫·费罗梅尔赞不绝口，但他们却不知道，当时的鲁道夫·费罗梅尔不光对财务感兴趣，他对设计武器也充满了兴趣，而其在这一方面的才能很快就得到了体现。1904年鲁道夫·费罗梅尔成为该工厂的业务总监，这样就让他有了实现自己想法的机会，他就此开始从一名财务专家变身成了一名轻武器设计师。

鲁道夫·费罗梅尔自1898年开始设计手枪，在1901年10月11日他申请了自己的专利，这是一款拥有独特的枪管长后坐自动方式的手枪；而巧合的是勃朗宁也曾在1900年前后设计了一款枪管长后坐自动方式的霰弹枪，并且在1900年6月6日开始申请专利，同年10月16日其专利被申请下来。而鲁道夫·费罗梅尔的专利是在1902年3月13日被申请下来，其专利号是20362-1901。

鲁道夫·费罗梅尔正是在这款拥有专利的半自动手枪基础上，又经过几次的修改，设计成功了费罗梅尔停止手枪。这是鲁道夫·费罗梅尔的第一款半自动手枪，其被命名为M1901费罗梅尔手枪。M1901费罗梅尔手枪除了枪管长后坐的自动方式以外，在设计上还有另一个特点，就是其枪机的机头可以旋转闭锁——这就是枪机回转式闭锁设计。从外表上看M1901费罗梅尔手枪整体十分紧凑，但由于设计原因，M1901费罗梅尔手枪内部构造其实还是比较复杂的。

M1901费罗梅尔手枪全枪长为180毫米，枪管长为100毫米，空枪重量为0.65千克，口径为8毫米，发射8毫米罗斯枪弹，弹容量为10发。本身并没有可分离的弹匣，而是采用了少见的内置式弹匣设计，即从抛壳窗装入枪弹。

这款手枪在1903年开始生产，总共只生产了200把，但成功的开端奠定了良好的基础。在成功设计了第一款半自动手枪后，鲁道夫·费罗梅尔并没有止步不前，而是对这款半自动手枪又进行了改进设计，随后该系列的第二款半自动手枪在1906年设计定型——被命名为M1906费罗梅尔手枪。

这款M1906费罗梅尔手枪不再是8毫米口径，而是改为了7.65毫米口径，能够同时发射7.65毫米费罗梅尔枪弹和7.62毫米罗斯枪弹。其整体尺寸和M1901费罗梅尔手枪基本相同，弹容量也为10发。起初的M1906费罗梅尔手枪还是延续了内置式弹匣的设计，但到了后期就改为了更加先进的、可以分

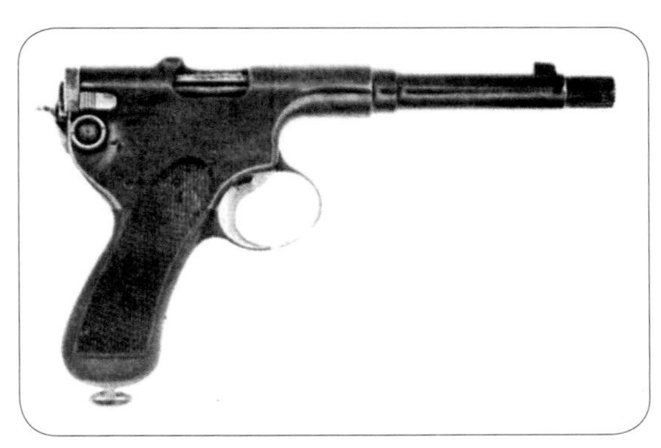

☆ M1901费罗梅尔手枪

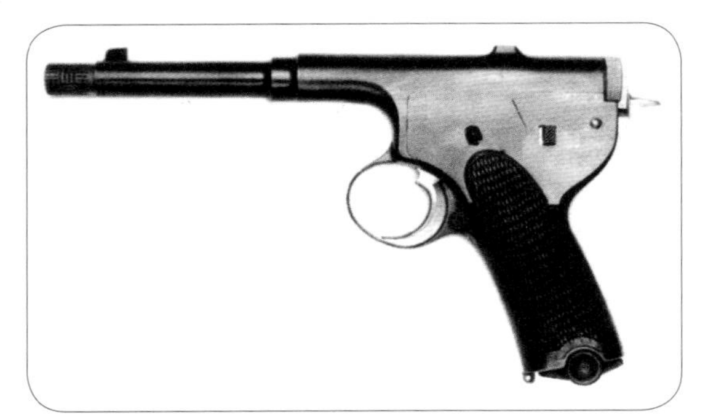

☆ M1906费罗梅尔手枪

☆ M1910费罗梅尔手枪

离的弹匣设计，其弹匣解脱钮在握把的最下方。

从1907年开始生产，到1910年停产，M1906费罗梅尔手枪总共生产了800把。其枪号是从201号开始后推，这样就延续了M1901费罗梅尔手枪的枪号序列。到了1910年，鲁道夫·费罗梅尔再次改进了自己的设计，推出了全新的M1910费罗梅尔手枪。

这款M1910费罗梅尔手枪比起原先两款手枪，在外形上显得更加紧凑。在口径方面改为了7.65毫米与9毫米两种，可以发射勃朗宁设计的.32ACP枪弹和.38ACP枪弹，弹容量为8发。增加了握把保险，这个设计显然是参考了勃朗宁手枪上的设计理念。

这款M1910费罗梅尔手枪从1910年开始生产，到1912年停产时总共生产了10 000把。这款手枪可以说是鲁道夫·费罗梅尔第一款取得市场成功的半自动手枪。

鲁道夫·费罗梅尔并没有沉浸在自己的成功中，而是想要再次创新设计出一款全新的半自动手枪。当然这次他并没有舍弃自己原来的设计与积累的经验，而是稳扎稳打，将自己的设计逐渐升华。

在M1910费罗梅尔手枪的基础上开始马不停蹄地重新设计半自动手枪，并在1911年9月就开始申请专利，新手枪在1912年被英国授予专利号10566-1912、被瑞士授予专利号60337。这款全新的手枪被鲁道夫·费罗梅尔命名为费罗梅尔停止手枪。

费罗梅尔停止手枪采用了之前所用的枪管长后坐自动方式，击锤回转式击发方式，单动扳机和枪机回转式闭锁方式。这些在当时都属于比较前卫的设计，也是鲁道夫·费罗梅尔从前三款手枪的实践中所积累下来的经验汇总。

标准的费罗梅尔停止手枪全枪长度为160毫米，全枪高为110毫米，最宽的地方为25毫米，枪管长为100毫米，空枪重量为0.58千克，装满枪弹后为0.64千克，弹容量为7发。口径为7.65毫米与9毫米两种：其中7.65毫米口径的费罗梅尔停止手枪可以发射7.65费罗梅尔枪弹和.32ACP枪弹；而9毫米口径的费罗梅尔停止手枪发射的则是.38ACP枪弹。

费罗梅尔停止手枪因为采用了独特的枪管长后坐自动方式，所以与现代手枪的套筒与套筒座设计是不一样的，其最大的特点就是将套筒与套筒座设计成一体式套筒座。

一体式套筒座的上部分是由容纳枪管与复进簧导杆的两个圆形筒相连组成的。枪管前面设有两个枪管导环和枪管帽，其中枪管导环总共由两个环部组成：下面是接触枪管的枪管导环，上面是接触复进簧导杆的复进簧导环。

其中枪管上方的复进簧导杆在前方设有一个枪管帽固定器。其复进簧导杆很长，前细后粗分为了两部分：前面细的部分是套进用于枪管复位的复进簧，后面粗的部分则是套进用于枪机组件复位的复进簧。两根复进簧之间还有一个复进簧导管套将复进簧隔离开。

当费罗梅尔停止手枪发射后，枪管和枪机组件会一同向后移动一段距离，这个距离要大于枪管的直径。随后枪管停止向后移动，并在复进簧力的作用下开始进行复位动作。其中枪机会首先旋转并解锁，然后继续向后移动，这样就完成了抛壳的动作。随后枪机在复进簧力的作用下复位，并且完成将下一发子弹推动上膛的动作。

枪管部分包括枪管和后面的弹膛部位。枪管前方设有螺纹，用于安装枪管帽，枪管内部设有4条右旋膛线。其弹膛部分显得非常长，右侧设有抛壳窗。弹膛内部就是枪机组件，枪机组件一部分深入弹膛，一部分则外露于一体式套筒座。枪机前面的机头设有两个闭锁突榫，这样的设计与当年的旋转后拉步枪类似。机头上设有一个可以分离的抽壳钩，机头内部就是击针和击针复进簧。机头被“包裹”在枪机框里，枪机框后部伸出套筒，并且与上方的复进簧导杆相连。当射手需要上膛时，只需要使用两个手指夹住枪机框外露部分向后拉即可。

一体式套筒座是费罗梅尔停止手枪最大的一个部件，上半部分已经容纳了复进簧组件和枪管组件。套筒座位置则包含了扳机、扳机连杆与阻铁等部件。因为是击锤回转式设计，所以击锤设在枪机组件的后方。

一体式套筒座外表在最上方左侧的复进簧部位刻有铭文。其中9毫米口径型号的铭文为“FEGYVERGYAR-BUDAPEST · FROMMER-PAT. STOP CAL.9mm (.38)”；7.65毫米口径型号的铭文为“FEGYVERGYAR-BUDAPEST · FROMMER-PAT.STOP CAL.7.65mm (.32)”。在枪机组件外露部分的左下方刻有枪号。弹匣卡榫设在一体式套筒座的底部，这也是当年传统的设计思路。在弹匣卡榫后面设有一个用于拴枪绳的固定环。

费罗梅尔停止手枪没有手动保险，而是设计了一个握把保险。这个握把保险直接作用于扳机连杆：在保险开启时，保险会挡住扳机连杆，如果这时扳机被意外地往后扳动，由于扳机连杆被保险挡住，使得扳机和扳机连杆都无法向后移动，这就起到了保险作用；射手只需要握持手枪握把，这样握把保险就会被压下，保险就躲开了扳机连杆向后的路径，这样射手在扣动扳机时就可以击发枪弹了。

费罗梅尔停止手枪起初采用木质握把镶片，握把镶片上方设有“FS”字样的商标，下方是纵向的防滑纹。后期则出现了橡胶材质的握把镶片，这种握把镶片上方也设有“FS”商标，下方的防滑纹则改成了菱形。

通过上文，我们看到该枪的结构确实比较复杂独特，实际上对费罗梅尔停止手枪的部分分解却并不难。首先确认弹膛无枪弹，然后卸下弹匣；随后用弹匣底部或者手指把枪管上方的枪管帽固定器往里压，这样就能旋转枪管帽；然后取下枪管帽、枪管导环、复进簧等部件；扳倒击锤，从后方取出枪机组件。这样就能进一步取出枪管和复进簧导杆等部件，完成常规保养时的部分分解。

费罗梅尔停止手枪出现之初，就得到了奥匈帝国军方的认可，成了当时奥匈帝国军队的标准配枪之一，这样奥匈帝国军用版本手枪就都被刻上了奥匈帝国的标识。当然商贸版本也在同时销售。

第一次世界大战爆发后，德国于1916年订购了一批费罗梅尔停止手枪，总共是30 816把，枪号从58192号至89008号。这批费罗梅尔停止手枪被打上了“BP”与一个“皇冠”的标识。

第一次世界大战结束后，奥匈帝国解体。但这款费罗梅尔停止手枪并没有停止生产，而是被奥地利军方继续采用，直到非迈路M29手枪出现后，奥地利军方才彻底停止装备费罗梅尔停止手枪。

但到了第二次世界大战时期，这款费罗梅尔停止手枪又被人想起，之前制造的产品开始被重新装备和使用，其中一小部分甚至被打上了德国纳粹鹰的标识，用于装备当时纳粹德国的军队。实际上直到“二战”结束后，这款费罗梅尔停止手枪才算是真正完成了它的军旅生涯。

☆ 标准型与Baby型费罗梅尔停止手枪比较

费罗梅尔停止手枪从1910年开始生产，直到1929年停产，总共生产了363 000把。在鲁道夫·费罗梅尔为奥匈帝国和奥地利军方设计出的几款半自动手枪中，最独特的就是这款费罗梅尔停止手枪。这款手枪在一些设计上很独到，甚至可以从这款手枪身上看到现代自动步枪的影子。鲁道夫·费罗梅尔不愧为一名拥有天赋和才干的轻武器设计师，他所设计的系列枪械也成了世界轻武器发展史上的一颗明珠。

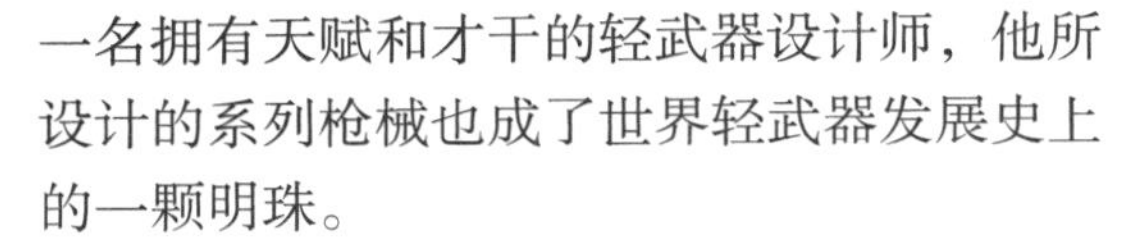

鲁道夫·费罗梅尔觉得除了标准型号的费罗梅尔停止手枪之外，他还需要设计一款小型手枪，于是在1912年，“缩水版”的费罗梅尔停止手枪诞生了——这款小型化的费罗梅尔停止手枪被命名为费罗梅尔停止Baby手枪。

费罗梅尔停止Baby手枪全枪长为123毫米，枪管长为54毫米，全枪高为94毫米，空枪重量为0.43千克。虽然是小型化的手枪，但并没有减小口径，还是有7.65毫米口径与9毫米口径两种型号，弹容量均为5发。

这款费罗梅尔停止Baby手枪从1912年开始生产，也是截止到1929年停止生产。但由于这是商贸型，很多资料已经被毁，所以这款费罗梅尔停止Baby手枪到底生产了多少把，现在已是无人知晓准确答案。也正因为如此，让这款费罗梅尔停止Baby手枪在收藏家眼里变得更加珍贵。

**费罗梅尔停止手枪生产明细**

| 生产年份 | 起始枪号 | 结束枪号 |
| --- | --- | --- |
| 1910 | 1001 | 3000 |
| 1911 | 3001 | 6000 |
| 1912 | 6001 | 12000 |
| 1913 | 12001 | 18000 |
| 1914 | 18001 | 30000 |
| 1915 | 30001 | 55000 |
| 1916 | 55001 | 133000 |
| 1917 | 133001 | 208500 |
| 1918 | 208501 | 275000 |
| 1919 | 275001 | 275000 |
| 1920 | 275001 | 300000 |
| 1921 | 300001 | 327000 |
| 1922 | 327001 | 335000 |
| 1923 | 335001 | 340000 |
| 1924 | 340001 | 345000 |
| 1925 | 345001 | 350000 |
| 1926 | 350001 | 355000 |
| 1927 | 355001 | 360000 |
| 1928 | 360001 | 363000 |
| 1929 | 363001 | 364000 |

## 1913　德国绍尔M1913手枪

☆ M79单动转轮手枪右侧图

成立于1751年的J.P.绍尔父子公司是一家以生产高端的双管猎枪为主的武器制造厂商。创始人约翰·保罗·绍尔与他的儿子共同经营这家公司。

在1811年其成功获得第一笔政府订单之后，又在1870年获得了一笔15万支步枪的大订单。让这个家族企业一跃成了德国顶尖的大武器制造公司。

在这期间，绍尔父子公司一直以生产各种猎枪与步枪为主。不过在普法战争结束后，政府订单减少，当时绍尔父子公司的老板鲁道夫·绍尔和弗兰茨·绍尔就此决定开发新的市场，其中手枪市场是绍尔父子公司的目标之一。

在完成了前一批大订单之后，绍尔父子公司开始了自己的手枪之路。绍尔父子公司生产的第一批手枪并不是其自行研发的，而是来自德国政府给予的一笔转轮手枪订单。这款M79单动转轮手枪由几个生产厂商共同生产，其中一家就是绍尔父子公司。

M79单动转轮手枪从1879年开始装备德国军队，直到1908年卢格P08半自动手枪出现后才停止生产。而绍尔父子公司并没有就此停止生产手枪，公司的设计师首先想到了民用市场上需要的小手枪，加上之前生产M79单动转轮手枪的经验，自行研发了一款极其特别的小手枪。这款小手枪在1898年开始研发，至1900年，这款名为“巴”（Bar）的小手枪被正式推向市场。

这款“巴”手枪拥有极其罕见的双枪管，是内置击锤的纯双动手枪。类似转轮手枪的摆出弹仓是长方形，总共可以放置4发枪弹。全枪长只有156毫米，全枪高116毫米，全枪宽只有28.2毫米，空枪重0.34千克。握把类似转轮手枪的握把，采用木质材料，枪管下方的枪身上刻有一个“拿着猎枪的小人”图案，这个图案就是绍尔父子公司的商标。

在1900年左右，半自动手枪慢慢流行开来，这让公司感到压力倍增。所以绍尔父子公司的高层决定研发半自动手枪，他们首先“瞄准”了已经出现的一款半自动手枪。这款半自动手枪由一个名叫卡雷尔·卡诺卡的捷克人研发，因为这个设计师在乔治·罗斯弹药公司任职，所以绍尔父子公司从乔治·罗斯弹药公司购买了该枪的专利权，随后开始进行生产。

1910年公司推出了自己的第一款半自动

手枪，这就是罗斯–绍尔半自动手枪。这款口径为7.65毫米手枪的自动方式非常复杂，其采用了枪管长后坐方式，并且是内置式弹匣，无法卸下，装弹时只能从上方打开枪机后再装入弹药。全枪长170毫米，枪管长100毫米，空枪重为0.655千克，弹容量为7发.32ACP枪弹。握把上带有那个著名的“持枪小人”商标。但其比起市场中勃朗宁设计的“枪牌撸子”“马牌撸子”“花口撸子”等逊色不少。

因为第一款罗斯–绍尔半自动手枪并不成功，所以绍尔父子公司决定研发一款新型的半自动手枪。已经拥有了前几款手枪研发经验的公司首席设计师，决定研发一款不一样的半自动手枪。

经过两年多的时间，最终成功研发出了一款半自动手枪，该枪被命名为绍尔M1913半自动手枪。这款半自动手枪与当年流行的半自动手枪不同，采用了自由枪机的自动方式，惯性闭锁机构与平移式击针的击发方式。

这款口径为7.65毫米的绍尔M1913手枪外形比较独特，尤其是套筒尾部带有一个圆形的套筒盖底。全枪经过发蓝处理后呈现黑色，也有只经过抛光处理的银色。

全枪长为146毫米，枪管长为74毫米，全枪重为0.595千克，弹匣容量为7发。枪管膛线是6条右旋膛线，发射.32ACP枪弹。这款手枪结构十分简单，总共只由29个部件组成（弹匣作为一个部件）。无外置击锤，可以安全放入口袋中携行。

这款绍尔M1913手枪已经开始使用“S&S”商标。

绍尔M1913手枪圆形套筒顶部设有半圆形准星与凹型照门，顶部中间带有“J.P.SAUER&SOHN,SUHL”字样的铭文，译为“绍尔公司，苏尔市”，后面还有那个“持枪小人”。套筒右侧后部带有口径铭文，另一侧刻着“PATENT”（专利）。套筒的照门还有一项功能，就是套筒底盖卡榫，向下按压照门，就能把套筒底盖拧下来，这样就能从套筒里面取出枪机组件。进而卸下套筒，完成部分分解。

绍尔M1913手枪套筒座顶部带有一个圆形的弹膛，枪管用螺纹固定在上面，复进簧套在枪管上。扳机护圈顶部是套筒卡榫，用于卡住套筒。扳机后面是手动保险，保险向上扳动为保险状态，保险向下就是解除保险状态。而手动保险的位置在当时也是十分超前的设计，保险后面刻有枪号。弹匣卡榫设置在套筒座底部，7发装弹匣上带有长圆形的余弹观察孔。

绍尔M1913手枪枪管后部有个和枪机配合的叉状凸起。枪机上面有个凸起和枪管凸出的叉形部分正好配合在一起。枪机上的抽壳钩在右边，所以抛壳口也在右边。击针簧套在套筒弹簧盖中心的凸起上，当套筒弹簧盖安装到套筒上时，击针簧会被插到枪机里面，顶在击针后面。被击针和套筒弹簧盖相互压住，击针簧就被压缩起来，等待释放。击针下方有个凸起，正好可以和枪机下面的凹槽配合，可以在凹槽里面来回移动。这个凸起就是被击针阻铁挡住的部分，这样被阻铁挡住的击针处于待击状态。

扣动扳机，扳机带动发射机座，发射机座带动击针阻铁，击针阻铁放下后击针就会被击针簧推向前面，从而击发子弹底火。发射机座前部有个槽，保险簧（其实是片状）就可以插到发射机座里面，这样发射机座就被固定住。扳机无法带动发射机座，击针阻铁也不会被放下，起到保险作用。

绍尔M1913手枪的握把采用橡胶材质制造而成，分为左右两片，均带有菱形防滑

☆ 绍尔M1913手枪的S&S商标与保险特写

纹。而握把顶部带有一个醒目的“S&S”标识，这个标识也是当年半自动手枪比较流行的商标设计款式。绍尔父子公司也采用了这种新型的商标设计款式，同时这也是绍尔父子公司第一次采用“S&S”的商标。

绍尔M1913手枪的分解过程既简单又有趣。先扳上套筒卡榫，将套筒向后拉到位，套筒卡榫就会固定住套筒。然后按下照门卡榫，并旋转套筒弹簧盖。卸下套筒弹簧盖，此时击针簧也会随着被拿出来。这样就可以直接将枪机从套筒里抽出，抽出枪机后就可以把枪机里面的击针倒出来。

再次拿起手枪，稍微向上抬动套筒，感觉到套筒卡榫松开后把套筒向前推，就可以卸下套筒，露出枪管和复进簧。最后卸下复进簧，完成部分分解。

随后，第一次世界大战爆发，这款绍尔M1913手枪因为十分小巧，口径又是7.65毫米，因此受到了德国军官的欢迎。虽然不是政府采购，但军官们却愿意自己掏钱购买。

其商贸版本也登陆了英国、荷兰、美国、俄罗斯和法国等国家，这样的销售一直持续到“一战”结束，期间绍尔父子公司并没有停止手枪的生产。随后公司推出了6.35毫米口径的新款绍尔手枪，命名为绍尔M1919半自动手枪。这款绍尔M1919手枪与M1913手枪外形完全一样，只是发射.25ACP枪弹。

不过绍尔父子公司改变了其握把上的商标设计，取消了顶部的“S&S”商标。在握把中部设计了一个长圆形商标，商标由两个“S”重叠而成，并且中间的“&”也设计进了双“S”之间。

经过十多年的生产，绍尔半自动手枪产量已经达到了10万把以上。在这期间，除了在手动保险上做过微小改进外，就只有两种口径的变换。虽然其产品在“一战”时期颇受欢迎，但由于其他新型手枪陆续出现，竞争压力大增。

随后绍尔父子公司想要对这款经典手枪进行改进，经过一段时间的研发，新型的绍尔半自动手枪出炉。从外表看，这款新型绍尔手枪更具人机工效，包括握把的角度和宽度都有所变化，最大的改进就是增加了扳机保险。

这款新型的绍尔半自动手枪被命名为绍尔M30半自动手枪，又名“Behorden”手枪，而“Behorden”这个词有“政府探员”的意思。这款手枪的握把也有所改变，握把上部带有口径铭文，而下部的长圆形商标变成了一个圆形商标，在圆形中间带有双“S”重叠标志，而“S”与“S”之间由一个“U”字母连接。

绍尔父子公司虽然在8年后推出了著名的绍尔38H半自动手枪，但这款绍尔M30手枪却并未停产。两款手枪并行生产，直到1945年美军占领工厂，这两款著名的绍尔手枪也走完了自己的路程。但现在在美国，这两款稀有的手枪都是收藏家眼中的宝贝，尤其是绍尔M30手枪，更是被奉为稀有的精品。

☆ 绍尔M1919半自动手枪

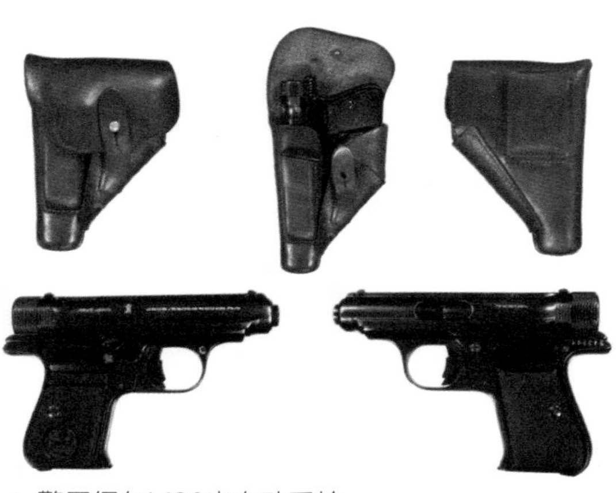

☆ 警用绍尔M30半自动手枪

## 1914 奥地利帕法尼尔袖珍手枪

在漫长的手枪历史中，超小型号的枪弹作为一种独特的“物种”一直在轻武器爱好者心中有特殊的地位。因为这些小子弹适用面很窄，并且一般只能通过与其相配套的袖珍手枪才能够击发。同时因为其威力超小，在使用范围上也颇为局限。虽然在很多人眼里这些小子弹根本没有什么实际战斗意义，但不可否认的是，这种对手枪超小型化的不断探索也在轻武器发展的历程中起到了对技术发展的积极作用，并由此而出现了一款款里程碑似的产品。

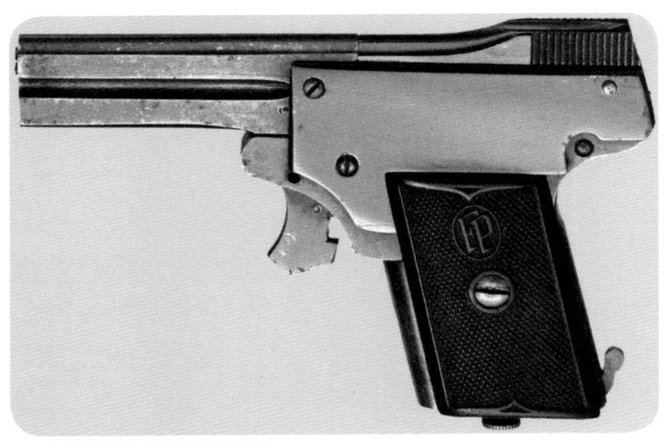

☆ 帕法尼尔半自动手枪

奥地利人弗朗茨·帕法尼尔最初并不是武器设计师，而是一名钟表匠。正是凭借着其多年来对钟表维修和研发所积累的经验，他拥有了此后制造小型枪弹手枪所必需的一些技术基础。同时，也正是因为其在钟表这个领域中对于技术精益求精的追求，使他萌发了制造当时最小型枪弹和相配用的半自动手枪的想法。这个想法在1914年得以实现，这一切还要从其首先研发的超小型中心底火枪弹说起。

弗朗茨·帕法尼尔一生共设计出了三款中心底火的“小子弹”，其中最大尺寸的就是4.25毫米口径的利尼普特枪弹；此外口径还有更小的，那就是3毫米口径的克利贝瑞中心底火枪弹和2.7毫米口径的克利贝瑞中心底火枪弹。

3毫米口径克利贝瑞枪弹的弹头实际直径是3.048毫米，弹壳直径为3.81毫米，枪弹全长为10.92毫米。这个长度基本和小拇指的宽度相仿，可见这种枪弹是多么的小巧。但这还不是其系列中最小口径的子弹，在此基础上，弗朗茨·帕法尼尔还设计了更小一号的2.7毫米口径的克利贝瑞枪弹。

这个2.7毫米口径克利贝瑞枪弹的弹头直径为2.718毫米，弹壳直径为3.531毫米，弹壳长度为9.398毫米，枪弹全长为10.92毫米。如果从尺寸上无法直观了解的话，那么只要稍作参照物比较即可知晓其实际尺寸。这款2.7毫米克利贝瑞枪弹和我国现在流通的一角硬币上正面“1角”中的阿拉伯数字“1”差不多大小。这样，大家就可以直观地感受这种“袖珍子弹”是什么样子了。

弗朗茨·帕法尼尔在设计出了史上最小口径的中心底火枪弹后，总得有合适的使用平台相配合才行，而当时并没有一款现成手枪可以使用这种袖珍枪弹，这就需要弗朗茨·帕法尼尔自己来设计出适用该种袖珍枪弹的半自动手枪。自此开始，弗朗茨·帕法尼尔才正式开始着手设计相应的袖珍手枪。

当然一个钟表匠并没有那么多资金可以投入枪械开发，幸运的是，当时一名叫Georg·Grabner的人出资协助，就此解决了相关的资金问题。随后，弗朗茨·帕法尼尔很快就设计出了一款超小尺寸的半自动袖珍手枪，这就是克利贝瑞半自动手枪（即帕法尼尔袖珍手枪）。

这是一款自由枪机式袖珍手枪，共有3毫米和2.7毫米两种口径的手枪型号，以分别发射弗朗茨·帕法尼尔自己设计的这两款

☆ 从左至右依次为2.7毫米口径克利贝瑞枪弹，3毫米口径克利贝瑞枪弹，4.25毫米口径利尼普特枪弹

袖珍子弹。这款袖珍手枪全长为68毫米，高46毫米，宽10毫米，枪管长32毫米，空枪重量约70克。

虽然这款袖珍手枪非常小，但麻雀虽小五脏俱全。这款半自动袖珍手枪带有一个可拆卸的弹匣，弹匣的弹容量为7发。不过因为手枪过小，所以手枪上常见的扳机护圈已经被取消了。其套筒后方设有一个手动保险，采用平移式击针的击发方式，这样的设计能缩小手枪的整体体积。其枪管部分外形类似“枪牌撸子”，并且也是采用了复进簧和复进簧导杆在枪管上方的设计。

帕法尼尔袖珍手枪的套筒上刻有“PFANNL’S AUTOUMA-PISTOL”的字样，意思为“帕法尼尔自动手枪”。当年，这款手枪就被命名为帕法尼尔自动手枪，不过现在其经常被称作克利贝瑞半自动手枪。其枪号刻在扳机上，这样的枪号位置也是前所未有的。其握把通常由橡胶材质制作，上面除了菱形防滑纹以外，还饰有“FB”和“Kolibri”等字样。在握把后方的翘起部分就是弹匣卡榫。

帕法尼尔袖珍手枪在研发成功后就推向了民用市场，其定位很明确，就是给女性们用于自卫防身之用。

但由于帕法尼尔袖珍手枪所使用弹头尺寸过小，所以实际上其枪管内并没有设置膛线——所以这是一款滑膛手枪。众所周知，滑膛方式不可避免地会导致其射击距离近，弹头飞行轨迹不稳定，所以这也在一定程度上限制了本就威力有限的枪弹效用。

而这款袖珍手枪到底有多大的威力呢？这应该才是大家最为关心的，因为微型手枪并不稀奇，具有何种效用才是关键，毕竟一款无法正常使用的武器哪怕再微缩，又有什么实际价值呢？经过测试表明：使用一款标准形制的2.7毫米口径的帕法尼尔袖珍手枪，发射弹头为9克重的2.7毫米口径克利贝瑞枪弹，可以在近距离内击穿40毫米厚的松木板，其初速度达到200米/秒，可见其枪弹威力足可以以抵近方式打伤人体。

随后弗朗茨·帕法尼尔又研发了枪管更长一些的后续型号，并且还有镀金的高级版本。从1914年至1938年，大约有1 000把帕法尼尔袖珍手枪被生产出来。当纳粹德国入侵奥地利后帕法尼尔袖珍手枪便停止了生产。

弗朗茨·帕法尼尔在1914年研发了帕法尼尔袖珍手枪和上述的两款小子弹后，又于1918年继续研发了口径更大的一款新型袖珍枪弹——4.25毫米口径的利尼普特枪弹。当然他也为自己这款新型枪弹设计了新款的半自动袖珍手枪，这款袖珍手枪采用

☆ 盒装帕法尼尔半自动手枪

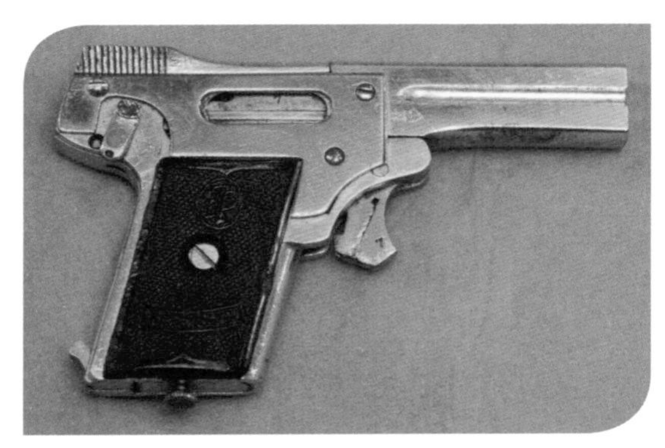

☆ 银色镀镍版帕法尼尔半自动手枪

☆ 象牙高级版帕法尼尔半自动手枪

了握把与弹匣的分离式设计，但握把与弹匣靠得很近，所以待整体设计出来后，这款新的袖珍手枪在很多人眼里却成了“史上最丑的半自动手枪”。这款“丑八怪”手枪被命名为“艾瑞卡（Erika）半自动手枪”。全枪长为116毫米，枪管长度为42毫米，枪高为85毫米，全枪宽为19毫米，弹容量为5发4.25毫米口径的利尼普特枪弹。

不同于之前的产品，这款艾瑞卡袖珍手枪的枪管内设计有6条右旋膛线，并且这款袖珍手枪是内置击锤设计，所以是一款单动手枪，该袖珍手枪采用了自由枪机的自动方式。随后又推出了加长枪管的版本，枪管被加长到56毫米。这款袖珍手枪同样也采用了复进簧导杆在枪管上方的设计，整体比上一款帕法尼尔袖珍手枪要复杂一些。

第一眼看上去，很多人都会觉得这款艾瑞卡袖珍手枪不仅“丑陋”，而且枪身还过于“厚实”，甚至让人觉得扣动扳机都会比较困难。实际上不用担心，这款袖珍手枪在设计之初就考虑到了这些情况，成年女性的手掌完全可以很好地握持并可以顺畅地扣动扳机，完成射击。

艾瑞卡袖珍手枪在套筒座左侧设有手动保险；握把上设计了新型的FP商标。除了标准版本外，该袖珍手枪还有银色镀镍版本，其实际产量应该在3 500把以上。

除此之外，还有一款2毫米口径的边针枪弹和一款2.34毫米口径的边缘底火枪弹，这两款枪弹都是为了微型转轮手枪而设计，但这两款弹药因为尺寸过小，实际上很难让人方便使用，并不利于转轮手枪的装填，实用效果大打折扣。弗朗茨·帕法尼尔所设计的系列袖珍手枪明确被定位于自卫用武器，那么按照使用有效性来看，弗朗茨·帕法尼尔所设计的系列袖珍手枪可以说是世界尺寸最小的自卫连发（半自动）量产手枪。

弗朗茨·帕法尼尔设计的帕法尼尔袖珍手枪和2.7毫米口径的克利贝瑞中心底火枪弹，至今仍然保持着最小尺寸自卫手枪的纪录，也是世界手枪领域内最袖珍的发射中心底火的半自动手枪和枪弹。

☆ 短枪管型艾瑞卡半自动手枪

## 1915　西班牙EXPRESS（迅捷）袖珍手枪

一枪、二马、三花口、四蛇、五狗、张嘴蹬——这是中国著名“撸子排行榜”的顺口溜。其中，一枪、二马、三花口、四蛇、张嘴蹬这五款半自动手枪都有名、有姓、有出处，可唯独“狗牌撸子”，国人大概只知道这是一款来自西班牙的袖珍手枪，而“狗牌撸子”到底是哪个公司生产、怎么个来历，却是不甚明了。

☆ 迦拉塔・阿妮塔公司生产的鲁比半自动手枪

当第一眼看到“狗牌撸子”的时候，可能很多人都会觉得这款袖珍手枪非常像勃朗宁设计的比利时FN M1906袖珍手枪。没错，这款“狗牌撸子”确实就是仿造自勃朗宁的FN M1906袖珍手枪。细看“狗牌撸子”套筒左侧的铭文，也可以清晰地看到“FOR THE 6.35 BROWING CARTRIDGE”字样。这段铭文内容虽然不是“勃朗宁专利”，但却写明了口径，铭文的意思就是“这款手枪的枪弹使用6.35毫米勃朗宁枪弹”。

但一切却没有那么简单，还需要继续探寻，可见第二行铭文又有如下字样“AUTOMATICA PISTOL EXPRESS”。“AUTOMATICA PISTOL”译为“自动手枪”，而在“自动手枪”的后面还有个单词“EXPRESS”，其实这个单词透露了一个信息，揭示了这款袖珍手枪真正的名字，因此这款“狗牌撸子”的名称其实就是“EXPRESS”（迅捷）自动手枪。

“EXPRESS”字样不仅出现在套筒铭文上，也出现在握把上。虽然“狗牌撸子”的握把样式并非一成不变，但值得注意的是“EXPRESS”这个单词总会和最著名的“狗牌”图案出现在一起，这也符合手枪“商标+厂名”或“枪名”的规范形式。由此，人们可以进一步确认“狗牌撸子”实际上是一款由西班牙生产、名为“EXPRESS”的半自动袖珍手枪。

与中国同时期的西班牙国内拥有众多的枪械制造工厂。当时有名有姓有据可查的就多达五十余家。而“狗牌撸子”上的另一个单词则透露了一个更重要的信息，那就是在其套筒左侧第一行的第一个单词“Eibar”。

伊巴（Eibar）是西班牙巴斯克地区的一个小城镇，而这个小镇上有一个著名的自行车生产厂家，西班牙语名为“Gárate, Anitua y Cía”，译为“迦拉塔・阿妮塔公司”。迦拉塔・阿妮塔公司当年在当地十分出名，除了生产自行车以外，还有一个重要业务就是仿造各款枪械。虽然这个厂子并不大，但其生产的枪械却出口美国，其中尤以仿造史密斯–韦森的转轮手枪与温彻斯特的杠动式步枪而享有盛誉。

经过查阅资料，可以得知：当时，这个工厂也在生产半自动手枪，而其中一款袖珍手枪就是名为“EXPRESS”的半自动手枪。由此，“狗牌撸子”的身世就完全解开了。

据记载，迦拉塔・阿妮塔公司从1915

年开始生产各种枪械。这主要“得益”于第一次世界大战的爆发。

起初，迦拉塔·阿妮塔公司生产仿造的史密斯–韦森转轮手枪，后来生产一款口径为7.65毫米的全尺寸半自动手枪，名为鲁比手枪。鲁比手枪本是由其他公司生产，但因为当时产量不足，所以交给迦拉塔·阿妮塔公司一同生产。自此，迦拉塔·阿妮塔公司得到了生产半自动手枪的相关技术。

☆ 迦拉塔·阿妮塔公司仿造的史密斯－韦森转轮手枪

“狗牌撸子”上的“小狗”图案又是什么来历呢?

从“狗牌撸子”本身看不出任何端倪，但追根溯源细心比较后，从1923年迦拉塔·阿妮塔公司开始生产的仿温彻斯特杠动式步枪上，追寻到了它的真实面目。

在迦拉塔·阿妮塔公司生产的这款杠动式步枪上也带有一个类似的动物图案，以此作为迦拉塔·阿妮塔公司的商标。在该步枪左侧机匣上的动物图案十分像一只老虎，而该枪的名称也恰恰证实了这个猜测。该步枪名为“El Tigre Rifle”，直译为“El老虎步枪”。

☆ 少见的真品“狗牌撸子”

毋庸置疑，这个图案是老虎，而这个商标其实一直被迦拉塔·阿妮塔公司所使用。同时经过比对可以发现，这个老虎商标竟然与“狗牌撸子”上的小狗图案惊人的相似：一样的身形，一样高扬着头颅……但因为当时的手枪握把是橡胶制造，而且由于制作工艺问题，使得图案清晰度变差，因而才会被中国的老百姓误以为是只“狗”。这就是“狗牌”商标的来历，其实“虎牌”才是“狗牌”的真身。

西班牙在第一次世界大战开始之前，就开始仿制勃朗宁的相关产品，这其中就包括“狗牌撸子”在内的各式各样的FN M1906袖珍手枪，因此迦拉塔·阿妮塔公司的“狗牌撸子”尺寸与参数完全与比利时FN M1906袖珍手枪一样。

但后来迦拉塔·阿妮塔公司生产的“狗牌撸子”也有所改变，起初那些完全仿制的产品因为造价高，所以造成其市场竞争力较差。后来迦拉塔·阿妮塔公司的技术相对完善，并做了一定改变，比如直接取消了握把保险等，这样无握把保险的“狗牌撸子”

☆ 西班牙仿造的另一款半自动手枪LIRA，拥有奇特的弹匣式样

就诞生了，但其依旧保留了原有的手动保险设置。

同时也有资料显示，该袖珍手枪的手动保险也曾经历过一次更改。起初的保险被设置在扳机护圈上方，后来被改到了套筒尾部下方。握把上的“小狗”样式倒是从没有改动过。但从现存产品来看，也存在直接取消“小狗”标识的版本。

此后，迦拉塔·阿妮塔公司还曾经推出过将整枪尺寸放大后的“狗牌撸子”。这个放大版“狗牌撸子”的“小狗”则被放置到了握把顶部，“EXPRESS”的名称则被放到下方，但这个版本极其稀少。

之前也提到过，比利时FN M1906袖珍手枪很早就登陆到中国，并且数量并不少。可毕竟当时的需求要远大于FN公司的实际产能，由此而产生的需求缺口就势必需要其他类似产品弥补。而此时西班牙人看到了中国这个大市场的潜力，其所仿制的各个版本手枪也就此而陆续登陆中国。

虽说是仿品，但迦拉塔·阿妮塔公司也有自己的商标。于是迦拉塔·阿妮塔公司的“EXPRESS”半自动袖珍手枪在登陆中国后，和“枪牌撸子”“马牌撸子”一样，“狗牌撸子”这个外号便顺理成章地诞生了。不过迦拉塔·阿妮塔公司生产能力有限，所以实际上“狗牌撸子”普及并不广泛。在今日，已经很难见到真品。

## 1915 意大利伯莱塔M1915手枪

☆ 伯莱塔M1915半自动手枪（下）的右侧光滑如镜

意大利的文艺复兴是从14世纪末开始的，而就在文艺复兴时期开始后的100多年以后，也就是大约16世纪初期，一个在此后非常有名的武器公司诞生了。

1526年，一名叫马斯特洛·巴尔特罗梅奥·伯莱塔的枪械工匠从威尼斯兵工厂收到了296达克特（“达克特”是当时欧洲流通的货币）的订金，这笔订金用于向其专门订购185支火绳枪的枪管，这笔生意直接催生了伯莱塔公司的成立。当时伯莱塔公司的所在地，在历史上（罗马帝国时期）就曾是制造武器的地方。

自从1526年伯莱塔公司诞生以后，马斯特洛·巴尔特罗梅奥·伯莱塔的直系后人便继承了他的事业。其中最出名的后人就是皮埃特罗·伯莱塔和他的儿子朱塞佩·伯莱塔。从1791年到1853年，在皮埃特罗·伯莱塔的领导下，伯莱塔公司被成功地推广到了整个意大利半岛。从某种意义上来说，这个家族产业也推动了意大利枪械工业的发展。朱塞佩·伯莱塔从1854年开始接管公司后一直经营到1903年。

现在的伯莱塔公司的老板是乌戈·加萨利·伯莱塔，这个老人和当年的创始人马斯特洛·巴尔特罗梅奥·伯莱塔其实并没有任何血缘关系。这是因为最后两个“老伯莱塔”的传人卡罗·伯莱塔和朱塞佩·伯莱塔都没有子嗣，所以卡罗·伯莱塔收养了乌戈，在被收养后，卡罗给了他“伯莱塔”家族的姓氏。

当初，在火器出现后，人们认识到了火器的威力，于是当时亚平宁半岛上的各个小国也都开始装备各种各样的火器。但当时的意大利还没有统一，这种各自为政的状态直到19世纪才开始改变。

当一名叫朱塞佩·加里波底的人统一了意大利南部后，整体局势开始改变。意大利北部萨丁尼亚王国的统治者卡米洛·奔索·加富尔伯爵也开始行动了……

最终的结果就是，意大利王国在1861年成立，但实际上真正统一意大利是在1870年“普法战争”之后。

法国因为在1870年爆发的“普法战争”中损失惨重，于是撤回了驻扎在罗马的军队。而当时的意大利国王维托里奥·埃马努埃莱二世认为不必再顾忌法国的威胁，于是试图将“教皇国”纳入到意大利的版图之内。该国几乎是在无法抵抗的情形下遭到吞并，“教皇国”逐渐退缩并最终消亡，后来形成了现在的梵蒂冈城国。

意大利在正式完成统一后，随即将首都迁到罗马。这时的意大利刚刚建立，其国家内部的各种装备武器可谓是纷乱庞杂。当时，一名叫卡尔·博迪欧的武器设计师设计了一款转轮手枪，博迪欧的手枪在1891年开始装备意大利部队，这款手枪被意大利军方命名为博迪欧M1889转轮手枪。

不过之后没有多少年，半自动手枪便诞

生了。在半自动手枪的军用优势凸显后，由意大利“索塞塔–利森蒂”钢铁公司生产的利森蒂半自动手枪被意大利军方相中。随即这款半自动手枪被命名为利森蒂M1910半自动手枪，并且装备了意大利军队。

这时的伯莱塔公司已经是一家拥有384年历史的老企业了，但手枪这样的新型武器生产业务对于伯莱塔公司来说可谓是一个机遇，于是，朱塞佩·伯莱塔也在酝酿着自己的辉煌计划。

在半自动手枪出现之前，伯莱塔公司的主要业务一直倾向于步枪制造，其中的伯莱塔M1891步枪在当时已经成功地装备了意大利军队，所以在半自动手枪的研发方面就被别人抢了先机。同样，在民用市场中，伯莱塔的运动步枪也非常受欢迎，对那时的伯莱塔公司来说，其缺少的正是发展迅猛的手枪市场。当时的伯莱塔公司高层已经感觉到半自动手枪市场绝对是一片新天地，也是未来发展的一个大趋势。

这时第一次世界大战的阴云已经笼罩了整个欧洲。针对如此形势，伯莱塔公司的设计师们也加快了研发新型半自动手枪的步伐。图利奥·马兰戈尼是伯莱塔公司的一名武器设计师，他设计了一款在当时极其独特的半自动手枪，并且在1915年6月15日申请了专利。

这时第一次世界大战已经爆发，这款伴随战争爆发而诞生的手枪，被伯莱塔公司命名为伯莱塔M1915半自动手枪，又被称为伯莱塔M15半自动手枪。

图利奥·马兰戈尼是一个有创造性的设计师，当人们第一眼看到伯莱塔M1915半自动手枪时，心中就会想到这就是一款伯莱塔的手枪，这源自其所设计的经典“伯莱塔式”套筒。

伯莱塔M1915半自动手枪的套筒上方设计有一条很长的开槽，这个设计被称作开顶式套筒。其实在那个时期毛瑟“张嘴蹬”（毛瑟M1910手枪）也属于类似的开顶式套筒。伯莱塔M1915半自动手枪这个开口是长条状的，这样不仅能让套筒还是套在枪管上，同时还能减轻全枪的重量，并利于枪管的散热。

伯莱塔M1915半自动手枪采用了自由枪机的自动方式，击锤回转式的击发方式。其口径为9毫米，发射的是意大利军队当时采用的9毫米口径的利森蒂枪弹。手枪全枪长度为171毫米，枪管长95毫米，全枪最高处为131毫米，全枪最宽处为29毫米，瞄准基线为135毫米，空枪重量为0.85千克，弹容量为7发。

☆ 空仓挂机状态下，伯莱塔M1915半自动手枪更像是缩短了枪管的瓦尔特P38半自动手枪

伯莱塔M1915半自动手枪的开顶式套筒顶部有两处开口。第一处是前方的全开口，第二处是后方的抛壳窗。抛壳窗后方设有抽壳钩，这样的设计让弹壳在抽出后会向上方飞出去。套筒顶部最后方设有V型缺口照门。套筒左侧刻有“PIETO BERETTA-BRESCIA-CASA FONDATA NEL 1680”和“CAL.9M.-BREVETTO 1915”等铭文字样。这些铭文包括伯莱塔公司全称和口径铭文等。套筒右侧则非常干净，套筒

☆ 伯莱塔M1915/19半自动手枪（意大利海军款）全貌

后部两侧均设有纵向的防滑纹，左侧防滑纹后方刻有枪号。

其枪管后方设有一个凸出部，这样就可以与下方的套筒座固定在一起了。枪管前方设有刀型准星，并且在准星部位的枪管周围是加厚一圈的设计。枪管内部设有6条右旋膛线，这么多条的膛线在当时的手枪设计中还是比较少见的，一般都是4条左右。枪管下方设有复进簧导杆和复进簧。

其采用了内置式击锤，即击锤被套筒包裹在内部。套筒座上的击锤采用了镂空设计，击锤上有个圆孔，击锤下方是阻铁。当射手扣动扳机时，扳机连杆向后移动，就可以躲开阻铁，阻铁再释放已经处于待击位置的击锤，击锤就能回转击打在套筒内的击针，从而形成击发。

套筒上枪号位置下方，对应的套筒座上也有枪号铭文。圆形的扳机护圈中设有一个月牙形的扳机。两个正方形的木质握把片上设有传统的菱形防滑纹，握把底部右侧设有一个拴枪绳的固定环。

伯莱塔M1915半自动手枪设有两处保险。第一处保险在套筒座尾部。当击锤被压倒到待击位置时，可以向上转动尾部的保险杆，这样处于保险状态的保险杆可以锁住击锤，并且下方露出“S”字样，以此来提醒射手保险处于工作状态。需要解除保险时，只需要将保险杆向下扳动到解除保险位置，这样保险就会挡住“S”字样，这时的击锤可以随时回转击发。

另一处保险是在扳机上方，保险杆类似回旋镖的样子，左端带有一个小钩子，右端则是圆形设有防滑纹的操作杆。当把操作杆一侧的保险向上扳动时，保险处于解除保险状态，射手可以随时扣动扳机。当把保险杆向下扳动，露出“S”字样时，保险就处于保险状态，这时的保险杆挡住扳机向后的路径，并且左端的小钩子可以卡住套筒，起到保险作用。

这款保险还有一个功能就是固定套筒，即射手需要进行部分分解时，小钩子就可以卡住套筒前面的凹槽，让套筒停留在后方。这样射手就可以继续进行分解。

伯莱塔M1915半自动手枪的弹匣和现代的马卡洛夫手枪的弹匣外形非常类似，当然也可以认为是马卡洛夫手枪弹匣的设计借鉴了这款伯莱塔M1915半自动手枪的弹匣设计。其弹匣两侧均设计了开槽，这样射手就可以很直观地知道自己弹匣里到底有几发枪弹。

伯莱塔M1915半自动手枪使用的枪弹全称为9毫米口径的利森蒂枪弹，曾经是利森蒂M1910手枪采用的一种手枪枪弹。这款诞生于1910年的9毫米口径的利森蒂枪弹全长为29.21毫米，弹壳长为19.15毫米，弹头直径为9.02毫米，弹壳顶部直径为9.65毫米，底部直径为9.69毫米，底缘直径为9.98毫米。

使用伯莱塔M1915半自动手枪进行射击时，枪口初速度达到280米/秒。这款9×19毫米利森蒂枪弹被定义为近距离自卫使用，所以伯莱塔M1915半自动手枪使用该枪弹射击时的有效射程是30米至60米。

伯莱塔M1915半自动手枪在被成功研发之后，意大利王国的陆军立即就订购了这种新型半自动手枪。伯莱塔公司在1915年11月得到了第一批伯莱塔M1915半自动手枪的军方订单，总共是5 000把；随后又很快追加了两个批次的新订单（各5 000把）；最后第四批订单为300把，所以意大利陆军当时总共订购了15 300把伯莱塔M1915半自动手枪。意大利陆军订购的伯莱塔M1915半自动手枪全部被投放到了第一次世界大战之中。除了这15 300把外，根据资料记载，当时还有370把该手枪被推向了意大利的民用市场。

所以这批伯莱塔M1915半自动手枪从1915年开始生产，直到1919年初停产，总共生产了上述的15 670把。伯莱塔M1915半自动手枪上的枪号也是从1到15670，对应序列非常完整。

在当时的欧洲，手枪的流行口径并不是9毫米，而是7.65毫米。这主要是因为勃朗宁手枪的流行，直接带动了.32ACP枪弹的市场。自然伯莱塔公司也不会漏掉这个领域，其在1917年初推出了新口径的伯莱塔M1915半自动手枪，因为这款手枪还是被归于M1915系列，所以被称为伯莱塔M1915/17半自动手枪，又名伯莱塔M15/17半自动手枪。

这款手枪的外形与伯莱塔M1915半自动手枪相同，但枪管缩短到了85毫米，全枪长度也同时缩短到150毫米，全枪高度为114毫米，全枪最宽处为26毫米，空枪重量下降到0.57千克，弹容量为8发，并且在木质握把上增加了“PB”字样的商标。

伯莱塔M1915/17半自动手枪可以说是“缩水版”的伯莱塔M1915半自动手枪。但是新款套筒上的铭文却明显与老款不一样，改成了一行“PIETO BERETTA-BRESCIA-CAL765 BREVETTO 1915”的公司名称和口径铭文。这款伯莱塔M1915/17半自动手枪在推出后，意大利陆军和海军相继向伯莱塔公司订购，总共订购了10 000把。

当第一次世界大战结束后，伯莱塔公司继续改进了伯莱塔M1915/17半自动手枪，主要改动包括：改变了扳机上方保险的外形，并且取消了套筒尾部的保险。而其最大

☆ 伯莱塔M1915/17半自动手枪三视图

的改变就是将套筒顶部的开槽和抛壳窗直接打通，使得套筒顶部只有一条很长的开槽。套筒准星部分已经是“全包式”，也就是和现代的伯莱塔M9手枪套筒类型一模一样了。套筒上的铭文也改成了“PISTOLA AUT BERETTA 765 BREV 1915 1919”。

这款第三次改进的伯莱塔手枪虽然源自伯莱塔M1915/17半自动手枪，但却被独立冠名，即伯莱塔M1915/19半自动手枪，不过这款手枪实际上在1922年才开始正式生产。这是因为伯莱塔M1915/17半自动手枪是在1917年到1921年间生产的，所以伯莱塔M1915/19半自动手枪延续于此。伯莱塔M1915/19半自动手枪从1922年开始生产，直到1930年结束。这两款手枪总共生产了55 700把。

这些伯莱塔M1915系列手枪除了装备意大利陆军和海军以外，还在民用市场进行销售。除此之外，在第二次世界大战爆发后还有1 500把伯莱塔M1915/17半自动手枪被送到了芬兰，用于装备芬兰军队。

伯莱塔公司虽然成功占领了意大利军用手枪市场，但还有一块市场是不容忽视的，那就是民间的袖珍手枪市场。

这个袖珍手枪市场一直是以勃朗宁袖珍手枪为主，但市场的实际需求量要远远大于供应量。对于如此大的市场需求，伯莱塔公司自然不会坐视不理，所以决定研发一款自己的袖珍手枪。

伯莱塔的新款袖珍手枪在1919年底研发完毕，这款袖珍手枪的外表和伯莱塔M1915/19半自动手枪相似。采用了套筒开槽和抛壳窗合为一体的设计，但对内部构造进行了修改：把击锤回转式击发改为了平移式击针的击发方式；同时相应地改变了扳机连杆和阻铁的设计，并且在握把上增加了当年非常流行的握把保险，不过还是保留了扳机上方的扳机保险。

这款伯莱塔袖珍手枪因为在1919年设计成功，所以被命名为伯莱塔M1919半自动袖珍手枪。伯莱塔M1919半自动袖珍手枪的口径是6.35毫米，发射.25ACP枪弹，其全枪长为115毫米，枪管长60毫米，全枪最高处为89毫米，全枪最宽处22毫米，握把起初是木质的带有“BP”字样的式样，后期则出现了橡胶材质的握把。

伯莱塔M1919半自动袖珍手枪自1920年开始推向市场，总共出现过6个版本，进行了5次改进。从1920年开始生产，直到1934年停产，该袖珍手枪的总产量超过了10万把。这种面向民用市场的袖珍手枪也拥有不同的版本，包括镀镍版和镀金版等。但最后，这款袖珍手枪的地位还是被更新版本的伯莱塔318半自动袖珍手枪所取代。

☆ 艺术化的PB标识

## 1918 德国毛瑟W.T.P.袖珍手枪

☆ 德国毛瑟W.T.P.袖珍手枪右视图

在勃朗宁成功研发出FN M1906袖珍手枪后，这种尺寸超小的手枪便开始风靡欧洲。除了各大知名枪厂外，包括比利时和西班牙的许多小工厂，也都开始相继仿制勃朗宁FN M1906袖珍手枪或类似样式的袖珍手枪，由此可见此类手枪在当时欧洲的受欢迎程度。

德国本土的各家大枪厂也开始相继研发自己的袖珍手枪，这里面就包括瓦尔特、绍尔父子等著名公司，并且之后都相继推出了自己的袖珍手枪。

此时的德国毛瑟公司也坐不住了，虽然之前其顺利推出的毛瑟M1910系手枪（张嘴蹬）都受到了使用者的欢迎，但该系列手枪的尺寸并不是真正意义的袖珍，所以毛瑟公司最终决定研发自己的袖珍手枪。

经过一系列研发后，在1918年，毛瑟公司终于推出了自己的袖珍手枪，并且申请了相关专利。这款袖珍手枪被毛瑟公司命名为毛瑟W.T.P.（Weste Taschen Pistole）手枪。“Weste Taschen Pistole”是德语，译为“背心口袋手枪”，所以此类产品也被称为“口袋型手枪”。由此可见其定位非常明确，即个人自卫用的袖珍手枪，可以藏在口袋中便于使用。

毛瑟W.T.P.袖珍手枪（毛瑟W.T.P. Ⅰ型手枪）采用自由枪机式自动方式和平移式击针击发方式。全枪长为115毫米，枪管长为60.7毫米，全枪最高为79.5毫米，全枪最宽为20.6毫米，空枪重为0.34千克，口径为6.35毫米，弹容量6发，使用.25ACP枪弹。其全枪金属表面采用发蓝处理，呈现黑色。也有镀镍的银色版，但十分少见。

毛瑟W.T.P.袖珍手枪的套筒前方两侧各带有一个缺口，套筒后部两侧均带有7条纵向的防滑纹。套筒左侧中部刻着“WAFFENFABRIK MAUSER A-G. OBERNDORFA.N.”“W.T.P.-6.35-D.R.P.U.A.P”的铭文。意思就是“毛瑟公司出品”“W.T.P.手枪，口径为6.35毫米”。

铭文前上方刻有枪号。套筒右侧带有一个很长的抽壳钩，抽壳钩前方的抛壳窗设计也很特别。为了有利于抛壳，抛壳窗前方带有一段弹头形状的坡型凹槽。套筒顶部有一道凹槽，凹槽内部设有点状准星和缺口式照门。这样的设计可以让该枪“深陷”的准星和照门不会在拔枪时挂在衣服内，十分方便。



毛瑟W.T.P.袖珍手枪的枪管设有6条右旋膛线，枪管尾部带有固定枪管用的圆形凸榫。枪管下方是复进簧与复进簧导杆。其套筒座上的扳机护圈部分设计十分特别，分解杆在扳机护圈下部。“全包式”握把采用橡胶材质制造而成。握把上带有毛瑟的商标和菱形防滑纹。也有木制握把，但比较少见。

虽然是袖珍手枪，但毛瑟W.T.P.袖珍手枪的各项保险装置都很完备：其手动保险尺寸非常大，易于操作。保险向上为指向“F”，是解除保险位置可以随时射击。而保险向下指向“S”，就是保险位置；除了手动保险，毛瑟W.T.P.袖珍手枪还带有弹膛指示器。当弹膛有弹时，弹膛指示器会从套筒尾部凸出，以便射手辨识弹膛情况；毛瑟W.T.P.袖珍手枪亦带有弹匣保险，当没有插入弹匣时，弹膛内残留的枪弹不会被击发。这样可以避免在卸出弹匣、而膛内留有子弹时误击发情况的出现，避免走火，保证了使用者的安全。

毛瑟W.T.P.袖珍手枪配用6发容弹量的弹匣，弹匣左侧带有两个余弹观察槽，弹匣托板前部的造型非常圆滑，弹匣底部带有毛瑟的商标。此外，毛瑟W.T.P.袖珍手枪的弹匣解脱扣设置在握把底部，这也是源于当时主流的设计思路。

毛瑟W.T.P.袖珍手枪的日常分解维护非常简单便捷：首先卸下弹匣，然后用弹匣底板撬起扳机护圈底部的分解杆；翻转手枪，把套筒向前卸下；用工具撬起复进簧导杆，卸下复进簧，最后取出套筒内部枪管，即可完成部分分解。

上述的毛瑟W.T.P.袖珍手枪也被称为毛瑟W.T.P. Ⅰ型手枪。虽然该设计是在1918年完成的，但因为当时“一战”德国战败的原因，直到1921年才将该袖珍手枪正式推向市场。

毛瑟W.T.P.袖珍手枪当年的售价为36德国马克，一经推出就受到欢迎，毕竟毛瑟早已经是名声在外。该袖珍手枪从1921年开始生产，直到1938年停止生产，大约生产了5万把以上。而其停产的原因是毛瑟公司推出了新型的改进型——毛瑟W.T.P. Ⅱ型手枪。

毛瑟W.T.P. Ⅱ型手枪比Ⅰ型更加小巧。全枪长为102.4毫米，枪管长为51.5毫米，全枪最高为71毫米，全枪最宽为21毫米，空枪重为0.29千克。从外表看，套筒座改动很大，更具人机工效。

为了使射手握持更稳，Ⅱ型手枪的握把改为两片式。握把材质起初还为橡胶材质制造，后期则改为塑料制造。扳机护圈进一步被加大。套筒前部也不再有凹槽，套筒上的防滑纹也改进为更细密的条纹款式，并改进了抽壳钩和抛壳窗的样式。

与毛瑟W.T.P. Ⅰ型手枪相比较，Ⅱ型手枪的手动保险明显改小，用此保险装置可以直接卡住套筒，使其不能进行往复运动。此外，Ⅱ型手枪的套筒内部的击针设计也得以改进。弹匣则做了小改动，包括弹匣托板与余弹观察孔。

改进后的新型毛瑟W.T.P. Ⅱ型手枪更加受到市场的欢迎，同时其除了面向民用市场外，在当时也被纳粹德国相中。从1940年开始，毛瑟W.T.P. Ⅱ型手枪被完全供应给纳粹军队使用，但其实际总产量要低于毛瑟W.T.P. Ⅰ型手枪。

被冠以毛瑟名号的各式手枪，在中国的受推崇程度可谓是众枪之首，而毛瑟的标识更是路人皆知。所以，当时毛瑟W.T.P.袖珍手枪也随着“盒子炮”和“张嘴蹬”等手枪一起来到了中国。

虽然当时在中国，勃朗宁FN M1906袖珍手枪也十分受欢迎，但庞大的中国市场足以让这些袖珍手枪有着各自的通畅销路。

虽然没有确切资料表明当年中国实际进口了多少把毛瑟W.T.P.袖珍手枪，但从现在相关博物馆等多处都收藏有多把毛瑟W.T.P.袖珍手枪来看，包括Ⅰ型手枪及Ⅱ型手枪，毛瑟W.T.P.袖珍手枪在当年的中国有着一定的普及度。

## 1919 德国奥奇斯手枪

☆ 德国奥奇斯手枪右视图

海涅·奥奇斯在第一次世界大战期间开始设计手枪，他在比利时的列日市设计出他人生中的第一把半自动手枪。

在“一战”结束后，奥奇斯回到了德国的爱尔福特市，随后他为自己设计的这款半自动手枪申请了专利，并于1919年开始在爱尔福特市的工厂进行生产，即奥奇斯半自动手枪，但很不幸的是海涅·奥奇斯在1919年底去世。在这一期间内所生产的奥奇斯手枪的套筒上都标有“Ortgies&Co”的字样，并且在握把上都带有奥奇斯自己公司的商标，商标由字母“H”和“O”组合而成。

起初的奥奇斯手枪有9毫米与7.65毫米两款不同口径的版本，分别发射.38ACP枪弹和.32ACP枪弹。在2年后，还推出了小型化的6.35毫米口径奥奇斯半自动袖珍手枪版本，发射.25ACP枪弹。

在奥奇斯过世后，该系列手枪的专利权被卖给知名的造船厂：德意志工业集团。自此德意志工业集团开始在柏林制造奥奇斯手枪。在生产了几千把奥奇斯手枪后，该工厂搬迁至爱尔福特市，随后继续制造。直到1924年停止生产，这三款不同口径的奥奇斯手枪总共生产了大约33万把。

奥奇斯手枪的外形十分独特，因为套筒前段设计与当年其他半自动手枪不同。该手枪采用自由枪机的半自动方式，平移式击发方式。9毫米和7.65毫米口径的基本参数相同，即全枪长为163毫米（6.41英寸），枪管长为83毫米（3.25英寸），空枪为0.599千克（1.32磅）。不同的是：9毫米口径的弹容量为7发.38ACP枪弹，而7.65毫米口径的弹容量为8发.32ACP枪弹。

奥奇斯手枪表面大多为发蓝处理，呈现黑色，同时也有全枪镀镍的银色高级版。如果弹匣算一个部件的话，则奥奇斯手枪总共由28个部件组成。当年的制造工艺非常精良，很多当年的奥奇斯手枪直到今天还在美国畅销。

此外，6.35毫米口径的奥奇斯半自动袖珍手枪外形与奥奇斯手枪大致一样，属于缩小版。全枪长为134毫米（5.27英寸），枪管长为69毫米（2.71英寸），空枪重为0.385千克（0.85磅），弹容量为7发.25ACP枪弹。

奥奇斯手枪的套筒外形独特，套筒前

☆ 从套筒座上旋转取下枪管的奥奇斯手枪

段底部有一个圆弧，这使套筒最前端变细，有助于从枪套中拔出。套筒右侧抛壳窗后面有个很长的抽壳钩，抛壳窗露出的枪管尾部刻有口径铭文。套筒顶部带有点状准星和凹型照门，准星和照门之间有一条很长的凹槽，起到防反光作用。套筒尾部带有很细的纵向防滑纹。套筒内部的枪管带有6条右旋膛线。

套筒左侧刻有奥奇斯的铭文，最早的铭文出现在第一版由奥奇斯公司制造的手枪上，其铭文为“Ortgies&Co”“ORTGIES’PATENT”，译为“奥奇斯公司”“奥奇斯专利”；第二版也由奥奇斯公司制造，铭文虽然相同，但字体改变，并且呈现斜体。

随着奥奇斯的去世，德意志工业集团购买版权并开始生产，首批在柏林制造的奥奇斯手枪套筒上的铭文是“Ortgies-Patent”“Deutsche Werke Aktiengesellschaft Berlin”，译为“奥奇斯专利”“德意志工业集团，柏林”。但这款并没有被归为第三版，而是属于最稀少的一版奥奇斯手枪，所以受到后世收藏家的追捧。

真正的第三版是在德意志工业集团搬到爱尔福特市后生产的版本，其套筒上的铭文为“Ortgies-Patent；Deutsche Werke Aktiengesellschaft”“Werk Erfurt”，译为“奥奇斯专利与德意志工业集团”“爱尔福特工厂”；随后的第四版铭文在内容上没有变化，只是变化了位置，铭文全部大写为“DEUTSCHE WERKE AKTIENGESELLSCHAFT·WERK ERFURT”“ORTGIES’PATENT”。

最终的第五版是现在存世最多的一款。不仅铭文改变了，而且增加了奥奇斯手枪的新商标：趴卧在一个圆圈中的一只艺术化豹子。由于艺术变形后显得很“纤细”，所以让人感觉很像一条蛇。其铭文是“DEUTSCHE WERKE”“WERK ERFURT”，套筒右侧刻有“ORTGIES’PATENT”。

奥奇斯手枪的套筒座相对其他“撸子”来讲，要细一些。其左侧尾部有个圆形按钮，这个按钮是分解解脱钮，用于固定套筒和分解时使用。在柏林制造的奥奇斯手枪和在后期制造的奥奇斯手枪中出现过在解脱钮前方有按钮的版本，这个新增按钮为手动保险。

套筒座上的木制握把镶片绝大部分呈现木质原色，也有少见的黑色握把镶片。高级版本依旧为象牙握把镶片，开始该手枪的握把镶片上带有“HO”的商标。到了最后一款时，其商标改为一只豹子，所以该手枪握把上的商标也相应地改成了豹子。

除了极少数的带有手动保险的奥奇斯手枪外，绝大部分该手枪还是采用握把保险设计。这个设计来源于勃朗宁的设计理念，但保险机构并不一样。该手枪的保险装置简单可靠，当射手握住握把时即可解脱保险，最初的握把保险比较凸出，但后期的握把保险并不明显。

该握把保险还有另一个独特的作用：当子弹打光后，握把保险会自动顶出，这样握枪的手掌便会有明显的感觉，起到提醒射手换弹匣的作用。

奥奇斯手枪的分解过程也较为特殊：首先卸下弹匣，清空弹膛；然后按下固定钮，

☆ 奥奇斯手枪右侧视图

☆ 奥奇斯手枪左侧视图

同时把套筒向上提起，这样就能卸下套筒；随后，套筒里的击针和击针簧便可取出；最后，将枪管上的复进簧取下后，逆时针方向旋转枪管45°，然后向上提起枪管，便可以卸下枪管。这一套独特的分解过程和枪管的固定方式可谓是绝无仅有的，如果需要组装回去，反向安装即可。

在奥奇斯手枪诞生以后，葡萄牙陆军曾经少量装备过，其余的大部分手枪多在民用市场中进行销售。因为奥奇斯手枪设计独到，枪管轴线降低到与射手的持枪手虎口同高，射击时后坐力几乎平正地作用在射手的虎口，基本抵消了射击时的枪口上跳。这样的好枪，让奥奇斯手枪的销路一直良好。甚至因为其优秀的射击性能，许多射手买来该手枪专门用于射击比赛。不仅在欧洲，在美国的销路也很好。当年奥奇斯手枪售价为7美元，这个价格在当时是相当低廉的。“二战”时期，纳粹德国军队的一些军官也曾经自费购买过奥奇斯手枪，作为贴身佩枪使用。

奥奇斯手枪在中国时，因为是德国货，所以还得名“德国撸子”，同时又因为其8发的弹容量，也有“八音子儿”的称谓。正是这8发的容弹量，让“德国撸子”更受欢迎，因为“枪牌撸子”“马牌撸子”等其

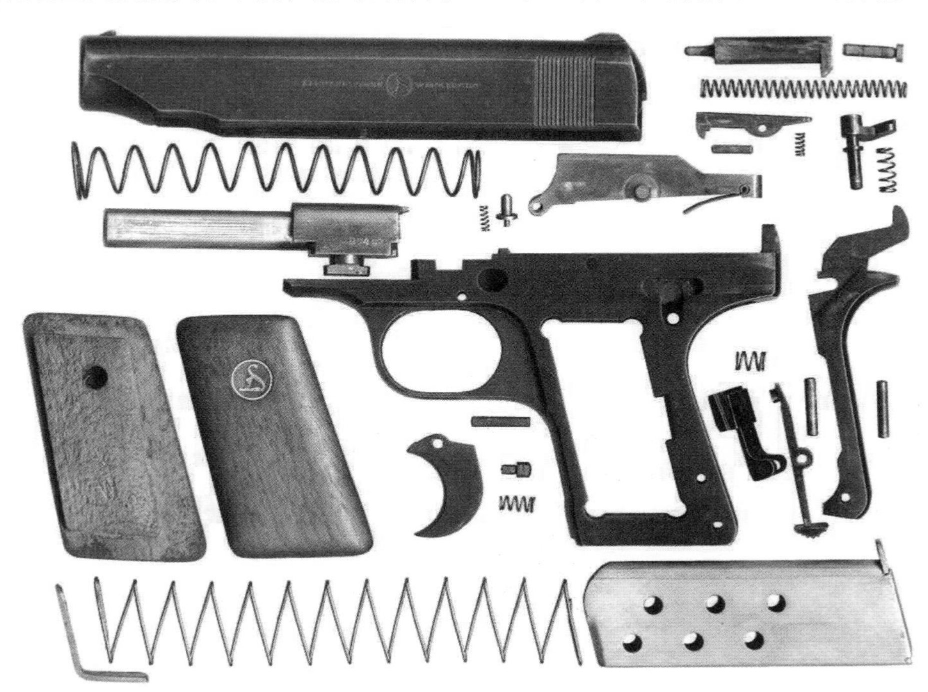
☆ 奥奇斯手枪完全分解图

## 1920 德国黑内尔M1袖珍手枪

他“撸子”大都为7发，如果发生枪战，显然多一发子弹的“德国撸子”，不仅是占了多一发的便宜，更有可能成为足以消灭对方的最后一搏。

黑内尔M1袖珍手枪的设计者是德国著名的轻武器设计师雨果·施迈瑟，他是20世纪最杰出的轻武器设计师之一。

“一战”之后，由于《凡尔赛条约》的限制，雨果·施迈瑟终止了与伯格曼公司的合作关系，随后他自己成立公司，继续研发轻武器。同样因为《凡尔赛条约》的限制，雨果·施迈瑟的公司依旧是前途未卜，所以他就选择了黑内尔公司，开始了长达20年的合作关系。

同时，为了保护自己的设计专利权，雨果·施迈瑟还以自己兄弟汉斯·施迈瑟的名义开设了另一家公司，以防止当自己名下的公司破产后，丧失自己的设计专利权。顺便一提，雨果·施迈瑟最出名的设计就是成功地研制出了世界上第一款真正实战意义的突击步枪——StG44突击步枪。

在1920年，雨果·施迈瑟研发出了一款袖珍手枪，并且申请了专利。而这款袖珍手枪最终由黑内尔公司在1920年至1930年制造生产，其被命名为黑内尔–施迈瑟M1型袖珍手枪（简称黑内尔M1袖珍手枪）；随后，雨果·施迈瑟又在此基础上设计出了黑内尔–施迈瑟M2型袖珍手枪。

☆ 黑内尔M1袖珍手枪：注意套筒后部保险处，露出F，此时为开火位置

黑内尔M1袖珍手枪全枪长115毫米，高82毫米，宽24毫米，空枪重0.38千克，口径为6.35毫米，采用.25ACP枪弹，装弹量为6发，枪管膛线是4条右旋膛线，有效射程为30米。

黑内尔M1袖珍手枪有两种款式：一种是通过发蓝处理表面的黑色型；另一种是抛光处理表面的银色型，总共大约生产了40000把，产量不低，市场反馈不错。

黑内尔M1袖珍手枪是外露枪管设计，枪管外形和其他手枪不大一样。其瞄具是固定式缺口照门，片状准星固定在枪管上。

☆ 黑内尔M1袖珍手枪的弹匣上有条孔，可以确认余弹量

☆ 抛光处理表面的银色型黑内尔M1袖珍手枪

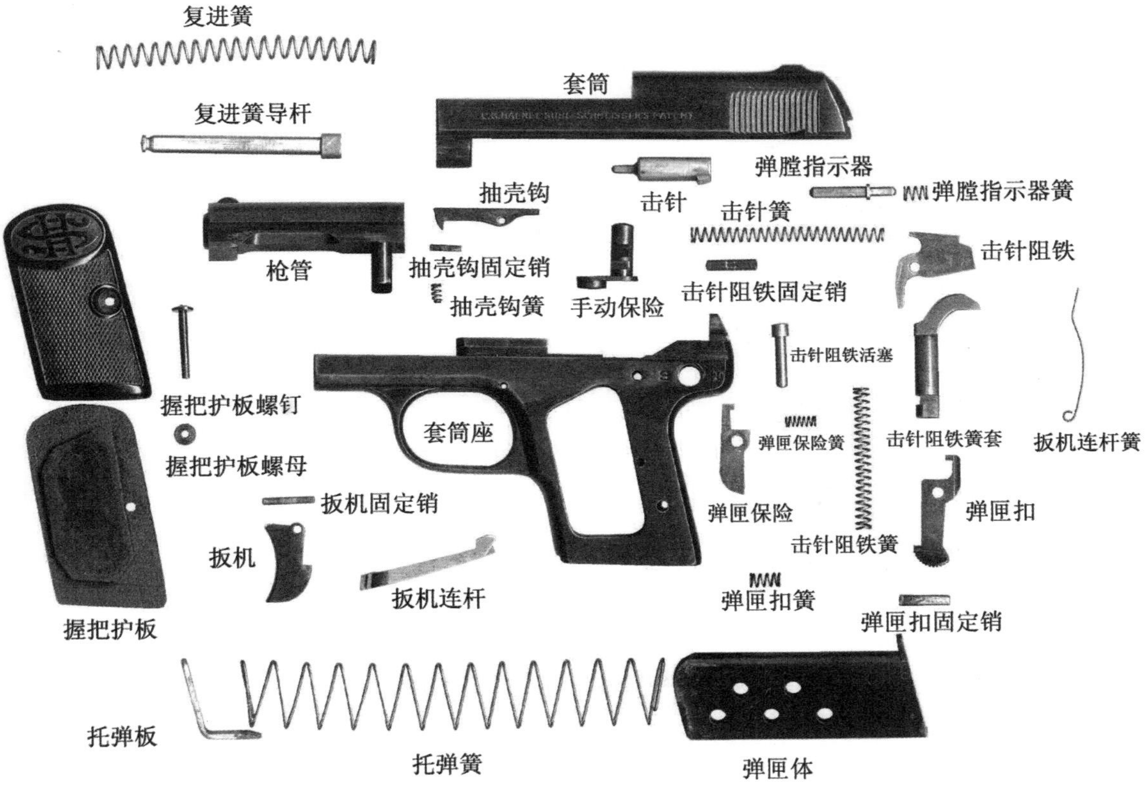

☆ 黑内尔M1袖珍手枪完全分解图及图注

黑内尔M1袖珍手枪采用自由枪机式的自动方式，就是借助火药燃气产生的后坐力直接作用于枪机，形成惯性闭锁的机构。半自动袖珍手枪基本都采用这种自动方式和闭锁结构，既可以简化构造又可以控制尺寸。黑内尔M1袖珍手枪全枪总共由32个零件组成（弹匣为一个零件），可见其结构非常简单。

黑内尔M1袖珍手枪的保险位于枪身后部，枪身尾部有个在当时非常先进的弹膛指示器。只要尾部凸出就说明子弹已经上膛，如果指针缩进枪身里说明子弹没有上膛。其枪身上有“C.G.HAENEL SUHL SCHMEISSER PATENT”的铭文字样，意思是“黑内尔公司苏尔市施迈瑟专利”。其手枪握把一般采用橡胶材质制作，带有防滑的菱形图案，握把上有“S”和“H”叠加形状的商标。弹匣释放按钮设在握把底部后方，向后按动即可将弹匣取出，可避免操作时弹匣意外脱落。

黑内尔M1袖珍手枪设计的初衷就是为了能够安全方便地携行和使用，因此采用的是无外露式击锤的设计。击发过程通过平移式击针来击发子弹，结构简单，没有多余的牵绊。这是作为暗杀手枪的基本要素之一。

就当时而言，此类袖珍手枪有多种选择。其中最有代表性的就是勃朗宁的FN M1906袖珍手枪和FN Baby袖珍手枪，但黑内尔M1袖珍手枪尾部的弹膛指示器是其区别于其他产品的标志性设计。与其他袖珍手枪相比，这一设计让使用者能够清楚地知道自己的武器是否处于上膛状态，提高了安全性，值得称道。

## 1920 奥地利奥佛袖珍手枪

☆ 奥地利奥佛袖珍手枪右视图

OWA（奥佛）是德语“Österreichische Werke Arsenal”的首字母缩写，也就是“奥地利维也纳兵工厂”的意思。

在奥地利维也纳，最初也曾有个维也纳兵工厂，这个兵工厂非常大，有自己的电厂、钢厂、铁厂，甚至有自己的粮食供应系统，俨然一个小王国，但是这个庞然大物在第一次世界大战之后彻底倒下了。

之后的奥地利政府在1919年10月1日决定整合这个兵工厂，经过整合后的一个新工厂得以建立，并独立注册成为一个新公司，这个新公司就是奥地利维也纳兵工厂（OWA）。自此，这家全新的奥地利维也纳兵工厂开始生产各种武器。有趣的是，和当时的比利时FN公司一样，奥地利维也纳兵工厂同时也生产摩托车。

起初，该工厂承接了改造意大利30 000支步枪的工作，随后该公司的设计师们才开始独立设计新枪。这种新枪是一款半自动袖珍手枪，其设计成果最终在1920年3月20日申请了专利，专利号为19770。

这款半自动袖珍手枪非常成功，面世后很快就成了奥地利维也纳兵工厂的“拳头产品”，其被命名为奥佛（OWA）半自动袖珍手枪。

奥佛袖珍手枪第一眼看上去，会觉得其很像字母“T”字形。其全枪经过发蓝处理后呈现黑色，全枪长度只有122毫米，枪管长为50毫米，全枪最高处为87毫米，全枪最宽处为23毫米，空枪重量为0.43千克，口径为6.35毫米，弹容量为6发.25ACP枪弹，自动方式是自由枪机，并且是内置击锤的设计，配以传统的单动扳机。

这款奥佛袖珍手枪的设计十分独特，这种独特体现在其套筒与枪管是一体化设计。套筒与套筒座则采用铰链方式链接在一起，链接的铰链在扳机护圈的最前端。该手枪通过后面的固定销固定，分解时通过向上扳动套筒后方的分解杆打开。此外，奥佛袖珍手枪还有个特别的设计，就是其套筒外形像两根枪管，其实下方的是枪管，上方用于内置复进簧和复进簧导杆等部件。

该手枪的套筒成了一个独特的枪机组件，这个枪机组件是一个长条形状，分为头部和尾部。头部是一个方块状，内置击针，两侧设有防滑纹，这个防滑纹是为了让射手可以拉动枪机进行上膛时手指按压的位置，右侧防滑纹处设有抽壳钩。其尾部则是一个长条状，平时尾部就处于抛壳窗的位置，枪机尾部的后面与套筒尾部平行，这样射手在射击时，枪机的尾部会运动凸出到套筒外很长一块。

套筒顶部设有缺口照门和片状准星。套筒右侧刻有铭文，套筒座、套筒底部和枪机组件上也都刻有铭文。套筒座上的握把片采用橡胶材质制造，上面有“OWA”的标识，注意“O”字上面有两个点，这是德文的“Ö”。除了橡胶材质的握把片外，还有很少的木质握把片。木质握把片上一

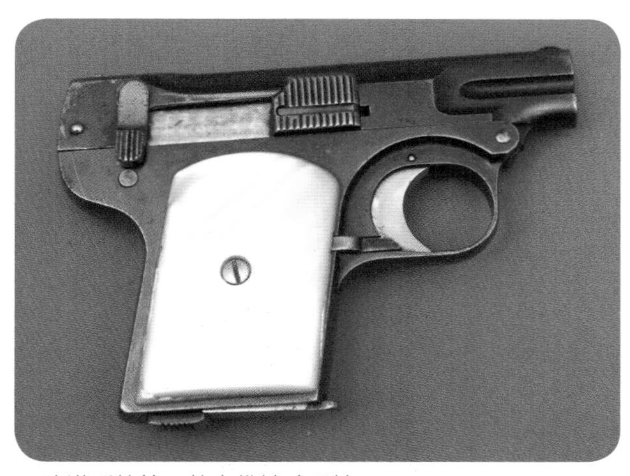
☆ 改进后的第二款奥佛袖珍手枪

般没有“OWA”标识，只有防滑纹。

弹匣卡榫设计在握把底部。在套筒座后方右侧、也就是分解杆的下方设有保险，保险向前则是保险档位，向后则是解除保险位，解除时会露出“F”字样。

奥佛袖珍手枪分为两款，第二款其实是第一款的改进版本。从外表上看，改进款套筒左侧的分解杆被换到了右侧；保险进行了重新设计，从前后扳动变成了上下扳动，并且保险的位置也发生了变化。

改进款的全枪尺寸也发生了变化：全枪长度缩短至120毫米，枪管长为50毫米，全枪最高处为88毫米，全枪最宽处为21.5毫米，空枪重量为0.4千克。此外，还有个明显区别就是在橡胶握把片上的“OWA”字样有所改变，“O”上方的两个点，被移入“O”字母的里面。

奥佛袖珍手枪从1922年开始生产，到1925年大约生产了40 000把。但是这个时期的奥地利社会经济崩溃，人民生活非常艰苦，而手枪不是生活必备的物资，所以这些袖珍手枪的销售量非常差。从1922年到1925年，数据显示只销售出去了8 000把。

因为奥地利在第一次世界大战后出现非常明显的通货膨胀，所以奥佛袖珍手枪在当时的价格也非常吓人，起初每把袖珍手枪的售价是27 600克朗；1925年居然涨到了40 000克朗。虽然国内商贸版的奥佛袖珍手枪销售比较差，但这些袖珍手枪还好有一定量的政府订单。其中，当时的维也纳社区卫队购买了1 000把奥佛袖珍手枪，这使得其有了一定的名气。

此外，国外的订单弥补了部分国内销量的不足。从销售记录上看：比利时只买了1把，明显是用于测试之用；德国买的最多，达到12 000把；南斯拉夫为1 970把；波兰800把；罗马尼亚为500把；苏联为14把；美国为5 649把；而奥地利自己的消化总量为1 956把。

有意思的是，因为当时奥地利人民生活困难，社会各方面都比较混乱，所以兵工厂还出现了不同程度的偷窃行为。许多的手枪被以分散零件的方式运出工厂，经过私人组装后被低价卖向各处，据猜测，这个数字大约是几千把。

综上数据来看，奥佛袖珍手枪的整体销量似乎还不错，但由于社会整体经济已经陷入困境。在1925年以后工厂就彻底没落，工人的工资发不出来；1926年，工厂通过裁员等手段，勉强支撑到了1929年；1930年，工厂已经呈现出严重的亏损状况；1934年，工厂最终彻底关闭。当然，在此之前，那些还没有被正式卖出的奥佛袖珍手枪早就被低价全部倾销出去了。

☆ 改进款的奥佛袖珍手枪橡胶握把片上的OWA字样有所改变，原来O上方的两个点，被移入O字母的里面

## 1920 德国利尼普特袖珍手枪

利尼普特袖珍手枪，即利尼普特Ⅰ型半自动袖珍手枪，是由位于德国苏尔市奥古斯特门茨武器工厂在1919年研制，并于1920年正式推出的一款袖珍手枪。

这款利尼普特Ⅰ型袖珍手枪的口径是4.25毫米，这属于很少见的小口径，其所发射的是4.25毫米口径的利尼普特枪弹。4.25毫米口径的利尼普特手枪枪弹其实并不是专门为利尼普特袖珍手枪而设计的，这款枪弹在1918年由一名叫弗朗茨·帕法尼尔的奥地利人所设计，随后被奥古斯特门茨武器工厂看中并采用到新枪上。

这款4.25毫米利尼普特枪弹的弹头直径是4.27毫米，枪弹总长度为14.91毫米，弹壳长度为10.27毫米，弹壳直径为5毫米，弹头重量为0.78克，初速度为250米/秒，枪口动能为23焦耳。这款枪弹的长度其实非常“袖珍”，粗细甚至与火柴棍不相上下。但不要小看这个“火柴棍”，在近距离射击人体要害部位时也可以导致目标重伤或死亡。

利尼普特Ⅰ型袖珍手枪只有90毫米长，枪管只有43毫米长，空枪重量只有0.226千克，弹容量为6发。这个手枪的尺寸和一般人的手掌一样大，可谓是真正的“掌中宝”。

利尼普特Ⅰ型袖珍手枪采用了自由枪机的自动方式和击针平移式的击发方式。套筒采用开放式，这个和伯莱塔系列手枪套筒样式相似。套筒两侧刻有铭文，套筒内部设有枪机组件等。枪管和套筒座为一体式结构，这个设计比较少见。其枪管内部设有右旋的6条膛线，枪管下方的复进簧导杆可拆卸。手动保险在套筒后方，显然是针对阻铁的保险装置。握把镶片一般采用橡胶材质制造，偶尔也有木质或象牙等材质握把镶片的版本。

1937年奥古斯特门茨武器工厂被利格诺色收购，随后利格诺色对奥古斯特门茨原生产的各种手枪进行了改进，其中就包括推出了利尼普特Ⅱ型半自动袖珍手枪。在“二战”结束之时，利尼普特袖珍手枪也随之停止了生产。因为当时的资料被毁，所以现在无法得知利尼普特袖珍系列手枪到底生产了多少把。

☆ 利尼普特袖珍手枪

利尼普特I型袖珍手枪在1920年刚刚推出时只有4.25毫米口径的版本。除标准版外，还同时推出了豪华版，豪华版就是一款镀金的产品。

4.25毫米利尼普特枪弹毕竟并不普遍，所以在1927年奥古斯特门茨武器工厂又推出了6.35毫米口径的利尼普特Ⅰ型袖珍手枪，其发射的是.25 ACP枪弹。随后又推出了7.65毫米口径的利尼普特Ⅰ型袖珍手枪，用于发射当年颇为流行的.32 ACP枪弹。

这其中有一把7.65毫米口径的利尼普特I型袖珍手枪却颇为特殊。这把超级豪华的镀金版利尼普特Ⅰ型袖珍手枪曾是阿道夫·希特勒的贴身之物，现被收藏于美国西点军校博物馆中。

这把利尼普特Ⅰ型袖珍手枪是由一个叫马克思·凯尔的纳粹党徒在“二战”之前赠送给阿道夫·希特勒的礼物。其不仅通体枪身镀金雕花，弹匣也经过镀金处理。

其全枪长度为4.25英寸（108毫米），枪管长1.75英寸（45毫米），空枪重量为10盎司（0.28千克），口径为7.65毫米；弹容量为6发.32ACP枪弹。

之所以说这把利尼普特I型袖珍手枪地位特殊，是因为有记载表明希特勒的裤子上有个特别缝合的口袋，以便让他来放置这把镀金袖珍手枪，用于关键时刻的自卫之用。由此可见，希特勒应该是非常喜爱这把镀金袖珍手枪。后来这把镀金袖珍手枪被希特勒放在了其位于慕尼黑的行宫内，所以在他最后的时刻这把镀金袖珍手枪并没有伴随在他的身边，所以希特勒在自杀时使用的是PPK手枪。

☆ 铭文刻着II型的利尼普特袖珍手枪

☆ 6.35毫米口径的利尼普特 Ⅰ 型的手枪

☆ 黄金雕刻版4.25毫米口径的利尼普特Ⅰ型的手枪

☆ 银色象牙握把的利尼普特袖珍手枪

☆ 希特勒的镀金版利尼普特 Ⅰ 型袖珍手枪

# 第4章
# 手枪的“黄金时代”

20世纪20年代

20世纪中期

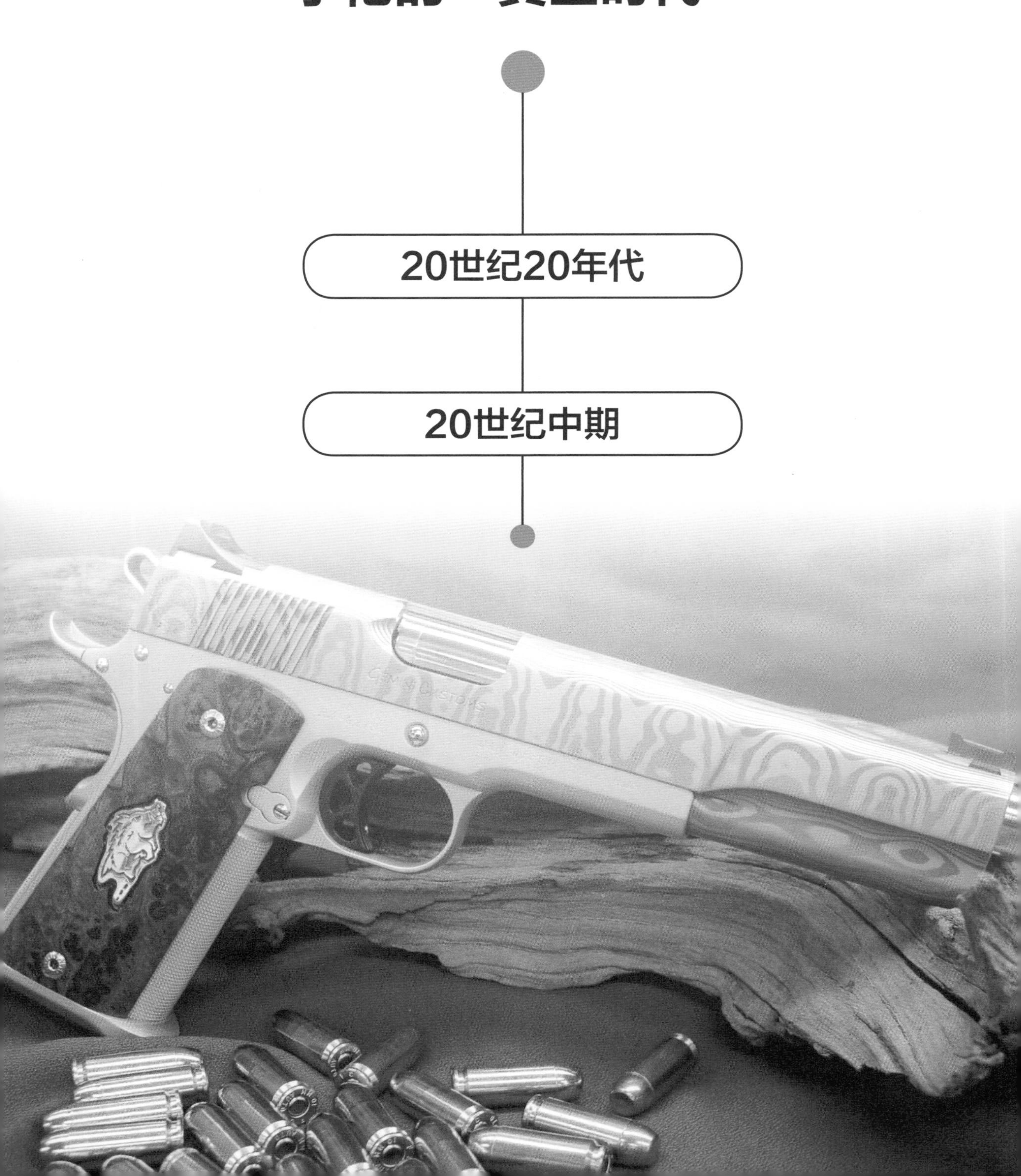

## 1921　西班牙阿斯特拉M400手枪

☆ 橡胶握把上的“阿斯特拉”商标

同样生于西班牙埃瓦尔地区的约翰·埃斯佩兰萨·萨尔瓦多（1860—1951)和彼得·安塞塔（1854—1934)两人，在1908年7月7日合开了一家武器制造公司。公司名为埃斯佩兰萨与安塞塔公司。

1912年，诞生了一款值得一提的手枪，因为该手枪的出现与埃斯佩兰萨与安塞塔公司的后续发展密不可分。这就是由西班牙一名陆军中校唐·洛佩斯在西班牙军队装备的伯尔曼–贝亚德M1908半自动手枪基础上进行研发的枪械，取名为坎普–葛洛M1913半自动手枪。而这款手枪的生产订单当时就给了资历尚浅的埃斯佩兰萨与安塞塔公司——这份订单让这个新兴的小公司从中积累了不少手枪生产方面的经验，并为日后的迅速发展奠定了扎实的基础。

坎普–葛洛系列手枪当时虽然装备了西班牙军队，但性能并不是特别出色。所以，在1919年，西班牙军队就开始寻求一款能够替代坎普–葛洛系列手枪的新产品。随后，两家西班牙的武器设计制造公司分别提交了自己的方案，这里面就包括埃斯佩兰萨与安塞塔公司提交的两款不同样式的半自动手枪。

其中一款被命名为阿斯特拉M400半自动手枪（又名阿斯特拉M1921半自动手枪）的产品被西班牙军方认为较为成熟。于是在1921年8月，西班牙政府批准了阿斯特拉M400手枪的列装方案。随后，阿斯特拉M400手枪开始正式装备西班牙的陆军、海军和宪兵等部队。

到了1923年，阿斯特拉M400手枪的紧凑版本诞生，被命名为阿斯特拉M300半自动手枪。最初这款手枪计划面向民用市场，后来也有许多西班牙军人采用该手枪。

阿斯特拉M400手枪是一款内置击锤式自由枪机手枪。这样的设计很明显是参考了当年勃朗宁设计的“马牌撸子”（柯尔特M1903半自动手枪）；而从外形来看，圆形的套筒也是参考了勃朗宁的另一款设计——“花口撸子”（比利时FN M1910半自动手枪）。

阿斯特拉M400手枪全枪长225毫米，枪管长150毫米，口径为9毫米，空枪重量是1.14千克，使用9毫米拉格弹时的容弹量为8发。

☆ 阿斯特拉M400枪口特写

阿斯特拉M300半自动手枪全枪长174毫米，枪管长99毫米，空枪重量是0.64千克，口径有9毫米与7.65毫米两种。其中使用9毫米.38ACP枪弹时的容弹量为7发，使用7.65毫米.32ACP枪弹时的容弹量为8发。

阿斯特拉（系列）手枪还有“雪茄”之名，正是来自于其套筒的特殊设计十分酷似一支雪茄烟。其套筒前部是一个正圆，而后部则是一个半圆，这样不仅显得整体高雅，而且其光洁的造型也非常易于从枪套中拔出。

其套筒前部带有一个半圆形准星，其上还有一个用于固定枪管的圆形枪管套，该手枪管套口部也有着一溜滚花。但其滚花的位置与“花口撸子”不同，所以这个滚花也成为其区别于“花口撸子”的一个标志。准星后部为一个非常漂亮的圆形样式的阿斯特拉商标。商标后面为一条凹槽，凹槽后部就是该手枪的V型缺口照门。

其套筒后部两侧带有两个凸起部，是方便射手上膛的防滑凸起。凸起上面就是“阿斯特拉”的标识铭文。套筒左侧的抛壳窗，给人的第一个感觉是很深，其实这是因为该手枪的套筒壁相对较厚的一种衬托。

该手枪为自由枪机动作方式，但发射的弹药是9毫米的大威力弹药，所以套筒被制作得非常厚实。这样就使得套筒重量相对较大，这也在一定程度上保证了其动作的可靠性。此外，套筒内部的枪机是不可拆卸的。而枪机的右上方为一根长长的外露式抽壳钩。

阿斯特拉（系列）手枪的枪管固定方式与“马牌撸子”如出一辙，都是靠枪管尾部的四个凸榫来完成的。枪管前部还带有横向凹槽，其可以帮助套筒在往复运动时与枪管紧密配合。

枪管后部右侧带有口径铭文，阿斯特拉M400手枪使用9毫米口径的拉格弹。但因为其是自由枪机，关键时刻也可以使用其他近似9毫米口径的枪弹，所以理论上阿斯特拉M400手枪还可以发射美国的.38ACP枪弹、奥地利的9×23毫米斯太尔枪弹、比利时9×20毫米勃朗宁长枪弹以及德国的9×19毫米巴拉贝鲁姆枪弹等。

但实际应用中如果使用弹壳较短的非原配枪弹，如9毫米口径的巴拉贝鲁姆枪弹时，该手枪则无法正常进行再次装弹动作。所以这种使用其他9毫米口径枪弹的方法是一种临时的“救命”之举，并不代表该手枪适用弹种广泛。

其枪管上套有一根很长的复进簧，这根复进簧张力很大。这还是因为该手枪的自由枪机动作方式，并且该手枪没有任何延时开锁装置，由此可见，所有的压力都被施加在了这根复进簧上，所以该复进簧的性能至关重要，并且直接决定了该手枪的工作状态。

阿斯特拉（系列）手枪没有手动保险装置，其在扳机护圈右侧上方的部件并不是手动保险，而是为了分解所需要使用到的套筒锁。分解时，该套筒锁把套筒锁置于后方，呈现出空仓挂机状态（实际上不具备空仓挂机功能）。

而该手枪真正的保险装置其实是在握把后部的握把保险。这个握把保险也是借鉴了“马牌撸子”的设计。但与勃朗宁设计的不同之处就是，阿斯特拉“雪茄”系列手枪都带有一个不到位保险。当套筒未完全闭锁时，扳机连杆与阻铁会被隔断，这样就能保证套筒复进不到位时，枪弹不会被击发。这样的不到位保险也进一步确保了该手枪使用时的安全。

阿斯特拉（系列）手枪的套筒座相对来说，显得有点小。套筒座左侧尾部为“西班牙枪械质监局”的标识与自动装填手枪的辨识标识，而套筒尾部右侧则刻有枪号。

握把一般采用高级的木质握把，握把上带有菱形图案的防滑纹。不过也有橡胶材质制造的黑色握把，黑色握把上常带有阿斯特拉的商标。

该手枪的握把底部是传统式样的弹匣扣，但需要注意的是：阿斯特拉M400手枪的弹匣扣位置在弹匣底部后方，形成一个凸起；到阿斯特拉M300半自动手枪时，则改

☆ 阿斯特拉M3000半自动手枪

成侧面按钮式，这样更加方便携带。

西班牙军方采用的第一款半自动手枪是伯尔曼–贝亚德M1908半自动手枪，所以在阿斯特拉M400手枪推出时依旧沿用了伯尔曼–贝亚德M1908手枪所使用的9毫米口径的拉格枪弹（又名9毫米口径伯尔曼–贝亚德枪弹）。

这种于1901年推出的枪弹在9毫米口径枪弹家族中属于威力很大的品种。其弹壳长23毫米，全弹长34毫米，弹头直径是9毫米，枪口初速度为365米/秒。自其诞生后，西班牙军方一直采用这款口径枪弹，直到1981年，才正式停止采购。

阿斯特拉M400手枪一经推出后，就成为西班牙军队和警察的制式配枪。随后该手枪也被法国军队与智利海军先后采用，法国人给这种手枪取了个有趣的名字——法国菜豆。

但到了1936年，西班牙内战爆发。当时埃斯佩兰萨与安塞塔公司内部也出现了分裂，但公司还是在维持正常运转并继续生产武器以提供给当时的西班牙民选政府。直到1937年4月的一天，独裁者弗朗哥的军队占领了巴斯克地区，随之埃斯佩兰萨与安塞塔公司的工厂也被弗朗哥的军队占领。这使得埃斯佩兰萨与安塞塔公司生产的阿斯特拉（系列）手枪成了独裁者手中的武器。当时，弗朗哥自己的配枪就是一把阿斯特拉M400手枪。

西班牙内战结束后，埃斯佩兰萨与安塞塔公司完全被独裁政府所控制。这样埃斯佩兰萨与安塞塔公司除了为西班牙本国武装力量生产武器外，还得为当时的纳粹德国提供武器。直到阿斯特拉M400手枪停产，该手枪总共生产了105 000把，其中有6 000把提供给了纳粹德国。

阿斯特拉M300手枪则属于商贸版本，起初面向民用市场，被卖到了包括中国在内的世界各地。但到了后期，该手枪则只供应给纳粹德国。据统计，阿斯特拉M300半自动手枪总共生产了153 085把，其中有85 390把（口径为9毫米的63 000把，口径为7.65毫

☆ 阿斯特拉M4000半自动手枪（上），即外露式击锤设计的“猎鹰”与阿斯特拉M300半自动手枪（下）

米的22 390把）被卖给纳粹德国的武装力量装备和使用。

当年，虽然阿斯特拉M400手枪与阿斯特拉M300手枪陆续被纳粹德国采用，但由于阿斯特拉M400手枪使用的9毫米口径的拉格枪弹供应不足，德国军人只能用9毫米口径的巴拉贝鲁姆枪弹“凑合”。可这样经常造成卡壳故障，这个问题让德国人头痛不已。所以，在纳粹德国的要求下，专门为纳粹德国研发的阿斯特拉M600半自动手枪诞生了。

阿斯特拉M600手枪基本上就是扩大版的阿斯特拉M300手枪，其全枪长为205毫米，枪管长135毫米，空枪重1.08千克。这款阿斯特拉M600手枪是专门为使用9毫米口径的巴拉贝鲁姆枪弹而设计，随后总共有10 450把该手枪被出口给纳粹德国。

不过随着“二战”尾声临近，法国解放了，西班牙与纳粹德国的陆路被切断，于是剩下的订单并没能最终完成。而已经生产出来的阿斯特拉M600手枪则全部被转卖给了葡萄牙、智利、土耳其、约旦等国家。

不过有意思的是，在“二战”结束后当西德政府建立时，西班牙政府依旧“信守承诺、遵照合同”，把31 350把库存的阿斯特拉M600手枪转卖给西德政府。至此，阿斯特拉M600手枪实际总共生产了59 400把。

1945年，在“二战”结束之际，一款轻量化的阿斯特拉M700半自动手枪被推出。该手枪基于阿斯特拉M400手枪的尺寸，但减轻了套筒的重量，并改进握把设计，采用阿斯特拉M300手枪的弹匣释放钮等。但因为当时的西班牙政府并没有采用该手枪列装军队或进行商贸活动，所以阿斯特拉M700手枪实际只生产了19把样枪。因此该手枪也成了最稀少的一款阿斯特拉（系列）手枪。

1946年，埃斯佩兰萨与安塞塔公司推出了一款全新的阿斯特拉手枪，这款被命名为阿斯特拉M3000半自动手枪的产品，是基于阿斯特拉M300手枪进行改进设计的，但改变了原有的弹匣释放钮位置：把位于握把底部的弹匣释放钮，改到了左侧扳机护圈后部，也就是现在大家习惯的位置，这使得该手枪具有了比较现代化的款式。

阿斯特拉M3000手枪从1946年开始生产，直到1956年停产，期间总共生产了44 389把。而该手枪之所以停产，是因为更新型的阿斯特拉M4000（猎鹰）半自动手枪被研发成功。阿斯特拉M4000手枪在外形上与老款系列有较大变化，该手枪取消了老式的握把保险，并且采用外露式击锤。这款阿斯特拉M4000手枪在中东地区十分受欢迎。

该手枪除了有采用.38ACP枪弹与.32ACP枪弹的版本外，阿斯特拉M4000手枪还有采用.22LR枪弹的版本，该手枪直到1986年才停产。

除了阿斯特拉M3000手枪与阿斯特拉M4000手枪之外，埃斯佩兰萨与安塞塔公司在1958年还推出了一款阿斯特拉M800（秃鹰）半自动手枪。这款手枪实际是在阿斯特拉M700手枪之后便被提出的方案，但直到1958年该手枪才得以正式研发成功。

阿斯特拉M800手枪的尺寸与阿斯特拉M600手枪类似，却采用与阿斯特拉M4000手枪一样的设计，并且在其套筒尾部增加了一个手动保险。该手枪直到1968年停产，期间总共生产了11 432把。

在1986年阿斯特拉M4000手枪停产后，阿斯特拉（系列）手枪算是画上了一个完美的句号。而且埃斯佩兰萨与安塞塔公司也因为阿斯特拉（系列）手枪的成功，后来就干脆把公司名称改为了阿斯特拉公司。

## 1922　德国利格诺色袖珍手枪

☆ 白美林半自动手枪

自勃朗宁研发出M1905半自动手枪后，就逐渐形成了和其他手枪激烈竞争的市场局面，其中在1907年的竞争对手中出现了一款白美林半自动手枪。这是一款非常特别的手枪，曾参与了当时美军的手枪竞标。

这款白美林手枪是由一名叫约瑟夫·怀特的轻武器设计师所设计，他在1907年3月7日申请了专利权，这款手枪的专利在1910年4月12日通过。白美林手枪的口径是0.45英寸（11.43毫米），弹容量为10发.45ACP枪弹。这款手枪的特殊之处在于其扳机护圈下方设有一个杠杆，射手可以用握枪手的食指按住这个杠杆向后扣动，杠杆向后会带动枪机向后运动。这样就能实现单手上膛，随后内部弹簧会使该杠杆复位。

这个设计在当年竞标的手枪中是独一无二的，在手枪使用上有极大的便利性。士兵可以在一只手臂受伤的情况下单手来完成上膛的动作，但该手枪的其他方面指标则无法达到美军的要求。就这样，这款白美林半自动手枪便从人们的视野中消失了，但它却开创了世界第一款单手上膛手枪的先河。

当白美林手枪落败的时候，远在欧洲的一名叫作维托尔德·迟磊瓦斯基的波兰枪械设计师也在研发单手上膛方式的手枪。他一直在奥地利的维也纳生活和工作，不知道他是否看过或借鉴过白美林半自动手枪，但他的设计与白美林手枪的设计并不一样。

维托尔德·迟磊瓦斯基设计了一个前半部分可以滑动的扳机护圈，这样射手可以以握枪手的食指按住该扳机护圈前半部分向后扣动；这个部分与套筒相互连接，这样套筒就被共同向后移动；同时套筒依靠枪管周围的复进簧进行复位，这样就省去了专用的复进簧结构。他设计成功后就开始在欧洲各国进行专利申请，因为他本人是一名独立的枪械设计师，所以他想要直接售卖自己专利的生产权，随即便被瑞士的西格公司和德国的伯尔曼公司双双看中，维托尔德·迟磊瓦斯基则先后把专利的生产权卖给了西格公司和伯尔曼公司。

1919年，西格公司借助此原理推出了自己的产品，这款可以单手上膛的袖珍手枪被命名为西格–迟磊瓦斯基半自动袖珍手枪。至此，维托尔德·迟磊瓦斯基的设计才算是真正变成现实。由此可见，第一款单手上膛半自动手枪是白美林半自动手枪，而第一款真正上市量产的则是西格公司的西格–迟磊瓦斯基半自动袖珍手枪。

这款西格–迟磊瓦斯基袖珍手枪采用了自由枪机的自动方式和平移式击针的击发方式。其口径为6.35毫米，全枪长为117毫米，枪管长57毫米，全枪高为78毫米，全枪宽度为22毫米，空枪重量是0.37千克，弹容量为6发.25ACP枪弹。

☆ 西格·迟磊瓦斯基袖珍手枪带有长方体和延长体

☆ 利格诺色M2A手枪

总共由35个零件组成的西格–迟磊瓦斯基袖珍手枪，其最大特点就是扳机护圈分为两部分，前部分可以自由向后移动，这个部分不仅是扳机护圈的前部分，上方还有一块长方体和一个向后的延长体，长方体上刻有铭文；并且其套筒座两侧有两道凹槽，可以让长方体和延长体在凹槽内进行运动。

从1919年开始，西格公司生产了1 000把该袖珍手枪。按照合同上的规定，这批西格–迟磊瓦斯基袖珍手枪可以销往除了美洲大陆外的任何地方，但其销售情况并没有西格公司预期的那么好，因为“单手上膛”这个概念还不能被大家所认同，并且很多人认为单手上膛这种操作方式本身就很危险。

实际上，这款西格–迟磊瓦斯基袖珍手枪确实自身存在设计问题。所以西格公司决定把已经生产出来、还未销售的这部分袖珍手枪进行改进，也就是在滑动扳机的长方体上增加一个螺钉，这样就能保证滑动的可靠性。这种改进型随后上市，同样不能销往美洲。西格公司的营销很失败，西格–迟磊瓦斯基袖珍手枪总共只生产了1 000把，之后就停产了。但对现在的轻武器收藏家们来说，这么少的数量绝对是值得收藏的好东西。

上文提到，伯尔曼公司也曾找到维托尔德·迟磊瓦斯基，并且也买下了这款设计的生产权，但伯尔曼公司在这时也出了问题。雨果·施迈瑟离开了伯尔曼公司（雨果·施迈瑟从1912年来到伯尔曼公司后，直到1919年离开），这让伯尔曼公司遇到了困境，可以说经营不善让公司基本濒临倒闭。这时阿卡体恩格赛奥斯哈夫特·利格诺色公司出现了。

利格诺色公司收购了伯尔曼公司，正是由此，单手上膛手枪的生产计划才得以开展。当时以利格诺色之名总共生产了六款不同型号的半自动袖珍手枪，分别是：利格诺色M2、M2A、M3、M3A、M4和M5半自动袖珍手枪——其中利格诺色M2A袖珍手枪是利格诺色公司（伯尔曼公司）购买维托尔德·迟磊瓦斯基的专利生产权后实际生产的第一款单手上膛手枪。

利格诺色M2A袖珍手枪与西格–迟磊瓦斯基袖珍手枪外形比较相近，但绝不相同，由侧面可见两者的内部结构也不一样；当然利格诺色M2A袖珍手枪也采用了自由枪机的自动方式和平移式击针的击发方式。

利格诺色M2A袖珍手枪，全枪长为120毫米，枪管长54毫米，全枪高为77毫米，全枪宽度为23毫米，空枪重量是0.4千克，弹容量为6发.25ACP枪弹，总共由42个零件组成。而利格诺色M3A袖珍手枪则增长了握把的长度，不仅让射手能更有效地握持，并且也增加了弹容量，从6发增加到9发。全枪

☆ 利格诺色M3A手枪

高度增加到120毫米，空枪重量增加到0.46千克。

利格诺色M2A袖珍手枪有很全面的保险机构，包括套筒座左侧的手动保险和套筒座尾部的弹膛指示器。套筒上刻有利格诺色的相关信息铭文，用于单手上膛的扳机组件外形与西格的不同，更为简单可靠。初期版的产品在其橡胶握把镶片上写着“伯尔曼”的字样，但很快改成了“利格诺色”。

利格诺色（系列）袖珍手枪的单手上膛动作更为顺畅，但销量也并没有预期的那么好。从1922年开始生产，到1936年停产，其具体数量已经无法确定，产量达到几万把肯定是没有问题的，并且还有镀镍的高级版本。所以说，利格诺色（系列）袖珍手枪才是首款真正达到一定量产数量、并且广为人们所知的单手上膛手枪。

单手上膛动作方式，在半自动方式手枪发明不久后就已经出现。美国人约瑟夫·怀特第一个提出并设计了单手上膛手枪，当然真正成功设计出单手上膛手枪的是波兰人维托尔德·迟磊瓦斯基，不过并不只是这两个人有单手上膛的想法。其实设计了著名的克拉格–乔根森步枪的克拉格（步枪是由克拉格与乔根森共同设计）也设计过一款单手上膛的手枪，并且已经申请了专利，但并没有真正投入生产，所以现在人们能看到的就只有上述三款（系列）单手上膛手枪。

单手上膛的概念直到20世纪初期依旧还未受到重视，虽然利格诺色M2A袖珍手枪和利格诺色M3A袖珍手枪已经成功登陆民用市场，但一把利格诺色M2A袖珍手枪的价格是42马克，而同时期同类型的瓦尔特袖珍手枪只卖22马克，毛瑟袖珍手枪只卖36马克。利格诺色（系列）袖珍手枪自然在这种激烈的市场竞争中败下阵来。

不过在距此半个世纪后的中国，一款具有相似动作方式的单手上膛半自动手枪却成了中国人民解放军和人民警察的制式武器，这就是中国77式半自动手枪。77式手枪是中

☆ 中国77式手枪

国继64式半自动手枪之后，自主研发的一款很特别的袖珍手枪，基本是用于军官自卫。这款袖珍手枪最大的特点就是可以单手上膛，也因此曾得到“独臂将军”彭绍辉的赞赏。

在当年来讲，77式手枪这种非常特别的动作方式给人们留下了很深刻的印象，由于当时信息封闭等原因，该动作方式曾经被许多人认为是我国独创的发明，但实际上类似这种可以单手上膛式样的手枪早在此前60多年就已经出现了。尽管如此，77式手枪还是在中国手枪发展史上留下了浓墨重彩的一笔，并且77式手枪的改进型还曾远销海外。中国77式手枪在世界范围内都可谓是单手上膛半自动手枪的一个新延续。

## 1925 日本南部十四年式手枪

☆ 日本南部十四年式手枪左视图

提起日本南部十四年式手枪，当然要先说设计者，这就是南部麒次郎。1869年2月21日，他出生在现在日本九州岛的佐贺县的佐贺市（当时还属于佐贺藩）。他出生后母亲就去世了，南部麒次郎一家生活非常艰难，长大后他被送到富商那里当学徒。他拼命工作，20岁进入军队服役，1891年7月20日考入了日本士官学校二期炮兵科。毕业于1892年3月21日，在其23岁时晋升为炮兵中尉。

对于年轻的南部麒次郎来说，其军旅生涯非常顺利。他很快在研发武器方面表现出才能，在1897年升职后被调入东京小仓兵工厂。28岁时成为有坂成章的助手，当时有坂成章设计了三十年式步枪。这为南部麒次郎后来成为武器设计师奠定了基础。

因为三十年式步枪并不理想，有坂成章和南部麒次郎一起对该步枪进行修改，最终推出三十五年式海军步枪。后来日本军方想要研发一种自动装填的手枪以淘汰二十六年式转轮手枪，南部麒次郎被指派为军方研发新型的半自动手枪。在1902年，他研发出了一款全新的半自动手枪，这款手枪被命名为南部式自动手枪，也被叫作南部甲型手枪，或者是南部A型手枪。而现在很多收藏家索性把这款手枪称作“南部爷爷手枪”。

这款南部手枪具有自己的特点，并且集合了当时很多先进的设计。其握把的角度不是90°，而是能让射手更好握持的120°左右。前方设有握把保险，但表尺照门并不实用。可能是吸取毛瑟C96的设计，该手枪采用木制枪套，并且这款枪套可以被安装在握把上变成枪托。此外，其可分离的弹匣也算先进，并且弹匣释放钮设计在套筒座的扳机护圈后方，这个设计在当时也很合理。在枪身右侧握把的上方刻有“南部式”字样。

这款南部手枪的口径为8毫米，全枪长为229毫米，枪管长为110毫米，空枪重量为945克，弹容量为8发。虽然南部手枪随后接受了日本陆军的测试，测试用的手枪被命名为四一式自动手枪，但从未被制式采用，反倒是被卖到了中国和当时的泰国。不过由于当时的日本海军军官可以自行购买手枪，所以有一些海军军官自购了这种南部手枪。

南部麒次郎除了设计出全新的南部手枪外，也设计了全新的枪弹，这就是8毫米口径的南部弹。这种规格为8×22毫米的南部枪弹是一款瓶颈式无底缘枪弹，弹头直径为8.13毫米，弹头重量为6.6克，弹颈直径为8.71毫米，弹肩直径为10毫米，壳底直径为10.23毫米，底缘直径为10.5毫米，底缘厚度为0.92毫米，弹壳长度为21.43毫米，总长度为31.56毫米。其使用南部手枪发射时，枪口初速可达290米/秒，枪口动能达274焦耳。

这款枪弹与美国.38ACP枪弹的威力差不多，许多人认为这款枪弹无法与当时的9毫米口径的巴拉贝鲁姆枪弹或7.62毫米口径的托卡列夫手枪弹相比。确实如此，不过还是要具体分析当时的情况：当时最流行的手枪弹其实是.32ACP口径，这款手枪弹被广泛用于“枪牌撸子”“马牌撸子”“花口撸子”等诸多名枪上；在1902年“枪牌撸子”已经很畅销了，如果南部手枪直接采用.32ACP也是可以的，但日本军方并不想这么简单采用，于是南部麒次郎设计的这种新手枪弹成了当时日本军方的选择。这款枪弹装药量不多，所以产生的后坐力也不大，这也是为日本人能够更好使用而设计的。其真正的有效射程是50米，在100米时枪弹还很有威力。在射击100米目标时，可以穿透80毫米厚的报纸或115毫米厚的杉木板；射击50米目标时，可穿透105毫米厚的报纸或140毫米厚的杉木板；在射击10米目标时，可穿透130毫米厚的报纸或160毫米厚的杉木板。不过要指出，即使是在10米的距离，用南部手枪射击钢板的结果也是弹头粉碎，而无法穿过钢板。这个结果说明8毫米口径的南部弹穿透力确实一般，但也有可能变相提高停止作用。从1939年的记录上看，一箱（10 000发）这样的8毫米口径南部弹的生产成本为390日元。

在最初的设计之后，南部麒次郎并没有停止对手枪的改造，他将南部手枪改动后推出了第二款南部手枪——南部式乙型自动手枪。这种新型手枪从外形上看和老款没有太大区别，只是改良了握把上方的固定环，把原先的固定式改为可动式，这样就更方便安装枪绳了。还有一处改良就是弹匣底托改为铝制。当然弹匣可以互换，所以从外观来区分甲型和乙型主要还是要看枪绳固定环。

最初日本陆军没有采用南部手枪，但后来看到日本海军使用效果不错，所以又在1920年再次对南部手枪进行测试。在1924年，经过南部麒次郎的争取，日本陆军终于接受了多次改良后的南部手枪。在1925年日本陆军正式采用了最新改良款的南部手枪，因为这一年是大正十四年，所以这款手枪被正式命名为十四年式手枪，也被称作南部十四年式手枪。这种经过改良后才最终被日军制式采用的南部十四年式手枪正是中国老百姓口中的“王八盒子”。

☆ 南部十四年式手枪

南部十四年式手枪由24个零件组成。口径8毫米，全枪长230毫米，枪管长117毫米，空枪重量为900克，弹容量为8发8毫米口径南部枪弹。该枪采用枪管短后坐自动方式，闭锁卡铁为上下摆动式，这个结构类似毛瑟C96半自动手枪的自动方式，也就是“盒子炮”的结构。

南部十四年式手枪的枪管和套筒为一体式，这样在射手扣动扳机时枪管和套筒一起向后移动。移动后套筒后部下方的闭锁块下降开锁，枪管和套筒停止运动；套筒内的枪机组件继续向后移动，最后在弹簧力的作用下枪机组件向前移动开始复位；最后闭锁块上升完成闭锁；此时枪管和套筒也一并向前完成整个往复过程。

枪管内部设有6条右旋膛线，枪口上方为三角形准星。枪管后面的套筒上方开有抛壳窗，抛壳窗中露出枪机组件和抽壳钩，所以南部十四年式手枪抛壳方向是上方。套筒内部是枪机组件，枪机组件由抽壳钩、枪机框、击针、击针簧、击针簧座、枪机尾盖等部件组成，枪机组件两侧各有一根复进簧。

南部十四年式手枪的套筒座后方向上凸出一块，这就是放置套筒的部分。凸起上设有照门，该照门不再是“南部爷爷”那样，而是表尺照门。套筒座前方的扳机护圈可以分离，分离下来的扳机护圈包括扳机、扳机销、扳机簧销、扳机簧和击发杠杆等；扳机护圈后部在套筒座内则是闭锁块和闭锁块簧。

其木制的握把片上刻有横向防滑纹，弹匣释放钮在扳机护圈后方。套筒座后部左侧刻有“十四年式”，另一侧刻有工厂的标识和枪号，下方刻有生产日期；套筒座后方设有固定式枪绳固定环。

南部十四年式手枪取消了“南部爷爷”的握把保险，改为手动保险。手动保险位于套筒座左侧、扳机护圈后方。手动保险向后扳到“安”即保险状态，反之向前扳到“火”是解除保险状态，该保险是一个针对扳机的保险机构。

除了该保险外，南部十四年式手枪上还有弹匣保险。也就是取下弹匣后就无法击发弹膛内残留的枪弹，这样避免了分解维护时误操作的问题。

其还设有一个早期的空仓挂机，也就是当枪弹全部打完后枪机会停留在后方，这样就能告诉射手枪弹打完了。但这个空仓挂机并不完全，此时如果取下弹匣枪机就会自动复位，所以可见并不是现代的空仓挂机。

南部十四年式手枪的弹匣显得非常细长，弹容量总共8发。弹匣下部有很大的圆形，不知情者会以为是某种按钮，其实是为了方便卸下弹匣而设计的指槽。

南部十四年式手枪之所以被称为“王八盒子”，除了源于中国人民对侵略者的憎恨外，还有一点就是南部十四年式手枪的枪套外形延续自日本二十六式手枪的枪套。这个皮质枪套的外形非常像“王八壳子”，南部十四年式手枪也由此而获得了“王八盒子”的称呼。此外，南部十四年式手枪在中国民间还有另一个称呼，叫作“鸡腿撸子”，“鸡腿”则是对这款手枪外观的印象。

日本陆军在正式定名南部十四年式手枪之后，就开始订购该手枪。这时的南部麒次郎已经从军队退休，他和大仓财团的大仓喜八郎合开了南部铳制造所，最后被合并成中央工业社。南部十四年式手枪总共由中央工业社、东京炮兵工厂、小仓陆军兵工厂、名古屋工厂四所工厂生产；其中名古屋工厂总共在三个地方进行生产。

日本陆军首先给军官装备南部十四年式手枪，但当时并不是面向所有军官配发。随着“九·一八事变”的发生，日本陆军对武器的需求更为迫切，尤其是单兵用的手枪，这样包括坦克兵、机枪手、宪兵、骑兵都很快装备了南部十四年式手枪。随后空军飞行员和海军航空兵飞行员也开始装备南部十四年式手枪，后期出现的日本空降兵也装备

☆ 南部十四年式手枪左右特写图

有南部十四年式手枪。大量的南部十四年式手枪都被日军投入到罪恶的侵华战争中。从1925年开始生产，到1945年日本投降，南部十四年式手枪总共生产了大约40万把。

“拼刺刀”一直是日本陆军的主流思想，正因为如此，南部十四年式手枪也配备了一款专用刺刀。这原本是希望在关键时候可以“用手枪来进行拼刺”，不过效果可想而知，根本是无用之物。这款刺刀被命名为骑兵用手枪刀剑。这种试验品确实上了战场，但产量很小，现在在美国的某博物馆中还能看到这种奇怪的手枪用刺刀。

南部十四年式手枪一到我国东北就遇到了很多问题，首先就是脆弱的击针。该手枪的击针在常温下没什么问题，可在我国东北的寒冷地区就显得特别脆弱。这个问题始终没能解决，所以干脆在“王八壳子”中放入备用击针了事。第二个问题就是该手枪的扳机护圈太小，戴着厚厚的手套时很难操作，针对这点后来南部十四年式手枪出现了扳机护圈扩大版。

此外，南部十四年式手枪后来在一些细节上也有更改，如重新设计枪机尾盖，改进弹匣和握把片。由于在战争后期生产仓促，所以还出现了没有防滑纹的木制握把片。

在抗日战争中，从当年我方缴获日军武器的情况来看，除了“三八大盖”外，“王八盒子”是主要武器种类之一。虽然也缴获过二十六年式转轮手枪，不过最多的手枪类肯定还是南部十四年式手枪。

其实当时我国的一线战斗人员、游击队员等都不大喜欢这种武器，主要是和他们手中的“盒子炮”（德国毛瑟军用手枪）相比，日本南部十四年式手枪的性能实在欠佳，再加上很多人对“王八盒子”的态度非常鄙视。

对于当年中国“万国牌”手枪混杂的情况来讲南部十四年式手枪体积很大，不比“盒子炮”小多少，但枪弹威力和性能则无法与之相提并论；在隐蔽性和可操控性上又不如“枪牌撸子”“马牌撸子”，所以南部十四年式手枪的处境比较尴尬。当然在缺少武器弹药的情况下，这些被缴获的南部十四年式手枪也成为我们打击敌人的武器。

南部十四年式手枪本身在射击时的表现还是可以的，毕竟其重量不轻、握把角度合理、发射8毫米口径的南部枪弹时后坐力也不大。在太平洋战场中，美国海军陆战队的士兵发现了这款奇特的手枪，他们以为这是“东方卢格”。由于美国大兵大量缴获南部十四年式手枪并带回国，所以在美国南部十四年式手枪的现存量也很大，还有人专门对其进行研究。同时由于“二战”日本侵略的地方范围很广，所以该手枪也大量出现在朝鲜和东南亚各国。尤其是当时朝鲜的高级军官也曾装备南部十四年式手枪，日本投降后，南部十四年式手枪则被全面彻底换装。

我国在新中国成立后由于手枪需求量太大，所以南部十四年式手枪一直又被使用了很久。

现在，南部十四年式手枪依旧活跃在各种影视作品中，也是相关博物馆中的常客。人们对南部十四年式手枪的记忆还将保留和延续，因为它曾是日本侵略中国罪行的见证者。

## 1926 美国柯尔特M1911A1手枪

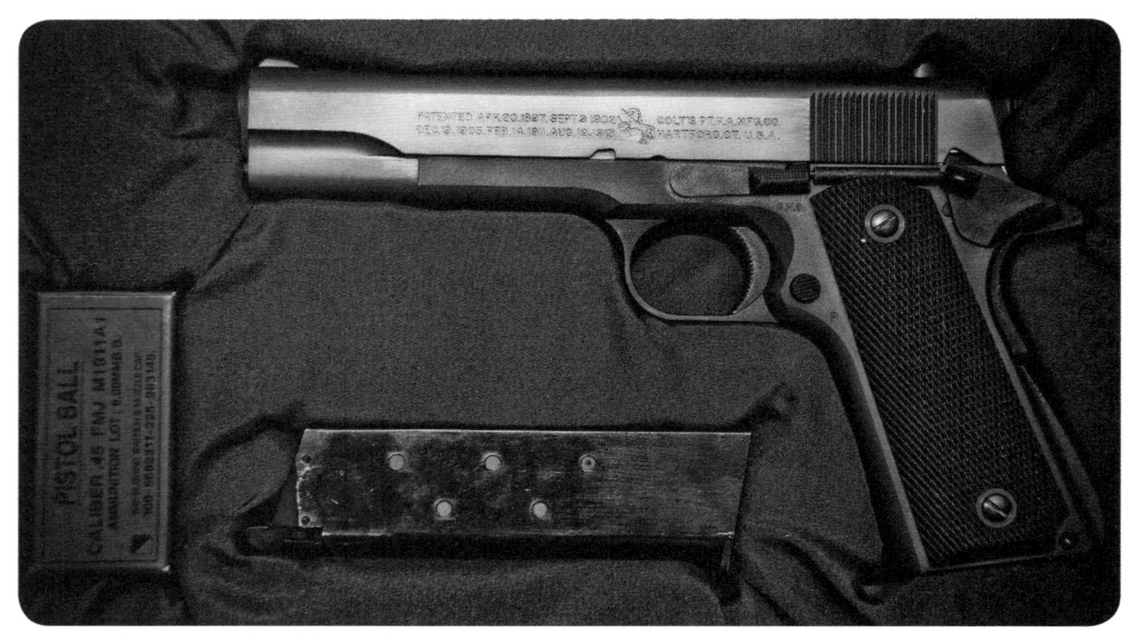


☆ 美国柯尔特M1911A1手枪左视图

在第一次世界大战结束后，“一战”中的实战经验令美国军方要求对原有的柯尔特M1911半自动手枪进行一些外部改进，这个任务自然交由美国柯尔特公司来具体执行。

改进时间自20世纪20年代中期开始，主要改进之处有：

① 加长握把保险上方的凸出部（海狸尾），以避免射手的虎口部被倒下的击锤误伤；在套筒座的扳机后部增加弧形的内凹型拇指槽。

② 改造了击锤簧座的设计，在握把背部设计弓形拱起以便手掌能更好握持，并在表面增加菱形防滑纹。

③ 缩短扳机行程，并且在扳机表面增加了菱形防滑纹。

④ 加宽准星，让射手能够快速瞄准。

⑤ 改进了握把上的防滑纹，把原先没有防滑纹的部分也填满了菱形防滑纹，击锤上方的防滑纹也增大到了整个击锤上部的表面。

⑥ 枪体铭文也有所改变，原本在左侧的“UNITED STATES PROPERTY”字样改到了套筒右侧（枪号的上方）。

改进后柯尔特公司在1924年生产了10 000把，改进后的枪号从700001开始。

但此时这批改进版的柯尔特M1911手枪并没有改名。直到1926年，美国军方才把改进的柯尔特M1911手枪正式更名为.45口径M1911A1型自动手枪，也称为柯尔特M1911A1半自动手枪。

在正式命名之后，柯尔特M1911A1手枪的套筒铭文也有所改变，起初在套筒右侧的“MODEL OF M1911.U.S.ARMY”被相应地改为“M1911A1 U.S.ARMY”的字样。柯尔特公司后期把“M1911A1 U.S.ARMY”铭文往下移动到套筒座上；曾经也有在套筒与套筒座上均带有“M1911A1 U.S.ARMY”字样的型号，不过非常少见。

虽然柯尔特公司在1924年生产了10 000把柯尔特M1911A1手枪，但中间停滞了一段时间。直到1937年才开始继续生产，又截止到1938年，在这个阶段内柯尔特公司实际上只生产了3 645把柯尔特M1911A1手枪。

☆ 柯尔特M1911A1手枪

众所周知，在“二战”爆发初期，美国并未立刻参战，因为当时美国受到执行孤立主义政策的影响。此期间，美国军方并未抓紧订购柯尔特M1911A1手枪，所以在1939年到1940年，柯尔特公司只生产了8 332把柯尔特M1911A1手枪。

不过到了1941年，柯尔特M1911A1手枪的产量开始增大，也正是在这一年的12月7日爆发了震惊世界的“珍珠港事件”。

随即，美国政府宣布参战，而这时就需要大量的柯尔特M1911A1手枪，但此时的柯尔特公司因为各种外国订单已经应接不暇。美国政府只好再找来四家其他厂商参与生产柯尔特M1911A1手枪，这四家厂商分别是：辛格缝纫机公司、雷明顿–兰德公司、伊萨卡公司、联盟开关和信号公司。

在“二战”期间，美国普通军官与士官都配发柯尔特M1911A1手枪；同时，车辆人员、坦克兵、空军的飞行员等特定人员也配发柯尔特M1911A1手枪用于自卫。但当时普通的士兵是得不到“公发版”柯尔特M1911A1手枪的。

在“二战”老兵理查德·温特斯少校的回忆录《亲历兄弟连》中对此就有这么一段记述：“.45口径的手枪（柯尔特M1911A1手枪），只给军官和士官配发，士兵们就得自己去想办法，不过大多数人还是会想方设法地（把它）搞到手……”这一段文字写出了当年美国军队的真实情况。

美国士兵们的柯尔特M1911A1手枪大部分都是士兵自购的民用版本。尤其是海军陆战队的士兵，据传言，他们在上战场之前，想法去偷那些不用去前线军官的柯尔特M1911A1手枪。因为在太平洋战争中，用柯尔特M1911A1手枪来对付突然不知道从哪里冒出来的日本兵是十分有效的。也正是因为柯尔特M1911A1手枪在战斗中的作用，许多“二战”时期的宣传画中都会有美军官兵手持柯尔特M1911A1手枪的形象。

民用版柯尔特M1911A1手枪形制与军用版实际相同，只是铭文有所区别，其被称作柯尔特M1911A1政府型手枪。其中从1932年开始生产的柯尔特M1911A1政府型手枪又被称作柯尔特政府国家比赛型手枪。直到1943年，柯尔特公司才因为要全力生产军方的订单而停产民用版柯尔特M1911A1手枪。民用版柯尔特M1911A1手枪在停产前总共生产了215 018把，其在“二战”结束后又恢复了生产。

“二战”时，美国军方给将军们配发的是“马牌撸子”（柯尔特M1903/08内置击锤手枪系列），但将军们却不一定会佩带公发的“马牌撸子”，就像巴顿将军喜欢佩带柯尔特单动军用转轮手枪一样。而更多的美国将军则喜欢佩带威力更大的柯尔特M1911A1手枪。

☆ 空仓挂机状态的柯尔特M1911A1手枪

☆ 柯尔特M1911A1手枪民用版国家比赛型号

在20世纪70年代初期，美国陆军决定为将军们提供新型手枪作为他们的个人防卫武器。

这次军方决定采用非柯尔特公司生产的柯尔特M1911A1手枪，即由伊利诺伊州的岩岛兵工厂改进的柯尔特M1911A1手枪，其被命名为M15型.45口径将官型手枪，并正式装备美国军队的将军们。

这款M15手枪的枪管与套筒比原版缩短了0.75英寸（19毫米），而且取消了枪管上的一个闭锁凸榫，安装有全长复进簧导杆，准星与照门被设计成超大版，在左侧的胡桃木握把镶片上面还被嵌上刻有军官名字的金属板，右侧则带有岩岛兵工厂的标志。这些M15手枪制造异常精美，并且还随手枪给将军们配备了皮质的黑色枪套、弹匣套和黄金扣的皮带，体现出高贵典雅的气质。

随着“二战”在1945年9月结束，美国政府也就停止了订购柯尔特M1911A1手枪。随后，柯尔特公司正式停止了大规模生产柯尔特M1911A1手枪，据统计柯尔特公司总共生产了631 773把柯尔特M1911A1手枪，其中最后一把的枪号为2368718。其他四个厂商的柯尔特M1911A1手枪产量分别为：辛格缝纫机公司500把、雷明顿–兰德公司877 751把、伊萨卡公司335 287把、联盟开关和信号公司55 000把。最后一把美国政府订购的柯尔特M1911A1手枪由伊萨卡公司生产，枪号为2660318。

柯尔特M1911A1手枪可以通用柯尔特M1911手枪的各式枪套。除了腰部枪套之外，“二战”期间还出现了可以佩带在胸前的肩挂式枪套，其被命名为M3枪套。这种皮革制造的枪套由一根皮带固定在士兵的胸前，曾被“二战”期间的美国伞兵和坦克兵广泛使用。

除了M3枪套，还有一款M7枪套。M7枪套由一个皮革枪套和两根皮革枪带组合而成。肩挂式M7枪套固定在使用者左下腹部，两根枪带可以使枪套在身体上牢牢固定住，不会随便晃动。不过M7枪套产量并不大，现在十分少见。

柯尔特M1911A1手枪可以通用柯尔特M1911手枪的弹匣包和相应工具配件等。“二战”时期，美军为了防止在两栖登陆作战中手枪受潮出现故障，还曾配发过一个乙烯基袋，需要时可以把柯尔特M1911A1手枪直接放入乙烯基袋里。

“冷战”开始后，柯尔特M1911A1手枪作为一种援助物资，也曾经装备南越军队。起初美军只是组织南越军队对抗越南社会主义共和国，但很快就派兵加入了其中——越南战争爆发。越南人民的游击队让南越军队十分头疼，而美国军队也很害怕无孔不入的越南游击队员，此时就连美军军医都佩带柯尔特M1911A1手枪，用来自保。并且在搜索坑道里的游击队员时，美国士兵也会使用柯尔特M1911A1手枪。但这些都无法阻止美国的失败，最终美国军队从越南撤离。

到了20世纪80年代，美国军方开始寻求一款新型的半自动手枪用来替代柯尔特

M1911A1手枪。1985年，美军决定以伯莱塔公司生产的9毫米口径M9自动手枪作为制式武器，但在美军的特种部队里还有许多士兵依旧在继续使用柯尔特M1911A1手枪，而绝大部分的柯尔特M1911A1手枪都就此而正式“退伍”了。

在“二战”期间，柯尔特M1911A1手枪也有大量的海外订单：阿根廷早在1927年就订购了一批10 000把的柯尔特M1911A1手枪；加拿大在1943年订购了1 515把柯尔特M1911A1手枪；英国在“二战”期间由于急需大量手枪，也从1941年开始陆续向美国订购，前后总共订购了39 592把柯尔特M1911A1手枪。

在柯尔特M1911A1手枪诞生后，其也与“马牌撸子”一样通过各种渠道登陆中国。后来，美国军队也把该手枪带到了中国。“二战”时期，美国飞行员也普遍使用柯尔特M1911A1手枪，而.45ACP（11.43毫米）口径的柯尔特M1911A1手枪因为枪管直径很大，在中国又被俗称为“大眼撸子”。

在抗日战争结束后，美国为了扶持蒋介石打内战，提供给蒋介石的军事援助中就包括柯尔特M1911A1手枪。不过这些柯尔特M1911A1手枪最终成了解放军的战利品，装备了人民解放军。

在新中国成立后，柯尔特M1911A1手枪也曾一度在我军中服役，并参加了朝鲜战争，也曾装备过我公安干警。这些柯尔特M1911A1手枪直到20世纪60年代才基本退出中国军警的装备之列。随后，其中一部分进了博物馆，成了博物馆中的展品。在其中却有一把与众不同的柯尔特M1911A1手枪……

☆ 毛主席的柯尔特M1911A1手枪

1959年1月，菲德尔·卡斯特罗领导古巴起义军推翻了亲美的巴蒂斯塔政权，建立了革命政府。美国视自家“后院”中的这个社会主义国家为眼中钉，对古巴实行经济封锁和武装干涉。

1961年4月17日清晨，1 400名得到美国中情局训练和装备的古巴流亡者，在哈瓦那以南的猪湾海滩（亦称吉隆滩）登陆，妄图颠覆新生的革命政权。古巴军民英勇反击，俘敌1 100多人，缴获大批美制武器。其中有一把精美的柯尔特M1911A1手枪，这把手枪被时任古巴社会主义革命统一党第一书记（1965年称古巴共产党）、政府总理、武装部队总司令的菲德尔·卡斯特罗选中，他决定把这件战利品赠送给中国最高领导人毛主席。

1964年春，中国驻古巴首任大使申健回国时，卡斯特罗委托他带回转交。毛主席收到后，让中共中央办公厅将这把有特殊意义的手枪移交中国人民革命军事博物馆收藏。这把柯尔特M1911A1手枪的握把右侧带有一个铜质的金属片，上面用西班牙文刻有“MAO TSE TUNG”的字样，这是西班牙文的“毛泽东”；下面还刻有“1964年–古巴”等字样。其实这把手枪并非柯尔特原厂制造，而是伊萨卡公司在1943年生产的30 000把代工柯尔特M1911A1手枪中的一把。

柯尔特M1911A1半自动手枪生产明细（美国地区）

| 制造年份 | 枪号 | 制造公司 | 数量 |
|---|---|---|---|
| 1924 | 700001～710000 | 柯尔特公司 | 10 000 |
| 1937 | 710001～711605 | 柯尔特公司 | 1 605 |
| | 711606～712349 | 柯尔特公司 | 744 |
| 1938 | 712350～713645 | 柯尔特公司 | 1 296 |
| 1939 | 713646～717281 | 柯尔特公司 | 3 636 |
| 1940 | 717282～721977 | 柯尔特公司 | 4 696 |
| 1941 | 721978～756733 | 柯尔特公司 | 34 756 |
| 1942 | 756734～793657 | 柯尔特公司 | 36 924 |
| | 793658～797639 | 柯尔特公司 | 3 982 |
| | 797640～800000 | 柯尔特公司 | 2 361 |
| 1941 | S800001～S800500 | 辛格缝纫机公司 | 500 |
| | 801001～856100 | 柯尔特公司 | 55 100 |
| 1943 | 856101～958100 | 柯尔特公司 | 102 000 |
| | 856405～916404 | 伊萨卡公司 | 60 000 |
| | 916405～1041404 | 雷明顿–兰德公司 | 125 000 |
| | 1041405～1096404 | 联盟开关和信号公司 | 55 000 |
| | 1088726～1092896 | 柯尔特公司 | 4 171 |
| | 1096405～1208673 | 柯尔特公司 | 112 269 |
| | 1208674～1279673 | 伊萨卡公司 | 71 000 |
| | 1279699～1441430 | 雷明顿–兰德公司 | 161 732 |
| | 1441431～1471430 | 伊萨卡公司 | 30 000 |
| | 1471431～1609528 | 雷明顿–兰德公司 | 138 098 |
| 1944 | 1609529～1743846 | 柯尔特公司 | 134 318 |
| | 1743847～1816641 | 雷明顿–兰德公司 | 72 795 |
| | 1816642～1890503 | 伊萨卡公司 | 73 862 |
| | 1890504～2075103 | 雷明顿–兰德公司 | 184 600 |
| 1945 | 2075104～2134403 | 伊萨卡公司 | 59 300 |
| | 2134404～2244803 | 雷明顿–兰德公司 | 110 400 |
| | 2244804～2368718 | 柯尔特公司 | 123 915 |
| | 2380014～2465139 | 雷明顿–兰德公司 | 85 126 |
| | 2619014～2660318 | 伊萨卡公司 | 41 305 |

备注：最后的三批，原计划由柯尔特公司生产枪号从2244804～2380013的柯尔特M1911A1手枪，但实际最后一把的枪号是2368718；原计划由雷明顿–兰德公司生产枪号从2380014～2619013的柯尔特M1911A1手枪，但实际最后一把的枪号为2465139；原计划由伊萨卡公司生产枪号从2619014～2693613的柯尔特M1911A1手枪，但实际最后一把的枪号是2660318。所以说，最后的这三批柯尔特M1911A1手枪的枪号并不连续，有一部分没能生产出来。辛格缝纫机公司生产的柯尔特M1911A1手枪的枪号独立于上述系列枪号之外，枪号开头带有S。

## 1928 中国晋造一七式驳壳枪

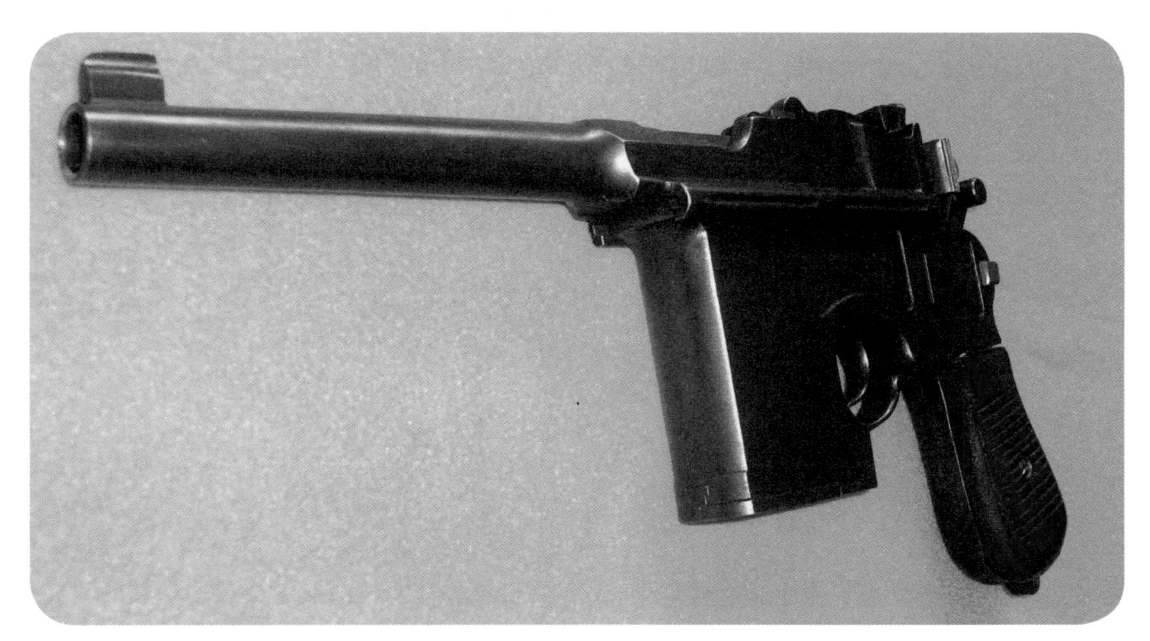

☆ 中国晋造一七式驳壳枪左视图

在新中国成立以前，中国民众对各类形制的驳壳枪就已经非常熟悉，尤其是大名鼎鼎的德国毛瑟M1896驳壳枪等。此类手枪不论是原装货，还是各处的仿造品，在中国都有很多的称谓和外号，比如：驳壳枪、盒子炮、快慢机、大眼儿盒子炮、大镜面、匣子枪、扫帚柄等。

也正是由于此类手枪在中国备受推崇，当年毛瑟M1896驳壳枪在中国有大量的仿造品，在所有的中国仿制枪中，由当年山西军阀阎锡山控制的兵工厂所制造的一七式11.43毫米口径半自动驳壳枪可谓是独树一帜。

在阎锡山成为山西省政府首脑时，由于他本身是行伍出身（日本陆军士官学校毕业、清朝陆军步兵科举人），所以从一开始便十分热衷于建立自己的兵工厂，以生产武器装备自己的军队。

阎锡山的工厂于1912年开始建造，最初命名为山西机械局。随着规模的扩大，后来成为有名的山西军人工艺实习厂。至1930年，该兵工厂共有380台各种机器，15 000名工人和技师，不仅可生产手枪、步枪和冲锋枪，还可以生产重机枪、迫击炮、大炮、手榴弹等。

自从阎锡山意识到自动武器的价值后，便命令他的兵工厂开始仿造汤普森M1921冲锋枪。因为山西是一个多山的省份，主要通过铁路来运输军用武器，他的军用物资护送卫队不时遭到土匪和其他军阀的袭击，于是阎锡山希望他的火车护送队能配备上最有效的武器。

当时阎锡山的兵工厂每月能生产约900支冲锋枪，汤普森（式）冲锋枪便成为火车护送队的特殊武器。虽然汤普森（式）冲锋枪具有足够的压制性火力，但同时也暴露出一些军备上面的问题。其中一点就是，汤普森（式）冲锋枪的口径依旧是原型使用的11.43毫米，而当时作为支援性武器的毛瑟系列手枪却是使用7.63毫米口径的毛瑟枪弹，由于口径不同枪弹不能通用，这给后勤补给带来了极大不便。

为了解决这个问题，阎锡山要求兵工厂

的工人们生产出一种“扫帚柄”式样的毛瑟手枪，并要能发射汤普森冲锋枪的配用枪弹——这种大口径的中国晋造一七式驳壳枪由此诞生。

该驳壳枪于1928年正式定型，所谓“一七式”，即代表“中华民国”十七年；该驳壳枪最终于1929年开始正式批量生产并列装，因此其右侧刻有标志性的“民国十八年晋造”铭文字样，即代表“中华民国”十八年山西制造。

晋造一七式驳壳枪的构造与毛瑟M1896驳壳枪大同小异，唯独在口径方面增大了不少。这主要是因为阎锡山当年引进并大量仿造了早期型号的11.43毫米口径汤普森冲锋枪，出于大量弹药库存和便于生产使用等原因，仿制的驳壳枪使用了与该冲锋枪口径相同的通用枪弹。从将不同武器“统一口径”这一点来看，阎锡山这个旧军阀还是颇有些“现代”意识的。

晋造一七式驳壳枪全长从原型枪的288毫米加长到300毫米，表尺射程为“不可思议”的1 000米，由10发固定式弹匣供弹，右旋6条膛线，枪重1.8千克。晋造一七式驳壳枪的生产量很少，大约只有几千把。最初生产出来后，阎锡山曾经将晋造一七式驳壳枪作为礼物送出过一些。后来，又经过战争的损耗，存世数量不多。

晋造一七式驳壳枪左侧面可以清楚地看到篆体的“一七式”字样，而枪的右侧面则有繁体铭文“民国十八年晋造”字样。此枪发射.45ACP（11.43毫米口径）子弹，大家非常熟悉的用于发射该种弹药的恐怕就是“经典中的经典”柯尔特M1911系列手枪了，并且除了“沙鹰”或者“M500”之类所配用的“变态”.50（12.7毫米）口径手枪子弹外，这种.45ACP子弹在手枪子弹里面已经属于非常大的口径了。

由于晋造一七式驳壳枪非常沉重，大约有1.8千克左右，因此单手举枪瞄准很难坚持较长时间。实际射击中，其枪口上跳非常厉害，又因为子弹威力太大，可以用“很难

☆ 晋造一七式驳壳枪击锤打开状态

☆ 晋造一七式驳壳枪击针特写

控制”来形容。其实晋造一七式驳壳枪原本是需要和木质枪套连接后才能更好使用的，因此此类驳壳枪均配有专门的木质枪套，枪体和枪套连接以后就变成了有枪托的“步枪”，由此而大大提高了射击时的稳定性。

同时这也是此类形制手枪所谓“驳壳”的来历，即驳接枪壳（木质枪套）之意。从该驳壳枪握把的背面可以看到有一条凹槽，即为连接枪套和手枪的机关所在。

理论上来说，用晋造一七式驳壳枪射击前首先要把枪套和手枪连接起来，这样就能有效地承受手枪发射时的后坐力，控制射击时的精准度；而如果不连接枪套，使用起来非常困难。话虽如此，但“道高一尺，魔高一丈”，再难的事情也有人和方法能够突破它。

在这个问题上，中国人民早就发明了一种适用此类手枪的射击技术并广为推广，用以解决此类驳壳枪在全自动或连续半自动射击时枪口上跳的问题。其实方法很简单：以最常见的毛瑟M1896驳壳枪式样的手枪为例，在进行连发射击时，只需要将枪身由垂

☆ 晋造一七式驳壳枪拆卸弹匣

☆ 进一步分解晋造一七式驳壳枪的枪管和枪机组件

直操控的形态向外侧翻转90°，使枪身平放，这样连发射击的枪弹就会借着枪管上跳，以枪身为轴线，很自然地形成一个扇面横扫出去，这样在水平面内形成的散布射击，要比枪口上跳的弹着点分布效果好太多。

但就是这么“易如反掌”的办法，西方竟无一人想到。这是我国人民创造的一个奇迹，难怪见识了这种“战术动作”的外国人不禁惊呼：“这么一个伤透了脑筋也没有解决的手枪设计难题，竟被中国人轻轻地转了一下手腕，就给解决了。”

晋造一七式驳壳枪弹匣容量10发，可以10发一梭子排列在弹夹上。装弹时，简单地后拉锁住枪机，从上方进弹口处插入弹夹，再用拇指按住子弹顺势下压，就可以将10发子弹直接全推入弹匣。当抽掉弹夹后，枪机就会自动向前复位，并推动第一颗子弹进入弹膛，形成待击，此时直接扣动扳机即可发射。同时，单发枪弹也可装填，不过须注意使枪机停在后方来进行操作。

特别注意下，该驳壳枪的保险机构在击锤的左边，向前是保险状态，向后扳倒即是保险打开，形成可射击状态。

## 1929 匈牙利非迈路M29手枪

在美国有一位叫潘丘的收藏家，他十分喜欢收集“一战”与“二战”期间的各式轻武器。而在他众多的收藏品中，有把很特别的手枪，这把手枪配有粉红色的握把镶片。现在看来，这种握把设计并没有什么特别的，市面上的很多女性用枪都会被设计为粉红色的外观，比如某AR-15系的自动步枪甚至有全粉色的HELLO KITTY版。

但这款手枪原型却是在1929年设计的，当时能有这种贴近女性审美的设计真可谓是标新立异。当然，现在已经很难得知这把手枪是怎么辗转来到美国，然后又是怎样的机缘使其落到了潘丘的手中。不过据猜测，很有可能与希特勒的黄金手枪一样，在美国大兵找到它后，私带回了美国，之后辗转来到了潘丘的手中，现在这款粉红色握把的手枪属于潘丘的个人收藏品。

而这把手枪是由匈牙利著名的武器设计师——鲁道夫·费罗梅尔设计的非迈路M29手枪。

在前文中已经介绍过鲁道夫·费罗梅尔的个人经历与部分枪械设计情况。自从他所设计的费罗梅尔停止手枪成了奥匈帝国军队的制式装备之后，初步获得成功的鲁道夫·费罗梅尔便将自己的设计重心放在了新型半自动手枪的研发上。虽然鲁道夫·费罗梅尔的第一款半自动手枪很优秀，但相比当年的勃朗宁系列半自动手枪在结构上要相对复杂，于是随后鲁道夫·费罗梅尔把研发重点放到了简化半自动手枪的设计上，并最终在1929年成功地推出了全新的一款半自动手枪——非迈路半自动手枪。

1929年，鲁道夫·费罗梅尔设计的这款半自动手枪也被匈牙利军方所采用，随后便被军方制式命名为非迈路M29半自动手枪。这款半自动手枪的套筒前部非常像“马牌撸子”，其采用了自由枪机的自动方式和击锤回转式的击发方式；口径为9毫米，发射的是9毫米勃朗宁短弹（.38ACP枪弹）。

非迈路M29手枪的全枪长为172毫米，枪管长为100毫米，空枪重量为0.75千克，弹容量为7发，枪口初速达到300米/秒。

非迈路M29手枪套筒的前半部分显然是借鉴了勃朗宁的设计，但套筒尾部的设计却十分独特，其套筒尾部设计有一个套筒后盖。通过这个套筒后盖不仅把枪机组件固定在套筒里，还把套筒固定在了套筒座上。套筒后盖通过一个固定销被固定在套筒尾部，需要分解的时候只要把套筒固定在后方，然后取出其固定销就可以卸下套筒后盖，进而再从套筒中取出枪机组件，最后把套筒往前即可从套筒座上分离取下来。随后还可以卸下枪管、复进簧与复进簧导杆。

套筒前方设有准星，而套筒后盖处则设有照门凹槽。套筒上的铭文总共出现过两种，早期为“FEGYVERGVAR-BUDAPEST 29M”；后期改为了“FEMARU-FEGYVER-ES Gepyar RT 29M”。套筒内枪管的固定方式与勃朗宁的“马牌撸子”基本一致，就是采用了枪管后方的凸起与套筒座配合的方式。枪管内部设有4条右旋膛线。

☆ 匈牙利非迈路M29手枪

非迈路M29手枪的套筒座在扳机护圈前方刻有军方验收的标志，绝大部分刻有匈牙利国徽标识。但从12116号到

13557号则改为了一个英文“E”加上一个圈的标识。曾经有人将其解释为是警方验收标识，但最终该说法被推翻了，这个标识依旧是一种军方验收的标识。枪号刻在套筒座后部的握把上方。

☆ 9毫米口径的非迈路M29手枪

非迈路M29手枪是单动扳机设计，所以其套筒座内部的扳机组件结构相对比较简单。扳机外形类似柯尔特M1911手枪，扣动扳机向后就会推动后方的扳机连杆，随后扳机连杆会推动阻铁的下方，以便使阻铁的上方移开击锤底部，这样击锤便可以回转打击击针了。击锤本身比较简单，没有击锤保险。所以，这款非迈路M29手枪实际上只有一处保险。

这处唯一的保险就是握把保险。握把保险是针对击锤设置的，握把保险顶部有一个凸起，这个凸起在握把保险处在保险位置时会挡住待击击锤的底部，让击锤无法回转。这样即使扣动扳机，也不会击发。只有当射手握持握把时，手掌将握把保险压下到解脱位置时才能正常击发。握把保险的凸起就会躲开击锤底部，这样就可以扣动扳机并让击锤回转。

非迈路M29手枪的套筒座上只有一个杠杆装置，这就是空仓挂机解脱杆，但套筒上却看不到相应的凹槽，这是因为鲁道夫・费罗梅尔把凹槽设计在套筒壁内侧。为了能让射手发射最后一发枪弹后形成空仓挂机，鲁道夫・费罗梅尔在弹匣上设计了一条凸起。这样在弹匣底托上就多出了一块凸起，而这个凸出的位置正好在最后一发枪弹发射后可以把空仓挂机解脱杆顶起，这样就使挂住的套筒形成空仓挂机。

非迈路M29手枪绝大部分采用了木制握把镶片，并且纵向设有凹槽，这样就能起到防滑作用。橡胶材质的黑色握把镶片比较少见，但也占到相当一部分；而其中唯一的一个特例就是那个粉红色握把镶片的款式，这个漆上粉红色的橡胶材质握把镶片直到今天看上去还是那么靓丽可爱。

其握把底部还设有拴枪绳的固定环，巧妙的是这个固定环可以转动，以便适应不同的枪套。

非迈路M29手枪的弹匣为7发弹容量，弹匣底部刻有“29M”的铭文，弹匣卡榫设置在握把底部。这种弹匣很快就被新型弹匣所替代，原因是握把比较短，匈牙利人的小手指无法握持握把。所以后来的弹匣设计了个加长部分，这样在安装弹匣后，握把就加长了一块。这个弹匣加长部分为弯曲状，最末端设有防滑纹。这样射手就能有效地握持住手枪。

非迈路M29手枪在1929年被制式采用之时就已经开始正式装备匈牙利军队，从1929年到1936年该手枪总共生产了50 000把。

随后还出现了一款口径为.22英寸（5.588毫米）的训练手枪，这款手枪与非迈路M29手枪的外观完全一样，唯一不同的就是发射.22LR枪弹。其枪号由“C-”打头，用来区别于非迈路M29手枪的系列枪号。

除了口径不同的型号以外，还出现过一种改装套件。这种改装套件由一个枪托和扳机延长组件组合而成，当装上套件后，射手便可以进行抵肩射击操作，并且前方设有前握把。不过这样的改装套件没有配套加长弹匣，并且枪体实际上还是只能进行半自动发射原有的7发枪弹。可见其实际上无法与真正的冲锋手枪相比，所以这种改装套件不大实用。

鲁道夫·费罗梅尔在正式推出非迈路M29手枪之前，还曾在1921年设计过一款名为费罗梅尔–利尼普特袖珍手枪的产品，其与前文介绍的希特勒曾经使用的镀金版袖珍手枪（德国利尼普特Ⅰ型半自动袖珍手枪）同名，但不同款，需要区分。可以说非迈路M29手枪正是在这款袖珍手枪的基础之上，加大尺寸改进而来。

费罗梅尔–利尼普特袖珍手枪的口径为6.35毫米，发射6.35毫米口径勃朗宁枪弹（.25ACP枪弹）。同时，该款袖珍手枪也有发射.22LR枪弹的版本。其全枪长110毫米，枪管长25毫米，空枪重量0.3千克，弹容量为6发。

这款袖珍手枪主要针对民用市场，从1921年开始生产，总共生产了83 950把。其握把也有木制和橡胶两种不同材质款式，枪号从300000开始；在1929年以后，该系列的枪号改为4开头，现今这款袖珍手枪已经非常稀少了。

鲁道夫·费罗梅尔因为其出色的工作和设计才华在1914年被奥匈帝国皇帝弗兰茨·约瑟夫授予了“贵族”称号。“一战”结束后匈牙利独立，鲁道夫·费罗梅尔成了匈牙利公民。

☆ 费罗梅尔－利尼普特袖珍手枪

鲁道夫·费罗梅尔在研发非迈路M29手枪之后并没有放弃对这款手枪的改进工作，在1935年他改进的新型非迈路手枪出炉了，他也在同一年退休，并于1936年病逝。鲁道夫·费罗梅尔生前拥有100多项专利，而他最后的设计依旧是给他带来荣誉和成功的非迈路系列手枪（新型）。这款新型的非迈路手枪在1937年被匈牙利军方正式采用，被命名为非迈路M37半自动手枪。

非迈路M37手枪的口径是9毫米，全枪长为182毫米，枪管长为100毫米，空枪重量为0.75千克，弹容量为7发9毫米勃朗宁短弹。从尺寸上看非迈路M37手枪比M29长了一点，但实际上的改变却不止这些。

其最大的改变就是重新设计的套筒部分：之前的套筒后盖被彻底取消，套筒改为了一个整体，而内部的枪机组件也被设计成在套筒内部的一体式。套筒顶部增加了防反光板，套筒侧面与空仓挂机解脱杆配合的凹槽设置了两个，这样就形成了能起到空仓挂机作用的双保险。套筒右侧、抛壳窗后面的内置抽壳钩改为了外露的长抽壳钩。套筒铭文为“FEMARU-FEGYVER-ES Gepyar RT 37M”。之前军方的验收标识改为了“圣伊什特万王冠”的标识，后期又改为了国徽标识。套筒内部的枪管在枪口部分增加了一个凸起，可以有助于套筒的复位与分解。枪管尾部露出抛壳窗的部位刻有“9mm”的铭文。不过后期为了省事，这个口径铭文被取消了。

非迈路M37手枪和M29手枪的弹匣、握把等部件都是通用的，但非迈路M37手枪的弹匣底部刻有“37M”的铭文可以区别。

非迈路M37手枪在1937年开始装备匈牙利军队，包括军官、坦克手、机枪手、骑兵都装备了这款非迈路M37手枪，当然之前的非迈路M29手枪也同样装备了当时的匈牙利军队，可谓是一脉相承。

非迈路M37手枪从1937年开始生产，直到1944年停产，7年之间总共生产了175 000

把。其枪号没有延续非迈路M29手枪的系列枪号，而是从00001开始。不过枪号没有特别有序的连续性，而是呈现跳跃式的，所以现在我们见到的非迈路M37手枪的枪号很多都大于175000。

1941年，匈牙利加入德意日“轴心国”集团。这时需要大量武器的纳粹德国也看上了这款优秀的非迈路M37手枪。但非迈路M37手枪是9毫米口径，发射9毫米勃朗宁短弹，而德国没有这种枪弹，所以德国向匈牙利订购了7.65毫米口径的非迈路M37手枪，以发射.32ACP枪弹，并且要求非迈路M37手枪上要加装手动保险，这样德国版的非迈路M37手枪就诞生了。

德国版的非迈路M37手枪被命名为Pistole 37（u）手枪，其套筒上的铭文改为了“P. MOD. 37 KAL 7.65”以及“纳粹鹰”的验收标识和“jhv41”等字样，并且在扳机弧圈前方打上了“WaA56”字样，此外弹匣尾部的铭文改为了“P.Mod 37”。

纳粹德国一次性订购了50 000把该款的非迈路M37手枪。此后在1943年，纳粹德国再次订购了35 000把非迈路M37手枪，并且这批手枪在套筒上打上了“jhv43”字样，此外还在扳机护圈前方打上了“WaA173”的字样。这批手枪的枪号也是独立的，和匈牙利装备非迈路M37手枪的枪号没有直接关系。这些手枪大部分装备了纳粹德国的空军部队。

当苏联红军解放匈牙利后，这款经典的手枪就停止了生产。随后匈牙利加入了“华约”组织，这样就不能再生产非迈路M37等系列手枪，而匈牙利军队也开始装备苏联制式的TT 33手枪。

## 1931 德国瓦尔特PPK手枪

☆ 75周年纪念版的德国产瓦尔特PPK手枪，黑色加高雅木质握把，总共限量生产1500把

1858年11月22日，卡尔·威廉·弗氏德·瓦尔特出生于德国一个普通家庭。卡尔·瓦尔特的父亲是当地知名的铁匠，曾经为一些武器公司制造过手枪。所以卡尔·瓦尔特从小就熟悉枪械的加工制造，为他后来的事业奠定了基础。

1886年，卡尔·瓦尔特28岁的时候，他建立了自己的公司——卡尔·瓦尔特运动枪有限公司。不过这个公司在建立之初只有一点设备和少得可怜的工具。但是，瓦尔特公司还是制造了许多运动型步枪和猎枪。随着时间的推移，卡尔·瓦尔特结婚生子。他总共有5个孩子，其中大儿子弗里茨·瓦尔特也非常喜欢武器制造。时间来到了1908年，卡尔·瓦尔特的大儿子终于完成了自己的作品，这就是公司的第一款手枪，瓦尔特M1型半自动手枪。不过到了1915年的7月9日，57岁的老瓦尔特去世了。但他的大儿子没有放弃生产枪械，而是接管了公司继续制造手枪。直到1920年瓦尔特M9型半自动手枪出炉，瓦尔特公司已经在德国小有名气了。

这时的德国刚刚经历过第一次世界大战，在武器制造方面也受到《凡尔赛条约》的限制。在手枪方面，口径不能超过8毫米。所以，在德国国内无论是毛瑟还是绍尔都推出了自己的7.65毫米口径半自动手枪。

虽然瓦尔特公司此前已经推出9款半自动手枪，但是对于当时勃朗宁手枪占领市场的局面来讲，瓦尔特公司急需自己的拳头产品来抗衡。结合之前积累的经验，瓦尔特公司经过9年的长期研制，终于推出了自己的

☆ 瓦尔特PP半自动手枪

新型半自动手枪瓦尔特PP半自动手枪，其中“PP”由“Polizei Pistole”两个单词首字母组成，德文意为“警察手枪”——而弗里茨·瓦尔特将其命名为“PP”的目的也非常明确，就是为了把自己的新手枪推销给当时的德国警察。

瓦尔特PP手枪为新型双动手枪，设计先进，性能可靠，一下子就被德国警察相中，作为警用手枪配备。

在两年后的1931年，为满足高级军官、特工、刑侦人员的需求，瓦尔特公司又研制了缩小版PP手枪，命名为瓦尔特PPK半自动手枪，其中的“PPK（Polizei Pistole Kriminalbeamte）”意为“警用侦探型手枪”。瓦尔特PPK手枪比瓦尔特PP手枪更加小巧，可以安全放入口袋中，一经推出就反响强烈，可谓一举成名。

虽然瓦尔特PPK手枪源自瓦尔特PP手枪，但两者除了尺寸不同外，还有一个很大的区别，就是握把镶片的设计不同。瓦尔特PP手枪的握把镶片分为左右两片，而瓦尔特PPK手枪的橡胶材质握把镶片则采用左右和后部相连的一体化防滑设计，这大大增加了防滑效果，人机工效更加科学。并且在其握把底部增加了枪绳固定环，便于系枪绳。

瓦尔特PPK手枪全长为155毫米，全枪宽为25毫米，全枪高为100毫米，枪管长为83毫米，空枪重0.59千克，弹容量为7发.32ACP枪弹。

瓦尔特PPK手枪作为世界名枪，结构上有其独到之处。

双动结构最早出现于转轮手枪上，而半自动手枪在早期基本都是单动型，所以弗里茨·瓦尔特研制的双动手枪一经推出就引起关注。因为《凡尔赛条约》的限制，所以瓦尔特PPK手枪的口径为7.65毫米，采用当时流行的.32ACP弹药。因为弹药威力并不是特别大，所以采用自由枪机的自动方式，惯性闭锁结构。其复进簧直接套在枪管上，这样的设计能够最大限度缩小手枪的体积。

☆ 带有皇家鹰标识的瓦尔特PPK手枪

瓦尔特PPK手枪采用刀型准星与缺口照门。并且采用当年少见的防反光设计，即在套筒顶部设有一宽条加强筋，表面带有横纹，这样可以达到防反光和加固套筒的双重作用。套筒左侧刻有瓦尔特公司的名称、商标和口径，以及德国制造等字样；右侧刻有枪号。套筒尾部设有防滑纹，带手动保险。套筒尾部可以看到弹膛指示器，有弹时弹膛指示器凸出来，提醒射手子弹已上膛。

瓦尔特PPK手枪的扳机护圈兼做分解杆，作为一款小手枪扳机护圈尺寸合适。其人机工效非常好，弹匣解脱钮设计超前，是首款可以快速卸下弹匣的小手枪。由于握把较小，“二战”时还推出了带有弹匣底座的弹匣，可以让射手很好地握持瓦尔特PPK手枪。瓦尔特PPK手枪带有空仓挂机，在发射最后一发子弹后，套筒会停在后方提醒射手需要更换弹匣，但是其并没有现代手枪的空仓挂机解脱杆设置。在更换弹匣后，要用手握住套筒尾部，稍微向上扳动，感觉到解脱后送回原位即可，这种操作方式较现代手枪有些麻烦，但在当时已经非常先进了。由此也可以说瓦尔特PPK手枪的此类设计为现代手枪相关功能提供了具有积极借鉴作用的模板。

瓦尔特PPK手枪虽然为外露击锤设计，但由于其小巧的尺寸，仍然可以安全放入口袋中携行，并且其拥有完善的保险机构。从表面上看，瓦尔特PPK手枪只有一道手动保险，当保险向上露出下面的红点时，处于待击状态，可以随时进行射击；如果保险向下，处于保险状态，这时保险锁住击针。其实，该手枪不止这一处保险。作为双动手枪，当击锤处于待击位置时，就可以单动击发；但如果想要改回双动击发，也可以用拇指把击锤轻轻"送回"待击位置。这时的击锤并不会与击针相碰，因为击锤与击针之间有一块阻铁，挡住击锤，即使击锤被人为拉动并回转，阻铁也不会移开位置。只有扣动扳机才能带动这块阻铁上升，让开阻挡击锤的位置，使击锤能够成功击中击针尾部，击发弹药。这样的保险机构让瓦尔特PPK成了当时最安全的小尺寸手枪。

作为德国产的优秀武器，瓦尔特PPK手枪也被当时的纳粹德国看中，成为高级军官的自卫武器。作为纳粹军官的武器，在该手枪的套筒左侧上会增刻"RZM"标识。除了高级军官，那些将军私人使用的瓦尔特PPK手枪的握把也和普通版不一样的，其握把上通常会带有一只纳粹鹰。就连希特勒本人也曾拥有一把瓦尔特PPK手枪——不过极具讽刺意味的是，这把手枪并没有保护过希特勒，反而成了他自杀时所使用的工具。

"二战"时期，瓦尔特公司也推出过不同口径的瓦尔特PPK手枪，除了标准的7.65毫米口径以外，还推出过使用.22LR弹药的5.6毫米口径的产品，其弹容量为8发，基本为训练使用。在"二战"之后的1950年，瓦尔特公司还推出过瓦尔特PPK–L手

☆ 带有弹匣底座的弹匣

☆ 美国因特武器公司产瓦尔特PPK/S手枪和9毫米口径子弹

枪，这款手枪是瓦尔特PPK手枪的轻量化产品，其使用冲压技术制造套筒座，套筒上有"PPK–L"与"西德制造"等铭文字样。瓦尔特PPK–L手枪空枪重只有0.49千克，这款型号直到1960年才停产。

"二战"末期，当美国大兵们冲进瓦尔特工厂时，该工厂也像当时的德国绍尔工厂或毛瑟工厂一样，已经处于完全停产状态，而库存的那些瓦尔特PPK手枪则被美国大兵们当成战利品带回了家。原瓦尔特工厂位于图林根州的采拉–梅利斯，"二战"结束后，这个地点属于苏联管辖的东德，所以瓦尔特公司迁址到西德的乌尔姆建立了新工厂，重新开始瓦尔特PPK手枪的生产。除了德国本土外，在1952年法国也购买了瓦尔特PPK手枪的生产权，在法国由马尼安公司生产法国版PPK手枪，与德国原版不一样的地方就是其握把上带有马尼安公司的标识。

美国人广泛知晓瓦尔特PPK手枪是在"二战"后，美国大兵们把这些战利品带回家以后，瓦尔特PPK手枪才进入美国民众视线，随后瓦尔特原厂后续生产的PPK手枪也正式进入美国市场，并广受欢迎。

不过好景不长，在1968年随着美国政府推出了《枪支控制法案（GCA68）》，而其中的规定恰好让瓦尔特PPK手枪"不合格"，所以瓦尔特PPK手枪成了不能进口的手枪之一。不过瓦尔特公司很快就重新设计，在原瓦尔特PPK手枪的基础上进行了

☆ 马尼安公司生产法国版的瓦尔特PPK手枪

“增肥”处理，让改变尺寸的瓦尔特PPK手枪能够合格通过美国法案，而这款新型产品被命名为瓦尔特PPK/S半自动手枪。由于其握把采用瓦尔特PP手枪的握把，因此弹容量增加到8发.32ACP弹药。另外，还针对美国人喜欢使用的.38ACP枪弹，开发了9毫米口径的瓦尔特PPK/S手枪，其弹容量为7发。

美国的因特武器公司除了进口德国原厂瓦尔特PPK/S手枪以外，也购买了其生产权，并从1987年开始在美国进行本土化生产。期间因为上述的限制法案失效，瓦尔特PPK与PPK/S手枪就都可以进入美国市场和在美国本土制造，直到1999年，美国因特武器公司才停止相关系列手枪的生产。

现在瓦尔特公司与美国有名的武器生产商史密斯–韦森公司合作，并在史密斯–韦森公司的帮助下建立了瓦尔特（美国）公司。同时史密斯–韦森公司继续生产美国版的瓦尔特PPK与PPK/S手枪，并新增不锈钢版本，而这种全以不锈钢材质打造的瓦尔特PPK手枪也被认为是史上品质最好的产品。

此前，瓦尔特公司在纽伦堡举办的国际武器展览会上还曾推出过新型的瓦尔特PPK/E手枪，据称该手枪采用新的制造技术，因而成本大大降低。

瓦尔特PPK手枪自从1931年问世，该系列手枪发展至今已有八十多年的历史，作为一款“二战”之前就诞生的自卫型手枪，直到今天其魅力依旧经久不衰。其不仅是英国SAS特战部队最后的“护身”武器，更是随着“007系列”电影而成为家喻户晓的传奇。而在中国，瓦尔特PPK手枪的仿制品则成了中国的第一款公安（警）专用手枪：中国52式手枪（765公安枪）。

52式手枪为7.65毫米口径。该手枪结构严谨，造型小巧，是一款非常适合公安（特战、隐蔽、反特）用的自卫型手枪，装备之后在我国公安战线上屡建奇功。52式手枪可以说是完全照搬已经非常成熟的PPK结构式样，配用当时国内储备量比较大、并且容易从其他国家进口的7.65毫米手枪弹。其在套筒上刻有枪号和“1952”的字样，中间有一个明显的“☆”号，“☆”号里为一个“公”字。握把位置上原版的“瓦尔特”标识字母改成了“☆356”（即356厂）的字样。

不过在当年的公安战线和外界，却都很少有人知道并使用52式或者仿PPK等之类的名称，但是只要提及颇显神秘色彩的“765公安枪”（按7.65毫米口径称呼）却是鼎鼎大名。52式手枪在当时属于制造精良的手枪，不过因为当年的加工制造技术有限，导致52式手枪的某些部件在长时间使用后会产生变形。之后随着“文革”的到来、武器收缴、7.65毫米子弹减少等原因，52式手枪渐渐退出了公安部门，进而显得越发神秘。

虽然拥有纯正PPK血脉的52式手枪淡出了人们的视线，但在我国公安战线上，即使是今天，依旧还能看到52式（PPK）手枪的影子，那就是国内民众再熟悉不过的中国64式手枪——52式手枪一脉相承的改进版本。

## 1931 苏联托卡列夫TT系列手枪

☆ 苏联托卡列夫TT手枪右视图

托卡列夫于1871年出生在一个哥萨克家庭，其幼年在罗斯托夫的哥萨克驻军军营中度过。他几乎未接受过正规的学校教育，但从小就对机械技术非常着迷。1885年，托卡列夫接受了当地驻军司令部开办的职业教育，并作为学徒进入锻工车间实习。一年后，他就在机械方面展现出惊人的天赋，于是被送到新切尔卡斯克军事技术学校深造。托卡列夫不负众望顺利通过了考试，学习枪械制造。毕业后被分配至第12哥萨克骑兵团，成为一名枪械修理兵。不久后，又作为预提干军官学员参加了准尉军官军校的学习。1907年，新任一级准尉的托卡列夫来到俄轻武器设计师向往的殿堂——位于圣彼得堡奥拉宁巴姆的军官射击学校学习。在那里，他接触到了当时最先进的自动枪械，并以此为起点开始了轻武器的设计。

1908年，托卡列夫的第一件作品设计完成。1913年，他进入谢斯特罗列茨克兵工厂监制枪械。然而，第一次世界大战的爆发彻底改变了他按部就班的生活，期间他作为军械军官直接参战，直到1916年才又回到谢斯特罗列茨克兵工厂。

“一战”后，托卡列夫和他后来的良师益友费德洛夫于1920年一起进入图拉的TsKB–14设计局，从事枪械的相关工作。

1928年，苏联炮兵工业委员会承担起为当时的苏联红军进行各类枪械选型的任务，托卡列夫带着自己设计的轻机枪参与了相应的测试，开始在轻武器设计领域崭露头角。

但非常遗憾的是，由于托卡列夫在轻机枪设计方面缺乏经验，其设计因结构过于复杂、易发生卡弹等故障而最终被淘汰出局。一年后，托卡列夫吸取教训，决定扬长避短设计自己更为拿手的手枪，于是托卡列夫M1929半自动手枪诞生了。该手枪分两种型号，一种是大型战斗手枪，还有一种是小型自卫手枪。两款手枪均配用7.62×25毫米手枪弹。

其中的托卡列夫M1929大型战斗手枪由于弹匣容弹量达22发，故将弹匣采用轻机枪弹匣那样的微弯设计。但这种大容量微弯的弹匣使得握把的设计处于尴尬的境地，为适应弹匣的形状，不得不将握把设计成向前倾斜的式样，从而导致持握不便。除了怪异的握把外，该手枪330毫米长的枪管及其木质的前护手也颇为“异类”，但却赋予了它堪比冲锋枪的战斗性能。而托卡列夫M1929自卫手枪则是前者的紧凑版，但其枪管也达到180毫米，较普通手枪枪管长，同时取消了前者的木质前护手。

经过数轮挑选，两种型号的托卡列夫M1929手枪均存在人机工效差、故障率高、体积大等缺点，需要重新进行修改和完善。

但托卡列夫并未在这两款手枪上再下功夫，而是决定重新开始新一轮的设计。随后，托卡列夫选择借鉴当时的优秀设计来研发自己的产品。当时的欧美是半自动手枪领域中的霸主，因此通过仿制欧美手枪而开发出适合苏联红军使用的手枪成为托卡列夫的首选。在这样的设计思路下，他首先以美国柯尔特M1900手枪为蓝本，并综合了自己设计的托卡列夫M1929手枪的特点，设计出了一款新的手枪，但并不成功。

次年，托卡列夫将目光转向了著名的斯太尔M1912手枪。托卡列夫为新仿制的手枪重新设计了一套击发机构。该击发机构需要在握把内安装较长的击锤簧，但由于当时手枪弹长度和体积都较大，握把内根本没有空间布置这样的弹簧，因此不得不将其挂在击锤组件上。此次模仿虽较前次成功，但仍不令人满意。

其后，托卡列夫又以勃朗宁设计的“百年经典”柯尔特M1911手枪为基础仿制成托卡列夫M1930手枪。托卡列夫M1930手枪有两种版本：一种是复进簧缠绕在枪管上、外形类似FN M1910手枪（花口撸子）；另一种的复进簧则与柯尔特M1911手枪一样位于枪管下方——这就是一代名枪托卡列夫TT-30半自动手枪的前身。

托卡列夫发现，以往供弹部分的故障多出在弹匣口部，那里长时间承担较大的压力，轻微的变形和扭曲即可导致枪械性能不可靠。托卡列夫吸取了这些经验，采用高强度的钢板制作弹匣口部，并将其与弹药接触的表面磨光以减少卡弹故障。托卡列夫M1930手枪并未采用柯尔特M1911手枪那样的手动和机械两套保险机构，而是取消了手动保险，只保留了击发机上的机械保险。另外，柯尔特M1911手枪上击发机和击锤上的三根弹簧也被简化成两根非对称弹簧。托卡列夫M1930手枪的分解也极简单，分解后的零件不超过40个，没有多余的销钉和螺钉，一切都做了很大程度的简化。

1930年6月25日~7月13日，苏联红军军事委员会进行最后一次手枪选型测试，以最终确定红军军官制式配备的手枪。参加选型的手枪包括托卡列夫M1930手枪、科罗文的TKB-160式手枪和普里诺特斯基设计的手枪；还挑选了来自各国生产的手枪，如毛瑟C96手枪、卢格P08手枪等在内的十余种手枪作为参照和对比。

每把手枪需要在常规条件和极端条件下分别射击500发枪弹；其中设置的最恶劣的环境包括沙尘、泥浆、雨水、过分润滑、无润滑等。每把手枪在完成上述条件下的射击后，经简单维护后立即开始1000发弹药的可靠性射击试验……

经过残酷、严格的测试考验后，军事委员会最终宣布由托卡列夫设计的复进簧位于枪管下方的托卡列夫M1930手枪胜出，成为未来红军军官配备的制式手枪。

托卡列夫M1930手枪虽然胜出，但也并非毫无缺陷，军事委员会对该手枪提出了一些改进意见：提高射击精度、改进瞄具、在击锤组件上增设保险凹口以增加额外的保险功能、降低扳机力等。

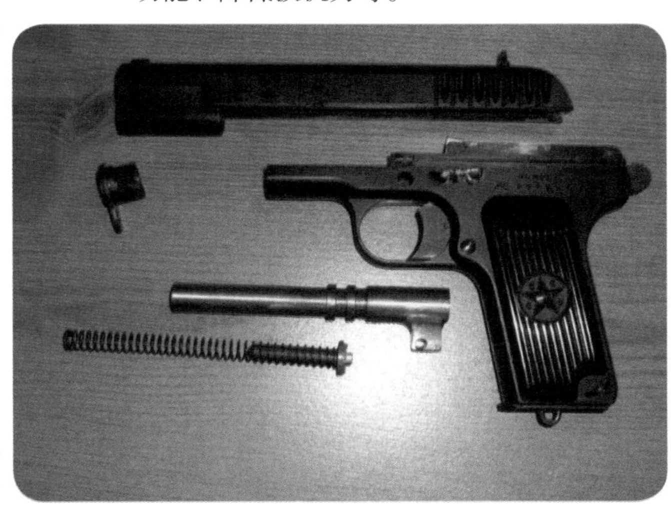

☆ 托卡列夫M1930手枪大部件分解，与美国柯尔特M1911手枪一样，设置有枪口帽

☆ 波兰仿制的托卡列夫TT-33手枪，握把镶片带有特有标识

托卡列夫根据这些改进意见对托卡列夫M1930手枪进行了优化设计。为减小扳机力，必须弱化扳机簧和击发阻铁簧的簧力。但击发阻铁簧弹性的削弱又造成另一个问题，即阻铁上端待发面及其尖端不能很好地扣合击锤上的保险卡槽和待发卡槽。特别是在击发时，击发机的震动有可能使保险杆旋脱正常位置，造成击发机故障。为解决这一问题，托卡列夫独创性地将保险杆与击锤传动杆用销钉连接而构成一个整体。为增强这种单一保险的可靠性，托卡列夫用减小击发机和击锤保险各部件的公差、使各部件更紧密接合以增大摩擦力的方式来达到目的。

此外他还重新设计了托卡列夫M1930手枪的击锤结构，由双头改为单头，减小了击锤的重量。早期7.62毫米手枪弹的底火药敏感性较低，需要重量较大的双头击锤赋予击针更大的能量；但在托卡列夫M1930手枪服役的时代，底火药的性能已大有提高，无须再用这种双头击锤；另外，击锤重量过大，还常常造成击针击穿底火而导致故障。新替换的单头击锤重量较小，且易于生产。

1930年12月23日，军事委员会决定对修改后的托卡列夫M1930手枪进行最后一次冬季野战试验，日期定在1931年1月7日。试验选在莫斯科附近的射击场，当时，苏联红军的很多高级军官都到现场观摩，托卡列夫M1930手枪也不负众望，试射取得了圆满成功。

1931年2月12日，该手枪开始大批量预生产，以进行装备前的最后一次大规模部队试用。次日，苏联红军后勤部门负责人宣布：“托卡列夫M1930手枪及其7.62毫米手枪弹将批量装备红军”——苏联红军向图拉兵工厂订购了1 000把托卡列夫M1930手枪及36万发手枪弹；1932年，又增订了1 000把托卡列夫M1930手枪和50万发枪弹。很快，苏联内务人民委员会亦宣布为其部队配备全新的托卡列夫M1930手枪，并正式将其命名为苏联托卡列夫TT-30半自动手枪。

正当图拉兵工厂开足马力为红军军官生产托卡列夫TT-30手枪时，1933年，托卡列夫又开始着手进一步简化该手枪，以提高其性能。托卡列夫重新设计了握把背部，简化了扳机簧的设计和枪管的制造，并为该手枪进行减重。经过改进后，该手枪全枪重量进一步降低，结构也进一步简化。改进后的新型手枪（7.62毫米口径）于1934年定型，并被命名为托卡列夫TT-33半自动手枪。托卡列夫TT-33定型之时，托卡列夫TT-30已进入大规模生产阶段；而托卡列夫TT-33在后来的生产中又分化出两种型号，分别是托卡列夫TT-33 Ⅰ型和托卡列夫TT-33 Ⅱ型——两个改型仅在生产工艺上做了微调，实质变化并不大。

托卡列夫TT-33手枪虽然定型较早，但其生产、列装却被数次拖延，直至苏德战争爆发后，局势的危急促使该手枪进入全面大规模量产阶段——仅1941年第四季度，军方就向图拉兵工厂订购了6万把。

“二战”爆发初期，苏联西部军工企业加速向乌拉尔山脉以东迁移。1942年第二季度，东迁的第622兵工厂逐渐收拢零散的设备和工人，成为后方生产托卡列夫TT系列手枪的大本营，其产量在短短6个月时间达到了令人难以置信的16万把。1943年，苏联获得美国租借法案的支援，622厂得以更换更先进的美制机床和设备，原计划1年内将生产100万把托卡列夫TT系列手枪，但是由于战争原因，工厂当时被迫只能大量雇用老幼妇孺，在1944年产量也只达到31.5万把。战时，622厂共生产了96.15万把托卡列夫TT系列手枪，如此之高的产量是以牺牲生产标准为代价的，所以质量参差不齐。并且战时生产的托卡列夫TT系列手枪大量采用冲压工艺，最大限度地缩减了复杂工艺，手枪表面残留着工具的冲压痕迹，打磨和抛光工艺也被直接忽略。

当1945年卫国战争结束后，托卡列夫TT系列手枪仍在被大量生产，但产量已较1943～1944年大幅下降，制造工艺也逐渐回升至战前水平。尽管托卡列夫TT系列手枪在苏联生产的精确数字已不可考，但仍可大致推算出其规模：战前生产约60万把，战时生产了约96万把，战后则生产了约18万把，总计达174万把。

在托卡列夫长达20多年的枪械设计岁月中，共设计出自动/半自动步枪、卡宾枪、冲锋枪、手枪等总计达27款。1944年，为表彰他对红军武器设计的功勋，苏联政府为他颁发了二等苏沃洛夫勋章；此外，他还获得一次社会主义劳动英雄称号、四次列宁勋章、两次红旗勋章和斯大林奖金。1968年，托卡列夫在家中病逝，享年97岁。

当1944～1945年苏联红军在东线发起大反攻时，托卡列夫TT系列手枪也随之流入中、东欧，其中波兰使用的托卡列夫TT系列手枪最具代表性。流入波兰的TT系列手枪的确切数量已不得而知，官方资料上也只记载着1944年10月26日，新成立的波兰人民军中拥有38 534把托卡列夫TT系列手枪。除波兰军队外，活跃在波兰德占区的共产党游击队和后来成立的波兰内务安全部门都曾大量使用托卡列夫TT系列手枪。

波兰解放后，波兰共产党决定在本土仿制托卡列夫TT-33手枪。1945年1月21日，波兰人民军军械装备部门就开始奔赴各地的军工生产企业，评估生产托卡列夫TT-33手枪的可能性，同时做好先期生产的准备工作。

1946年10月，波兰生产的第一批仿制的托卡列夫TT-33手枪诞生，并作为礼物馈赠给波兰军事及工业界的高级官员。波兰版托卡列夫TT-33手枪与苏联原枪几乎完全相同，只有握把镶片的式样不同。战前苏制托卡列夫TT-33手枪的握把镶片上刻着五角星，战时为简化生产则取消了该图案，代之以防滑的沟槽，而波兰版托卡列夫TT-33手枪的握把镶片上带有由字母“FB”组成的三角形标识。

到1955年，波兰累计生产托卡列夫TT-33手枪22.5万把。20世纪60年代中期，波兰库存的托卡列夫TT系列手枪还被改装成滑膛信号枪，专门配发给飞行员。后来，随着波兰自制的P64 9毫米手枪列装，托卡列夫TT系列手枪慢慢淡出波兰现役。如今，在波兰的私人保安公司中，仍可见到不少保安员使用这种手枪。

☆ 1941年产，握把镶片带有五星标识的托卡列夫TT-33手枪

## 1932 德国毛瑟M1932冲锋手枪

☆ 德国毛瑟M1932冲锋手枪左视图

7.63毫米口径的德国毛瑟M1932冲锋手枪（可以“全自动/半自动”射击）是德国毛瑟兵工厂于1932年定型生产的毛瑟M1896自动手枪（即7.63毫米口径的“十响驳壳枪”）的改进型。该冲锋手枪在毛瑟兵工厂的内部编号为“712”号，在国外亦被直接称为毛瑟712手枪。因为其优秀的性能，风头直接盖过了师出同门的毛瑟C96手枪。

毛瑟C96手枪也是中国大名鼎鼎的德国手枪，根据其口径、枪管长度、体积、重量等不同又可分如下几种。

① 使用巴拉贝鲁姆9×19毫米手枪枪弹，长枪管、大握把（刻有一个很大的红色“9”字）；其在中国当时被称为“头号”或“一把”驳壳枪。

② 使用7.63×25毫米手枪枪弹，长枪管、大握把；其被称为“二号”或“二把”驳壳枪。

③ 使用7.63×25毫米手枪枪弹，短枪管、小握把；其被称为“三号”或“三把”驳壳枪。

④ 另外，还有两款早期生产的毛瑟C96手枪，构造基本相同，只是弹仓容弹量有6发、10发或20发的区别。

上述这些毛瑟C96手枪在机匣左面或右面，刻有“MAUSER”字样及旗标。其中初期生产的7.63毫米口径的手枪没有表尺，仅有缺口式照门，其容弹量有5发和10发两种；其中5发款全长为250毫米，10发款全长为260毫米。

毛瑟M1932冲锋手枪与毛瑟C96手枪非常相似，但两者存在本质区别，那就是：前者有全自动射击模式，而后者只有半自动射击模式。因此可见，与毛瑟M1932冲锋手枪相比，毛瑟C96手枪（十响驳壳枪）没有快慢机机构，仅采取固定式弹仓供弹，装弹具为10发桥形弹夹。

毛瑟M1932冲锋手枪的下半部分，由弹仓、机匣、扳机护圈以及握把构成一个整体。其机匣左侧、扳机护圈后方装有“桃形”的快慢机柄；机匣右侧、扳机护圈前方装有弹匣扣；击锤和保险机柄，并列位于枪尾部“虎口”凹部正上方。

毛瑟M1932冲锋手枪在人机工效方面最突出的特点，就是能单手轻松自如地完成所有的射击操作，并在另一只手的辅助之下，顺利地完成一切战斗勤务操作。

当右手握枪时，右手拇指可以方便地按压快慢机柄，在射击过程中迅速地选择连发或单发发射方式。当快慢机柄指向“N”时，为单发发射；当快慢机柄指向“R”时，为连发发射。

此外，右手拇指还可以方便地扳动击锤、操作保险机柄来实现保险、射击以及装退弹保险的转换。右手的食指，除了扣压扳机以外，还可以十分自如地按压弹匣扣，以更换弹匣。在射击中，左手只做接换弹匣、拉动枪机以及必要时装定表尺等动作。

其在并列于击锤左侧的保险机柄上，刻

有“F”及“S”字母，分别表示“发射”和“保险”。毛瑟M1932冲锋手枪的保险机构具有发射保险和装退弹保险两大功能。前者是指枪处于待击状态（即击锤在扳开位置）时，右手握枪，以右手拇指推保险机柄向上到定位，使保险机柄上的“S”字母露出，即为保险状态。此时，击锤不能打击击针，但保险机柄在保险位置（只能看到“S”）时，击锤仍能扳开至待击位置或扣动扳机使击锤回到前方保险位置。

这种机构设置的战术效用在于，当有敌情但又不需立即射击时，可以提前推弹上膛，并把击锤放回前方位置，这样既避免了手枪长时间处于待击状态而致击锤簧疲劳，防止误操作走火，又可将手枪暂时放回枪套正常携行；当有敌情时，拔枪同时用拇指扳开击锤，接着再依据情况压保险机柄到位，打开保险（此时只能看到“F”），将枪口指向目标适时开火。后者，当需要从膛内退出枪弹（或推弹上膛）时，可将保险机柄设置在“S”与“F”之间的位置（此时可同时看见“S”与“F”），使击锤完全为保险凸榫控制（扳机无效），即使射手误触扳机，也不会走火。

与毛瑟M1896驳壳枪的固定弹仓显著不同的是，毛瑟M1932冲锋手枪在保留前者从抛壳窗用10发桥形弹夹直接快速装填枪弹的功能之外，还采用了可卸式供弹具，包括10发（短）弹匣和20发（长）弹匣两种。

短弹匣装在枪上时，弹匣底盖与扳机护圈相齐，主要是为了便于携带（包括装入枪套内携行）；长弹匣装在枪上后，弹匣底盖与握把底部平齐，当驳接枪套时整个枪如同一把小型冲锋枪。不论弹匣长短，都可用10发弹夹从抛壳口压填枪弹。

同时，考虑该冲锋手枪具有更换可卸式弹匣的功能，除了在长短弹匣的托弹板上都有空仓挂机凸起外，还在枪机后下端的凸榫上设有一凹进部，当其处在空仓挂机状态时，击锤上端凸出部抵在凹进部内，当换弹匣或装压第二夹枪弹时，仍保持空仓挂机状态。当需推弹上膛时，只需右手拇指向下略扳击锤（或另一手向后拉枪机再松开），枪机即会复进到位。这种战术效用性，是现在任何其他手枪都做不到的。在长、短弹匣的底盖上，都刻有毛瑟公司的旗标（中国仿造的弹匣也不例外），只不过原装的和仿制的在供弹可靠性上大相径庭。

毛瑟M1932冲锋手枪采用枪管短后坐自动方式和弹匣前置布局，全枪分枪身组件和发射机构、握把组件上下两大部分。其瞄准基线长，加上其细细的枪管，赋予该枪很好的指向性，射击精度明显高于一般手枪。

战争年代，许多有经验的射手把驳壳枪的性能几乎发挥到了极致，常常把枪面向右倾斜45°，或将枪面向左倾斜90°进行概瞄射击。据说在极大抵消了后坐力产生的不良反应的同时，还能获得较高的射击精准度，尤其是配合全自动射击模式，在那个时代的火力压制效果不言而喻。

此外，毛瑟M1932冲锋手枪射击的准确性，还在于其独特的弹匣前置的设计布局，使其质心基本处在扳机护圈前缘附近，即使单手特别是装20发弹匣连发射击时，稳定性也比较好。

毛瑟M1932冲锋手枪机构坚固，动作可靠，开放和封闭的部分处理得恰到好处。该

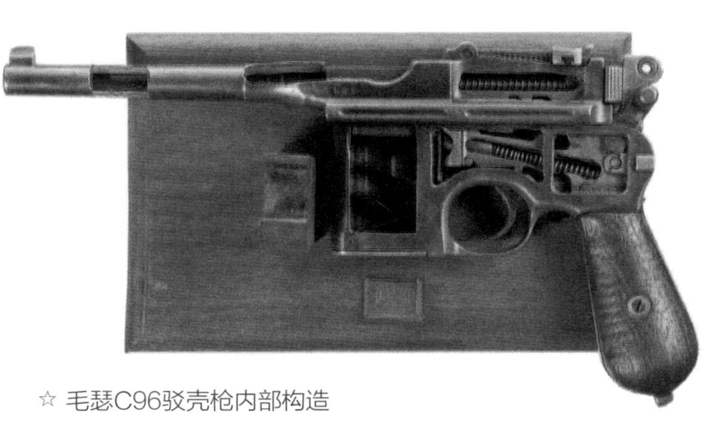

☆ 毛瑟C96驳壳枪内部构造

☆ 毛瑟M1932冲锋手枪镀金雕花版

冲锋手枪的开放部分集中在抛壳窗和弹仓部位，这里几乎存不住污垢灰尘；而其封闭部分，则集中在机匣和发射机构部位，这里紧凑严密，污垢灰尘几乎进不去。即使外面满是尘土泥水，打开里面依旧还是十分干净。

因为毛瑟M1932冲锋手枪也属于“驳壳枪”，自然也配有木质枪套，除具有保护和携行的功能外，必要时可将木质枪套驳接在手枪握把上，作为枪托抵肩射击，有效射程达百米以上。再加上使用7.63×25毫米的毛瑟手枪弹，使其具有初速高、枪口动能大的特点，杀伤威力和侵彻力都相当了得。

除了基本性能可圈可点之外，毛瑟M1932冲锋手枪的加工制造也极其精良。

其主体平面加工得平整光亮，各处棱线以及倒角、圆角加工得极为工整清晰；而一些局部，例如击锤两侧、准星上部以及机匣两侧凹下造型平面，又被加工得粗犷有力。同时，毛瑟M1932冲锋手枪的发蓝技术已经炉火纯青，整体呈现出均匀上档次的感觉。

毛瑟M1932冲锋手枪的枪管后端有明显的阶梯，握把镶片采用粗大的防滑纹；枪管长度从初期的132毫米增加到140毫米，并且简化了击锤造型、改大了保险柄。

毛瑟M1932冲锋手枪的枪管弹膛部的上平面刻有“WAFFENFABRIK MAUSER OBERNDORF A/N”字样（意为“奥伯恩多夫毛瑟兵工厂”），以及在枪的下部分（即机匣）的右后平面刻有“WAFFENFABRIK MAUSER OBERNDORF A · NECKAR”和“D.R.P.u.A.P.”（意为“德国国家专利和其他专利”）等字样外，机匣左后平面上，则刻有毛瑟旗标。

德国毛瑟兵工厂从19世纪末开始，在近40年中先后生产了约100万把各种型号的驳壳枪，中国作为一个巨大的市场，接纳了其中70%以上的产量。尤其是这批20世纪30年代由毛瑟兵工厂生产的10万把毛瑟M1932冲锋手枪，其中绝大部分销到了中国，因此这批出口中国的产品还在弹匣槽左侧，刻有繁体汉字“德国制”。

中国对毛瑟M1932冲锋手枪喜爱有加，对其称谓更是多样，例如“快慢机”“二十响驳壳枪”“盒子炮”“大肚儿自来得”等。一些国民党的兵工厂也曾大量仿制，但质量无法与原品相提并论，部分产品可以通过铭文等标识轻易分辨。

毛瑟M1932冲锋手枪在我国革命战争时期受到全军上下的普遍青睐，在很长一段时期内，我军广大的基层指挥员大部分都曾使用过缴获的毛瑟M1932冲锋手枪，其中也有国民党兵工厂仿品。

原品毛瑟M1932手枪在被缴获后，往往因为其精良品质而被逐级上送，其中也不乏送到总部和中央军委，供首长或警卫人员使用的。到了抗美援朝以及建国初期的剿匪、反特作战中，主力部队的部分营连级指挥员，还有一些侦察、突击队员还都曾使用过毛瑟M1932手枪。

☆ 毛瑟C96驳壳枪

☆ 毛瑟C96驳壳枪的固定式弹仓，从上方以弹夹直接压入子弹

☆ 毛瑟M1932手枪手动保险打开，此时呈F状态

☆ 毛瑟M1932手枪延续自毛瑟C96驳壳枪的1000米表尺

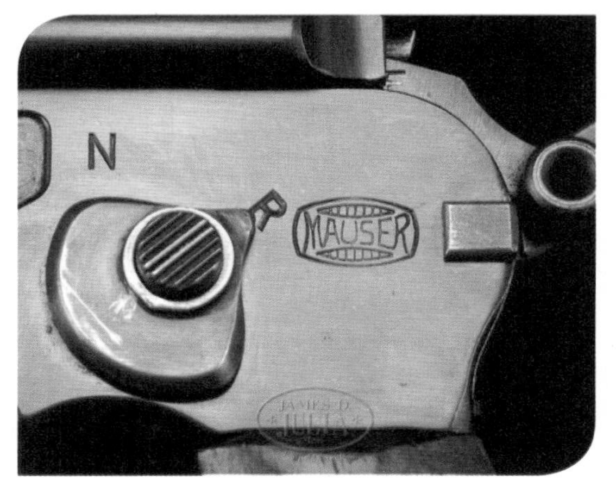


☆ 毛瑟M1932手枪的快慢机

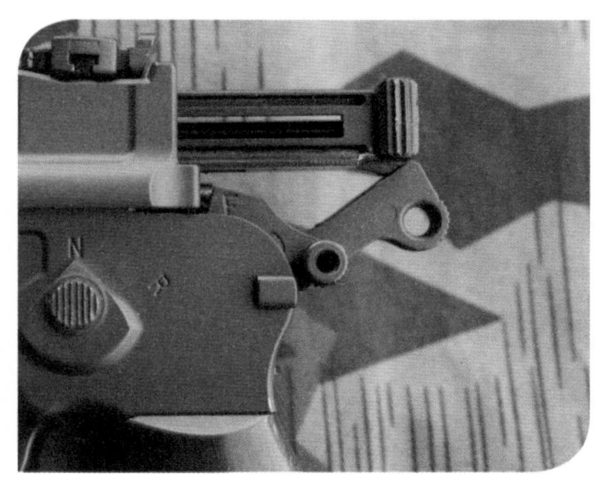


☆ 毛瑟M1932手枪枪机打开，可见手动保险F位置与击锤待击状态

## 1934 日本南部九四式手枪

☆ 早期木质握把片的南部九四式手枪

南部九四式手枪是日本在第二次世界大战之前和战争之中大量生产的一款小型轻量化半自动手枪。

南部麒次郎在设计出南部十四年式手枪后，他自己也发现这款手枪的毛病并不少，所以开始设计另一款手枪。1934年新枪设计成功，由南部铳制造所开始生产。外表上这款手枪和“王八盒子”完全没关系，但其实该手枪还是采用了与之相同的枪管短后坐结构，闭锁卡铁也是上下摆动式。只是外形上改进了很多，但还是给人做工粗糙的感觉，并且自身制造也较复杂。但据说该手枪比南部十四年式手枪更容易维护，且指向性更好，此外还有个最大的特点就是有效地减轻了重量、缩小了尺寸。

这款手枪全枪长为187毫米，枪管长为95毫米，全枪高为119毫米，空枪重量为0.72千克，口径为8毫米。发射8毫米南部枪弹，弹容量为6发。虽然比“王八盒子”缩小了不少，但弹容量只减少了2发。

因为1934年是日本神武纪年2594年，所以这款手枪被命名为九四式自动手枪。

南部麒次郎为了让自己的手枪更安全，设计了手动保险和扳机保险。扳机保险并不是现代意义上的扳机保险，而是在扳机护圈后方设有一个保险部件。只有当射手扣动扳机时，保险往后退才能解除保险，避免了非扣击时误发的情况，但这样的设计却并不实用。

套筒和套筒座的结构也很特别，套筒前方是圆形的，把枪管包在其中，枪管在枪口部分只露出一点。套筒上方设有准星，但照门却是被固定在套筒座的凸起（支架）上，这个套筒座上的凸起包裹住了套筒。凸起后方是枪机组件，枪机组件在套筒内部，但后部则露出套筒。射手上膛时用手指夹住枪机组件尾部的防滑纹处向后拉，就可以拉动枪机向后，完成上膛。

枪机组件下方的套筒座上设有拴枪绳的固定环，套筒座上刻有铭文和“九四式”等字样，套筒座右侧后部也刻有制造时间等信息。握把部分显得很小巧，尤其是后来握把片改成了橡胶材质，更加适合日本人的手形。该手枪还设有空仓挂机功能。

在日本正式发动罪恶的侵华战争之后，日本军队开始迅速大量涌入中国，并且随着侵华战局的推进，日本军方对士兵的手枪供应出现了严重不足，因此紧急决定大量采用南部九四式手枪，于是该手枪立刻被投入量产并进行列装。南部九四式手枪一出现就被日本陆军采用，并大量装备装甲部队、空军地勤和伞兵等，不过该手枪从来都没有正式装备过日本海军。从1934年正式投产，直到1945年停产，该手枪总共生产了71 000把。

这款手枪有一定自身优势，比如，虽然其精度一般，但是其重量却比南部十四年式手枪要轻，结构简单，野外分解方便，并且也不需要经常进行保养与擦拭。此外，由于该手枪同样使用8毫米口径的“南部子弹”，所以在杀伤力方面并不逊色于南部十四年式手枪，该手枪迅速成为侵华日军的“恶魔之爪”，在中华大地上背负了累累血债。

但南部九四式手枪也有很大问题，其中一个比较主要的问题是射击精度不如南部十四年式手枪。但好在其整枪的指向性不错，突发情况下的概率射击比南部十四年式手枪要好，这点在一定程度上弥补了其常规射击精度一般的问题。该手枪特别适合那些没有时间认真练习枪法或者本身射击技术就很生疏的技术兵，所以南部九四式手枪也被用于装备各种机车和坦克驾驶员等兵种。

南部九四式手枪的操作也比较简单。插入弹匣，在缓慢拉动套筒时，能够看到枪管与套筒套管分离，通过套筒中央位置的抛壳窗能够确认膛室情况以及闭锁块位置等；随后释放套筒归位，内置击锤形成待击发状态。此时可以进行瞄准和击发。

上文提到，南部九四式手枪在1934年投入生产，随后其产品也被进行了年代划分，现在看来主要有两大时期：1934年至1937年制造的为“前期型”，而1943年以后生产的则属于“后期型”。“后期型”因成本削减，物资匮乏和时间等因素，直接导致其产品质量每况愈下，以至于后来南部九四式手枪广遭诟病，甚至有了“自杀手枪”的别名。

南部九四式手枪之所以被日军称为“自杀手枪”，除了质量问题之外，最根本的还是因为其最初设计不合理所埋下的隐患：该手枪的手动保险非常不合理，并不能完全锁住套筒内置击锤，甚至可能因为操作不当而导致误击发。也就是说，当保险为开放状态时扣动扳机进行射击，此时的击锤会呈现出半降下状态；在此状态下（击锤未完全复位）如果关闭保险，不但不能锁住击锤，反而会形成如弹簧一样的反击效果。此时如果扳动保险钮则等同于扣动扳机，造成误击发。当手动保险能被当作扳机使用时，想想都觉得非常可怕。南部九四式手枪以容易走火和常常在日军军官准备自杀时发生卡壳而闻名，为此该手枪被人嘲讽为“该响的时候不响，不该响的时候瞎响”。

据当年的某日本军官描述：曾经就有日本军人因为踩到泥巴，在脚底打滑摔倒后，因不经意地触发而导致南部九四式手枪发生误伤事件。实际情况究竟如何，现在很难证实。

其实，南部九四式手枪可以说是一款比较纯粹的军用手枪，因为该手枪在民用商业市场上几乎没有什么成绩可言。这款在当时日本军中被大量装备的南部九四式手枪，虽然是以“军用手枪”之名存在，不过现今还是会被许多人认定是“有史以来最糟糕的军用手枪”。

☆ 南部十四年式手枪（上）与南部九四式自动手枪（下）对比

## 1934 比利时勃朗宁M1935大威力手枪

1934年，位于比利时赫尔斯塔尔的国营赫斯塔尔（FN）公司设计完成了勃朗宁大威力手枪，该手枪也被称为勃朗宁M1935手枪。正如勃朗宁M1935大威力手枪的名称所示，该手枪是由天才枪械设计师约翰·勃朗宁设计的，这也是他与FN公司合作的最后一款作品。

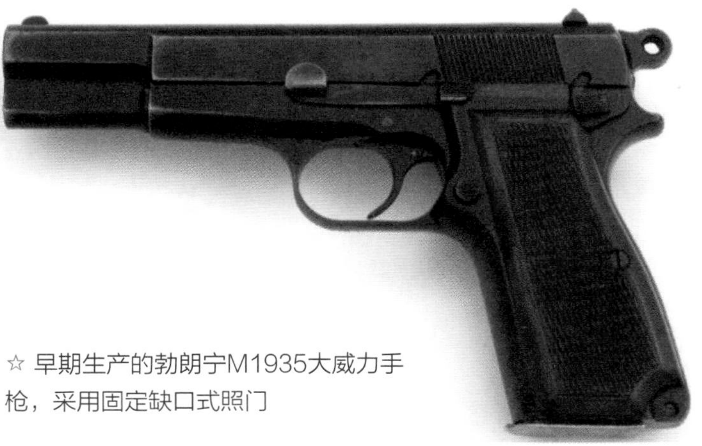

☆ 早期生产的勃朗宁M1935大威力手枪，采用固定缺口式照门

勃朗宁M1935大威力手枪采用枪管短后坐自动原理，单动式扳机，使用9毫米口径的巴拉贝鲁姆手枪枪弹。这款手枪被命名为“大威力”的意思是指：其所采用的双排弹匣的容量高达13发，再加上膛内可预先压入的1发，最大程度拥有14发的“持续”火力。这几乎是同时代设计的手枪容弹量的两倍，威力自然不容小觑。

勃朗宁M1935大威力手枪的诞生，还要从当时法国军方的新型手枪选型招标说起：在20世纪20年代初期，法国陆军决定采用一种新式的半自动手枪。当时法国军方的要求是，武器尺寸紧凑，弹匣容量至少为10发，一个分解式弹匣，外置式击锤，装在外面的手动保险，火力强大且分解组装简单，能够有效攻击50米以内的任何目标，发射的子弹口径大于等于9毫米，弹头重量约8克，枪口初速为350米／秒。该手枪必须全部达标且总重控制在1千克以下。

当时FN公司积极准备，争取参加这个选型测试，于是FN公司委托与他们有着长期良好合作关系的约翰·勃朗宁来设计符合法国军方这些规格的新型军用手枪，并立刻调动资源开始试制相关产品。

当时勃朗宁已经把他设计成功的.45口径柯尔特M1911政府型半自动手枪的结构专利卖给了柯尔特公司，因此勃朗宁被迫放弃使用柯尔特M1911手枪上的一些结构设计，只能为FN公司重新设计一把全新结构的半自动手枪。

1922年，勃朗宁在美国犹他州的奥格登研制出两种采用不同原理的原型手枪，其中一种采用简单的直接后坐原理设计，而另一种则是后膛闭锁及枪管短后坐原理设计。这两把原型手枪都使用了新设计的双排左右交错排列式的弹匣设计。这种设计具有很大结构优势，既可使弹匣容量超过10发，又不会过度增加手枪的握把尺寸或使弹匣的长度过长。

虽然当时已经有了像阿斯特拉M600系列手枪这类使用9毫米巴拉贝鲁姆枪弹、采用简单的自由枪机动作原理设计的半自动手枪，但经过FN的相关比较以后，认为采用后膛闭锁及枪管短后坐原理设计更适合发射威力较大的9×19毫米的巴拉贝鲁姆枪弹。于是在选择了后一种原型手枪的设计基础之上又做了进一步的研制和测试，由此而诞生了被称为勃朗宁M1923的原型手枪，勃朗宁M1923原型手枪在勃朗宁设计原型的基础上缩短长度，并增加了外露式的击锤、手动保险和弹匣保险，同时简化了分解步骤，该手枪由16发双排弹匣供弹，这与后来的勃朗宁M1935大威力手枪有所不同。

FN公司在1925年把勃朗宁M1923原型手枪提供给法国陆军进行试验，试验的结果令人满意，但法国陆军认为还需要再作进一步改进。然而在1926年，时年71岁的勃朗宁因心脏病突发而去世，他本人没能完成该手枪

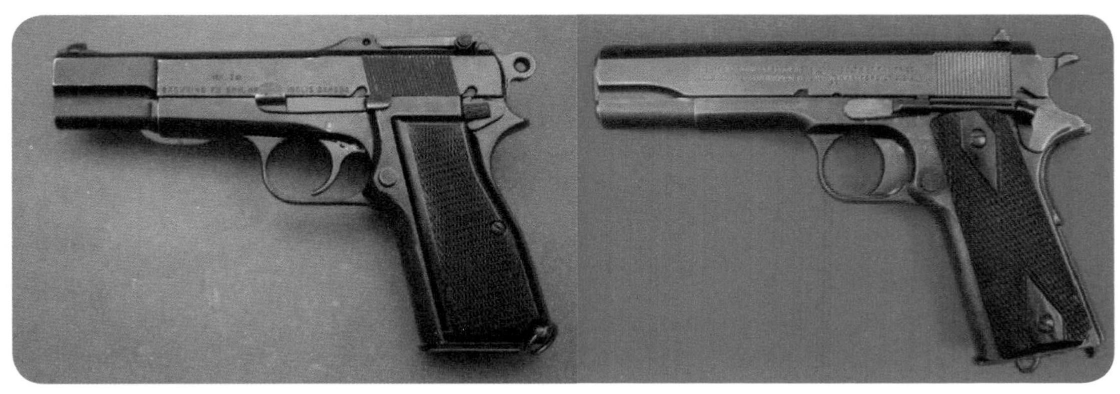

☆ 左为勃朗宁M1935大威力手枪，右为柯尔特M1911手枪

的最终设计工作。后来由FN公司著名的枪械设计师迪厄多内·塞弗（FN　FAL自动步枪的设计者）继续设计完善，并最终完成了这款勃朗宁M1935大威力手枪。塞弗再次缩短套筒和枪管长度，减少握把高度，使全枪重量进一步减轻，弹匣容弹量也因此而减少到13发。

到了1928年，柯尔特公司原本所拥有的柯尔特M1911手枪的相关专利均已期满，于是塞弗便在手枪里融合了许多柯尔特的专利，并由此推出了塞弗–勃朗宁M1928原型手枪。

这个型号的分解步骤与柯尔特M1911式手枪相似，不过击锤形状是欧洲式的圆形。几经修改后，塞弗又于1929年改进了握把和空仓挂机解脱柄的形状，改进后的型号称为塞弗—勃朗宁M1929型手枪。

到了1931年，塞弗已经给该手枪的设计基本定型，此时的原型手枪把可分解的枪管套管与套筒做成了一个整体。

到1934年，这款勃朗宁M1935大威力手枪的设计最终得以定型并开始投入量产。然而，催生了勃朗宁M1935大威力手枪的法国军方却最终没有采用该款手枪，反而改为采用设计理念相似但是口径和弹匣容量都较小的Mle.1935手枪（法国M1935S半自动手枪）。

勃朗宁M1935大威力手枪率先在1935年被比利时军队制式采用，并被比利时军方正式命名为勃朗宁P35手枪。不久之后，比利时警察也开始装备该手枪，然后其他一些国家也陆续开始装备FN公司生产的勃朗宁M1935大威力手枪，如荷兰、丹麦、罗马尼亚、拉脱维亚、立陶宛等欧洲国家。在第二次世界大战爆发前，FN公司已经生产了35 000把勃朗宁M1935大威力手枪，可见该手枪受欢迎的程度。

在“二战”初期，比利时被纳粹德国占领，原有的勃朗宁M1935大威力手枪都被纳粹德军缴获使用，并重新命名为640b手枪（“b”是比利时的意思）。而FN工厂在纳粹德军强迫下为其生产的手枪并被德国武器局打上检验标记后装备部队，命名为WaA613手枪。

同时，同盟国所使用的勃朗宁手枪是由加拿大约翰·英格利斯公司所生产的，主要装备美国战略情报局OSS（Office of Strategic Services）麾下的间谍。英国特种部队之一的SAS（Special Air Service特别空勤团）在装备SIG P226手枪之前，也曾持续装备勃朗宁M1935大威力手枪；以及加拿大和澳

☆ 德国生产的勃朗宁M1935大威力手枪被打上纳粹鹰标，以表明其身份

☆ 军用勃朗宁M1935大威力手枪握把的后端开有沟槽，可以像毛瑟手枪一样接驳木质枪套，用于抵肩射击。这种设计在当时的社会大环境中非常流行

大利亚等英联邦国家的军队也都曾使用，可以说“二战”中的交战双方都不同程度地使用过勃朗宁M1935大威力手枪作为副武器。

这其中大多数加拿大生产的勃朗宁M1935大威力手枪做过磷酸氧化处理，在被占领的比利时制造的大多数勃朗宁M1935大威力手枪则做烤蓝处理，当时中国进口的勃朗宁M1935大威力手枪大多数为加拿大生产。另外，美国联邦调查局FBI的人质营救队HRT也常年装备经过定制改良的勃朗宁M1935大威力手枪；日本海上保安厅也在近些年装备了勃朗宁M1935大威力手枪。

直到现在，勃朗宁M1935大威力手枪仍被93个国家、超过50支军队所采用。

勃朗宁M1935大威力手枪从设计之初到现在已年过八旬，其简单的构造、出色的单动操作以及13发大容量弹匣，赢得了众多射手的好评。同时，其也存在改进型。

其中，M1型手枪是在过去的50年中最知名的勃朗宁M1935大威力手枪型号。1954年，勃朗宁M1935大威力手枪出口到美国，开始了在民用市场销售。出口到美国的勃朗宁M1935大威力手枪由比利时FN公司原厂生产，进口方为勃朗宁美国代理商。这些民用版勃朗宁M1935大威力手枪的表面有精美烤蓝，并带有木质握把镶片，不带有枪绳环是其重要分辨特征。并且，1969年出售的民用版勃朗宁M1935大威力手枪的序列号以T打头，因此在美国也把其叫作T系列勃朗宁M1935大威力手枪。

20世纪80年代初，带有铝合金枪身的型号推出，这就是M2型手枪。随着时代变迁，双动手枪日益流行，FN公司决定把勃朗宁M1935大威力手枪改进为双动操作机构的款式。于是FN公司于1988年在M2型手枪的基础上推出了改进的M3型手枪，这也是目前勃朗宁M1935大威力手枪的最终量产型。M3型手枪主要特点是增加击针保险、改为外形类似于M9手枪（伯莱塔92SB-F手枪）的新握把，以及采用以聚合物材质制造的握把镶片。

到了20世纪90年代，为了弥补9×19毫米枪弹威力不足的问题，.40S&W枪弹登场，各家枪械公司也争先设计使用.40S&W枪弹的新型手枪。20世纪90年代中期开始，美国对于枪械装弹数量的管制越来越严格，弹药数量很难再增加。因此，在容弹量受限的前提下，停止作用更优秀的.40S&W枪弹在市场中更受到人们的喜爱。

勃朗宁M1935大威力手枪也推出了相应口径的产品，但为了能够保持枪械增大口径后的整体平衡性，而被迫增加了套筒厚度，同时为了应对火药燃气的增加、保证枪膛闭锁效果而将枪管的闭锁凸榫增加到了三个。这些措施在一定程度上增加了新口径勃朗宁M1935大威力手枪的重量。

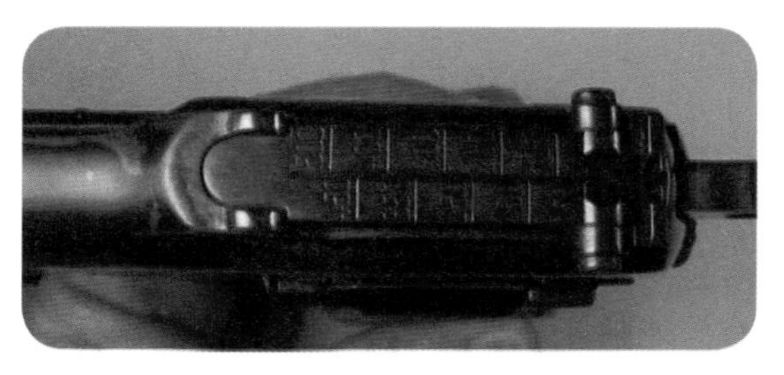

☆ 勃朗宁M1935大威力手枪可调式表尺射距为500米

## 1934　意大利伯莱塔M1934手枪

☆ 伯莱塔M1934银色版右侧图

第一次世界大战结束之后，伯莱塔公司并没有停止研发军用半自动手枪的脚步。最新版本的伯莱塔手枪于1923年诞生，这款伯莱塔半自动手枪与老款的伯莱塔手枪最明显的不同之处在于，其将内置式击锤改成了外露式击锤，这样套筒本身也缩短了一块。口径还是保持9毫米，发射9×19毫米的利森蒂枪弹，这款手枪被命名为伯莱塔M1923半自动手枪。

其套筒上的铭文改成了“PISTOLA-BERETTA-9 BREV.1915-1919-M2 1923”，套筒设计延续自伯莱塔M1915/19半自动手枪的相关设计。其扳机护圈上方的扳机保险也进行了重新的设计，套筒内部的复进簧也得以改进。

伯莱塔M1923半自动手枪全枪长为177毫米，枪管长为87毫米，全枪最高处为132毫米，最宽处为28毫米，空枪重量为0.8千克，弹容量为8发。

由于第一次世界大战刚结束不久，最初伯莱塔M1923半自动手枪并没有受到意大利军方的太多青睐，所以当时只卖了250把给地方上的一些民兵组织。不过海外采购倒是不错：欧洲的保加利亚在1926年订购了4 000把；随后，阿根廷政府也订购了600把该手枪用于装备本国警察。直到1933年，意大利陆军才订购了3 007把伯莱塔M1923半自动手枪。

除了这些政府和集体订单之外，该手枪的个人购买者中最出名的就是阿布鲁齐公爵（意大利贵族，曾经购买一条大船组织人员去北极探险）。他购买的伯莱塔M1923半自动手枪虽然不能得到确切数字，但可以肯定的一点是，这批伯莱塔M1923手枪中很多是镀镍、镀金的高级定制版。

总体来说，这款伯莱塔M1923半自动手枪与一些成功产品相比，也只能算是一个“败笔”——其从1923年开始生产，到1936年停产，总共只生产了10 400把。

1925年1月，墨索里尼宣布国家法西斯党（PNF）为意大利唯一合法政党，从而建立起了由意大利法西斯主义独裁的统治。这时的意大利进入了一个“全新的状态”，也就是法西斯统治下的状态。而伯莱塔公司也开始为意大利的纳粹政府继续研发新型武器。

“二战”前夕，伯莱塔公司还是专注于伯莱塔M1923半自动手枪的推销工作。不过9×19毫米的利森蒂枪弹在全欧洲除了意大利军方外几乎没人用，所以要推出全欧洲都通用的口径才行。也就是说伯莱塔要研发能够发射.32ACP枪弹（7.65毫米口径）的新枪型。

其实，伯莱塔公司在当时已经有7.65毫米口径的半自动手枪产品，但他们还是需要推出更新、更好的型号。针对于此的研发工作从1930年开始，随后在1931年成功设计出了一款新型7.65毫米口径的伯莱塔手

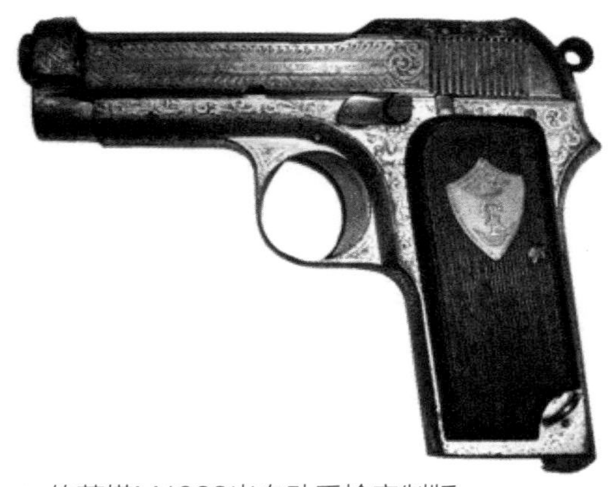

☆ 伯莱塔M1923半自动手枪定制版

枪——这款手枪被命名为伯莱塔M1931半自动手枪。

这也是一款外露式击锤设计的手枪，其套筒上刻有“PSITOLA BERETTA 765 BREV. 1915-1919-1931”。握把角度比以前的伯莱塔M1923半自动手枪更为倾斜，套筒尾部更加凸出，这样有利于射手更好握持，并且有助于射击时更为有效地控制后坐力。此外，该手枪还出现了在弹匣下方加长一块的设计，这样能让手掌很大的欧洲人完全握持住手枪。

伯莱塔M1931半自动手枪全枪长为150毫米，枪管长为85毫米，空枪重量为0.61千克，弹容量为8发。

当伯莱塔M1931半自动手枪刚刚诞生之时，就立即被意大利海军注意到。在1931年9月9日，意大利海军收到了一把伯莱塔M1931半自动手枪用于测试和评估。随后意大利海军分四次向伯莱塔公司订购共计3 300把伯莱塔M1931半自动手枪，包括：第一批2 000把、第二批200把、第三批500把和第四批600把。

从1931年开始生产，直到1935年停产，伯莱塔M1931半自动手枪总共生产了8 000把。

虽然伯莱塔公司推出的伯莱塔M193半自动手枪得到了意大利海军的采购订单，但当时的意大利陆军却对此并不感兴趣，显然他们认为伯莱塔M1931半自动手枪还不完美。为了打动意大利陆军，伯莱塔公司对该手枪再次进行了改进。

当时正赶上意大利警方对伯莱塔公司提出了需求，他们需要一种口径比7.65毫米更大、停止作用更好的手枪。所以伯莱塔公司在改进过程中也考虑到了这个要求，最终在1934年推出了一款全新口径的伯莱塔手枪。按照惯例，其被命名为伯莱塔M1934半自动手枪。

这款伯莱塔M1934手枪为9毫米口径，发射的是当时比较流行的一款9毫米口径CORTO手枪弹，也就是.38ACP枪弹。这次改进可以说非常完美，不仅体现了意大利人的审美观，更重要的是该手枪的内部结构也进行了针对性的改进，以增加安全性。其握把镶片完全采用防滑橡胶材质制造，黑色的握把与手枪融为一体。

伯莱塔M1934半自动手枪全枪长为150毫米，枪管长为89毫米，全枪高为123毫米，全枪最宽处为30毫米，空枪重量为0.625千克，弹容量为7发。

伯莱塔M1934半自动手枪一出现就装备了意大利警察，并且出口到了罗马尼亚。罗马尼亚军方采用了该手枪，但罗马尼亚版本在套筒铭文上与意大利版有所不同，即取消了“纳粹年号”。此后伯莱塔M1934半自动手枪通过民用市场进入到了欧洲各国，也进入到美国，并且登陆了中国。

但是，这款9毫米口径的伯莱塔M1934半自动手枪并没有满足意大利军方对口径方面的要求，所以很快在一年内，伯莱塔公司将原9毫米口径改为7.65毫米口径后就推出了与前款基本相同的“新枪”——这款7.65毫米口径的产品被命名为伯莱塔M1935半自动手枪。

这两款不同口径的伯莱塔手枪在外表设计和内部构造方面基本一致，但伯莱塔M1935手枪的总长度相较前款要短一点，为146毫米，枪管短了1毫米，为88毫米，空枪重量为0.62千克，弹容量为8发。

可见其实两款手枪的尺寸相差无几，但可以通过套筒上的铭文加以区分。

伯莱塔M1934半自动手枪的套筒上刻着“P.BERETTA-CAL.9 CORTO-M1934-BREVET”；下一行刻着“GARDONE V.T.”（产地：加尔多内镇），加上“年份和纳粹年号（就是按照纳粹党在意大利统治以后计算年份的罗马数字，比如公元1937年，其罗马数字为XV）”；而伯莱塔M1935半自动手枪的套筒上刻着“P.BERETTA- CAL.765-MOD.1935-BREVETTATO”；第二行也刻着“GARDONE V.T.”，随后还有“年份和纳粹年号”。

就意大利军方而言，他们并没有直接采用伯莱塔的这款新手枪，因为当时的瓦尔特PP手枪给意大利军方留下了深刻的印象。但意大利军方在几经测试后，最终还是把订单下给了伯莱塔公司。终于在1937年，意大利军方宣布全面采用伯莱塔公司的伯莱塔M1934和M1935这两款半自动手枪——自此，意大利海军、空军和陆军才都开始大面积换装新手枪。当然，与此同时伯莱塔M1935半自动手枪在民用市场的销售也非常好。

当“二战”爆发后，德国的武器需求量也急速上升，伯莱塔公司自然就成了纳粹军队的主要供货商之一。伯莱塔M1934和M1935半自动手枪均成了德国军方的标准配备之一，根据记录还曾有一批伯莱塔M1935半自动手枪用于装备芬兰的纳粹军队。

随着“二战”接近尾声，意大利本土的军火制造业也受到很大影响。原本外形精美、性能可靠的伯莱塔系列手枪也和其他各种轴心国武器一样，失去了原有的精华，并且越来越简陋化。

1944年和1945年制造的伯莱塔M1934和M1935半自动手枪上基本没有任何铭文，为了区分口径，只在其套筒座右侧扳机护圈上方刻有口径铭文。顺道说下，虽然意大利属于轴心国，但伯莱塔系列手枪在当时却是全球售卖，所以伯莱塔M1935半自动手枪在“二战”时期的英联邦国家和法国也有少量装备。

在“二战”期间，伯莱塔公司还“忙里偷闲”将原伯莱塔M1919袖珍半自动手枪进行了改进。包括增加了弹膛指示器，以及改变了握把片的形状等，以此来增加可靠性和安全性。这款新伯莱塔袖珍手枪在命名方面没有按照年份惯例，而是被命名为伯莱塔318袖珍半自动手枪。

其全枪长为116毫米，枪管长为60毫米，全枪最宽处为23毫米，全枪最高处为90毫米，空枪重量为0.38千克，弹容量为8发.25ACP枪弹。

其套筒上的铭文与伯莱塔M1934半自动手枪上的套筒铭文类似，刻着“P.BERETTA-CAL635 BREVETTATA” “GAROONE V.T.”以及“年份和纳粹年号”。

这款伯莱塔318袖珍半自动手枪从1935年生产，到1938年停产，总共生产了1 000把。之所以停产是因为更新的一款伯莱塔袖珍手枪诞生了，这就是伯莱塔418袖珍半自动手枪。

伯莱塔418袖珍半自动手枪已经是各方

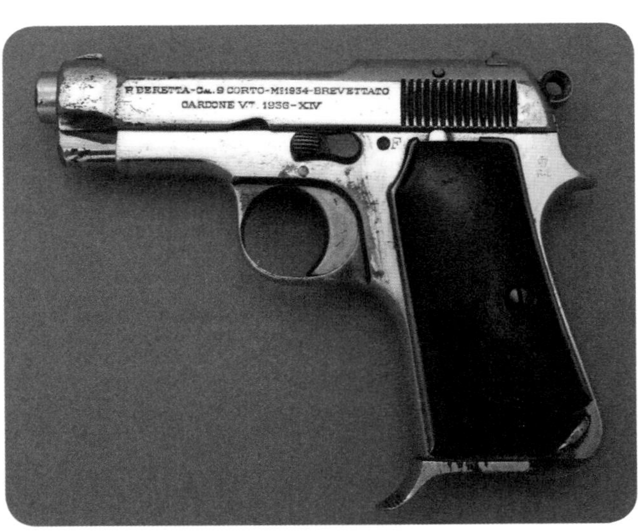

☆ 伯莱塔M1934半自动手枪银色版

☆ 罗马尼亚版伯莱塔M1934半自动手枪

面性能都比较完善的袖珍手枪，其继续改进了伯莱塔318袖珍半自动手枪上的一些不足，而在尺寸方面则几乎与前者完全一样，就连其套筒铭文也是一样的，只是后期在该袖珍手枪的握把保险外形上有所变化。

这款伯莱塔418袖珍半自动手枪从“二战”前开始生产，到了1960年才停产，总共生产了大约178 000把。“二战”期间的伯莱塔公司并没有像前文提到过的那些德国武器生产厂商一样彻底失去生产能力，反倒是可以继续生产，因此伯莱塔M1934和M1935半自动手枪都在持续生产和售卖，并且继续装备了意大利共和国的警察。

此后的伯莱塔系列手枪走势良好。其中最有名的一把镀金版伯莱塔M1934半自动手枪作为“政治礼物”，曾在1950年由古巴国防部长送给美国空军准将查克·耶格尔（美国空军著名的试飞员，“二战”时期曾击落过13架敌机）。

同时其也有最为“臭名昭著”的一把，那就是被用来刺杀“圣雄”甘地的伯莱塔M1934半自动手枪。1948年1月30日，甘地在信徒们的陪同下参加一次祈祷会，当他步入会场时，早已隐藏在人群中的刺客（纳图拉姆）走到甘地面前，一面弯腰向甘地问好，一面迅速地掏出那把枪号为606824的伯莱塔M1934手枪抵住甘地枯瘦赤裸的胸膛连开三枪，殷红的鲜血染红了甘地洁白的缠身土布……

伯莱塔M1935半自动手枪自1935年开始生产，于1967年停产，总共生产了大约525 000把。而伯莱塔M1934手枪则因为其可以发射.38ACP枪弹而备受美国市场的欢迎，所以该手枪直到1991年才正式停止生产，总产量更是达到了惊人的1 080 000把。伯莱塔M1934半自动手枪也因此成了伯莱塔公司历史上销量最好的手枪之一，成了一款在后世依旧常被人们提起的经典之作。

## 1935 波兰VIS35半自动手枪

☆ VIS35手枪右视图

波兰于1918年11月取得独立，成立共和国。这时的波兰人民开始想要研发自己的武器，其中手枪就是研发的重点之一。

一名叫皮奥特尔·威尔内夫斯齐斯的设计师走入了人们的视线。皮奥特尔·威尔内夫斯齐斯于1887年1月31日出生在俄罗斯的伊尔库茨克市，不过他在维尔纳（现在立陶宛的维尔纽斯市）长大。1905年他移居到圣彼得堡，在圣彼得堡大学学习数学和物理，后在理工学院的化学系继续他的学业。1915年皮奥特尔·威尔内夫斯齐斯从圣彼得堡炮兵学校毕业。1918年波兰独立后，他于1921年来到波兰的索哈契夫市的波宜斯瓦黑火药工厂工作。1924年他开始在炮兵军官学校任教。1928年他成为波兰国家武器装备制造厂弹道部门的主任。这时他认识了一个朋友，这人就是华沙机枪制造厂董事长简·斯科尔齐平斯基。

在1930年，两人合作研发了一款半自动手枪，并且申请了专利。1931年2月他们的第一把手枪被制造出来并用于测试，这把手枪被命名为WiS（Wi与S都是取自设计师的名字）。而为了销售，其后改为VIS，这是波兰语，译为“力量”。这把手枪于1931年4月测试成功，测试中连续发射了6 000发枪弹，发射后的手枪仍可以正常进行射击。

1935年，这款手枪开始在波兰的布罗尼·拉多姆兵工厂进行生产，被正式命名为VIS wz.35半自动手枪。其中“wz.”是波兰语“型号”的缩写，所以这款半自动手枪直译为VIS35手枪。

波兰VIS35手枪从外观看上去很像中国54式手枪，但其实这款手枪是以“大眼撸子”（美国柯尔特M1911半自动手枪）为蓝本而进行重新设计的产品。VIS35手枪并没有采用柯尔特M1911手枪的.45口径（11.43毫米），而是采用了当年刚开始流行的9毫米口径，发射德国人在20世纪初研发的9×19毫米枪弹。在当时，这样的设计是超前的，因为今天事实已经证明这款9×19毫米枪弹是所有军用手枪弹中最普遍被认同的手枪弹种。

VIS35手枪全枪长为204毫米，枪管长为141毫米，全枪最高处为141毫米，空枪重量为1.015千克。

VIS35手枪的设计虽然来源于柯尔特M1911手枪，但其对套筒部件进行了很大改进，VIS35手枪的套筒完全成为一体式。其虽然取消了柯尔特M1911手枪套筒上可以拆卸下来的枪口帽部件，但VIS35手枪并不是没有枪口帽设置，而是被直接固定在套筒前方，成了套筒的一部分。

VIS35手枪套筒顶部设有片状准星和V型缺口照门，照门与准星之间有一条防反光槽。套筒后面左右均设有很细的斜置防滑纹，套筒尾部设计比较圆润，比柯尔特M1911手枪的套筒尾部更加好看。

不过最具特色的还是其套筒左侧后方设有一个击锤待击解脱杆，这个恐怕是世界上第一款设有击锤待击解脱杆装置的半自动手枪。有了这个装置，射手就无需用拇指解脱击锤到安全位置，进一步保证了手枪的安全性和携带的可靠性。套筒内部的击针组件和柯尔特M1911手枪基本一致。击锤部分由马鞍形改为圆形，顶部设有横向防滑纹。

VIS35手枪的枪管也经过重新设计，而套筒尾部的勃朗宁式铰链被简化为一个凸榫，这个简化比勃朗宁的原始设计更加有效。此外其枪管尾部用于闭锁的两个环也得到修改，使其与套筒配合时更加顺畅。

VIS35手枪枪管内部设有6条右旋膛线，子弹枪口初速为320米/秒。枪管下方的复进簧导杆也进行了简化，这样更加“先进”，减少了零件更易于分解。

VIS35手枪比柯尔特M1911手枪的套筒座尾部结构更加圆润，射手握持时十分舒适。同时，VIS35手枪采用与柯尔特M1911手枪一样的单动击发方式，内部结构上也大体一致。但也有不同地方，比如抛壳挺就从可拆卸式改为了套筒座的一部分。套筒座右侧设有空仓挂机解脱杆和手动保险，握把后部保留握把保险。

VIS35手枪的握把镶片采用黑色橡胶材质制造，握把镶片上设有菱形防滑纹。右侧握把镶片上带有“VIS”字样，而左侧握把镶片带有“FB”字样，这是布罗尼·拉多姆兵工厂的缩写。

VIS35手枪的弹匣容弹量为8发，比柯尔特M1911手枪多一发。VIS35手枪的弹匣设有7个余弹观察孔，并且其弹匣托板设计也更加合理。

除了手枪本体外，VIS35手枪也像“盒子炮”一样，配有一款木质枪套，也可以安装在握把上作为枪托来抵肩使用，这样的设计也让VIS35手枪成了波兰的“盒子炮”。

和其他半自动手枪一样，VIS35手枪也有“高级货”。比如全枪镀镍的银色版，以及握把采用了各种贝壳或不同木质材料等版本。其中有一款在套筒左侧刻有波兰文字的特殊型号，这款特别的VIS35手枪是收藏家最喜欢的类型。

在VIS35手枪定型后，波兰军方对这款波兰人自己设计生产的手枪产生了兴趣，该手枪顺理成章地成为波兰军方的标配手枪。波兰军队的VIS35手枪在套筒左侧刻有一只“波兰鹰”，在鹰的右侧刻有“VIS-wz.35”“Pat.Nr.15567”，鹰的左侧刻有“F.B.RADOM”和生产年份。

波兰军方订购的VIS35手枪从1936年开始生产，到1939年9月波兰被纳粹德国占领，波兰军方总共收到49 400把该手枪。这些VIS35手枪绝大部分是9毫米口径，但有少量的.45口径和.22口径版本，其中.22口径的VIS35手枪用于训练。大部分VIS35手枪成为波兰军官的标配武器。

1939年9月波兰沦陷后，纳粹发现VIS35手枪质量上乘，可靠性很高，所以并没有停止VIS35手枪的生产，而是用“二战”中德国的命名方式，重新命名了这款VIS35手枪，即P35（P）手枪，其中括号中的P代表波兰的德文首字母。

从1939年开始生产到1945年4月停产，P35（P）手枪大概生产了31 200 ~ 38 000把。这个不确定的数字是因为，起初该手枪在波兰生产，但德国纳粹担心波兰工人把手枪零件带出后自行拼装，并且提供给游击

☆ VIS35手枪上的铭文和波兰鹰

队。所以德国人把生产枪管的机器搬到了奥地利斯太尔工厂，在斯太尔工厂里生产枪管和完成最终组装。

P35（P）手枪上取消了波兰VIS35手枪的铭文，改为了“F.B.RADOM VIS Mod.35 Pat.Nr 15567”“P35（p）”的字样。P35（P）手枪与VIS35手枪相比，进行了简化。随着战争的持续，总共出现过四种不同版本，但都因节省材料而简化生产。其中包括取消枪托接口，取消手动保险，换用木质握把等。P35（P）手枪装备了德国伞兵和警察部队。

因为波兰工人们的英勇表现，数量不明的P35（P）手枪被从工厂里以零件的形式偷运出来，然后在外面组装成手枪，供游击队使用。这样P35（P）手枪不仅是纳粹的武器，也成为游击队打击侵略者的利器。

1944年后期，德国人怕苏联红军占领波兰后使用波兰工厂的机器制造武器，于是干脆把布罗尼·拉多姆兵工厂的机器全部搬到奥地利的斯太尔工厂。所以后期的P35（P）手枪是在奥地利生产的，其铭文上没有了“F.B.RADOM VIS Mod.35 Pat.Nr 15567”的字样，只刻上了“BNZ”三个字母，代表斯太尔工厂。1945年4月，奥地利彻底摆脱纳粹德国统治后，P35（P）手枪停止生产。

“二战”结束后，波兰成了华约国家，所以武器自然也得和苏联的武器一样。从此VIS35手枪就没再继续生产，VIS35手枪也就变成了稀罕物品。现在的VIS35手枪和P35（P）手枪都成了收藏家眼中的紧俏货。不过“神奇”的是，波兰在1992年8月居然又生产了27把VIS35手枪——这一小批VIS35手枪立刻成了收藏家争抢的对象。

这款波兰产的VIS35手枪也曾流入到中国，但比较稀少，曾被冠以“波兰撸子”之名。现存国内博物馆中的VIS35手枪已经难以考证具体来历。虽然波兰成立后并没有在中国的上海滩建立租借地，但考虑到在当时上海公共租界中不乏波兰人的身影，所以VIS35手枪也可能是被当时来华的波兰人带入的。

☆ P35（P）手枪与两个弹匣

## 1938 德国瓦尔特P38手枪

☆ 瓦尔特P38手枪射击图

说到第二次世界大战时期德国的主战手枪，恐怕大家立刻就会想到瓦尔特P38半自动手枪。这是一款经典的军用半自动手枪，在“二战”时期这款手枪大量装备纳粹德国的军队，并且也从德国军队手中流入到了游击队的手里……影响深远。

在第一次世界大战中，德国的卢格P08手枪成了德军的第一款主力手枪，当然传统的毛瑟C96战斗手枪那时还是手枪类武器的首选，但卢格P08手枪则具有更好的全面性能，同时因为卢格P08手枪发射9毫米口径的卢格枪弹，实战效果更好。

同一时期的瓦尔特公司也有支撑门户的大订单，这就是7.65毫米口径的瓦尔特M4半自动手枪。“一战”结束之后，瓦尔特PPK手枪更是备受推崇。

正是由于瓦尔特公司在瓦尔特PPK手枪上所表现出来的设计能力，让德国军方觉得瓦尔特公司可以提供出一款更可靠和高效的军用半自动手枪。在1935年，德国军方开始寻找新型的半自动手枪用于替代现有的各款半自动手枪，瓦尔特公司也提交了他们的样枪，这款手枪被瓦尔特公司命名为瓦尔特AP半自动手枪——“AP”是德文“Armee Pistole”的缩写，译为“陆军手枪”。

这款手枪是一款外露枪管并且采用内置击锤的手枪，外形与卢格P08手枪有所类似，但结构上完全不同。瓦尔特AP手枪的口径为9毫米，但瓦尔特公司并不限于德国国内市场，因为其还推出了一种口径为0.45英寸（11.43毫米）的版本，明显是考虑到了美国市场，这种手枪被命名为瓦尔特HP半自动手枪，HP是德文“Heeres pistole”的缩写，也能被译为“陆军手枪”。

不过这时的美国军用手枪已经被牢牢地掌控在美国柯尔特公司的手中，柯尔特M1911半自动手枪的地位在美国市场已经不可撼动。所以这种瓦尔特HP手枪只在美国的商贸市场上短暂地出现过一段时间，就随着德国军方的新要求而彻底消失了。

德国军方希望新型手枪是一款外露击锤的型号，所以瓦尔特公司在瓦尔特AP手枪等产品的基础上进行改进后，推出了瓦尔特MP半自动手枪。

这款瓦尔特MP半自动手枪已经从此前设计的内置击锤改成了外露击锤，“MP”是“Militär pistole”，译为“军用手枪”。在1938年，德国军方正式确定瓦尔特公司为其供货商，并由其来生产德国军用半自动手枪。自此，瓦尔特MP半自动手枪被德国军方正式定名为瓦尔特P38半自动手枪。

瓦尔特P38半自动手枪全枪长为216毫米，枪管长为125毫米，全枪高为137毫米，全枪最宽处为37毫米，空枪重量为0.8千克，弹容量为8发9毫米卢格弹，枪口初速达到356米/秒，枪口动能是508焦耳。

这款手枪是标准的枪管短后坐自动方式，卡铁摆动式闭锁机构。当射击后，枪管和套筒一同向后移动一段距离，然后枪管下方的闭锁组件内的闭锁操作杆会顶到套筒上；另一端则会顶住闭锁块的一头，这时的闭锁块会向下摆动；闭锁块向下后，离开套筒行动路线，完成开锁，这样套筒就会继续向后完成抛壳等动作；借助复进簧的力量，套筒会往返向前，这时的闭锁块会复位，并完成闭锁。

瓦尔特P38半自动手枪的枪管大部分露在外面，枪管前方采用燕尾槽的设计，安装有一个刀状的准星，准星可以卸下。枪管前半部分是圆形的，后半部下方还有闭锁块的基座部分。闭锁组件安装在基座中，闭锁组件由闭锁块、闭锁块簧和闭锁操作杆三部分组成。从外形上看，枪管本身加工略显复杂。不过这也体现了瓦尔特的加工技术。

其套筒大小只是普通套筒的三分之二，但即便这样还是五脏俱全。套筒顶部开有很大的抛壳窗，抛壳可靠。左侧设有明显的抽壳钩，套筒顶部尾部的照门也采用燕尾槽方式安装在套筒上，U型缺口照门设计。套筒后方的防滑纹采用很细的斜形防滑纹，套筒上设有手动保险和弹膛指示器。套筒内部的枪机和套筒为一体式，击针和击针簧可以从中取出，总体上说套筒是十分完美的。

瓦尔特P38半自动手枪的套筒座的设计具有很好的人机工效，握把外形符合人手握持。套筒座在手握持虎口的位置是凹陷进去的，并且边缘平滑，射手可以有效握持，并且套筒往复时也不会出现“打手”现象。握把镶片上在拇指位设有两个凸起，这样能让射手更好放置拇指。套筒最前方的左侧设有分解杆，后方则是空仓挂机解脱杆。下方的扳机弧度很大，有利于射手扣动。扳机护圈的形状也有意加大，可以戴手套扣动扳机。套筒握把左侧下方设有枪带固定环，弹匣（释放）扣在握把底部，这是当年的流行设计，虽然瓦尔特PPK手枪的弹匣释放扣已经不在底部，但瓦尔特P38手枪的弹匣释放扣还是采用了传统设计。套筒座顶部左右两侧放置了两根复进簧导杆和复进簧，这是为套筒往复而设计的，因为枪管外露所以复进簧的位置被设计在套筒座顶部的两侧，复进簧虽然非常细，但两根足够保证可靠性。

瓦尔特P38半自动手枪还有很多超前的设计，比如在套筒后方有一个弹膛指示器，弹膛无弹时，指示器不凸出套筒；当上膛之后，指示器会凸出套筒，射手可以看到，或者用手摸到，这样就能提醒射手弹膛是否有弹。后面的手动保险向下扳动，会露出白色“S”字样，这是保险状态，保险锁住击针起到保险作用；当射手把保险向上扳回原位时，下方就会露出红色“F”字样，这时保险处于解除状态，射手可以随时扣动扳机射击。其拥有双动扳机，手动保险也不仅是锁定击针，而是兼具待击解脱杆功能：当射手拉动套筒上膛后，再按压手动保险向下，这样击锤会自动回转到保险位置；这时扳机还没有复位到双动位置，这时的手枪是完全锁死的状态；射手只要把保险向上扳回解除保险位置，就能让扳机复位到双动位置，这时射手便可以扣动扳机进行射击。

1938年，德国陆军开始对瓦尔特P38半自动手枪进行各种测试，随后德国军方最初在1939年4月1日订购800把，后续追加了订单，到1940年4月，总共订购了13 000把。1940年4月26日，瓦尔特P38半自动手枪正式成为德军的军官配枪，纳粹军方更是一口气订购了410 600把。

当然这也是战场需求量巨增所造成的，但当时瓦尔特公

☆ 瓦尔特P38手枪

司的生产能力明显不足，本来预计到1940年6月完成175 000把，可实际上只有9 750把完成并交付使用。后来在瓦尔特公司的努力下，终于在1941年4月1日达到了月产10 000把的规模。到战争结束，瓦尔特公司总共生产了584 500把瓦尔特P38半自动手枪。

可当时的德国军方根本等不及瓦尔特公司全部完成订单，于是早在1940年6月，德国陆军就下令让德国毛瑟公司开始生产瓦尔特P38半自动手枪。这时的毛瑟公司只好停止生产卢格P08手枪，但其公司内部对此却有抵触情绪，所以直到1942年11月，毛瑟公司生产的瓦尔特P38半自动手枪才正式出炉；在1942年12月底，毛瑟公司交付了首批700把。到“二战”结束时，毛瑟公司总共生产了323 000把瓦尔特P38半自动手枪。

第三家厂商在1941年9月加入，这就是德国斯普瑞沃克工厂。斯普瑞沃克工厂于1941年9月开始生产，到1942年6月他们只交付了50把瓦尔特P38半自动手枪进行测试，效果不好；在同年8月，他们又拿出了300把瓦尔特P38半自动手枪进行测试，并得到了期待已久的验收证明。当时德国军方计划每月从斯普瑞沃克工厂采购10 000把该手枪。

但其实瓦尔特P38半自动手枪的生产厂商却不仅于此，因为在“二战”期间，该手枪的部分零部件生产任务就已经分给了很多小厂商和外国企业，包括比利时FN工厂在内的总共289家厂商都曾参与过瓦尔特P38半自动手枪的生产。其中FN工厂生产的是套筒，捷克CZ工厂生产的是枪管，第一诺博赫曼金属品厂生产的是弹匣……不一而足。

☆ 空仓挂机状态的瓦尔特P38手枪

☆ 三种不同颜色的握把镶片的瓦尔特P38半自动手枪

虽然很多厂商参与到了瓦尔特P38半自动手枪的生产过程中，但完成整枪装配的任务还是由瓦尔特、毛瑟和斯普瑞沃克工厂这三家来进行的，所以这三家厂商的不同铭文和枪号在瓦尔特P38半自动手枪上都有相应体现。

瓦尔特公司在正式定型之前生产的瓦尔特P38半自动手枪被称作0型，从1939年6月到1940年5月，总共生产13 000把；从1940年6月开始正式装备后，瓦尔特开始频繁更换型号名称，从0改到480，然后改到ac，最后由ac打头、年份结尾，所以ac40这个名称被刻到了套筒上。480、ac和ac40型从1930年6月到12月总共生产了30 000把。从1941年开始，ac41型总共生产了11 000把；1942年ac42型生产了12 000把；1943年ac43型生产了150 000把；1944年ac44型生产了130 000把；1945年版则总共生产32 000把。

毛瑟生产的瓦尔特P38半自动手枪型号为“byf和年份”，从1942年12月开始的byf42总共生产了700把；1943年byf43总共生产了144 300把；1944年byf44总共生产了145 000把。到了1945年，毛瑟厂出了两种不同型号，一种是byf45，另一种是由FN公司生产套筒的型号SVW45，两种总共生产了33 000把。最终毛瑟总共生产了323 000把。

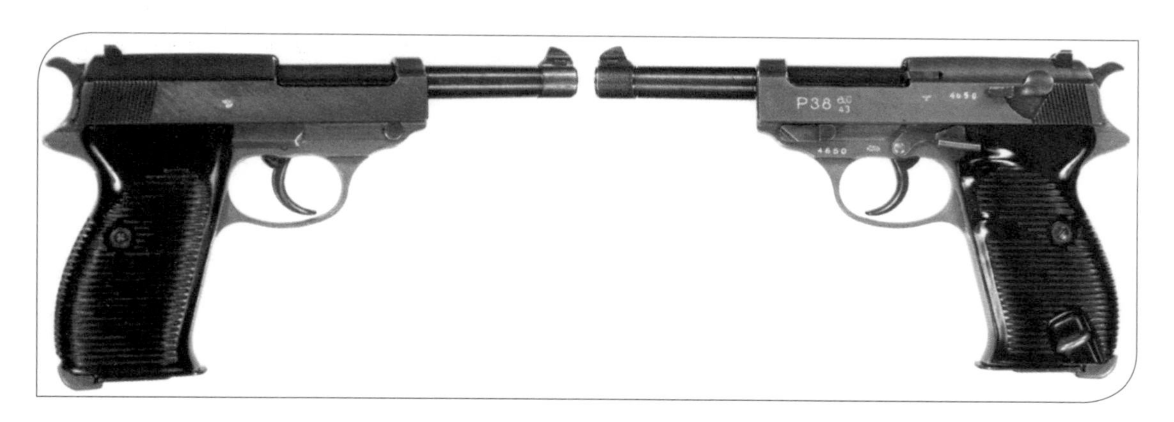

☆ ac43型瓦尔特P38半自动手枪

☆ ac40型瓦尔特P38半自动手枪

☆ ac41型瓦尔特P38半自动手枪

☆ ac42和ac44型瓦尔特P38半自动手枪

☆ ac44和byf44型瓦尔特P38半自动手枪

最后加入的斯普瑞沃克工厂的型号为cyq，到1945年出现了cvq。但是cyq和cvq十分接近，是否因为制造期间模具出现问题已无从查证。其在1942年的产量是7 050把，1943年是107 850把，1944年是126 980把，1945年是41 200把。总共生产了283 080把。

☆ 50周年纪念版瓦尔特P38半自动手枪

随着“二战”的爆发，德国军队的武器需求量不断增加，瓦尔特P38手枪不仅在性能、可靠性等方面完全超过了卢格P08手枪，并且拥有更便宜的价格。1939年1把卢格P08手枪是11.5马克，而1940年一把瓦尔特P38半自动手枪则只需要5.6马克——这个价格优势让卢格P08手枪彻底停产。德国前线部队开始迅速列装瓦尔特P38半自动手枪，很快更是扩大到所有部队。

当然当时的每把瓦尔特P38半自动手枪上均刻有德国武器装备局的印章。瓦尔特公司生产的瓦尔特P38半自动手枪上刻有纳粹鹰+359；毛瑟厂生产的瓦尔特P38半自动手枪上刻有纳粹鹰+135，或者是纳粹鹰+WaA135；斯普瑞沃克工厂则是纳粹鹰+88；FN公司生产的套筒上会刻有纳粹鹰+140；第一诺博赫曼金属品厂生产弹匣上刻有纳粹鹰+WaA706。当然除了军用版本，也有警用版本，警用版本的标识是纳粹鹰+L；后期还出现了纳粹鹰+C、F、K等标识。

另外，瓦尔特P38半自动手枪还有不同种类的握把镶片：在早期的0型瓦尔特P38半自动手枪上，其握把镶片是黑色橡胶材质；后期瓦尔特公司生产的握把镶片则出现了棕色和红色的橡胶材质样式；而毛瑟和斯普瑞沃克工厂都是黑色橡胶材质握把镶片。当然这些都可以互换，也曾经出现过木质握把镶片，并且也有很多地方制造过各种不同的握把镶片。

在枪套方面，瓦尔特P38半自动手枪的皮质枪套与卢格P08手枪的皮质枪套有所区别。其枪套上会有“P38”字样；后期也出现过布制枪套，甚至是迷彩款枪套。瓦尔特P38半自动手枪配用的枪带由皮革材质制作，根据生产时期不同总共有四种款式，但区别都不大。

“二战”中，除了德国方面，纳粹的很多帮凶们也都装备了瓦尔特P38半自动手枪。不过随着战争的进行，游击队也缴获了很多瓦尔特P38半自动手枪用于打击德国纳粹。

当“二战”结束时，瓦尔特P38半自动手枪的生产才被全面中止，当时很多美国大兵把这种德国特有的手枪当作战利品带回美国，当然也包括瓦尔特库房中的瓦尔特AP半自动和瓦尔特HP半自动手枪在内。其实早在瓦尔

☆ 雕刻版瓦尔特P38半自动手枪

特P38半自动手枪定型之时，同宗同源的瓦尔特HP半自动手枪（商贸版）就已经被卖到了美国。瓦尔特HP半自动手枪为了打开美国市场还特别推出了发射.38超级枪弹和.45ACP枪弹这两种美国常见枪弹口径的版本。在1938年6月的价格表上，可以看到瓦尔特HP半自动手枪的售价为78美元。

此外，战后的法国也曾组装过一批瓦尔特P38半自动手枪用于自身列装使用，这批产品上带有独特的五角星图案。

在“二战”结束后东西方对峙时期，当时的联邦德国也装备改进后的瓦尔特P38半自动手枪，这款改进型的手枪被改名为瓦尔特P1半自动手枪。瓦尔特P1半自动手枪的套筒座被改成铝合金材质，联邦德国警方很快装备了这款手枪，随后德国国防军也开始装备该手枪。

1974年，德国警察委员会宣布德国警察开始装备下一代警用手枪，这就是最新一个版本的瓦尔特P38半自动手枪。这款手枪更短一些，枪管缩短到104毫米，全枪长为197毫米，重量也减轻到0.74千克。这款手枪的铭文是“P38 IV”，随后这款手枪又被称作瓦尔特P4半自动手枪，德国警方总共装备了6 500把瓦尔特P4半自动手枪。

另外还有款很少见的瓦尔特P38K半自动手枪，这款极大缩短了枪管的瓦尔特P38K半自动手枪并不是瓦尔特P38半自动手枪的缩短版本，而是瓦尔特P4半自动手枪的缩短版本，这种手枪曾被德国的反恐部队KSK采用。

随着瓦尔特公司新产品的诞生，瓦尔特P1手枪在1995年停止服役。而瓦尔特公司的商贸版瓦尔特P38半自动手枪（其实就是瓦尔特P1手枪）也在2000年停止了制造。

在瓦尔特P1手枪退役之后，瓦尔特公司又研发了瓦尔特P5半自动手枪来替代瓦尔特P1手枪的位置。这款瓦尔特P5半自动手枪最大的特点是虽然其内部结构来源于瓦尔特P38半自动手枪，但对套筒进行了改进，更加接近现代手枪的外形。

瓦尔特公司在1979年推出瓦尔特P5半自动手枪，用于装备德国警察。瓦尔特P5半自动手枪有9毫米和7.65毫米两种口径版，除了德国警察外，葡萄牙、荷兰、芬兰、瑞典和挪威也装备有这款手枪。随后瓦尔特公司推出了瓦尔特P5半自动手枪的紧凑版本——瓦尔特P5C半自动手枪。这款瓦尔特P5C半自动手枪被英军看中，英军在20世纪80年代进口了3 000把，并命名为L102A1（北约仓储编号：1005-99-978-4952），装备北爱尔兰英军，共14个情报连。近年来，瓦尔特P5半自动手枪还在被生产和使用中。

因为曾是“二战”中最热门的手枪之一，所以瓦尔特P38半自动手枪今天依旧会出现在各种关于“二战”的影视剧中。无论是德国人，还是游击队都会使用这款手枪。

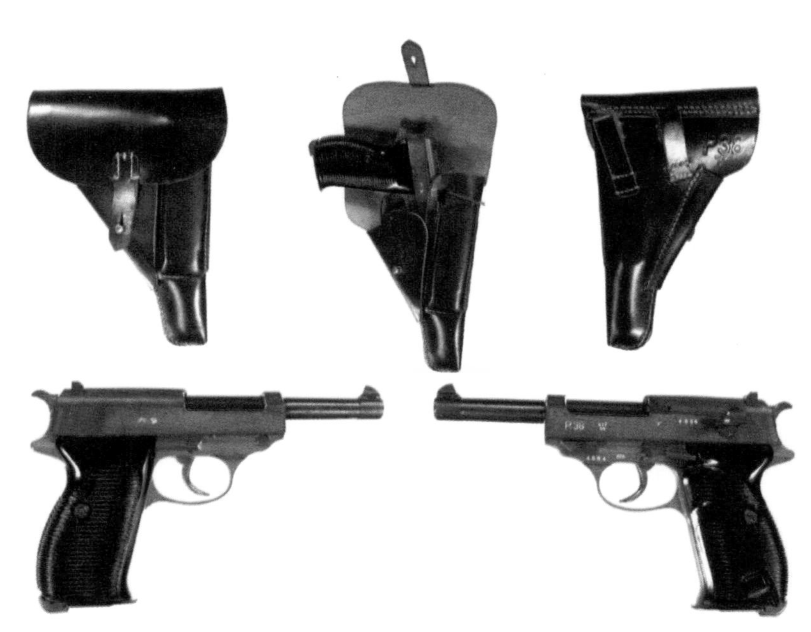

☆ 警用款瓦尔特P38半自动手枪

## 1938 德国毛瑟HSc半自动手枪

☆ 德国毛瑟HSc半自动手枪左视图

德国毛瑟公司自从成功推出“张嘴蹬”系列手枪后，就逐步占据了德国半自动手枪市场的极大份额。但到了1929年，在瓦尔特公司成功设计出瓦尔特PP手枪后，市场开始出现变化。尤其是当著名的瓦尔特PPK手枪在1931年诞生后，这款经典的半自动手枪不仅很快占领了德国市场，并且还树立了新型半自动手枪的标杆。

与此同时，另一家手枪厂商也没有停歇，这就是德国绍尔父子公司。绍尔父子公司的绍尔M30半自动手枪凭借新型的扳机保险也从市场中分得了属于自己的一块“蛋糕”。在1938年，绍尔父子公司推出了绍尔38H半自动手枪（蛇牌撸子）后，更是进一步压缩了毛瑟手枪的市场份额。但这时的毛瑟公司并没有气馁，而是正在积极研发新型的半自动手枪。

毛瑟公司从1934年开始研发的新型手枪与以往的毛瑟手枪不同，这款手枪采用击锤回转式击发方式。起初研发的两款半自动手枪并不成功，经过长时间试验和改进，第三款毛瑟半自动手枪最终在1938年试制成功。

这款新枪被毛瑟公司命名为毛瑟HSc半自动手枪。而“HSc”是德语“Hahn-lSelbstlspanner pistole ausfurung C”的缩写，译为“自动扳动击锤手枪C型号”。因为前两款是A型号与B型号，所以第三款手枪就为C型号。

毛瑟HSc半自动手枪外形十分独特，是当年少有的“漂亮”手枪之一。比起勃朗宁系列的各款手枪，包括对比“枪牌撸子”“花口撸子”和瓦尔特PPK与绍尔38H等手枪，其外形增加了三角形带来的完整感和稳定感。该手枪采用击锤回转式击发，自动方式为自由枪机，双动扳机设计。口径为7.65毫米，全枪长为162毫米，枪管长为85毫米，全枪最高处为110毫米，最宽处为28毫米，空枪重0.585千克，弹容量为8发.32ACP枪弹。

毛瑟HSc半自动手枪的套筒造型非常别致，套筒前方下部带有一个斜面，与下方套筒座很好地结合在一起。套筒左侧刻有毛瑟商标与“Mauser-Werke A.G. Oberndorf a N Mod HSc Kal 7.65mm”铭文。套筒左侧的抛壳窗后露出一个很短的抽壳钩。套筒顶部带有一条很长的防反光纹，点状准星与凹型缺口照门分别在套筒顶部两端。套筒后部左右两侧各带有20条斜向防滑纹。

其左侧防滑纹中间设有手动保险，该手动保险是一款针对击针的保险。保险向上，露出下面的红色圆心是解除保险状态，射手可以随时进行射击；保险向下扳动，挡住红色圆心，露出上方的“S”字样，说明保险处在保险位置，这时击针被保险卡住，确保手枪内的枪弹无法击发。

其套筒座外形最有特点，尤其是扳机护圈与其他类型的半自动手枪完全不一样。扳机护圈前方的三角形与套筒底部的斜面连成一体，非常美观。在扳机护圈内侧带有分解杆，而扳机本身则更是独具特色，几乎弯成钩形。因为扳机是双动，所以扳机可以处于两个位置：一个是双动击发位置；另一个是更加靠后的单动击发位置。套筒座尾部的外露击锤十分小巧，这个设计也是为了让射手能够把该手枪隐藏到口袋里，并且拔出时击锤不会被衣服挂住。击锤可以用拇指操作，包括扳动击锤向下至待击位置，以及解脱待击位置到安全位置。

☆“二战”后雕刻版本毛瑟HSc半自动手枪

毛瑟HSc半自动手枪的套筒座握持部分具有很好的人机工效。其后部向内凹陷的弧度非常大，有助于射手握住手枪。握把镶片采用木制，左右两片握把镶片分别用螺钉固定。握把镶片上的防滑纹设计为流线型。曾经也有黑色橡胶制握把镶片，产量稀少。

其弹匣释放扣设置在握把下方，弹匣两侧各带有双排7个余弹观察孔，弹匣底部带有毛瑟商标。弹匣还具有空仓挂机解脱功能，该手枪有空仓挂机功能，但没有解脱杆，所以在更换弹匣时就可以解脱空仓挂机。

需要清理该手枪时，首先用拇指向下按压扳机护圈里的分解杆，同时用另一只手把套筒向前扳动，便可以取下套筒。取下套筒后，即可取出枪管和复进簧等部件，完成部分分解。

虽然毛瑟公司在1938年年底就已经完成毛瑟HSc半自动手枪的设计，但因为各种原因，毛瑟公司直到1940年12月才开始进行生产。第一把枪号为700001的毛瑟HSc半自动手枪被作为测试用枪，但很快毛瑟公司就得到了订单。

首批1 345把毛瑟HSc半自动手枪在完成生产后即交付德国海军使用。随后这款手枪的握把镶片固定螺钉向上移动，改到握把的中部，随后继续生产。德国海军的版本握把前方均带有一只纳粹鹰和“M”字样的标识。到了“二战”后期，该标识改到扳机护圈后部，下面是“MIII/8”字样。

很快德国国防军也开始订购并装备该手枪，国防军订购版本在扳机护圈后部刻有纳粹鹰与“655”“135”“WaA135”。德国的警察部门也注意到这款新型手枪，随后大量订购，警察版本的扳机护圈后部刻有纳粹鹰与“L”或“F”字样。

☆ 德国毛瑟HSc半自动手枪

最后商贸版本上市，起初毛瑟HSc半自动手枪被卖到英国和美国，不过很快就只能在德国和其他轴心国售卖。商贸版本在右侧扳机护圈后部刻有一只纳粹鹰和“N”字样。当美军占领毛瑟工厂后，这款手枪才停止生产。这时毛瑟HSc半自动手枪的产量已经达到251 939把。

“二战”时期毛瑟HSc半自动手枪生产详情

| 生产日期 | 枪号 | 陆军型产量 | 海军型产量 | 警用型产量 | 商贸型产量 | 总数 |
|---|---|---|---|---|---|---|
| 1940～1941年 | 700001～749269 | 28 760 | 11 450 | 4 400 | 4 658 | 49 269 |
| 1942年 | 749270～809671 | 27 000 | 8 400 | 7 300 | 17 702 | 60 402 |
| 1943年 | 809672～881071 | 39 065 | 4 250 | 6 700 | 21 385 | 71 400 |
| 1944年 | 881072～943158 | 34 366 | 3 000 | 9 000 | 15 721 | 62 087 |
| 1945年 | 943159～951939 | 5 809 | 0 | 2 600 | 372 | 8 781 |
| 总数 | | 135 000 | 27 100 | 30 000 | 59 838 | 251 939 |

备注：第一把700001号计入总数中

毛瑟公司生产的武器从清朝时期就已经进入中国，在中国是数量最大的武器品牌之一。毛瑟手枪以质量上乘、性能可靠而著称。直到现在各地博物馆中仍有大量的毛瑟原版手枪和步枪。

但这款毛瑟HSc半自动手枪却难觅踪影，这是为什么呢？因为纳粹德国在1938年决定终止与当时国民政府的合作关系，也不再卖给国民政府任何武器，而第一批毛瑟HSc半自动手枪在1940年底才开始生产，正式的商贸型在1941年底才开始售卖。现在也没有资料表明商贸版是否通过走私或专卖等途径进入过中国，目前只知道，当时这款毛瑟HSc半自动手枪实际上并没有合法渠道进入到中国。

“二战”之后，与瓦尔特等手枪情况类似，法国也生产了一批毛瑟HSc半自动手枪，尤其是最初生产的批次直接使用了毛瑟工厂里完工的零件，因此这部分的法国版依旧还带有原厂毛瑟商标。后来这种法国版毛瑟HSc半自动手枪为了与毛瑟工厂生产的原版进行区分，在左侧扳机护圈后部刻有“WR”字样。从1945年至1946年，法国总共生产了19 297把毛瑟HSc半自动手枪。

“二战”结束后，美国大兵们带着很多战利品回家，其中也包括许多毛瑟HSc半自动手枪。

1967年，工厂恢复生产能力后，毛瑟公司决定再次生产这种“二战”时期畅销的毛瑟HSc半自动手枪，从1968年10月开始生产。这次毛瑟公司新增了9毫米口径版本，发射.38ACP口径枪弹。

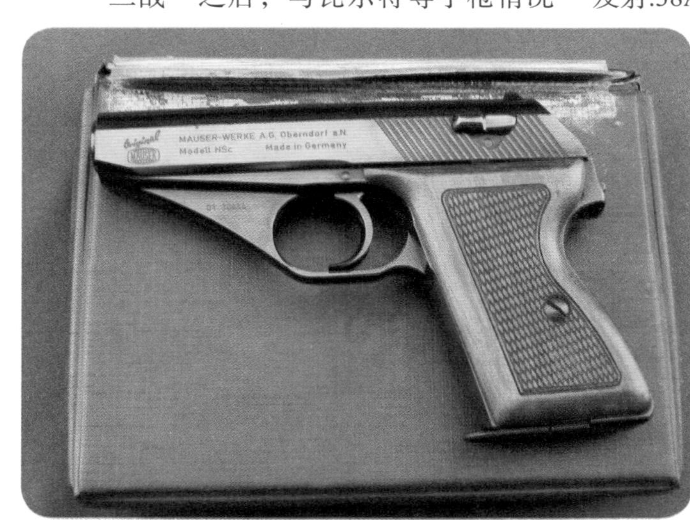

☆ 美国版本的毛瑟HSc手枪

重新生产的毛瑟HSc半自动手枪在套筒顶部有改动，原先的防反光纹改成一条凹槽。枪号也有所变化，编号不再延续从前序列，所刻位置也从握把上移到了套筒抛壳窗下方。握把镶片上的防滑纹也从部分覆盖改成全覆盖。

毛瑟公司还推出过一款毛瑟HsP半自动手枪。这是在毛瑟HSc手枪基础上的改进版，但并未获得成功。

后来，美国也开始由美国因特武器公司进口毛瑟HSc半自动手枪，而因特武器公司进口的毛瑟HSc半自动手枪都会在套筒右侧刻上因特武器公司的商标与公司名称的铭文。

1977年，毛瑟公司推出了一款特别版本，就是在毛瑟HSc半自动手枪套筒右侧刻上美国鹰标识，这款9毫米口径的版本专门为美国用户量身打造。这也是毛瑟公司生产的最后一批原版毛瑟HSc半自动手枪。从1968年10月开始生产，到1977年停产，毛瑟公司总共生产了321 236把毛瑟HSc半自动手枪。

1977年停止毛瑟HSc半自动手枪生产后，20世纪90年代毛瑟公司又开始生产经过改进后的新型毛瑟HSc半自动手枪，但这款产品外形变化很大，与原版的毛瑟HSc半自动手枪相比更具现代风格。

毛瑟HSc半自动手枪“二战”后生产情况

| 生产日期 | 枪号（7.65毫米口径） | 数量 | 枪号（9毫米口径） | 数量 |
|---|---|---|---|---|
| 1968～1970年 | 00.1001～00.3000 | 2 000 | 01.1001～01.1500 | 500 |
| 1970年 | 00.3001～00.10000 | 7 000 | 01.1501～01.18500 | 17 000 |
| 1971～1974年 | 00.10001～00.15000 | 5 000 | 01.18501～01.38000 | 19 500 |
| 1975～1976年 | 00.15001～00.19868 4 | 4 868 | 01.38001～01.40250 | 2 250 |
| 1977年（美国鹰版本） | 00.1001～00.19868 | 18 868 | 01.1001～01.40250 | 239 250 |
| 1977年（美国鹰版本，5000特别枪号版本） | 0001 of 5000～0153 of 5000 | 153 | 0154 of 5000～5000 of 5000 | 4 847 |
| 总数 | | 37 889 | | 283 347 |

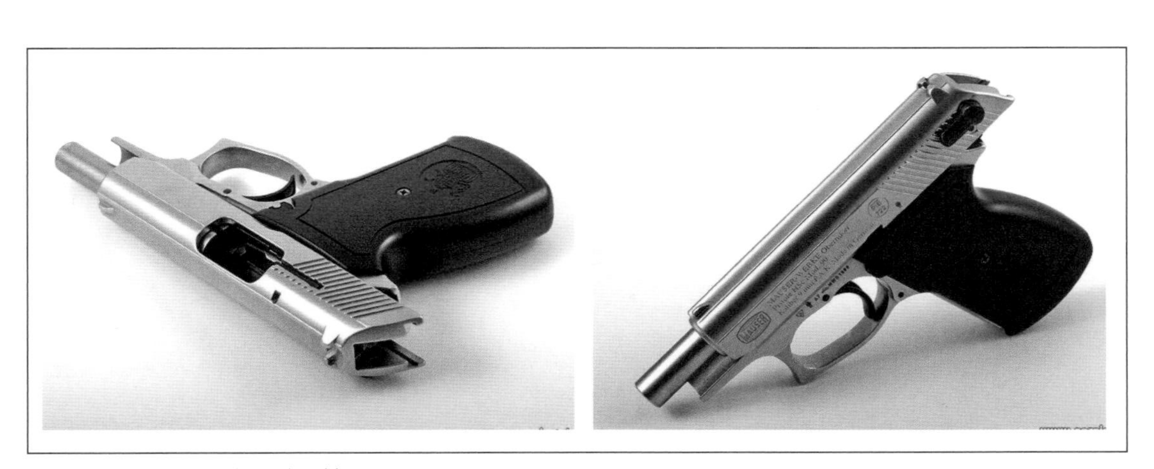

☆ 现代版毛瑟HSc半自动手枪

## 1938 德国绍尔38H手枪

☆ 绍尔38H半自动手枪（蛇牌撸子）

绍尔父子公司已经是拥有约270年历史的“老枪厂”了。约翰·保罗·绍尔于1751年创立了J.P绍尔父子公司，这是一家家族企业，在德国东部的苏尔镇设立了工厂，用于制造武器。在1811年他们第一次获得了德国军方的一项步枪生产合同。枪厂除了为军方生产军用步枪外，还在开辟民用领域，生产品质极佳并且在枪身上雕刻有精美花纹的双管猎枪。

该厂在1879年成功设计出了M79左轮手枪，这款左轮手枪被德军采用。随后绍尔父子公司开始了手枪的研究。

绍尔父子公司在对半自动手枪的设计上一直有其独到之处。公司最早开始生产半自动手枪可以追溯到1905年，当时的绍尔父子公司推出了一款叫罗斯·绍尔的半自动手枪，而这款手枪其实就是罗斯·斯太尔M1907手枪的同胞兄弟。之前公司从乔治·罗斯那里买来专利权，然后进行生产与销售，从那时候绍尔父子公司就开始了自行研发半自动手枪的工作。

绍尔38H型手枪是绍尔父子公司推出的第四款半自动手枪，有关绍尔38H型手枪的第一项专利其实早在1935年就向德国政府申请了。但实际上这款手枪在1938年底才完成研发工作，所以命名为绍尔38H型半自动手枪。

其中“H”意思是指“击锤型”手枪，用来区别绍尔父子公司以前生产的手枪型号。因为绍尔父子公司上一款知名手枪绍尔M1913（系列）半自动手枪采用了平移式击针的击发方式，也就是没有这样的击锤设计。

绍尔38H手枪虽然采用了击锤的击发方式，但却是内藏式击锤，延续了绍尔手枪的设计。这款手枪除了内藏击锤设计之外，还有个最独特的设计，那就是在手枪扳机附近设有一个可以控制击锤的手柄。

绍尔父子公司虽然在1938年底研发完成了绍尔38H手枪，但正式生产是从1939年才开始的。直到1945年4月的一天，美军攻入德国的苏尔市占领了绍尔父子公司的工厂，才终止了该手枪六年零四个月的生产寿命。在这期间绍尔38H手枪大约总共生产了295 000把。不过因为战争的损耗，现在存世的绍尔38H手枪数量已经不多了，成为世界名枪中的珍品。

绍尔38H手枪是一款双动的半自动手枪，枪管和枪身是一体式结构，采用自由枪机的半自动方式，这也是绍尔手枪的一贯设计。枪身全长为171毫米，枪管长为83毫米，空枪重0.705千克，膛线为4条右旋，口径为7.65毫米，采用.32ACP口径枪弹，弹容量为8发。

绍尔38H手枪的枪身经过烤蓝处理后一般呈现黑色，除此之外还有极其少见的、表面经过抛光处理呈银色的绍尔38H手枪。瞄具是绍尔手枪一贯采用的刀型准星和U型缺口式照门。套筒顶端设有带横向长条形细纹的防反光板。套筒右侧刻有“J.P.SHUER&SOHN・SUHL”“CAL7.65”的铭文。意思是“苏尔市JP绍尔父子公司”“口径为7.65毫米”。可到了后期只剩下了“CAL7.65”的铭文。左侧刻有“PATENT”，意思是“专利”。再往后甚至把“PATENT”的铭文也省掉了。

其枪号刻在枪身尾部两侧，套筒后部下方的数字就是枪号。早期生产地刻在左侧，后期生产地刻在右侧。枪身后部有手动保险，尾部有弹膛指示器。在手动保险前方有个类似“销”的部件，便是击针挡杆，用途是为了固定击针，控制击针的移动位置（现代的西格绍尔手枪沿用了这一设计）。扳机护圈后方有一个控制击锤杆，用于控制枪身内的击锤（类似现代手枪上的待击解脱杆）。

绍尔38H手枪的握把镶片用橡胶材质制成，但如果使用时间太长就会开裂，所以保存到现在完好无损的握把镶片已经很少了。右侧握把镶片上有圆形的“双S”标识，“双S”中间有个“U”字。这个就是绍尔父子公司的商标。

其弹匣释放钮在扳机护圈后面，这一设计已经完全和现代手枪一样了。使绍尔38H手枪更换弹匣的速度变得比老式手枪快得多了。比同时期竞争对手（毛瑟HSc手枪弹匣释放钮在握把底部，瓦尔特PP和PPK手枪的弹匣释放钮在套筒下面）的设计都要先进。弹匣底部刻有“7.65口径”的铭文和“双S”标识。

在扳机护圈前部，有明显的小标识，但军用的和警用的并不一样。军用的标识是只鹰，下面有“37”的数字；警用的是一只鹰，右侧是个“C”或者“F”的标识；没有任何标识就是普通民用产品了。

绍尔38H手枪的扳机上还有一个小洞，这个小洞其实是击锤指示器，当扳机向后到达击发位置时，小洞会被枪身挡住。用肉眼和手指都可以判断击锤的位置。

绍尔38H手枪的枪套是1941年由一位名叫Vitouek的设计师所设计的。采用皮革材质，并且设有一个备用弹匣的口袋，因为绍尔38H手枪出厂标配一般都会有两个弹匣。

虽然绍尔38H手枪并没有推出过相关演变型号，但从推出到最终停产，其经历了整个第二次世界大战，所以在生产过程中还是有一些品质方面的变化。最初推出的是烤蓝处理普通型，还有就是为了赠送给党卫军高官的高级型，高级型通常换装象牙握把镶片、镶嵌黄金、雕刻花纹等。

在“二战”初期，绍尔38H手枪的铭文有所变化，可以说其在逐步简化铭文。“二战”中期由于德国经济状况逐步恶化，为了降低成本，推出了取消手动保险的绍尔38H手枪；随后又推出了取消击锤控制杆，但保留手动保险的版本。到了“二战”后期，干脆把手动保险和击锤控制杆全都取消了，这样的绍尔38H手枪只有靠弹膛指示器来提醒枪手上膛情况了。到了“二战”的最后阶段，纳粹德国大势已去，所以绍尔38H手枪的生产都极其仓促；这些取消手动保险和击锤控制杆的绍尔38H手枪甚至连枪身表面都未经任何工艺处理，就直接出厂并投入了战斗。



绍尔38H手枪的分解和维护也较方便，体现了其设计的优秀。在需要对绍尔38H维护时，首先按下弹匣释放钮，抽出弹匣；然后再拔出位于扳机护圈最前端的分解销，进而可以拔出位于扳机护圈里面扳机前面的分

☆ 二战后期，取消了击锤控制杆的绍尔38H手枪

解杆；然后向前推出套筒，卸下复进簧；枪机在套筒里，先得退出套筒上的击针挡杆，然后把枪机从套筒中取出；这样可以随之取下弹膛指示器，即可完成部分分解。

绍尔38H手枪虽然是在1938年推出的，但其实际上已经具备了现代手枪的很多特点。虽然在绍尔38H手枪推出前，德国瓦尔特公司就已经推出了类似的双动手枪，同时还存在多个竞争对手，但绍尔38H手枪还是很快就受到了德国纳粹党卫军高层的喜爱，原因是多方面的，最大的原因就是绍尔38H手枪是一款非常可靠且性能优秀的手枪，同时还要归功于绍尔父子公司有效的营销策略。

绍尔父子公司在刚刚推出绍尔38H手枪的时候，就通过各种关系以礼物的形式送给德国党卫军的高级军官试用，并且得到了高层军官们很高的评价，也有人认为是枪身上的“双S”商标在暗中起到了一定的“亲和”作用。这样绍尔38H手枪就在党卫军军官里面流行开来，知名度也水涨船高。

其中一个例证是纳粹德国党卫军的一名将军：约瑟夫·泽普·迪特里希（他曾是希特勒的保镖），他的贴身佩枪就是一把枪身上刻有精美图案、镶嵌着黄金、并且是象牙握把的豪华版绍尔38H手枪。而这把枪号为363573的绍尔38H手枪在2004年9月的一场拍卖会中更是以43 125美元的天价被收藏家买走。

绍尔38H手枪最初装备了纳粹德国的警察部队和秘密警察，接着德国空军也开始装备绍尔38H手枪。起初是飞行员使用绍尔38H作为随身佩带的自卫手枪，随后空降部队的士兵和军官也开始装备绍尔38H手枪。因为他们在执行任务的时候对负重极其关注，除了带主要武器（如毛瑟98K步枪或MP40冲锋枪之类的武器）和装备以外，就需要尽量“减负”。绍尔38H手枪比瓦尔特P38手枪或卢格P08手枪要轻一些，并且可靠性也很高，不容易在跳伞的时候发生问题。虽然其火力不如瓦尔特P38等9毫米口径的手枪，但用于自卫已经足够了。

“二战”后期，当美军冲入绍尔父子公司坐落于德国苏尔市的工厂后，绍尔38H手枪就此完全停止了生产，其并没能像同期的瓦尔特PPK手枪或毛瑟HSc手枪一样，能够在战后得以恢复生产。所以，在现代的轻武器收藏者眼中绍尔38H手枪比上述两款同类手枪更有收藏价值。

虽然绍尔父子公司已经不再生产绍尔38H手枪。但从现代的西格绍尔手枪上却还能找出绍尔38H的影子。当年，由于其商标设计独特，所以在绍尔38H手枪流入中国后，就拥有了“蛇牌撸子”这个具有中国特色的形象化称号。这里面的“蛇”指的是其商标图案中有两个叠在一起的美术体字母“S”。“蛇牌撸子”因为自身的优秀性能而受到推崇，在中国“一枪二马三花口，四蛇五狗张嘴蹬”的“撸子”排行榜更是占有一席之地。

☆ 象牙握把型的绍尔38H手枪

☆ 二战末期表面未做任何处理的无任何保险的绍尔38H手枪

☆ 带有军用标识的军用绍尔38H手枪

☆ 带有警用标识的警用绍尔38H手枪

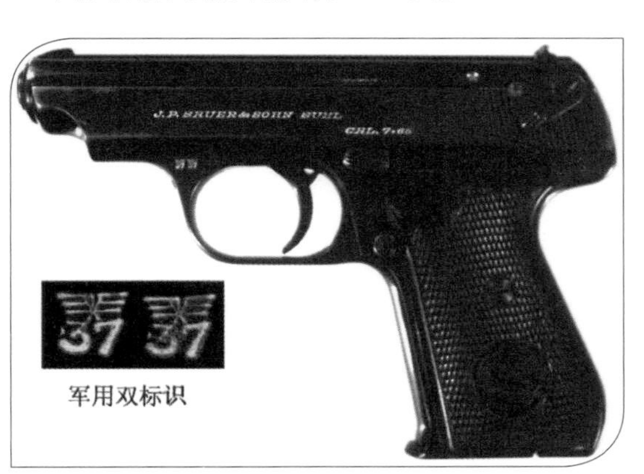


☆ 带有军用双标识的军用绍尔38H手枪

☆ 没有任何标识的民用绍尔38H手枪

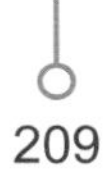

## 1942 美国FP-45手枪

美国FP-45手枪，又名“解放者”手枪，是一款非常简易且丑陋的单发滑膛手枪，甚至很多人认为其是第二次世界大战期间最特殊的一款手枪。

FP-45手枪是“二战”期间美国战略情报局（简称OSS，美国中央情报局的前身）散发给轴心国占领地区的抵抗组织所使用的简易武器。其全称为0.45英寸口径信号枪，FP-45即为其缩写，之所以被称为信号枪，据说是为了迷惑敌方情报机构之用。

FP-45手枪曾长期被认为是由美国战略情报局设计和生产的，但实际上当时的美国战略情报局没有设计和大批量生产的能力，因此FP-45手枪实际上是由美国陆军研制和监造，然后再交给美国战略情报局在敌占领区进行散播的。

在“二战”中期，为了在敌人占领区实施更为广泛和有效的武装抵抗活动，美国陆军在1942年秘密研制了这种被称为FP-45的所谓“信号枪”，然后交由位于美国俄亥俄州代顿的通用汽车公司大陆制造（分）公司负责生产零件。

实际上，在整个生产过程中，工人们并不知道他们是在为游击队生产武器，只知道这份订单包含了一些小型的金属零部件，而

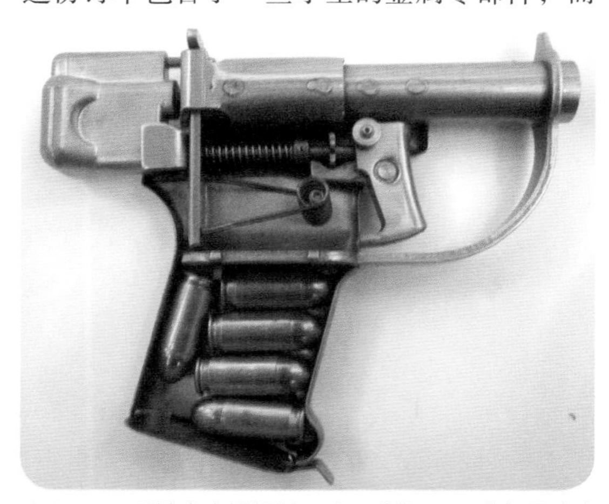

☆ FP-45手枪中空握把从下方可以打开，内部最多存放10颗子弹，此为拆开的半侧握把，所以只有5颗子弹

☆ FP-45手枪表面制作相当粗糙，没有铭文和多余的修饰

连膛线都不需要加工的简易枪管则是由代顿的电冰箱厂生产，订单中也只是制定了产品的规格，而根本没有说明是枪管。

最后，所有的零部件被送到位于美国印第安纳州安德森的通用汽车公司导航灯（分）公司。这里的工人们最终用这些零部件组装成了数量惊人的100万把FP-45手枪。

当时生产这100万把FP-45手枪前后花费了6个多月的时间，共有300多名工人参与了生产过程，但这并不意味着他们在1942年里连续6个月不停地干，事实上真正用于生产这100万把手枪的实际时间总共只用了11个星期。也就是说，假设300个工人一天24小时、一周7天，连续干了11个星期，平均每6.6秒就会生产出一把FP-45手枪所需的23个零部件并装配成功。当然这只是平均数，因为这种手枪是在流水线上生产的，其中正常装配一把FP-45手枪的实际时间就需要10秒，不过这个可能已经是有史以来生产装配速度最快的手枪产品了。

FP-45手枪不仅制造速度极快，而且制造费用也相当低廉。把所有费用分摊开来后，每把FP-45手枪的成本大约为2.10美元。组装好的每一把FP-45手枪会连同10发.45ACP口径枪弹和一根小木棍一起，被装在一个表面涂有防水石蜡的厚纸板盒内。

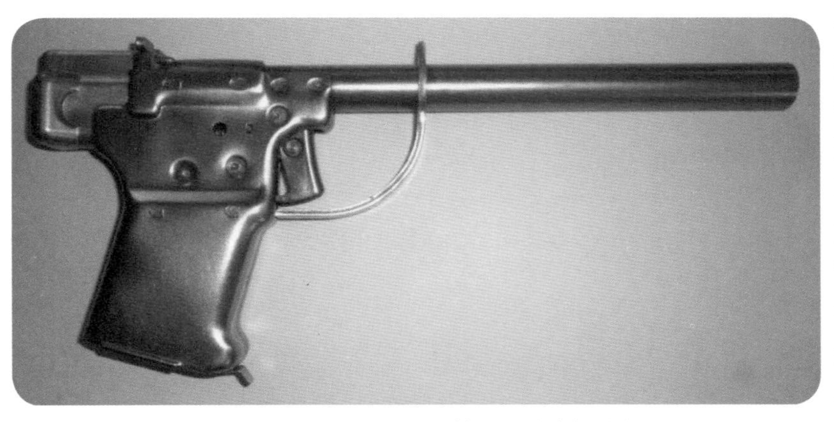

☆ FP-45手枪长枪管款，同样是滑膛，对射程和精度提升有限

这个纸盒不仅仅是包装盒，如果用那根原配小木棍把纸盒拆开就可以看到一组连环绘画，这就是使用说明书，就算不识字的人也能照着画面学会操作。

由于现在保存下来的纸盒比FP-45手枪本身要少很多，因此对于收藏家来说，这种连环画说明书比手枪本身更有价值，结果导致枪械市场上出现了大批后来仿造的说明书。

FP-45手枪与其说是一把手枪，倒不如说仅仅是一个射击子弹的击发装置，一切都尽可能简化，包括使用了手动装填的单发射击模式。装填时要用手把后部的滑动式后膛块打开并旋转固定，抬起弹膛闭锁片，然后把枪弹直接塞进枪膛，再手动合上闭锁片，再把后膛块旋转复位（同时兼具锁定作用），形成待击，才能扣动扳机击发。每次发射后都要手动打开后膛，再用纸盒内附带的那根小木棍把空弹壳顶出枪管，然后再次装填。当然，如果附带的小木棍不慎丢失也不要紧，只要是能塞进枪膛的棍状物都是合适的替代品。

FP-45手枪的握把里面是中空设计，其握把底板可以滑动打开，在握把里面存放着备用枪弹，如果塞满的话可以放入10发枪弹。

由于FP-45手枪的枪管制造得非常粗糙，根本没有膛线，可想而知这种滑膛方式的手枪精度不高；再加上每次只能打一发，使用者往往是拿着一把装好枪弹的FP-45手枪躲藏在路边，等待孤身一人的目标经过时突然跳出来在极近的距离内射击其要害部位。如果一枪不能干掉敌人，除非敌人赤手空拳，否则很难再有机会开第二枪，所以一定要把握好射击时机。每次只暗杀一个敌人显然并不是FP-45手枪的主要目的，FP-45手枪最主要的作用是作为无枪者的第一个工具，借由其来干掉有武器的敌人，进而再抢夺敌人的武器弹药，自此就没必要继续使用FP-45手枪了。

当然，这种简易的产品同样在适当的使用下会成为致命的武器，尤其是当德军得知美国在欧洲大陆空投了大量的这种手枪后，更是造成了德军相当的恐慌。随之许多德国士兵开始在乡村里到处搜查这种广泛分布的FP-45手枪，结果因此而分散开来的德国士

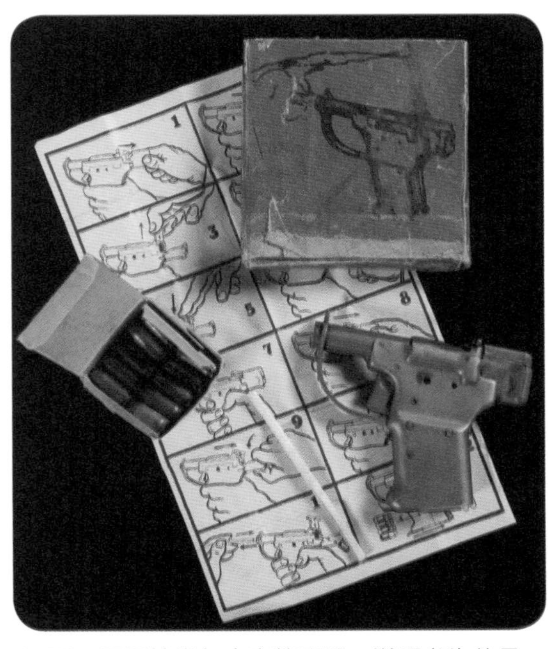

☆ FP-45手枪当年全套的配置，说明书为仿品，小木棍也是配件之一

兵反而成了FP-45手枪射杀的最佳目标。

同时，即使FP-45手枪被搜查到也不要紧，这种工艺粗糙、精度奇差、成本低廉的武器在装备精良的德国士兵眼里根本不值一提，而且对于游击队来说损失也不大。

此后，为了弥补FP-45手枪单发且射击精度低的缺点，美国还在FP-45手枪的基础上设计过一种两发型的FP-45手枪，其同样被命名为信号枪，以掩藏真实用途。

这种两发型FP-45手枪在结构上非常像原始的多弹仓击发手枪，有一个拥有两个弹仓、可以水平滑动的弹膛，在打完一枪后，只需要在打开后膛块后横向推动弹膛、使未击发的弹仓对正枪管即可，再复位锁定后膛块，这样就可以“迅速”地发射第二发枪弹。

两发型FP-45手枪的中空握把里面也可以存放10发弹药。但这种两发型FP-45手枪并不像原来的单发型FP-45手枪那样获得订单和广泛使用，因此只制造了极少量的样枪。

关于FP-45手枪的使用有许多故事，其中一个就是FP-45手枪曾被大量地通过空投方式投放到当时被纳粹德国占领的法国境内。虽然在美国战略情报局的武器目录的介绍中，的确有说明这种手枪曾经被大量投放到被占领的欧洲地区，也有实际证据证明FP-45手枪确实曾被法国抵抗组织使用过，但实际上当时欧洲盟军的指挥官们认为给游击队分发这种武器并不实用，因此投放到欧洲的FP-45手枪数量实际并不多。

“二战”结束后，大批的FP-45手枪被美国回收和销毁，现在许多收藏家想要找到一把当年原版的FP-45手枪已经变得非常困难。有意思的是，美国军方这个举动导致了后来另一款奇怪手枪的出现。当20年后美国中央情报局想在越南战争中运用类似的武器和策略时，因为之前FP-45手枪被大面积销毁，所以他们不得不重新设计和制造一种新的简陋手枪。

这款被命名为“鹿”的手枪在20世纪60年代初期研制成功，其外形比FP-45手枪还要奇怪，整体像个缩小的电吹风。由于在英文单词中“deer”（鹿）与“die”（死）相近，发音也相近，因此被戏称为“作死”枪。

在越战结束后，美国中央情报局照样大面积回收并销毁了“鹿”手枪，所以现在“鹿”手枪实际上比FP-45手枪更加罕见。

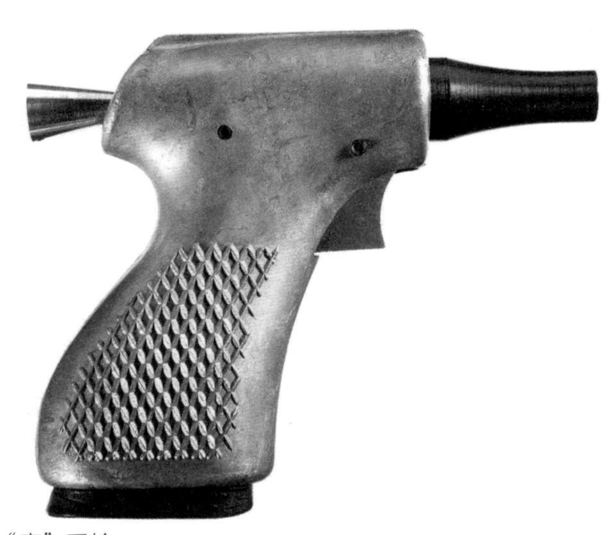

☆ “鹿”手枪

## 1944　加拿大“加九零”大威力手枪

“加九零”大威力手枪是中国通过海外订制方式的一款半自动手枪，在早期国民党政府对外采购目录中的官方名称是加拿大造白朗林九米厘（9毫米）口径手枪，但“加九零”并非是加拿大枪械设计师原创设计的，其“血统”是比利时FN公司生产的勃朗宁M1935大威力手枪（HP大威力手枪）。

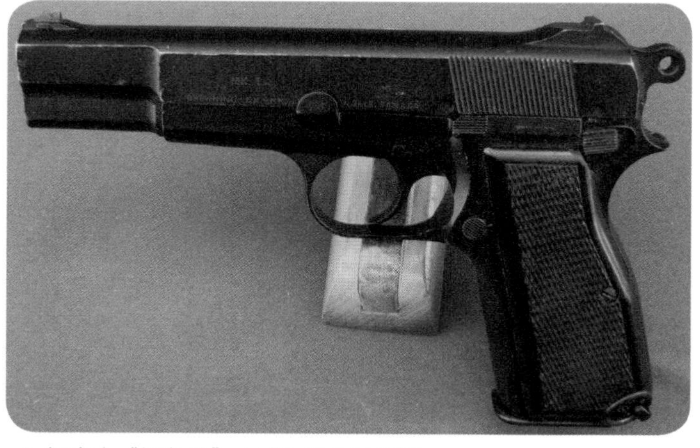

☆ 加拿大“加九零”大威力手枪左视图

早在抗日战争爆发前，国民党政府就曾向比利时FN公司订购过数量不明的勃朗宁M1935大威力手枪和木质枪套，并在使用过程中对该手枪的性能颇为满意。

在第二次世界大战爆发后，国民党政府从德国进口武器的渠道被切断，国民党政府不得不考虑调整武器装备体系。面对当时日本加速侵略中国及亚洲各地的军事战争，欧洲、美洲等老牌军事强国也正逐步被拖入战争的泥潭中自顾不暇。国民党政府经过比较后，想到了比利时FN公司的勃朗宁M1935大威力手枪，并派人前往比利时洽谈大量采购该手枪的事宜，

1940年，德国以“闪电战”的方式侵占了比利时，进而吞并了比利时FN工厂，勃朗宁M1935大威力手枪供应渠道被掐断。

1941年，中国“四大家族”里的“财神爷”宋子文委派其下属的中国国防物资供应公司访问位于加拿大多伦多市的约翰·英格力斯公司，洽谈购买武器，其间询问是否能供应比利时FN公司生产的勃朗宁M1935大威力手枪。而加拿大英格力斯公司之前从未获得过生产勃朗宁M1935大威力手枪的授权，也没有办法取得相关设计图纸。

最后还是由国民党政府驻外办事处于1943年提供给该公司6把比利时原厂生产的勃朗宁M1935大威力手枪作为样枪——由此，英格力斯公司才得以开始仿制生产，定型为MK.Ⅰ型（“加九零”大威力手枪）。

随后通过渠道疏通，英格力斯公司获得了FN公司正式授权的生产许可，这才得以大批量生产“加九零”大威力手枪。接着，国民党政府和加拿大英格力斯公司签订了订制加拿大造勃朗宁M1935大威力手枪的合同，并计划采购18万把该大威力手枪，“加九零”大威力手枪自此才得以正式进入中国。

早期交付中国的“加九零”大威力手枪套筒左侧刻有“中华民国国有”字样，后来英格力斯公司不再刻该字样，改由国民党政府自行刻制。国民党政府在使用时有的加刻，有的不刻，有的刻在套筒上，也有在木质枪托上刻“加九零木盒”字样的，而且铭文的内容也是五花八门。

国民党政府订制的“加九零”大威力手枪最显著的特征是在其枪身右侧编号内刻有代表中国的“CH”字样，以示专为中国制造。但“二战”后期由于其部分剩余订单没有运付中国，所以这批编号内刻有“CH”字样的部分“加九零”大威力手枪还被提供给了英国、加拿大、澳大利亚等同盟国部队。

☆ 代表中国的“CH”字样的“加九零”大威力手枪

此外，加拿大英格力斯公司还应国民党政府的要求，特别设计制造了一种木质枪托，该枪托外形较为粗短。后来国内开始自行生产，但完全是按照毛瑟军用手枪的枪托款式来制造的，只是尺寸缩小了一号，外形较为瘦长而已。

最早进口“加九零”大威力手枪时，武器报价单上记载的名称是加拿大造白朗林九米厘手枪，但由于国民党军队普遍以招募或拉壮丁的形式组建而成。成员大都是生活在社会最底层的贫民，很多人是因为最基本的生活保障都没有，为了活命才去当兵的，所以军队的整体文化水平普遍低下，甚至许多地方军阀的军官都是文盲。

正由于这种原因，他们对于手中持有的国外枪械完全说不出全名，连哪个国家生产的都分辨不清，往往就根据其形态、装弹量、进口国等，约定俗成地给进口的手枪起了花样繁多的中国名字，所以进口到中国的加拿大造白朗林九米厘手枪在使用中就简化了称谓，根据其生产国、口径简化称为“加九零”。因为这个名字好记而且朗朗上口，随后渐渐地也就成为各个时期、从不同渠道输入中国的勃朗宁M1935大威力手枪的代名词。

当然由于地区差异，此枪还有许多别的俗称，如“加拿大撸子”“加拿大造”“十子连”“小匣子枪”等。有趣的是，很多参加过解放战争的老兵们，因为不懂外文，也有称其为“二号加拿大”的。因为他们把柯尔特M1911叫“一号加拿大”，这也是因为文化程度所限和对外国枪械了解甚少的缘故。

总之这款仿自比利时FN公司的勃朗宁M1935大威力手枪的“加九零”大威力手枪可以说是为中国量身打造的一款半自动手枪，威力和性能与原品相比也颇为优秀，甚至许多“加九零”大威力手枪和其后续产品还被其他国家军队采用。但为什么“加九零”大威力手枪的知名度如此之低呢?

这主要是加拿大“加九零”大威力手枪出现的“档期”不好，此后更可谓是历经坎坷。

首先，“加九零”大威力手枪陆续开始交付国民党政府的时期，正是“二战”进行到了最关键的一个时期。从加拿大到中国的海运空运等各种渠道都受到日本军队的重重阻挠，实际运输变得困难重重。直到1945年抗战胜利时，前后共计只有4万多把“加九零”大威力手枪被交付给国民党政府。后来由于国民党政府取消了剩余数量的订单，因此已经生产出来的“加九零”大威力手枪大都被转给其他同盟国部

☆ 早期交付中国的“加九零”大威力手枪套筒左侧刻有“中华民国国有”字样

☆ “加九零”大威力手枪

朝鲜战争爆发后，新中国开始了轰轰烈烈的抗美援朝运动，大批的“加九零”大威力手枪也随着中国人民志愿军的入朝参战，被带入朝鲜前线。大多数的“加九零”大威力手枪在战争中被消耗损毁。而随后新中国开始接受苏联的军事援助，志愿军部队逐步统一制式武器。基层军官统一配发51式手枪，剩余的“加九零”大威力手枪自然就被撤出志愿军部队制式装备序列，其中部分作为军事援助支援给朝鲜人民军，有的则转给国内民兵和基层警察等使用。后来中国民兵和警察也开始陆续配发51式手枪，但据说很多人更愿意佩带“加九零”大威力手枪。“加九零”大威力手枪相比较51式手枪，无论是威力、精度、容弹量、技术含量、外形、人机工效等方面都有优势，堪称精品。直到现在，还有很多老民兵和老警察对“加九零”大威力手枪念念不忘。

队使用了。

第二个原因是，“加九零”大威力手枪使用的是9毫米口径的巴拉贝鲁姆手枪枪弹，而当时中国国民党军队中低级军官普遍装备的是使用7.63毫米口径毛瑟枪弹的德国毛瑟手枪。高级军官们则通过不同渠道，或配发，或自己掏钱购买，或朋友互赠等，普遍配备的是使用7.65毫米口径手枪弹的比利时FN公司生产的勃朗宁M1900手枪（枪牌撸子）、勃朗宁M1910手枪（花口撸子）等半自动手枪。所以，实际上9毫米口径的手枪枪弹在当时的中国并非主力弹种，而当时的中国正处于长期战乱的时期，战场环境非常恶劣，不是主力弹种就很难得到补给，这也是国民党政府迟迟未大量装备此枪的原因之一。

新中国成立初期，被赶到台湾省的国民党残余势力为了颠覆新中国的政权，发起了一轮又一轮的间谍战和反革命活动，被派往大陆从事间谍活动的人员也常配备“加九零”大威力手枪。后来随着反革命分子和间谍的不断落网，这些“加九零”大威力手枪也被我人民解放军大量缴获并使用。

由于持续的战争损耗、淘汰销毁等多方面原因，“加九零”大威力手枪遗留下来配发到民兵部队使用的数量非常之少。在很多地方，普通民兵根本配不到“加九零”大威力手枪。但后来大多该手枪也成了摆设，因为没有子弹来源。

早期的民兵和基层警察在对枪械的使用保养上没有一线部队那么严格，所以时间长了，“加九零”大威力手枪的原配木质枪套由于保管不善等原因，大多腐坏损毁，无法使用。后来有人发现“加九零”大威力手枪完全可以装入部队广泛配发的51式手枪的枪套中，民兵和警察部队就开始使用这种51式枪套携带“加九零”大威力手枪。早期51式枪套上的备用弹匣袋有一个皮质的袋扣，该备用弹匣袋可以放入10发9毫米口径的子弹，袋扣扣住后子弹不会掉落出来，这种方式被推广开来。“加九零”大威力手枪后来一直沿用到20世纪90年代才全部撤装完毕。

原版的“加九零”大威力手枪虽然得到普遍赞誉，但是仍存在如下几个主要问题。

第一，因为比利时FN的勃朗宁M1935大威力手枪为可调式表尺，最大射程为500米，所以“加九零”大威力手枪的表尺也仿自于此。我们知道，一般手枪的有效射程在50米左右，虽然“加九零”大威力手枪使用9毫米口径的巴拉贝鲁姆手枪枪弹，枪口初速在396米／秒，枪口动能为584焦耳。但“加九零”大威力手枪的枪管只有118毫米长，那么无论子弹初速如何高，动能如何大，膛线的缠距也决定了其无法对500米以外的目标进行有效打击——那所谓的500米的射程表尺显然是形同虚设。

第二，“加九零”大威力手枪早期使用的抽壳钩为内藏轴式，由于长时间在战争中使用造成的磨损，加之早期国民党军队向来不注重枪械保养，就会发生弹壳无法被完全抽出的情况，套筒后坐回膛后会卡住下一颗子弹，造成送弹故障。“二战”后生产的产品对此进行了改进，原先内藏轴式抽壳钩被片状抽壳钩所取代。

第三，“加九零”大威力手枪为圆形击锤，摩擦受力面太小，在枪膛有弹情况下，大拇指操控打开的击锤来释放归位时，会发生打滑，甚至导致击锤击打撞针，造成走火。同时，手动保险杆太小太短不利于操控，当然这些问题都在“二战”后直至20世纪80年代后所生产的新枪型上被逐步改进。比如，20世纪80年代后所生产的“加九零”大威力手枪就已经把圆形的击锤改为刺形，又加长了手动保险杆的长度。

不断地改进和完善，使这款仿造生产的“加九零”大威力手枪由最初的MK.Ⅰ型改进至后来的MK.Ⅲ型，使之成为一款整体性能比较完美的军用手枪。荷兰、丹麦、南非等国家都纷纷采购该手枪来装备自己的军队。改进后的“加九零”大威力手枪更以“精锐部队理想的随身武器”而闻名于世，且在世界范围内获得空前广泛的应用。到20世纪末时，全球大约有55个国家的军队或执法部门装备了该手枪。

☆ 加拿大军队依旧在使用“加九零”大威力手枪的后续产品

☆ 乌拉圭士兵使用的“加九零”MK.Ⅲ型大威力手枪

从第一把“加九零”大威力手枪诞生到现在已经过去了70多年，“加九零”大威力手枪从众多的模仿者中逐渐脱颖而出，并自成一体，跃入世界名枪的行列。虽然现在“加九零”大威力手枪在中国已经销声匿迹，但其改进型仍大量活跃在世界很多国家的军警部队中，在世界各地的局部战争和反恐战场上大显身手。

☆ 加拿大士兵使用的由“加九零”大威力手枪MK.Ⅰ型改进而来的MK.Ⅲ型

## 1949 美国柯尔特M1911系列手枪

☆ 美国柯尔特M1911系列手枪在美国深入人心

“二战”结束后，美国军方开始寻求一种新型手枪来大面积代替柯尔特M1911A1手枪。其要求之一是手枪全长不超过7英寸（178毫米），重量不超过0.709千克。柯尔特公司为此研发了一款枪管为4.25英寸（108毫米）的M1911系列手枪，这款手枪被命名为柯尔特“指挥官型”，在1949年装备了美军部分军官。但在随后的时间里，柯尔特公司基本就没有了军用订单，所以公司重心转向民用市场。

柯尔特公司M1911系列手枪的民用版本按尺寸区分，一共有三种：全尺寸的“政府型”、上面提到的“指挥官型”和一款紧凑型号的“军官型”，其中“军官型”枪管长3英寸（76毫米）。但因为这三款不同枪管的柯尔特M1911系列手枪的套筒座都是同一尺寸，所以弹容量也相同。在材料方面，柯尔特公司推出了铝合金套筒座的各种型号，其中一款尺寸与“军官型”一样的被命名为柯尔特“防卫型”。

从口径区分：柯尔特公司M1911系列手枪有9毫米、.45口径ACP和超级.38口径这三种口径。从20世纪50年代开始，其还推出了一款名为金杯的比赛级别手枪，并且在后期改变了其击锤外形，采用圆形镂空设计。

按照不同年代，这些产品也被进行了区分：从20世纪70年代开始计算，MKⅣ的70系列“政府型”柯尔特手枪从1970年到1983年间生产；从1979年到1981年生产的MK Ⅳ70系列铭文上带有“B70”后缀；从1981年到1983年生产MK Ⅳ70系列带有“70B”前缀。MK Ⅳ70系列的最大特点就是改进了枪口部位的设计。

在1983年，柯尔特公司推出了MK Ⅳ 80系列手枪。这个系列最大的特点就是增加了击针保险，只有扣动扳机时击针保险才能解脱击针，起到更完善的保险作用。

到了1990年，柯尔特公司推出了柯尔特1991A1系列。在套筒上带有“COLT 1991A1”的铭文。1991年后，柯尔特公司推出柯尔特90系列，这种手枪最大特点是采用双复进簧设计。该手枪与柯尔特“军官型”尺寸一样，但握把处有指槽，并且使用铝合金套筒座，所以这款也属于柯尔特“防卫型”。

☆ 柯尔特M1991A1“军官型”

还有一种柯尔特“XSE型”，这种型号在套筒前方增加了防滑纹，最近推出的柯尔特“XSE型”套筒座上还带有导轨。除了这一系列产品外，柯尔特公司还推出过一款很特别的使用10毫米枪弹的柯尔特“三角型”，这款手枪是为适应当年新推出的10毫米Auto枪弹而设计的。公司本想大卖，可10毫米Auto枪弹最终被淘汰了，但柯尔特公司还是推出了新款柯尔特“三角型”。除了10毫米口径外，为了进军口袋型手枪市场，柯尔特公司还推出过一款.38ACP口径的柯尔特“野马型”。这款手枪有两种尺寸，基本与“指挥官型”和“军官型”相当，但采用威力较小的.38ACP枪弹，后坐力很低，很适合女性使用。

同时在手枪的结构方面，柯尔特公司也做出了更大的探索，发射组件从纯单动改为了单动/双动，或者纯双动版本。但这样大动作的改动，却让很多柯尔特M1911系列手枪迷大为不满。因为其不仅外形有巨大的变化，更主要的是双动的扳机力让射手们感觉不适应。这种单动/双动或者纯双动版本手枪并没有推广开，不算成功。

**现代M1911系列手枪**

柯尔特M1911系列手枪是由柯尔特公司推出并生产的，除了在战争期间，美国军方采用承包商的方式加紧生产以外，别的公司通常情况下是不能生产柯尔特M1911系列手枪的，这是因为美国有完善的专利法规。但专利权期限一旦过期，其他公司便可以自行进行生产。当柯尔特公司的专利失效后，立即就给一些小公司带来了机会。各种各样以生产柯尔特M1911系列手枪为业务的公司纷纷诞生：有走高精度路线，也有老枪翻新修复等。一时间，生产柯尔特M1911系列手枪的厂商便多了起来。包括西格–绍尔公司、巴西陶鲁斯公司、STI公司、加拿大帕拉军工厂、因特武器公司、丹威森、斯普林菲尔德兵工厂公司、AMT公司、阿姆斯科公司、金伯公司、BUL公司、威尔逊

☆ 西格绍尔的柯尔特M1911

战斗产品公司、史密斯–韦森公司、L.A.R.“灰熊”公司、夜鹰定制公司、IMBEL公司、莱斯・贝尔公司、双星公司、Caspian-Arms公司、雷明顿武器公司等总共50余家公司都在生产柯尔特M1911系列武器手枪。

其中，柯尔特公司的死对头史密斯–韦森公司在看到柯尔特M1911系列手枪大卖后也坐不住了，推出了自己的S&W M1911系列手枪。而L.A.R.“灰熊”公司虽然已经销声匿迹，但他们对柯尔特M1911的改良探索做出了巨大的贡献，L.A.R.“灰熊”公司的柯尔特M1911系列手枪口径众多，包括.45温彻斯特–马格南、.45ACP、10毫米Auto、.357温彻斯特–马格南、9毫米温彻斯特–马格南、.357–.45GWM、.44马格南、.50 AE总共8种口径。

像金伯公司、STI公司、夜鹰定制公司这些厂商则依托高品质精品型柯尔特M1911系列手枪受到广大用户的欢迎。最典型的要属雷明顿武器公司出品的柯尔特M1911 R1手枪，在“一战”与“二战”中，两家冠以“雷明顿”名号的公司生产过柯尔特M1911系列手枪，可雷明顿武器公司自己当时却没有生产过柯尔特M1911系列手枪，现在正好弥补此项空白。除了雷明顿武器，还有一个更成功的例子，就是斯普林菲尔德兵工厂公司，其实该公司与当初的国营斯普林菲尔德兵工厂“八竿子打不着”，可现在却成为精品柯尔特M1911系列手枪的代名词，包括FBI的人质解救组等单位都装备了斯普

☆ 巴西陶鲁斯生产的柯尔特M1911手枪

☆ 加拿大帕拉生产的柯尔特M1911手枪

☆ 金伯生产的柯尔特M1911手枪

☆ 伊利诺伊州的岩岛兵工厂生产的柯尔特M1911手枪

☆ 史密斯－韦森生产的柯尔特M1911手枪

☆ 威尔逊战斗生产的柯尔特M1991手枪

☆ 莱斯·贝尔生产的柯尔特M1911手枪

☆ 生产过PPK的因特武器公司出品的柯尔特M1911手枪

林菲尔德生产的柯尔特M1911系列手枪，可见其精品柯尔特M1911系列手枪在人们心中的地位。

除了柯尔特的整枪外，还有一些公司推出改装套件。其中最特别的一款就是从.45ACP口径改为我国54手枪使用的51式手枪弹的7.62毫米口径，这种套件是由J&G赛奥斯公司推出的——这款经典的枪弹与柯尔特M1911系列手枪终于有了结合点。

### 柯尔特M1911系列手枪的“回马枪”

美军撤装柯尔特M1911系列手枪后，许多人并不买M9的账。他们还是喜欢使用柯尔特M1911系列手枪，但军队中只有将军与特种兵才会有柯尔特M1911系列手枪。这种局面持续了很久，终于被海军陆战队打破了，海军陆战队的远征队（简称MEU）需要一款现代化的柯尔特M1911系列手枪。

在1986年，这些柯尔特M1911系列手枪由海军陆战队自己的军械工人手工生产，被称作MEU手枪。从外表看，套筒座上刻有“M1911 US ARMY”字样，说明套筒座是属于老式柯尔特M1911A1手枪（无论装备的是海军、陆军、海军陆战队，柯尔特M1911A1的铭文均是“M1911 US ARMY”），套筒上是斯普林菲尔德兵工厂的标识。

该手枪套筒前方增加防滑纹，抛壳窗后部开有凹槽，增加右侧的保险杆，握把更具人机工效，准星和照门也做了修改。这让柯尔特M1911系列手枪的拥趸们大呼过瘾，因为柯尔特M1911系列手枪又重新返回海军陆战队，并且军方也随之要求增加三百万美元的预算经费，用于订购新型的MEU手枪。

☆ 斯普林菲尔德生产的柯尔特M1911手枪

### IPSC运动与柯尔特M1911系列手枪

IPSC（International Practical Shooting Confederation，国际实用射击协会）于1976年5月在美国宣告正式成立，是实用射击运动的全球性组织。而柯尔特M1911系列手枪则促使了IPSC雏形的出现，并且柯尔特M1911系列手枪也随着IPSC的发展而发展。

为了参加IPSC比赛，柯尔特M1911系列手枪自身也做了很大的改变，包括内部的改造、外部增加枪口防跳的配重块、增大弹匣容量、增加光学瞄具等。这样的定制版使柯尔特M1911系列手枪成了参赛选手们追逐的终极目标。不过这种“贵族版”的柯尔特M1911系列手枪并不是IPSC的全部，现在的IPSC也有专门针对普通柯尔特M1911系列手枪的分组比赛，这让很多普通选手也能参加到IPSC的比赛中。今天的IPSC运动已经发展到了全世界，而柯尔特M1911系列手枪则占据了其比赛用手枪的半壁江山。

在我国的香港地区，IPSC的比赛也十分受欢迎。尤其是电影《枪王》对香港IPSC比赛有了很好的诠释，并且在电影中几乎全部采用定制版柯尔特M1911系列手枪。当时的电影还为广大的观众带来一个全新的概念，那就是Double Tap（Double Tap，译为“双发速射”，是指射手在很短时间内连续向一个目标点打出两发枪弹，并且两个弹孔靠得很近，这样就能确保对目标打击的停止作用）。而由于传统的柯尔特M1911系列手枪是单动扳机设计，并且经过改造后更加容易打出Double Tap，所以这就是柯尔特M1911系列手枪能在IPSC

☆ 比赛用的柯尔特M1911手枪

中长盛不衰的原因之一。

**电影中的柯尔特M1911明星**

好莱坞初期，柯尔特出品的转轮手枪曾是西部牛仔片中的主角。其实，早在1929年的电影中就已经出现柯尔特M1911系列手枪的身影了，而现在柯尔特M1911系列手枪与柯尔特M1911A1手枪则是“二战”电影的当家手枪，同时美国大兵手持柯尔特M1911A1手枪的形象也随着电影深入影迷的心中。

随着“二战”电影的减少，柯尔特M1911系列手枪又转战警匪片。直到一部开创历史的“二战”电影《拯救大兵瑞恩》上映后，经典形象又重回到影迷心中。片中汤姆·汉克斯扮演的主角用自己的柯尔特M1911A1手枪对抗敌人的“虎式”坦克的悲壮一幕成为经典。

随后在经典电视剧《兄弟连》与《太平洋战争》这两部“二战”电视剧中，也出现了经典的柯尔特M1911A1手枪的镜头。当然，手持柯尔特M1911A1手枪也并不只是“二战”美国大兵的专利，在影迷心中地位较高的《黑鹰坠落》中，三角洲特种部队的队员们全部使用柯尔特M1911A1手枪。尤其是在“超级64”坠机地点的战斗中，两名三角洲队员用柯尔特M1911A1手枪坚持到了最后，直至牺牲。

除了柯尔特M1911A1手枪，其他厂商的柯尔特M1911系列手枪也陆续登陆其他类型的电影。其中在《勇闯夺命岛》一片中，最经典的是在将军与部下相互用手枪对射中，将军使用的是一款全尺寸柯尔特M1911系列手枪。虽然片中由尼古拉斯·凯奇扮演的男主演使用现役M9手枪，但他在另一部电影中则使用了一对特别订制的金版柯尔特M1911系列手枪。这款由斯普林菲尔德兵工厂公司特制的柯尔特M1911系列手枪，在尼古拉斯·凯奇手中非常拉风。包括经典科幻大片《终结者》中也出现了各种型号的柯尔特M1911系列手枪……可以说从20世纪20年代开始，历经90多年，柯尔特M1911系列手枪已经成了当之无愧的好莱坞“大明星”。

在我国，早期影视剧中少有柯尔特M1911系列手枪，但在现在的影视剧中，已经出现了柯尔特M1911系列手枪。包括翻拍的电视剧《永不消逝的电波》中都出现了柯尔特M1911A1手枪的身影，这也是当年真实的再现，而在之前上映的电影《让子弹飞》中，主人公也手持两把柯尔特M1911系列手枪，非常惹眼。

**百年纪念版**

从柯尔特生产出第一把柯尔特M1911系

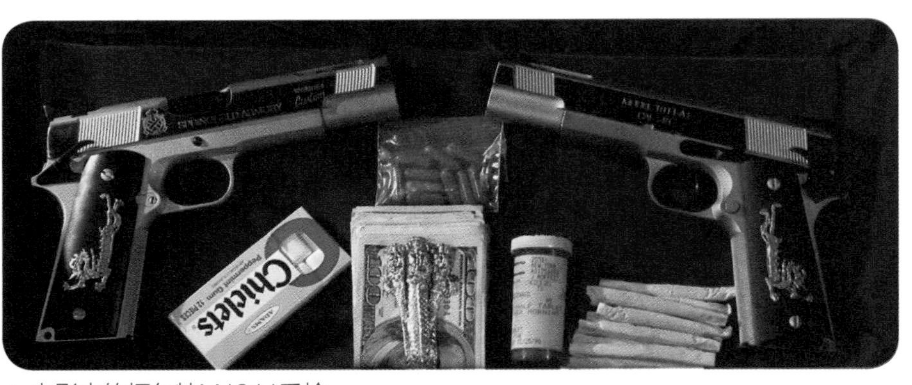


☆ 电影中的柯尔特M1911手枪

☆ 美国柯尔特M1911系列手枪雕花收藏版

列手枪开始，直到2011年，已经有百年历史。柯尔特公司针对这个“百年纪念”特别推出了柯尔特M1911系列手枪百年纪念版，并且纪念版还不止一种。

各种版本的百年纪念版柯尔特M1911系列手枪是为了满足不同客户的需求。其中既有镶嵌黄金的金版柯尔特M1911系列手枪、也有握把上带有纪念标识的普通版柯尔特M1911系列手枪……但无论是哪款纪念版本，都是值得收藏的精品。

除了柯尔特公司外，其他公司也相继推出了各种柯尔特M1911系列手枪百年纪念版，以供柯尔特M1911系列手枪的拥趸们收藏。

**美国文化的体现**

经历了两次世界大战之后，在美国柯尔特M1911系列手枪早已深入人心。

在现代的美国社会中，对柯尔特M1911系列手枪的崇拜，对.45口径的崇拜十分普遍。同样在现代美国枪械市场中，手枪销售量最大的型号依旧是柯尔特M1911系列手枪。谁家里没有柯尔特M1911系列手枪呢？这恐怕是美国枪械爱好者的共识。甚至有些柯尔特M1911系列手枪拥趸的家中会有十几把，乃至几十把各种型号、各个公司生产的柯尔特M1911系列手枪。即使这样还不能满足他们对柯尔特M1911系列手枪的喜爱，有些人会把柯尔特M1911系列手枪的形象文在身上、胳膊上等。还有人把勃朗宁的专利也文在身上——这不只是文身，而是一种把柯尔特M1911系列手枪深深刻在心中的表现。

喜欢个性的柯尔特M1911系列手枪的拥趸们还会订制各种款型，尤其是带有精美雕刻、镶金、镀银的版本。不过这些版本十分昂贵，不是所有人都能拥有的。但为了体现个性，柯尔特M1911系列手枪的握把则成了一个展示的舞台。各种各样不同款式的握把层出不穷，包括木制精美雕刻版本、高级象牙雕刻版本、金属雕刻版本、聚合物绘画版本等，体现了美国人的多样个性。

☆ 1911～2011年的多款柯尔特M1911系列手枪

☆ 柯尔特M1911系列手枪文身

☆ 柯尔特M1911系列手枪各式握把鉴赏

# 第5章

# 手枪的“近现代”

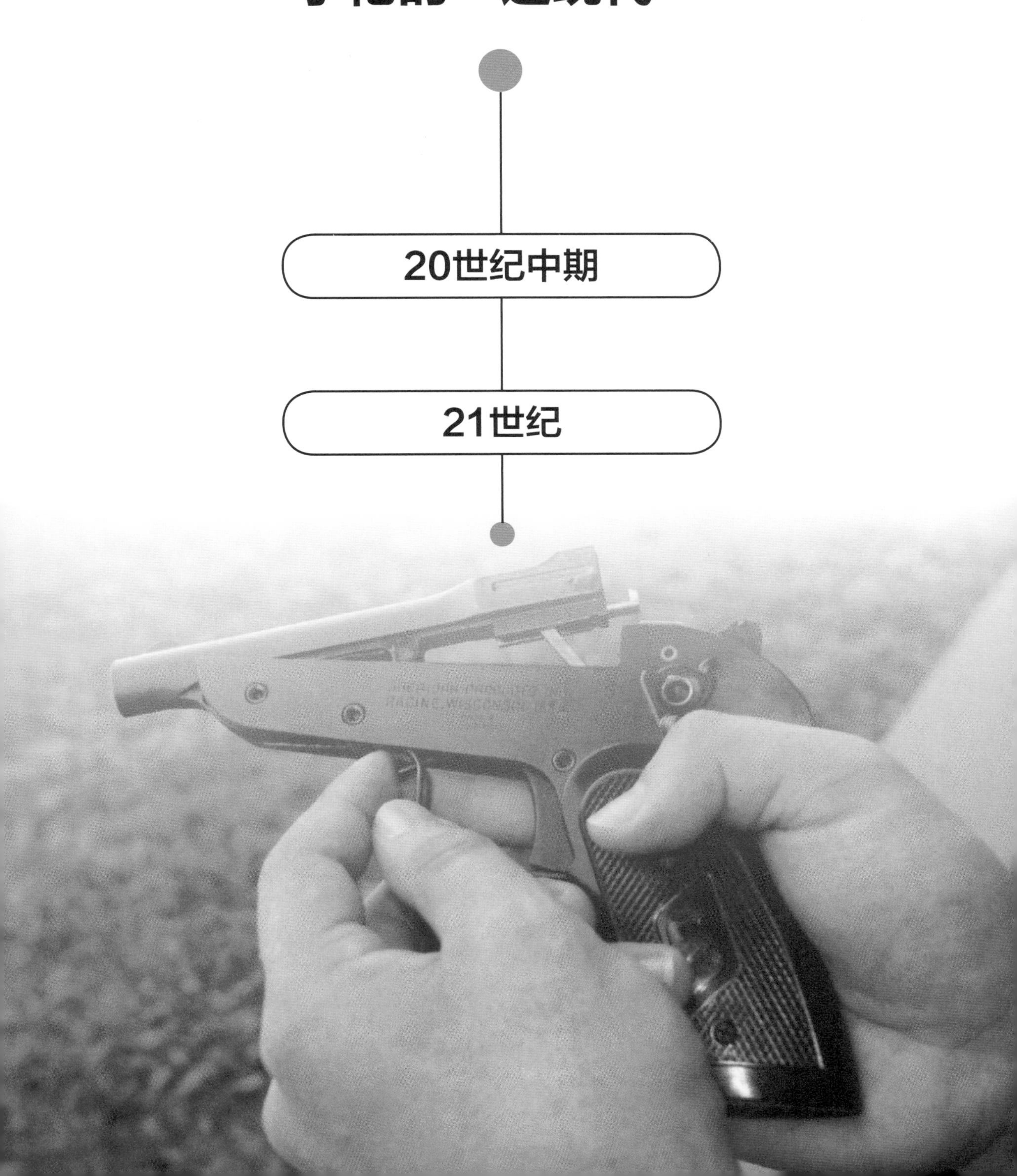

## 1951 苏联马卡洛夫手枪

苏联马卡洛夫手枪以其设计者命名，即尼古拉·费奥多罗维奇·马卡洛夫。

马卡洛夫于1914年出生于俄罗斯的萨索沃市，他是一个火车司机的儿子。他从1929年开始在职业学校学习，很快就与父亲一样在1931年进入铁路系统工作，负责对机车进行维护和修理。正是这样的经历让他有机会接触到大量的机械构造，经过努力其在1941年晋升为机械工程师。

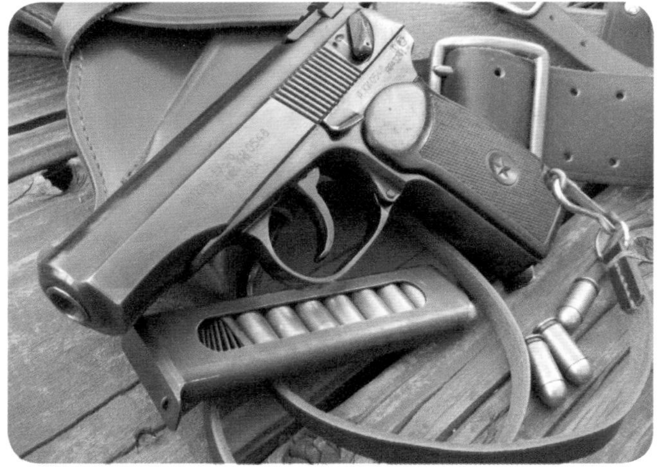

☆ 苏联马卡洛夫手枪左视图

第二次世界大战爆发后，马卡洛夫进入了苏联著名的图拉兵工厂工作，在那里他接触到了自动武器的设计。起初，马卡洛夫仅仅是个级别较低的员工，不过很快他通过自己的勤奋与才能，几经升迁，终于在1945年升任为图拉兵工厂的首席设计工程师。

“二战”结束后，当时的苏军想要寻找一款新的半自动手枪来取代此前装备的托卡列夫TT-33手枪。于是在苏联国防部的主持下，要求各相关机构研发一款新型的自卫用半自动手枪。

当时，总共有四种新型半自动手枪的设计方案提交上来，其中就包括了马卡洛夫设计的新型半自动手枪。最终，马卡洛夫的设计方案脱颖而出，被苏联国防部所采用，同时因为马卡洛夫手枪的缩写是PM，所以这款手枪也被简称为PM手枪。

马卡洛夫手枪是一款自卫用的手枪，所以采用了自由枪机的半自动原理；惯性闭锁方式；外露式击锤设计，可双动或单动击发。

马卡洛夫手枪总共由26个部件组成（弹匣为一个部件）。其全枪长为161.5毫米，枪管长为93.5毫米，瞄准基线为129毫米，最宽处为30.5毫米，全枪高为127毫米，口径为9毫米，弹容量为8发，使用9×18毫米的马卡洛夫枪弹，空枪重量为0.76千克，装满枪弹后的重量为0.88千克，射速为30发/分钟，有效射程为50米。

☆ 苏联时期产的马卡洛夫手枪右视图

其套筒表面进行发蓝处理，套筒顶部设有带长条细纹的防反光板。防反光板的两端分别为矩形准星与凹型缺口照门。套筒顶部为圆弧形设计，套筒右侧的椭圆形抛壳窗后方是抽壳钩，套筒左侧刻有枪

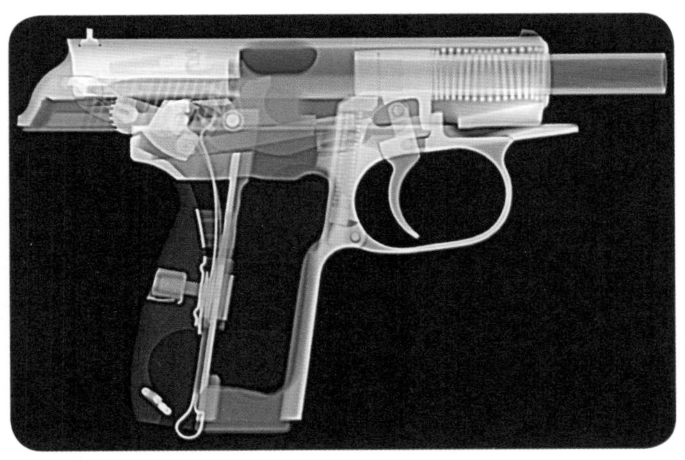

☆ X光下的马卡洛夫手枪

号。套筒后部两侧均带有斜置防滑纹，便于后拉套筒。左侧防滑纹后方是手动保险。套筒内部的枪机为不可拆卸式。

套筒内部的枪管被固定在套筒座的固定环上，枪管可以拆卸。枪管内部为4条右旋膛线。复进簧套在枪管上，复进簧本身为左旋。枪管后部的弹膛设有导弹板，导弹板正好与弹匣部分连成一体，保证了枪弹入膛的可靠性。

套筒下方的套筒座也经过发蓝处理，套筒座右侧扳机护圈后方设有空仓挂机解脱杆。空仓挂机解脱杆后方就是套筒座上的枪号。套筒内部为击发组件，马卡洛夫手枪带有双动和单动两种发射方式：当处于单动状态时，击锤在待击位置，这时扳机力为22.54牛顿，扣动扳机后，扳机连杆向前移动，扳机连杆末端的拨杆向上移动抬起阻铁，进而释放击锤，击锤回转击打击针尾部，击针击发枪弹；而当扳机处于双动位置时，扳机力为50.96牛顿，因为扳机连杆位置不同，所以当扣动扳机后扳机连杆会带动拨杆旋转，拨杆会带动击锤向待击位置旋转，当击锤到达待击位置时，拨杆便会抬起阻铁从而让回转的击锤击打击针。

因为TT-33手枪是出了名的“没保险”，所以马卡洛夫手枪改为“全面保险”的设计。首先是手动保险，马卡洛夫手枪的手动保险有两个作用。

其一，当手动保险处于下方，并且露出上方的红点时，手动保险解除可以随时进行射击；而向上扳动手动保险则处于保险位置，这时手动保险上的凸出部会被转向下方，正好挡住击锤，这时击锤无法击打击针，起到保险作用。

其二，手动保险还充当了现代手枪上常有的一个功能，那就是待击解脱杆的功能。当拉动套筒，击锤处于待击位置时，只要把手动保险扳动到保险位置，击锤就会自动回转到击锤保险位置，将击锤安全释放，这样就能保证射手安全携带手枪。

除了手动保险之外，击锤保险也是马卡洛夫手枪的另一处保险：其击锤本身带有一个保险卡槽，位于击锤前方，与阻铁配合，只要击锤在保险位置时无论受到怎样的外力，保险卡槽中的阻铁都会挡住击锤向前，这样就让击锤与击针无法碰撞，起到保险作用。如果击锤没有被扳动到待击位置而意外回转，这时的阻铁并没有移动位置，所以击锤保险卡槽与阻铁配合，起到了击锤不到位保险的作用。

此外，在后期制造的马卡洛夫手枪上还带有一个套筒不到位保险：这个保险设置在套筒上部的一个圆形凹槽中。当套筒没有复进到位时，扳机连杆后部的拨杆顶部没法进

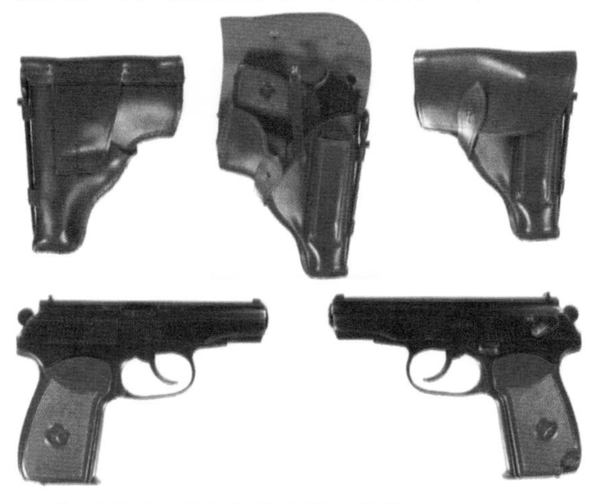

☆ 苏联原厂的枪套和马卡洛夫手枪

☆ 59式手枪

☆ 苏联马卡洛夫手枪部分分解

入套筒上的圆形凹槽。此时即使扣动扳机，拨杆也无法向上移动，拨杆无法向上就不能把阻铁移开，这样击锤就不可能击中击针。

综上所述，可见马卡洛夫手枪的系列保险真可谓是“全面保险”。

马卡洛夫手枪的握把部分设计也较合理，握把镶片采用全包式，握把后部设有螺钉用于固定握把镶片。同时螺钉不仅固定握把镶片，还固定内部的击发簧。这个击发簧设计独特，上部的两个片簧起到了扳机复位簧和击锤簧的作用，而下部则起到了弹匣卡榫的作用。握把镶片左右两侧带有菱形防滑纹，中心带有一个红色五角星。

马卡洛夫手枪的弹匣为钢制，并且带有可以观察弹量的镂空设计，这样的镂空设计也减轻了自重。

马卡洛夫手枪的分解部件与扳机护圈设计成了一体。需要分解时只要向下拉出扳机护圈，并向左或者是向右扳一定的角度，使扳机护圈上的限制凸榫顶在套筒座上。然后拉动套筒向后，同时扣动扳机。随后把套筒向上抬起，便可以向前取下套筒。取下套筒后就可以取下复进簧，完成部分分解，便可以进行上油维护。

马卡洛夫手枪所用的枪弹是新型枪弹。这款枪弹并不是和手枪共同研发的，早在第二次世界大战的后期，因为TT-33手枪的7.62×25毫米的托卡列夫枪弹不适合近距离自卫使用，于是另行开发。这款新型枪弹就是由B.V.瑟米恩设计的9毫米口径枪弹，其弹头实际直径是9.22毫米，弹壳为无瓶颈直筒型，长度为18.1毫米，枪弹全长为25毫米。

9×18毫米的马卡洛夫枪弹起初只有全披甲的圆头弹，弹头重量为6.2克，枪口初速为319米/秒，枪口动能达到313焦耳。后来为了提升停止作用，也推出过弹头带有中空设计的空尖弹。在20世纪的最后几年，新型发射弹药的应用将9×18毫米的马卡洛夫枪弹的枪口初速度提升到了420米/秒，枪口动能提升到了529焦耳。

最初，当马卡洛夫手枪在测试中胜出后，于1951年便被当时的苏联红军所采用，定为制式手枪后开始在图拉兵工厂批量生产。

1954年，马卡洛夫手枪被转移到苏联的伊热夫斯克机械厂继续大量生产。该手枪迅速装备了当时苏联红军的各个军种，乃至当时苏联国内的执法部门也开始装备这种新型的马卡洛夫手枪。同时因为当年的历史特殊性，这款马卡洛夫手枪很快也被推广到了华约国家和共产主义阵线，其中包括东德、保加利亚、古巴、波兰、朝鲜、越南与蒙古等30多个国家。

期间不仅是普通的产品输出，更有相关生产技术的输出，像东德、保加利亚、波兰、朝鲜和中国都可以自行仿造生产马卡洛夫手枪。其仿制品在朝鲜被命名为66式手枪，在波兰被命名为P83手枪，在我国则称为59式半自动手枪。

在新中国建立后，54式半自动手枪成了我国的制式手枪。但这种大威力手枪并不适合公安人员和高级指挥官使用，所以我国第一款自行研发的64式半自动手枪便应运而生。而在这两款制式手枪之间起到过渡作用的正是59式手枪。

正如上文所说，新中国建国初期，苏联对新中国在很多方面都进行了援助。其中也包括各种武器的制造，人们熟悉的56式系列轻武器（56半、56冲）均是在当时进行仿制定型并随后列装的，除此之外相关的技术援助和生产还包括一款用于近距离自卫的半自动手枪，这款手枪即为苏联研发的马卡洛夫半自动手枪。

后来由于种种原因，苏联出尔反尔全面撤走了援助中国的所有技术人员与很多项目，甚至毁掉了很多相关图纸……这直接导致我国原计划的很多项目被迫停工或搁置，这里就包括这款马卡洛夫半自动手枪的相关工作。

当时我国的科研人员用仅存的资料继续进行艰苦研发，最终在1959年将马卡洛夫手枪仿制成功，随后这款59式手枪便被制式采用。我国的59式手枪与马卡洛夫手枪形式相同，但握把镶片处可以明确分辨，其上有一个盾形图案，内部带有五个五角星，或一个五角星加麦穗，中间带有“八一”字样。定型后的59式手枪由中国626兵工厂开始生产，在当时主要用于装备军队团级的指挥官。

不过59式手枪在使用中陆续出现了多次事故，最终于1960年停止了批量生产。而此前列装的部分59式手枪也被撤装，至此这款“短命”的59式手枪就这样退出了中国武器装备的历史舞台。59式手枪之所以会出现事故，其原因主要在于当年我国的机加工水平不高、能力不足、枪弹研发尤其落后等综合因素。

失败是成功之母，这次自主探索的失败案例却为我国日后成功研发64式手枪积累了宝贵的经验。虽然我国的仿品品质不济，但是却难掩马卡洛夫手枪在世界枪械发展史中的光彩。

马卡洛夫手枪毕竟是20世纪50年代的手枪，到20世纪90年代时就已经显得有些落后了，所以改进型的马卡洛夫手枪便应运而生，那就是马卡洛夫PMM半自动手枪。

马卡洛夫PMM手枪采用了新型火药枪弹，改进为12发双排弹匣，同时握把镶片也进行了改进。虽然这些改进让这款新型的马卡洛夫手枪在性能方面有所提升，但因为此苏军庞大的军队列装情况，想要在短期内大量撤换掉老款马卡洛夫手枪是不太现实的，所以直到21世纪，在俄罗斯军队和执法部门中还拥有大量的马卡洛夫手枪。

除了马卡洛夫PMM手枪外，马卡洛夫手枪曾经还推出过一个带有消声器的版本，其套筒变得很粗大，但内部结构没有任何变化——这款手枪被称为马卡洛夫PB微声半自动手枪。

因为马卡洛夫手枪在美国拥有很强的市场影响力，所以后来俄罗斯的厂商还专门针对美国市场推出了相应版本的马卡洛夫手枪，这款手枪的口径依旧是9毫米，但发射的是在美国最流行的.38ACP口径枪弹。同时还推出了一款发射9×18毫米马卡洛夫枪

☆ 马卡洛夫PMM手枪

弹的传统型，其与老款基本相同，只是将照门改为更加先进的可调风偏式。

此外，在美国的民用手枪市场上，我国出品的马卡洛夫手枪也受到欢迎。其上面不仅刻有“马卡洛夫”标识，也刻有“59式”等字样，但握把镶片和俄罗斯产马卡洛夫手枪的款式一样：只有一个五角星。

马卡洛夫手枪从诞生到现在已经有60多年的历史了，这款经典的半自动手枪目前还活跃在历史的舞台上。而尼古拉·费奥多罗维奇·马卡洛夫也正是因为设计出了马卡洛夫手枪而被授予了“苏联国家奖”，随后他还设计了反坦克火箭和飞机上的航炮等武器。在他退休的时候已经获得两次“苏联国家奖”、两次“列宁勋章”，以及“劳动红旗勋章”和“社会主义劳动英雄”等诸多荣誉。1988年5月13日，时年74岁的马卡洛夫在图拉因为中风而离世——但他的名字却因为他所设计的手枪而被全世界知晓。

☆ 国产出口美国的59式手枪

☆ 保加利亚产的马卡洛夫手枪

☆ 德国产马卡洛夫手枪右视图

☆ 发射.38ACP枪弹的马卡洛夫手枪

## 1953　美国谢里登D型单发手枪

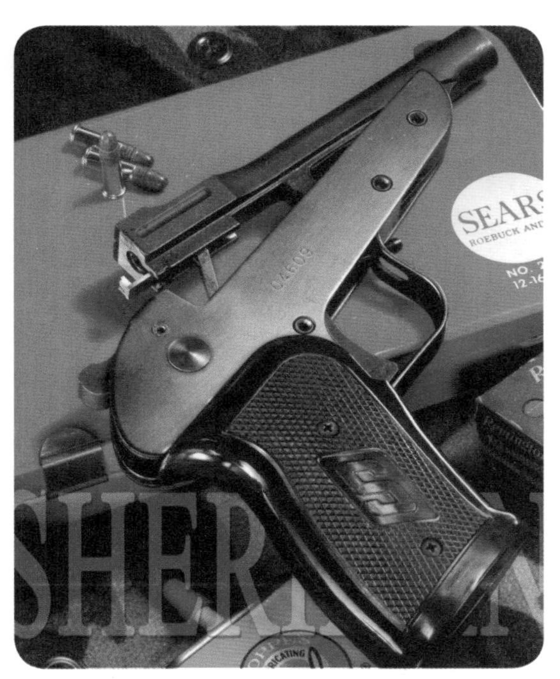


☆ 美国谢里登D型单发手枪枪机打开状态

美国谢里登公司于20世纪40年代中期创立。

当时有位叫瓦克哈根的人对于充斥市场的低品质步枪非常不满，他认为自己能够制造出更为出色的枪械。随后在此信念的指引下，瓦克哈根与朋友克劳斯一起创办了谢里登公司。

1944年中期，谢里登公司的步枪样品制作完成。

1947年，被谢里登公司命名为A型超级步枪的产品开始正式推出并销售。

当时正处于第二次世界大战刚结束的时期，虽然在“二战”中，美国的工业并没有遭受什么重创，但整体混乱的局面还是普遍存在。因此市面上所销售的枪弹大都制造粗糙，质量更是参差不齐。

这就出现了一个棘手的问题：即便制作出质量优秀的枪械，由于所采用的枪弹品质不佳，也很难反映出枪械的真实性能。为此谢里登公司放弃使用.22口径和.177口径的现成枪弹，转而开始独自研发一种.20口径的枪弹。

虽然这种.20口径枪弹在研发成功后得到了众多的好评，但是谢里登公司的那款A型超级步枪却完全卖不动。产量只有2 130支，最终A型超级步枪在1953年停止生产。

究其原因，主要是A型超级步枪售价过高（当时单价为56.5美元）以及人们对新型子弹的认识不足。随后，谢里登公司的第二种枪型——B型超级步枪也出现了相同的状况。在1948～1951年，B型超级步枪总产量仅为可怜的1 050支。

1949年，谢里登公司在保持B型超级步枪结构的基础上努力降低生产成本，以19.5美元的单支售价推出了第三款枪型——C型超级步枪。这次谢里登公司凭借C型超级步枪大获成功，截止到1963年，C型超级步枪创造了累计销售102 547支的优秀成绩。

1977年，谢里登公司被美国本杰明步枪公司收购，但仍然保留了谢里登这个品牌。

1992年，谢里登品牌又被美国克罗斯曼公司彻底收购，并以“本杰明–谢里登”的形式保留其品牌——由此可见谢里登是一个颇具市场影响力的知名品牌。

而关于谢里登公司名称的由来，还有两种不同的说法：一是据说其取自美国南北战争时期菲利普·谢里登将军之名；另一种说法则认为其是取自该公司所在地谢里登——谢里登公司的总部，位于威斯康星州一个叫作瑞新的城市。

虽然谢里登公司以步枪出道并以步枪产品获得声誉，但谢里登公司在其没被收购、还在独立运作的期间开发过一款非常独特的手枪。谢里登公司总部与美国五大湖之一——密歇根湖毗邻，环境优雅、四季分明，因此狩猎非常盛行，这款名为Knocabout的手枪正是诞生于这个“狩猎

☆ 谢里登D型手枪扳机的弧度很小，近于笔直，便于扣动。扳机护圈前方凸起物是用来打开枪管的小杆

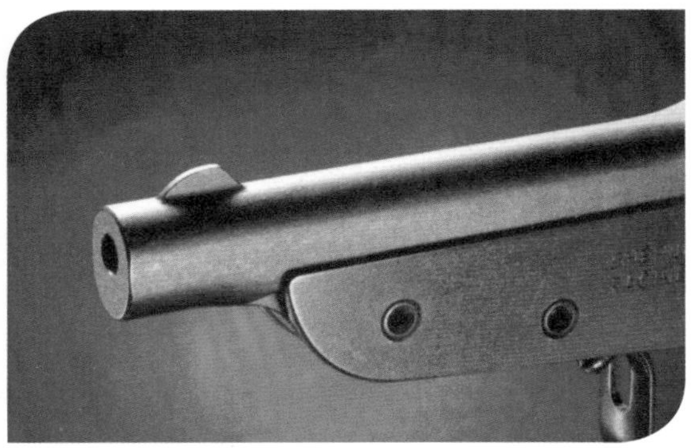

☆ 谢里登D型手枪枪管两侧成扁平状，“刀片”型准星看起来非常舒服

☆ 谢里登D型手枪向内压小杆，打开枪管

☆ 谢里登公司的D型手枪，是冒险家们必备的好帮手

天堂”，同时其名字也说明了该手枪的定位：“Knocabout”有“杂役”“繁重工作”的意思；该手枪在美国更有“流浪者的朋友”及“背包客的必备品”之名。

通过查询谢里登公司的产品资料《谢里登手枪及步枪》还可以发现，Knocabout手枪还被标注为D型手枪。这款D型手枪为.22口径，非常独特的是其采用类似信号枪的结构和每次只能往枪管里装填一发枪弹的单发设计。

谢里登D型手枪从1953年开始生产，至1960年停产；由此我们也可以得知，D型手枪是在C型超级步枪之后推出的产品，可见谢里登公司的产品有一个有序的产品序列；我们现在只能通过资料得知，当时其发售价格为17.95美元，但关于这款D型手枪的其他资料则难以考据。

D型手枪首先给人的印象是“扁平、很薄”，质量为0.64千克。其圆形击锤颇具特色，虽然为外露式但不易与衣物发生钩连。D型手枪的扳机制作有些粗糙，但是扳机力适中，很容易扣动，毕竟使用的枪弹口径并不大。其准星、照门被固定设置在枪管的前后；其中准星为刀片状，照门为缺口式，结构牢固。

D型手枪的操作也较为特殊，需要先把位于扳机护圈前方的小杆压下，此时联动枪管的后部就会向上移动。其枪管长为127毫米，后部是与枪管呈一体连接、两侧呈扁平状的枪膛，此时就可以手动填入一发枪弹。当D型手枪处于此状态时，可以看到枪管下方细细的臂状支撑杆以及抽壳钩等零部件。但此处需要补充的是，用来支撑枪管抬起的支撑杆因为自身较细，据说使用中会出现折断等情况。

D型手枪实射时，在填入一发枪弹后即

可将枪管后部的枪膛手动下压锁定，再将击锤向后扳倒，形成待击。

由于D型手枪使用.22口径枪弹，又是单发非自动方式，所以本身后坐力并不大，基本上可以说就没有后坐力。

D型手枪的手动保险采用的是只与击锤相联动的简单构造。当保险拨片的圆点指向前方铭文“S”的时候，枪械处于保险状态，无法击发；逆时针旋转保险拨片90°，保险解除，手枪待击。

D型手枪的握把镶片采用树脂材质制造，颜色很怀旧。不过上面的网状防滑纹握起来感觉并不舒服，据说其所获评价不高，但防滑作用还不错。

从D型手枪的整体外观来看，其零部件都采用冲压成型，再以铆钉固定技术组合在一起。这些生产手段虽然对降低成本的规模化量产有利，但导致D型手枪实际上无法像其他枪械一样进行分解保养。

这固然是谢里登公司出于D型手枪要适应高强度的野外使用而设计的。但更重要的一点，还是谢里登公司从A型超级步枪的失败中得出的“金科玉律”：“在现实市场上，无论东西多么优秀，只要价格过高就会遭受失败。”事实证明，谢里登公司为了降低生产成本而对D型手枪的定位非常有效，1953年，美国鲁格公司生产的.22口径手枪售价为37.5美元；而D型手枪售价仅为该手枪的一半而已。

但这一切所带来的致命问题就是：一旦D型手枪任何一个主要的击发功能性零部件损坏，那么就无法方便地自行修复，甚至被迫需要直接放弃整把D型手枪。在一个各种半自动手枪大行其道的时期，谢里登D型手枪以一种“特立独行”的姿态在枪械历史上留下了自己的身影。

☆ 谢里登D型手枪在枪管后方凸出来的照门，形状非常齐整。击锤上面有横向防滑纹，起防滑作用

☆ 谢里登D型手枪枪身左后部特写

## 1962 美国Gyrojet手枪

☆ Gyrojet手枪

对枪械性能的探索常常是天马行空的，其中很多都不着边际，或者在经过反复试验后证明无法实现，但这其中却有一款“不走寻常路”的Gyrojet手枪从想象变成了现实。

Gyrojet手枪的设计理念非常有趣：众所周知，手枪在击发后，弹头在火药燃气的压力推动下被射出枪管，虽然有膛线辅助加速和平稳弹道，但终究难敌空气阻力和地心引力等不可抗力，导致弹头动能会迅速流失。对此，人们想方设法要提升弹头的存续动能，以便使其能射得更远、更准。如果飞行中的弹头能像火箭一样，在推进器（火药燃气）失效后自身还可以提供额外推进动力，那么自然就可以得到更远的射程、产生更大的动能、对目标造成更严重的杀伤效果——等于枪弹变成了一个可以自己助力的小火箭。

正是基于上述这种“设想”，美国陆军高级研究项目规划局于1962年正式立项，开始研究运用类似原理工作的火箭式枪械的可行性。

美国工程师罗伯特·梅纳德和阿特·比利合伙组建了一家名叫“MB Associates”的公司（简称MBA公司），开始着手发射火箭式枪弹的新式枪械的研究工作——此类枪械被命名为Gyrojet枪械，意为自转稳定式弹头。

虽说是“火箭式”，但别想成RPG火箭筒。Gyrojet手枪与美国柯尔特M1911半自动手枪的大小相仿，但重量却仅有0.625千克，比柯尔特M1911手枪轻了将近一半。这主要是由于Gyrojet手枪绝大部分部件由先进的扎马克锌基铝合金制成，仅螺钉、枪管衬套和击针等是钢材质。

其铝合金制成的枪身上布满许多通孔，让人无论看在眼里还是拿在手上都觉得这可能是一件随时都可能散架的玩具，似乎根本无法承受正常手枪射击时的冲击力——事实上Gyrojet手枪完全可以胜任，因为其不同于传统意义上的手枪。

Gyrojet手枪枪管的衬管内有浅槽，但不起膛线的作用。由于大量采用冲压件，而且不需要枪管承受燃气压力，也不存在枪管温度过高问题（大部分热量被火箭式枪弹带出枪外），因此采用了薄壁枪管，所以整枪的重量极轻。

Gyrojet手枪的实际工作部件是击锤杆（实际起击锤作用，但击打的不是击针或底火，而是弹尖），没有抽壳、抛壳等动作，仅有容弹量为6发的固定式弹仓。因此全枪结构简单，即使在恶劣环境条件下的可靠性也不错。

☆ 12毫米口径Gyrojet手枪和配用枪弹

其发射的弹药是一种13毫米口径的火箭式枪弹（后来又研制出12毫米口径同原理枪弹，以符合民用枪支口径不大于0.50英寸的美国相关枪械管制规定）。其弹体为不锈钢壳体，长30毫米，表面镀铜或镀镍，内装高能、双基、外表面钝感的管状推进剂。弹底盖为耐热金属制成，中心装有常规底火，底火室四周有4个（早期的型号为2个）与弹的纵轴成20°角的斜向喷孔。

当火箭式枪弹的固体推进剂发生燃烧时，燃气从这些喷孔中喷出，使弹体自身产生旋转力，以获得飞行的稳定性和相对持续的动能。这种火箭式枪弹大体由固体推进剂和火箭式弹头组成，像普通火箭一样，在推进剂燃烧完毕之前，Gyrojet火箭式枪弹一直在加速。推进剂的总燃烧时间为100毫秒，大概在枪弹距枪口约15～20米远处时就已经燃烧完毕，经测试，其最大枪口初速约为382米/秒。而在枪管内燃烧的推进剂仅占全部推进剂的10%。所以当传统枪弹的弹头开始减速时，Gyrojet火箭式枪弹反而正在加速。在50米外，Gyrojet火箭式枪弹的速度比.45ACP口径的手枪枪弹的速度要高许多；弹头在距枪口322米处，Gyrojet火箭式枪弹的速度仍然能达到192米/秒。

Gyrojet枪械原计划要研发包括手枪、卡宾枪、步枪和班用轻机枪在内的全系列武器，但最终只研制出了手枪和卡宾枪。其中Gyrojet卡宾枪与手枪的区别不大，仅仅是采用了更长的枪管并装上了枪托、护木等相

☆ Gyrojet手枪和手部尺寸比较

☆ Gyrojet手枪两片式合模制造，感觉像玩具枪的工艺

关的步枪式结构。

美国陆军随后对MBA公司提供的几件Gyrojet手枪和卡宾枪样枪进行了相关测试，由于测试中暴露出很多问题，最后均未被美国军方采纳。

测试中Gyrojet枪械所暴露出的问题主要包括：一是侵彻力差，穿不透距枪口13米处的用瓦楞纸板作衬背的单层棉布；二是精度差，在距枪口9米处的射弹散布直径达285毫米。Gyrojet火箭式枪弹性能如此不堪，主要是因为其弹头重量太轻，除了推进剂外，基本就只是个空壳，因此弹头飞行时的动能不足。而精度问题则完全是火箭式枪弹原理造成的缺陷。要提高精度，弹头的质心必须始终保持在其纵轴上，即使在推进剂的整个燃烧过程中也需要如此——这样的要求是难以实现的。

此后美国陆军还曾将几把Gyrojet手枪投放到越南战争中进行测试，结果发现其推进剂在潮湿的环境中很容易出问题，经常不能被完全燃烧，这就更进一步影响其使用性能与射程精度。此外，这种火箭式枪弹发射时，由于推进剂的作用，弹头真的会像使用RPG火箭筒一样拖着尾烟飞向目标，直接暴露射手位置，使其成了活靶子。

虽然美国军方最终否定了Gyrojet手枪被采用的可能性，但MBA公司并没有就此放弃，而是在1965年开始向美国民用市场销售Gyrojet手枪。此举让大家得以了解此类武器的存在，并且Gyrojet手枪及其使用的“特种枪弹”也成了许多枪械爱好者口中津津乐道的“潮物”。

Gyrojet手枪除烤蓝工艺的版本外，还有镀镍的银色版，整体相当漂亮。但Gyrojet手枪的结构始终没有什么变化，左右两片式外壳总是让人感觉像是玩具枪的构造。

最初提供的是Gyrojet手枪的Mark I型，其配用0.51英寸（13毫米）口径的火箭式枪弹。但在1968年，根据美国枪支管理法的相关规定：任何发射直径超过0.5英寸，且内部填充爆炸物的弹丸的武器就被认定是“具有破坏性装置”的武器，必须注册并缴纳税款。而当时此类武器的注册认证过程可能需要漫长的几年。

针对此情况，MBA公司研制了规避相关法规的Gyrojet手枪Mark II型，其发射0.49英寸（12毫米）口径的火箭式枪弹，弹尾喷孔改为3个。火箭式枪弹的弹尾喷孔经过了多次改

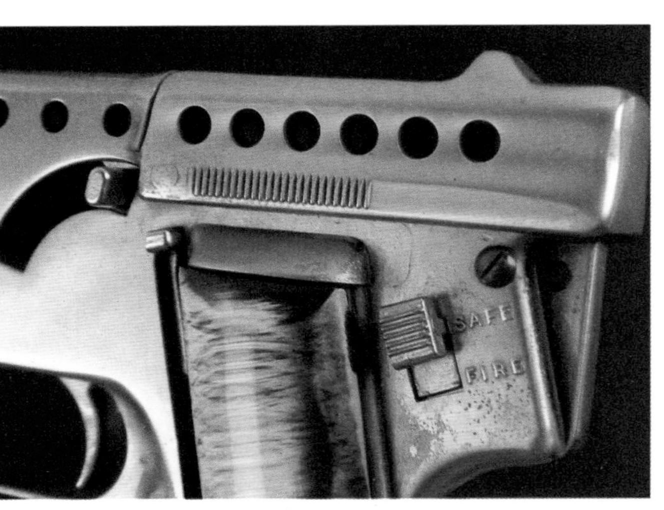


☆ Gyrojet手枪上明显的保险设置

变，由2个变为4个，之后又变为3个，且圆孔变为长条形，弹头也有圆头与锥头之分。

Gyrojet手枪的弹药装填/射击很有“创意”。其没有常规半自动手枪那样可拆卸的弹匣，而是采用固定式弹仓。装填时，要打开枪身后部的滑动枪机，再把6发火箭式枪弹从上面压入弹仓，然后合上滑动枪机，即完成弹药装填。另外，从握把左侧的狭长窗口位置可以清楚地观察到握把固定弹仓内的余弹数。

待装好枪弹后，需要向前下方推动枪身左侧的击锤杆，使其在压缩弹簧后处于待击状态，击锤此时形成待击状态；再把保险扳到发射位置。当扣压扳机时，击锤杆得以解脱，向上弹起的击锤直接撞击火箭式枪弹的弹头部位。这个动作并不是击锤真正击打击针，而只是将火箭式枪弹向后推动，此时后移的枪弹底部撞击滑动枪机部件内部的固定式击针，由此而使底火发火并点燃推进剂。可见其击发过程与传统手枪截然不同，击锤并不是直接击发枪弹底火，而是推动枪弹自己去用底火撞击固定式击针。

由于火药燃气压力增长缓慢，所以击锤杆最初一直将枪弹压在后方，直至枪弹后部的火药燃气推力增长到足以克服前方击锤杆的阻力时，击锤杆才会被枪弹推动离开膛室位置并回复到待击状态。同时，火箭式枪弹向前运动，飞出枪口。当被击发的枪弹离开枪管后，下一发枪弹被顶上去进入枪膛的待击位置，由于击锤杆在前一发枪弹射出时就已经被压倒到位，所以只要再次扣动扳机，就可以按照上述动作过程再次击发——以此，形成半自动手枪的自动方式，直至将全部枪弹发射完毕。

采用这种独特击发方式的原因在于：如果没有这个击锤杆的阻力作用，火箭式枪弹在击发后会立即向前飞行而脱离枪管。但其推进剂的燃烧往往还没有达到稳定状态，因此火箭式枪弹的飞行状态就无法控制。可见，其实这个击锤杆此时起到了膛室闭锁的作用，以便火箭式枪弹“积攒”足够的动能，此时足够的火药燃气产生的膛压才能保证火箭式枪弹的运动稳定性。

同时，由于发射原理与普通枪弹不同，因此Gyrojet手枪除了火药燃气产生的烟外，在实际射击时并没有特别强烈的枪声，并且几乎没有后坐力。但没有足够的弹头射程和杀伤力，其他要素都是枉然，更不能成为一款战斗手枪。Gyrojet手枪虽然在军方看来毫无前途可言，但毕竟提供了一种与传统手枪截然不同的动作方式和工作原理，对手枪的发展是有实际借鉴作用和探索意义的。

再后来，MBA公司还在火箭式枪弹原理的基础上，为飞行员研制了一种小型手持式信号弹及发射枪，定型为A/P25S-5A信号枪。经美国空军试验，实用效果良好，而且由于其整体尺寸方便飞行员作为跳伞后携带的求生用具，于是部分装备部队。这种火箭式枪弹原理的手枪终于有了其用武之地。

由于Gyrojet手枪自身的缺陷，加上装填麻烦，特别是其所使用的火箭式枪弹成本很高，所以一直难以大面积推广，倒是出现了礼盒收纳的收藏款供爱好者购买和作为礼物馈赠朋友。最终Gyrojet手枪在1969年停产，前后总共生产了1000把左右。

现在，这种独特且稀有的Gyrojet手枪成为收藏家们追捧的对象：一把Gyrojet手枪的售价已经超过1500美元，一发“禁令”前生产的13毫米口径原版火箭式枪弹的售价更是超过了200美元，而且基本处于有价无货的状态。

☆ Gyrojet手枪Mark II型

## 1983 奥地利格洛克手枪

☆ 标志性的外形成为格洛克系列手枪的“商标”

说到在当今，哪一款紧凑型手枪最畅销，那么答案一定是格洛克全自动/半自动手枪。美国是占据全球紧凑型手枪一半市场份额的国家，这也证明了美国人似乎对紧凑型手枪有着独特的喜爱。例如，在美国国内有.45ACP、.40S&W和.357SIG等多种口径的紧凑型手枪，除美国外，世界上的紧凑型手枪几乎被9毫米巴拉贝鲁姆口径一统天下。所以在允许枪械商业化买卖的国家中，无论走到哪，最容易买到的紧凑型手枪便是9毫米巴拉贝鲁姆口径的格洛克（系列）手枪。

20世纪后期诞生于奥地利的格洛克手枪直到现在也称得上是世界各国制造紧凑型手枪的典范。

格洛克手枪是由奥地利人加斯顿·格洛克设计的。格洛克手枪诞生之初就使用了勃朗宁式闭锁机构，枪管短后坐原理及大容量弹匣，这些在如今都是军用自动手枪的标配。

1980年5月，格洛克公司为了参与奥地利陆军替代瓦尔特P38手枪的新型手枪选型，而改变了公司当时的主要产品线方向（格洛克公司之前主要生产瞄具和刀具等），转型后的格洛克公司随后便投身到此次竞标之中。

奥地利陆军在做出比较、测试之后，最终于1983年将这款格洛克手枪作为制式手枪采用，并将其命名为Pi80半自动手枪（格洛克G17手枪）。从转型开始研发手枪产品到产品正式被军方制式采用，仅仅用了短短的三年时间，这次转型可谓相当成功，并且为格洛克公司打开世界市场奠定了坚实的基础。令人感到惊讶的是，格洛克公司此前并没有手枪的相关研发经验，格洛克一出手即缔造了格洛克G17手枪这款经典之作。

不过换个角度来看，也许正是由于设计者格洛克是第一次设计手枪，因此反而没有那些僵化的束缚，而是可以“天马行空”地加入自己的前卫概念。事实也的确如此，这款格洛克G17手枪在当时显得非常与众不同——聚合物枪身和弹匣、四角形箱状套筒。而这款“塑料”手枪正是以其独特的结构设计、大胆的材料运用、可靠的动作性能

☆ G21与G17

博得了人们的信任和好感。

格洛克手枪型号众多，但基本结构不变。格洛克手枪的设计原理并无标新立异之处，即人们耳熟能详的枪管短后坐式自动原理以及枪管偏移式闭锁方式。但该手枪最引人注目的就是大量采用聚合物材料。虽然当今采用聚合物材料制造的手枪多如牛毛，但在当时却是一个新鲜且大胆的选择。

☆ 五款不同型号的格洛克手枪比较

由于格洛克手枪枪身使用的聚合物材质在当时是个新鲜事物，因此还闹出不少笑话。一开始人们担心聚合物材料的强度是否符合手枪材料标准，经过大量试验测试，格洛克手枪使用的增强型聚合物材料不仅重量远远低于一般的钢材和铝合金材料，而且在各种恶劣环境下的强度也不逊于金属材料。

比如，格洛克手枪在-40~70℃都能可靠地射击，不仅重量是传统全钢制手枪的86%，且高低温下的热导、变形、使用舒适性也强过传统全钢制手枪。除了重量轻、握持舒适外，聚合物的采用还有一个突出的优点，那就是成型容易，生产效率高。一个聚合物套筒座的注塑成型只需要不到一分半的时间，相比传统机加工金属套筒座，在加工时间上就节省了许多，成本自然也相应降低。在质量相当的前提下，价格低的产品自然更占优势。格洛克手枪登场之后，聚合物枪身手枪也成了各枪械制造商争相开发的领域。

格洛克手枪采用了“Safe Action”（安全动作）机构，其内部保险由3个保险机构组成，分别是击针保险、扳机保险和防跌落保险。

① 击针保险采用常规保险设计，其特点是只有当扳机连杆向后移动到一定距离后，才开始解脱击针保险，进而释放击针，否则击针将被击针保险机构锁死，无法击打底火。

② 扳机保险是格洛克手枪的一大特色，扳机保险位于扳机中间，呈片状结构，与扳机连杆构成一个整体部件，只有在扣压扳机时才能使之解脱所有的保险机构。而一旦手指离开扳机，手枪随即处于保险状态。

③ 防跌落保险是通过扳机连杆后端的“十字架”结构实现的，能防止手枪在跌落时由于猛烈的撞击造成扳机和扳机连杆在惯性作用下后移而形成击发。

最早开发的第一代格洛克手枪到现在已发展到了第四代，也就是最新型的统称Gen4系列。在2010年之前，格洛克（系列）手枪其实并无明确的“划代”概念，直到2010年的SHOT show才正式确认此概念，具体划分情况如下。

一代：握把上只有磨砂状防滑纹理，后又在握把前后改进出格子状防滑纹理。

二代：握把前改进出手指凹槽。

三代：握把参考了HK USP手枪而设置了导轨，握把两侧改进出拇指和食指的凹槽。

四代：可更换握把背板；弹匣卡榫可以更换至右侧，但需使用新设计的弹匣；套筒

☆ G19与G32

上有“GEN4”字样。

要注意的是，这四代的概念，其实并不具有延续性，可以理解为仅仅是四种不同的技术工艺标准。也就是说，最早的格洛克G17手枪也可以应用四代技术标准，而理论上最新的产品也可以使用“复古”的一代技术标准，所以不要以为四代就是最新开发的手枪。从反馈来看，很多人认为四代技术标准反而不如三代可靠，甚至很多人呼吁成熟的三代技术标准才应该是格洛克全系列产品的标配。

所以，对于众多的格洛克手枪型号来说，首要区分还是以数字型号为准，其次才是“代数”。格洛克手枪主要型号演变如下（以口径划分）。

**1. 9毫米口径：G17、G17C、G17L、G18、G18C、G19、G19C、G26、G34、G43等手枪**

G17C：设置有枪口防跳装置，以减小射击时枪口上跳对射击精度的影响。

G17L：为比赛专用型，配备加长型枪管和套筒，专为射击比赛设计。

G18：半自动/全自动模式，可以手动选择单发/连发模式，但连发武器在美国等地是受到相关法规限制的。

G19：在G17基础上推出的袖珍版，容弹量15发，可通用G17弹匣。

G26：袖珍型，在G19基础上进一步缩小，容弹量10发，可通用同口径大弹匣；通常在握把底部需要增加辅助握持装置。

G34：针对IPSC等射击比赛推出的专用比赛级手枪。

G43：基于G42设计改变口径，新款袖珍型；鉴于G42的成功经验，拥有更加活泼的配色方案。

**2. 10毫米口径：G20、G20C、G29等手枪**

G20：基于G17设计，使用更大威力枪弹；1990年推出，专供美国警用市场。

G20C：在G20基础上设置有枪口防跳装置。

G29：G20缩小版，基于G26相关设计，使用双复进簧以便小型手枪能够使用大威力枪弹。

**3. 40S&W口径：G22、G22C、G23、G23C、G24、G24C、G27、G35等手枪**

G22：以G17为基础更改口径，容弹量10/15发。

G22C：在G20基础上设置有枪口防跳装置。

G23：G22的紧凑版，容弹量10/13发。

G23C：在G23基础上设置有枪口防跳装置。

G24：基于G17设计，射击比赛用手枪。

G24C：在G24基础上设置有枪口防跳装置。

G27：基于G26设计更改口径，超袖珍版。

G35：基于G34设计更改口径，容弹量15发；射击比赛用手枪。

☆ G19

☆ G20

☆ G21

☆ G22

☆ G33

☆ G36

☆ G38

☆ G39

☆ G42

4. .38ACP口径：G25、 G28、G42等手枪

G25、G28采用枪机后坐式自动原理、惯性闭锁方式，与其他格洛克手枪采用的枪管短后坐自动原理、枪管偏移式闭锁方式不同。

G25：基于G19设计更改口径，容弹量15发。

G28：基于G26设计更改口径，容弹量10发。

G42：基于G28设计的美国版，套筒铭文“USA”，在美国颇受女性欢迎。

5. .357SIG口径：G31、G31C、G32、G32C、G33等手枪

在美国，.357SIG手枪枪弹常被用于射击运动和狩猎活动。

G31：基于G22设计更改口径，容弹量15发。

G31C：在G31基础上设置有枪口防跳装置。

G32：基于G23设计更改口径。

G32C：在G32基础上设置有枪口防跳装置。

G33：基于G27设计更改口径，超袖珍版。

6. .45ACP口径：G21、G21C、G30、G36等手枪

.45GAP口径：G37、G38、G39等手枪

.45ACP枪弹为美国最为普及的手枪弹种；.45GAP枪弹为格洛克自行开发的新弹种，其中GAP意为格洛克自动手枪枪弹。

G21：基于G20设计更改口径，枪体较厚。

G21C：在G21基础上设置有枪口防跳装置。

G30：基于G21设计缩短长度，宽度未变，容弹量10发。

G36：基于G30进一步缩减宽度，容弹量6发，单排供弹弹匣。

G37：2003年推出，首款使用.45GAP口径枪弹的格洛克手枪，容弹量10发。

G38：基于G37设计缩减尺寸，容弹量8发。

G39：基于G38设计缩减尺寸，袖珍型，容弹量6发。

## 1983 美国COP袖珍手枪

雷明顿短管大口径手枪的横空出世令世人瞩目。在那个以柯尔特转轮手枪为主打的年代中，短管大口径手枪作为一种后备的自卫用手枪，同样受到了普遍欢迎。虽然之后的手枪领域基本可以说是半自动手枪一统天下，但令人痴迷的短管大口径手枪还是有了新的进步——美国COP短管大口径袖珍手枪。

☆ 拥有4根固定式枪管的美国COP袖珍手枪

当人们第一次看到COP袖珍手枪时，多数人都会想到距此很久之前的连发多管手枪——胡椒盒手枪，这主要是因为COP袖珍手枪拥有独特的四根枪管。作为COP袖珍手枪的设计者，罗伯特·希尔博格也坦言，他的灵感来源也确实就是胡椒盒手枪与雷明顿短管大口径手枪。

同时，罗伯特·希尔博格的这款成功设计本身也并不是灵光乍现，其最早可以追溯到20世纪60年代。当时，罗伯特·希尔博格就曾成功地为美国温彻斯特公司设计出了温彻斯特解放者四管霰弹枪和为美国柯尔特公司设计出了柯尔特防御者八管霰弹枪——能与美国最著名的两大枪械制造公司合作并成功推出产品，足见其功力不凡。

到了20世纪80年代初，罗伯特·希尔博格决定设计一款自卫用的袖珍手枪，于是拥有四根短枪管的大口径COP袖珍手枪就此诞生，并在1983年10月4日得到了专利权。

COP袖珍手枪是双动手枪，其枪身用不锈钢材质打造，精悍漂亮。握把材料则为塑料，其上带有防滑的菱形图案。其全枪长为5.5英寸（139.7毫米），高为4.1英寸（104毫米），宽为1.062英寸（27毫米），全枪重（空枪）1.75磅（0.8千克），弹容量为4发，采用.357马格南枪弹，也可以使用.38Special枪弹，有效射程是70英尺（21米）。当年出厂时还附送一个全皮材质的枪套。这样的尺寸对于白人的手掌来讲就是个“掌心雷”，并且由于其外形非常小巧，所以同样也适合女性使用。

从COP袖珍手枪的数据来看，其与21世纪出现的最新产品鲁格LCP袖珍手枪的尺寸不相上下。但要知道，COP袖珍手枪之所以被冠以“大口径”之名，是因为其发射的可是.357口径的马格南枪弹，或者是使用.38口径的特殊枪弹；实际射击威力都要远超后来的鲁格LCP袖珍手枪。

在20世纪80年代初期，与COP袖珍手枪同等尺寸的半自动袖珍手枪只能发射.25ACP口径的枪弹，所以COP袖珍手枪是当时名副其实的大口径大威力袖珍手枪。COP袖珍手枪即使对比后来推出的号称“最小号”的.357口径马格南转轮手枪来说也具有优势。虽然“最小号”.357口径马格南转轮手枪的弹容量有5发（比COP袖珍手枪多一发），但其尺寸却比COP袖珍手枪大很多。总之，COP袖珍手枪始终保持着自己的威力与尺寸综合比最高的“纪录”——所以说，罗伯特·希尔博格这款“后备用手枪”的设计完全可以被称为成功之作。

COP袖珍手枪拥有其他不同种类手枪的某些特点，其具有四根枪管，这一点虽然不是新发明，但作为后备用手枪，四个弹膛四发子弹也算恰到好处。另外，多管手枪的设计虽然在表面上看是增加了全枪的质量，但实际上却相应地省去了弹匣和上膛等往复式系统所需要的零部件，所以这样全枪的实际重量得到了很好的控制。

COP袖珍手枪的枪身采用铰链式设计，也可叫作中拆式，这一点很像双管猎枪的结构。其照门部件较为特殊，不是固定式而是一个可以前后滑动的卡榫结构，只要把照门向后推，这时枪管就可以向上扳开，直接露出四个弹膛以便手动装填弹药和退出弹壳。为此，弹膛上还设置有类似转轮手枪的退壳器，方便COP袖珍手枪退壳之用。

COP袖珍手枪最具特色的还是其击发系统，在拥有四根枪管的同时，也拥有四个击针，这四个击针分别对准四个弹膛。

COP袖珍手枪的枪身内有个很长的击锤，击锤头部有个可以旋转的棘齿。棘齿上有一个凸起，棘齿可以顺时针旋转，当扣动扳机时棘齿会旋转到下一个击针的位置，凸起就会对准击针。然后击锤向前，凸起就会撞击相应位置的击针，这样就完成了四个枪管的顺序击发过程——这种旋转的棘齿类似于转轮手枪的旋转弹巢，所以说COP袖珍手枪结合了不同种类手枪的结构特点。

COP袖珍手枪在被设计出来后，坐落在美国加利福尼亚州托兰斯市的卡普公司就想把这款他们当时的旗舰产品推向警用市场，所以取名为COP，其全称“Compact Off-Duty Police（直译为：下班后警察用紧凑型手枪）”，其实就是“警用后备用手枪”；而“COP”这个单词在美国英语的非正式用语中也有“警察”之义，可见卡普公司在该袖珍手枪的命名上用心良苦。

不过由于卡普公司营销策略的问题，COP袖珍手枪未能真正打入美国警用市场，这直接导致该公司经营失败，并最终倒闭。随着卡普公司倒闭，COP袖珍手枪自然也停止了生产，这使本来产量就不大的COP袖珍手枪立刻变成了“稀罕品”，并迅速成为专业级武器收藏家的收藏品。但当时的普通大众却对COP袖珍手枪一无所知，似乎这款经典武器变成了无人问津的“破东西”。

可COP袖珍手枪现在却非常有名，原因只有一个，那就是被好莱坞的大导演们给相中了。因为这款少见的袖珍手枪外形独特，非常适合一些特定剧情，尤其是暗藏武器的设定；同时在拔出后，COP袖珍手枪的四管造型端正且带有科幻色彩，视觉效果极佳。这主要是由于.357口径的马格南枪弹通过短管发射后所产生的焰口视觉效果极其明显。就这样，COP袖珍手枪陆续走上了大小荧幕。

这其中最具代表性的就是《银翼杀手》。在这部由哈里森·福特主演的科幻片中，导演为了增加效果，居然让道具师把COP袖珍手枪改成了两颗子弹可以同时被击发的款式，其所产生

☆ COP袖珍手枪枪机打开状态

的枪口焰火在黑暗中的视觉效果自然就非常棒。除此之外，在《黑客帝国2》和李连杰主演的《游侠》中都有COP袖珍手枪出镜。

不光是电影，曾经热播的美国电视剧《太空堡垒卡拉狄加》与《星际之门》中都有COP袖珍手枪出镜。据不完全统计，COP袖珍手枪至少已经出现在8部美国电影和3部美国电视剧中，可谓是在屏幕中火了一把。

☆ COP袖珍手枪大口径枪口特写

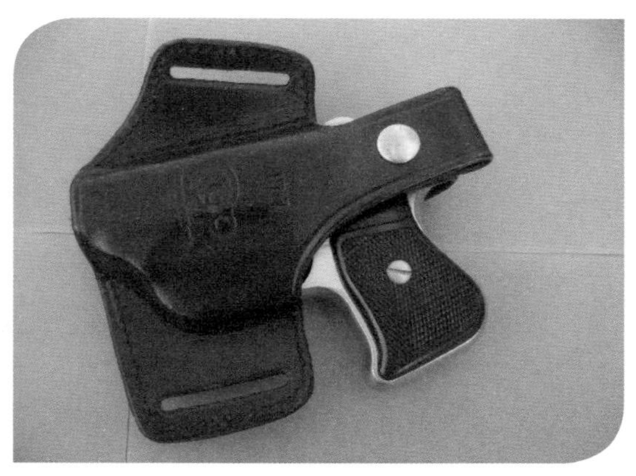

☆ COP袖珍手枪装入原装枪套

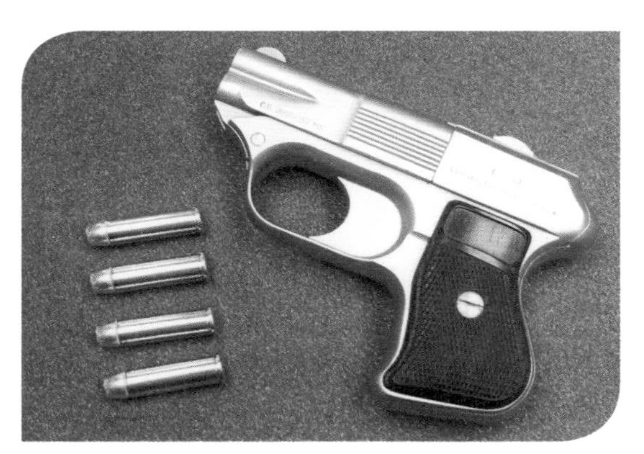

☆ COP袖珍手枪及枪弹

☆ COP袖珍手枪与手掌对比

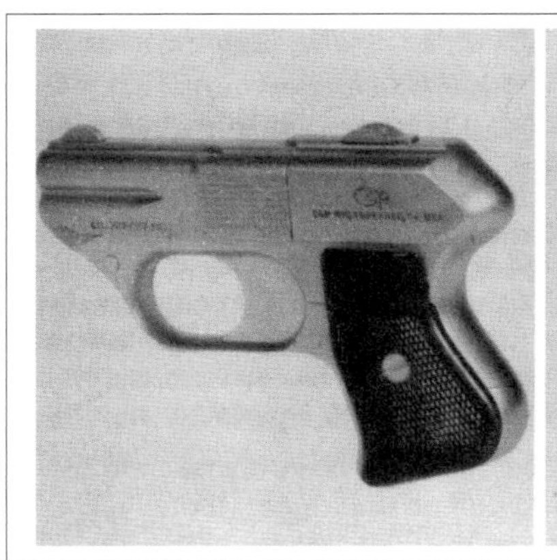

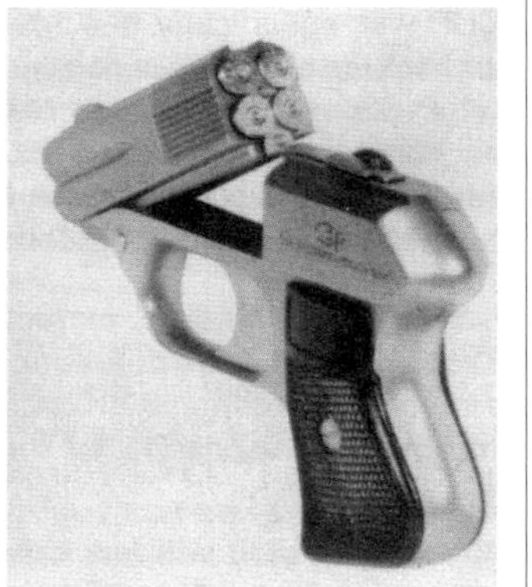

☆ COP袖珍手枪使用手册中的装弹图示

## 1991 美国“黑寡妇”袖珍转轮手枪

第一次将北美武器公司制造的“黑寡妇”袖珍转轮手枪拿在手中的人想必都会大吃一惊：这款使用.22口径步枪枪弹的单动转轮手枪，全长仅有113毫米、重量仅为137克，这样轻薄小巧真的很难想象这是一把具有实用价值的袖珍转轮手枪。

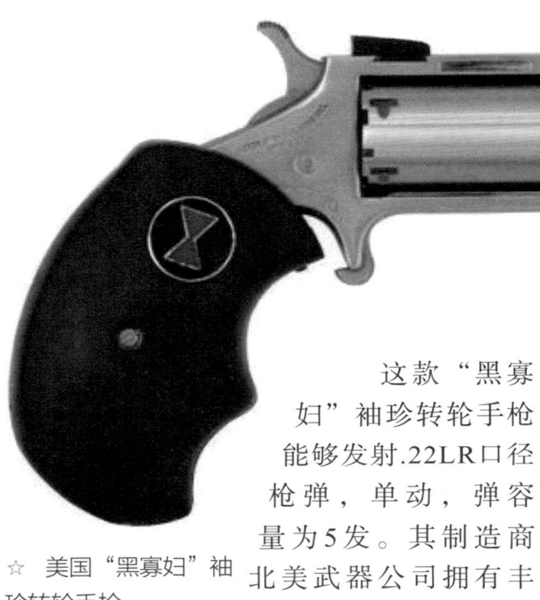

☆ 美国“黑寡妇”袖珍转轮手枪

这款“黑寡妇”袖珍转轮手枪能够发射.22LR口径枪弹，单动，弹容量为5发。其制造商北美武器公司拥有丰富的袖珍转轮手枪制造经验。北美武器公司的创始人就是因发明.454Casull大威力转轮枪弹而闻名的迪克·卡素。

1974年，卡素在犹他州的盐湖城成立了一家名为洛基山武器的手枪制造公司。1976～1977年，该公司才改名为北美武器公司。公司成立之初就坚持与众不同的产品定位，其所设计制造的产品走向两个极端，即世界上最大和最小的单动转轮手枪：其中最大号产品发射号称可以打死大象的0.45口径马格南枪弹；而最小号产品则发射0.22口径边缘发火枪弹。

北美武器公司向市场推出袖珍转轮手枪的时间最早可以追溯到1975年，其最早推出的产品基本都是向枪身左侧摆出转轮的“左轮手枪”形式，使用时，射手通过扳动击锤，使其形成待击并联动转轮旋转到位，整体结构相较后期袖珍手枪而言较为复杂。而从1976年开始直到现在的相关转轮手枪设计，大多改为可拆卸转轮式。

但是由于当时北美武器公司的市场销量较差，在20世纪80年代早期，该公司还曾被收购成为航空航天制造领域的塔雷亚制造工业公司的子公司。几年之后，塔雷亚公司又被泰勒菲莱克斯公司收购，后者决定把公司现有的非战略性产品和小型武器单位的部分业务出售，这就为北美武器公司现任总裁桑迪·奇赫姆提供了一个绝好机会。

桑迪·奇赫姆接手后恢复了北美武器公司的名字，此后经过对市场的认真分析研究，将生产方向转为专门设计制造商业潜力更大的袖珍手枪。他所坚持的经营理念是“以高端化品质和特色化设计为宗旨，为顾客提供便携、安全、可靠同时又有足够威力的个人自卫手枪”。

在20世纪90年代初，北美武器公司开发出了第一代发射0.22口径边缘发火枪弹的袖珍转轮手枪，并且在推出后大受市场欢迎，这个成功为企业开创了一个新时代，使其重获新生。

随着市场逐步扩张，北美武器公司的产品种类也在不断丰富。该公司生产的袖珍手枪分为袖珍转轮手枪和袖珍半自动手枪两大系列。其中袖珍转轮手枪（系列）发射边缘发火枪弹，而袖珍半自动手枪发射普通手枪枪弹。但无论是哪种产品都严格贯彻桑迪·奇赫姆所提出的“可靠、方便、有效”这三个基本原则，这些产品奠

☆ 北美武器公司制造的两把转轮袖珍手枪与雷明顿－德林杰袖珍手枪（上）

☆ “黑寡妇”袖珍转轮手枪全长150毫米，高78毫米，宽27毫米，转轮宽22毫米，枪管长50毫米，重量为229克

☆ “黑寡妇”袖珍转轮手枪与COP袖珍手枪（上）比较大小

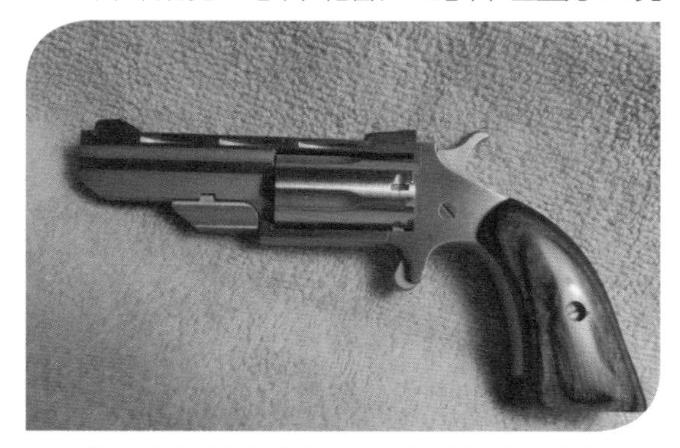

☆ “黑寡妇”袖珍转轮手枪握把整体造型改为传统转轮手枪的版本

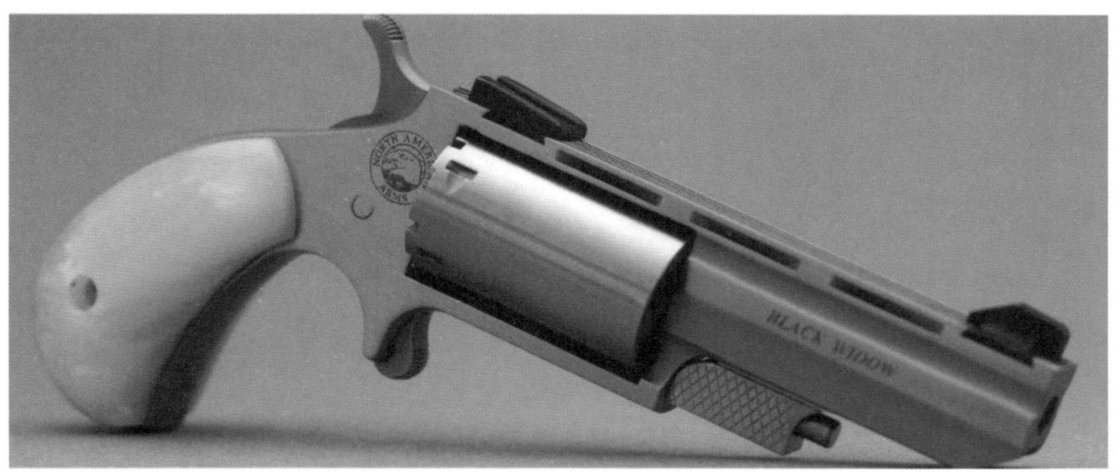

☆ 换装珍珠母贝材质握把镶片的“黑寡妇”袖珍转轮手枪

定并延续着北美武器公司作为行业内龙头的荣誉和地位。

北美武器公司生产的袖珍转轮手枪与采用转轮侧摆式结构的传统转轮手枪不同，其转轮通过固定销被固定在转轮座中。装弹或退壳时需先解脱转轮固定销，再从转轮座中取下转轮，这样才能进行相关操作；在装弹或退壳完成后再将转轮装回转轮座并用固定销固定即可。

北美武器公司的袖珍转轮手枪一般按所发射的枪弹种类及具体用途来区分型号，名称中都带有“袖珍”字样。

目前其产品所适用的.22口径的枪弹包括.22Short短弹、.22LR步枪弹、.22MAG枪弹；适用型号则包括“黑寡妇”袖珍转轮手枪、“大师”袖珍转轮手枪、“狮子鼻”袖珍转轮手枪、“黑火药”袖珍转轮手枪、“伯爵”M1860袖珍转轮手枪、“气孔”袖珍转轮手枪、“黄蜂”袖珍转轮手枪，以及最新的“突击者”袖珍转轮手枪。

这些袖珍转轮手枪的区别主要在于其所发射弹种、枪管长度以及握把和瞄具等方面，结构上均采用单动发射方式，转轮弹巢的弹容量均为5发。这些产品的共同原型其实都是美国自由武器公司研制的使用.22口径步枪弹的单动转轮手枪，而北美武器公司对其进行了现代化改进，使其外形更加美观，并且因其零部件加工质量的大幅度提升显得很有档次。

“黑寡妇”袖珍转轮手枪可谓是北美武器公司产品线中最知名和最具代表性的产品之一。“黑寡妇”的名称来源于一种著名的毒蜘蛛，其推向市场的时间是在1991年，最初只有.22MAG（也可发射.22LR）口径，2003年又增加了.17HMR口径版。

北美武器公司生产的系列袖珍转轮手枪均采用单动方式，操作简单。首先确定击锤在安全位置，再向前抽出转轮的固定销，取下转轮后即可依次装填枪弹，装完枪弹后再将转轮装回转轮座，把转轮固定销插回到位，然后向后扳动击锤至待击位置，瞄准目标即可扣动扳机进行射击。

一发弹击发后，需要手动再次扳动击锤至待击位置才能继续下一次射击，直至发射完5发枪弹。射击完毕后再次取下转轮，用转轮固定销依次捅出转轮弹膛内的空弹壳，重复装弹过程。如果装弹后不射击或中途停止射击时，最好将击锤卡入转轮上的保险缺口内以确保安全。

“黑寡妇”袖珍转轮手枪的尺寸虽小，但其却有较大尺寸的握把，因此握持使用并不困难。其采用的大型缺口式照门使得袖珍手枪极具实用性。虽然“黑寡妇”袖珍转轮手枪上膛和退壳较为麻烦，但要将这一复杂机构融合到如此小巧的袖珍转轮手枪中还是有相当难度的，可见北美武器公司的制造技术相当高超。

通过实测，“黑寡妇”袖珍转轮手枪的射击感觉顺畅，后坐力不大。无论是使用.22LR口径枪弹、.22MAG口径枪弹还是.22Short口径枪弹，都可以得到很好的射击效果，可见“黑寡妇”袖珍转轮手枪对弹种的适用性很不错，这也能够使其可以拥有更广阔的市场。

☆　原版“黑寡妇”袖珍转轮手枪，黑色橡胶材质握把镶片上是其LOGO，可以通用.22口径MAG或LR等枪弹

## 1992　中国QSZ92式手枪

20世纪80年代后，世界军事强国均实现了班用武器小口径化，但对于军用手枪是否也要走小口径化的道路，业内却争论了多年，至今还没有定论。譬如，世界上颇负盛名的两大轻武器制造厂家——比利时FN公司和意大利伯莱塔公司就相继推出口径为5.7毫米的半自动手枪，而这种口径的手枪能否在西方军队中普遍列装，北约各国到今天依旧意见不一。

☆ QSZ92式手枪整枪稳定性较好

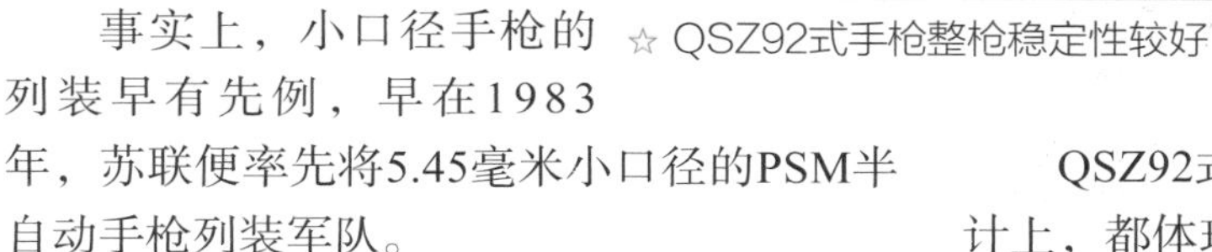

事实上，小口径手枪的列装早有先例，早在1983年，苏联便率先将5.45毫米小口径的PSM半自动手枪列装军队。

21世纪初，我军各部队也开始陆续换装了一款5.8毫米口径的中国QSZ92式半自动手枪，用以替代沿用了半个多世纪的7.62毫米口径的中国54式半自动手枪。

同时，随着QSZ92式手枪在我军中的大量列装，也使得我国成为当今世界第一个大量装备小口径军用手枪的国家。

☆ 国产QSZ92式（下）与国产54式手枪的握把角度比较

QSZ92式手枪在战术技术指标及结构设计上，都体现出了我国轻武器发展过程中相当高的水平。成为一款我国自主研发、自主生产，并大面积列装军队的现代化手枪。

① 战术性能：QSZ92式手枪是我军基层指挥员及特种部队装备的军用手枪，主要用于杀伤50米距离内的有生目标。该手枪使用国产DAP5.8毫米口径手枪枪弹，在50米距离内同方向击穿美式M232防弹钢盔后，还能击穿其后放置的50毫米厚松木板。杀伤效果优于北约制式的9毫米口径巴拉贝鲁姆手枪枪弹；且其弹头侵入人体后所形成的“空腔效应”是9毫米口径巴拉贝鲁姆手枪枪弹的2.5倍。可见，这种5.8毫米口径的国产DAP手枪枪弹的实际杀伤威力在世界小口径手枪枪弹家族中也是名列前茅的。

② 技术性能：QSZ92式手枪结构简单，主要由枪管、套筒、复进组件、击发组件、套筒座和弹匣等几大部分组成。其全枪长188毫米，比国产54式手枪短7毫米；全枪全重0.76千克，比国产54式手枪轻约0.1千克；枪口初速460米/秒，比国产54式手枪快

☆ 国产54式（右）与国产QSZ92式（左）手枪对比

☆ 从左到右：国产54式、国产59式、国产QSZ92式手枪比较

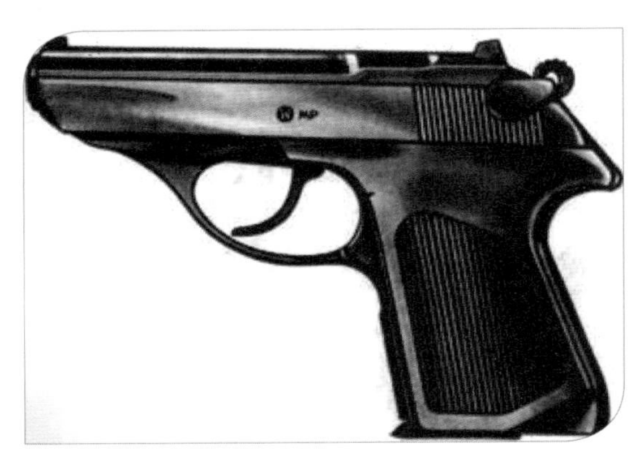

☆ 苏联PSM小口径（5.45毫米口径）手枪

☆ 国产QSZ92式手枪解脱分离销

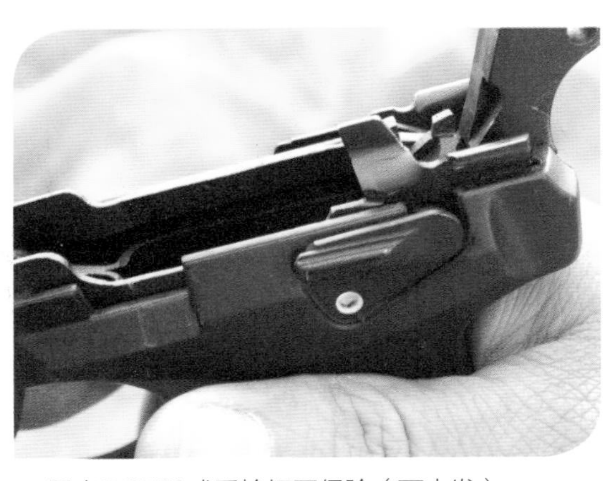

☆ 国产QSZ92式手枪打开保险（可击发）

☆ 国产QSZ92式手枪关闭保险（不可击发）

40米/秒；弹容量20发，比国产54式手枪多容纳了12发弹。显而易见，QSZ92式手枪优越的技术性能足以使之屹立于当今世界著名手枪之林，在中国手枪发展史中达到了独树一帜的高度。

③ 安全的保险机构：QSZ92式手枪的手动保险在套筒座上分为两侧，这使得射手左、右手均可操作。当将保险置于下方的“白点”位置（露出上方“红点”位置）时，保险打开，此时射手便将武器从保险状态转到待击状态，并可随时实施射击；当将保险置于上方的“红点”位置（露出下方的“白点”位置）时，则为关闭保险，此时该保险机构可同时锁住击锤和枪机，使击锤和枪机均不能活动。此种手动保险结构简单，工作可靠，方便射手操作，保险模式转换便捷。

④ 火力持续力强：QSZ92式手枪采用大容量的20发双排双进弹匣，其弹容量几乎是国产54式手枪弹容量的3倍，也是当今世界范围内弹容量最大的半自动手枪之一，火力持续能力强。此外，弹匣本体上的余弹观察孔旁边还有1、5、10、15、20五道刻度线，利于射手迅速确定弹匣中剩余子弹的数量。

⑤ 握把自然指向性好：QSZ92式手枪在武器设计中体现出了较好的人机工效，即符合人体工程学原理。当射手握持手枪时，手枪握把的轴线与枪管轴线之间的夹角为115° 至120° 时，最符合人机工效；更利于在仓促举枪射击时能自然出枪指向目标。QSZ92式手枪的握把轴线与枪管轴线之间的夹角约为115° 至116° ，握把上小下大，虎口弯处两侧面较薄，手握部位恰好是整个握把上最窄最细的部位，而且在其握把的相关部位设有防滑纹，使用非常舒适，不易脱手。可见QSZ92式手枪的握把具有厚度适中、指向性好、手感好等诸多优点。

⑥ 具有优良的可靠性：QSZ92式手枪在定型之前先后经过了8次扬尘攻关，高温试验达到50℃，低温试验降至-45℃……一系列的测试在当今世界手枪测试领域内都堪称严苛。由此最终得出的结论就是，该手枪称得上是抗击各种恶劣环境的佼佼者。

⑦ 广泛采用新材料和新工艺：QSZ92式手枪采用热塑性好、强度高的工程塑料整体握把结构，以代替传统的金属材质。该手枪的套筒座具有工艺简单、一次注塑成型和经济性好的优点。而其他组件，如发射机支架等则采用冲压工艺，具有生产效率高、利于装备和维修的特点；枪体的表面还采用特殊的化学复合成膜技术进行表面处理，具有防腐能力强的优势。

总之，QSZ92式手枪的研制成功及在我军各部队的顺利列装，标志着我国军用战斗手枪新时代的到来，并体现及顺应了当今世界军用单兵自卫武器向小口径化发展的新趋势。

☆ QSZ92式手枪释放弹匣

☆ QSZ92式手枪空仓挂机状态

## 1993 中国BMQ型匕首麻醉枪

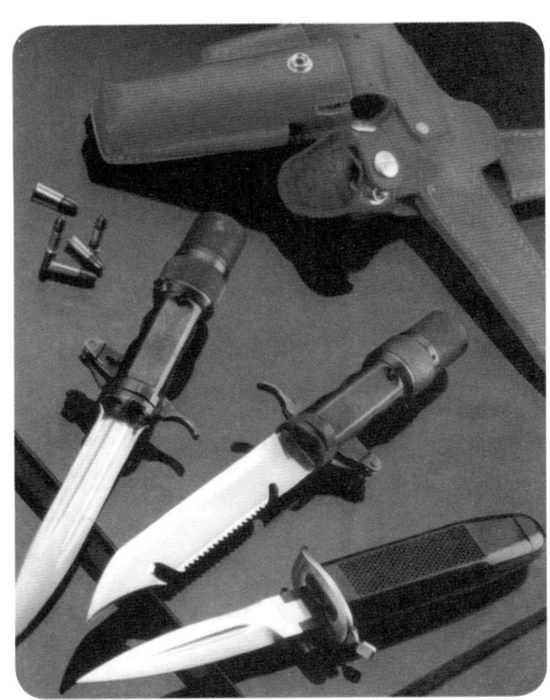
☆ BMQ型匕首麻醉枪

特种枪械是指具有特种性能或结构独特、用于执行特殊任务的枪械，它们是专供侦察兵、特警、特工等执行特殊任务人员使用的特殊武器。在现代反恐、防暴行动中，由于情况错综复杂、瞬息万变，对武器的选配和运用往往比想象的还要苛刻，能否有效地使用及发挥武器的特殊功用，有时会直接关系到行动的成败。

BMQ型匕首麻醉枪是我国继定型生产了BBQ-901型麻醉枪后，于20世纪90年代研制定型的一种集匕首、麻醉双重功能于一身的现代型特种武器。武器的研制成功为国产特种武器的发展添上了浓厚的一笔。

众所周知，国产轻武器的发展从无到有，从有到优，历经仿制、自行设计、独立研制等几个阶段，我国的特种枪械发展也不例外，概括起来大致可以分为三个时期。

① 第一时期：从全国解放到1978年改革开放。此阶段的特种武器主要以单功能的微声枪械为主，如64式微声冲锋枪、67式微声手枪等，并且武器大都以苏联产品为蓝本进行仿制或改进设计。产品种类少、数量缺，在功能上也远不能满足特种作战的需求。

② 第二时期：从1978年改革开放到20世纪末期。此阶段是我国对军工方面人力物力财力等投入较多的一个时期，也是特种武器发展速度较快的时期，像85式微声冲锋枪、BBQ-901型麻醉枪、BMQ型匕首麻醉枪及其他一些非致命性弹药都是在这一时期开发研制成功的。这些特种武器逐步摆脱“苏式”武器束缚，并视需要转向自行研制。

③ 第三时期：从21世纪初期至今。此阶段是我国积蓄能量后的大爆发时期，虽然只有短短十余年时间，但我国却独立研制并定型生产了国产QSB06式5.8毫米微声手枪、QCW05式5.8毫米微声冲锋枪、新型转弯枪等多种特种武器，这些特种武器的主要战术技术指标要求已经接近或达到世界先进水平。

这其中的BMQ型匕首麻醉枪不论从外观还是功能来说，都是非常特殊，这是一种非致命性、滑膛针剂注射式特种武器，是匕首与麻醉枪械的综合体。除匕首功能外，可以出其不意地发射麻醉弹，将犯罪分子麻醉，使其失去战斗力。BMQ型匕首麻醉枪基于公安、武警人员执行反恐、防暴任务的特殊性而研制，属于国产第二代麻醉枪武器系统，于1993年完成定型。

BMQ型匕首麻醉枪可使用专用BMQ麻醉弹或训练弹实施射击，在距离枪口10米远处，麻醉针可穿透冬装或皮衣。该枪口径为12.7毫米，枪重0.39千克，枪口初速46米/秒，折叠时枪长为177毫米，展开时枪长为295毫米，有效射程5～10米。当使用B型麻醉剂时，中弹目标将在3分钟内进入睡眠状态，沉睡90～120分钟，然后自然苏醒；当使用A型麻醉剂时，中弹目标将在1分钟内麻醉制动，在3分钟内必须使用急救针急救速解，目标才会苏醒，否则，目标可能会出现死亡情况。

BMQ型匕首麻醉枪主要由匕首枪体、扳机连杆、击锤3个主要部件，以及枪管、握把、护手、棘轮、棘爪等配件组成。

作为国产第二代麻醉枪武器系统，该武器综合了匕首与麻醉枪械的优势，是对原国产BBQ-901型麻醉枪和国产QSB91型匕首枪单项功能的拓展，使之能够在不使用匕首的情况下捕俘有生目标，从而排除了目标死亡的问题。其主要结构特点表现在以下几方面。

①匕首展开与折叠迅速，隐蔽性强。BMQ型匕首麻醉枪的匕首展开与折叠动作依靠按压握把前部与护手平行的刀身回转轴帽来完成。无论是展开还是折叠状态，该枪都可以进行击发。一般情况下，将匕首折叠后装于特制的枪套中置于腰间携带，具有很好的隐蔽性。

②双重击发方式，操作快捷。BMQ型匕首麻醉枪有两种击发方式：一种是扳机向上，用拇指扣动，这种方式的好处是刀身在手的外侧，不影响刀的展开与折叠；另一种是扳机向下，用食指扣动，这样更符合使用手枪的习惯。击发时可联动发射两发麻醉弹。

③装弹动作简单易学。BMQ型匕首麻醉枪装弹时，首先用拇指向前推动枪管锁扣，枪管即可从握把前方抽出，然后从弹匣中取出麻醉弹装入枪管后部，再将枪管装入到位，闭锁卡扣自动卡住枪管，就完成了装弹动作。

当扣动BMQ型匕首麻醉枪的扳机进行击发时，扳机连杆向后运动，带动平移击锤向后移动压缩击发簧，击锤上的棘轮在棘爪带动下回转，棘轮上的击针让位孔对正两个击针之一，由此保证每次只有一发弹被击发。

同时，其扳机连杆还沿回转轴进行回转，在后坐到一定距离时，连杆解脱击锤，击锤复进击发，击打击针，击针撞击底火，引燃发射药，火药燃烧形成的高温高压燃气将弹头从塑料弹膛中推出，弹头在惯性作用下飞出枪管。

当弹头命中目标时，弹头内发火管中的击针迅速击发，点燃注射火药，在弹头后部形成高压，推动注射胶塞压迫药囊破裂，使0.005克的麻醉药液瞬间从针孔高速注入目标体内，大约0.01～0.02秒内完成注射。药液注入目标体内后，依据麻醉剂的效能及生物体对药性的反应，将在很短的时间内起效制动。

该手枪的主要战术技术指标处于20世纪同类产品的领先行列。尤其是该手枪所配备的国产BMQ型注射式麻醉弹，其弹头内采用了特制的圆柱形薄膜药囊，药液定量准确，无须自己临时灌装，技术先进，药液贮存时间长，勤务使用性能好。

有关人员及部门对该手枪的整体评价是：机构动作安全、结构简单、操作容易、体积小、重量轻、造型美观大方、微声性能好、精度高、速麻制动快、可靠性强、注射迅速；但同时也存在握把较粗（握持不舒适）、扳机力过大（高达42牛顿，即4.3千克的力，影响射手的击发手感）等问题。

☆ QSB91型7.62毫米匕首枪，使用64式军用手枪弹

## 1996 德国瓦尔特P99手枪

☆ 装配各式附加配件的瓦尔特P99手枪

德国瓦尔特公司创建于1886年，100多年来，该公司生产了一系列外置击锤击发式手枪。但外置击锤击发式手枪有其缺点：一是击锤外露，击锤和套筒之间留有空隙，外界杂物容易进入机构内部，导致机构失灵；二是扳动击锤时容易失手，使击锤向前击打击针，从而击发枪弹，引起意外走火；三是击锤击发式手枪机构相对复杂，重量大，外表没有无击锤的击针式击发机构的手枪平滑。

1996年，瓦尔特公司开始研制采用改进的勃朗宁闭锁系统的瓦尔特P99半自动手枪。可以说瓦尔特P99手枪是瓦尔特公司产品的里程碑，因为该手枪蕴含了公司设计人员的许多创新性思维及先进技术。瓦尔特P99手枪是瓦尔特公司第一款采用无外置击锤设计的半自动手枪，其采用枪管短后坐自动方式，枪管偏移式闭锁机构。

瓦尔特P99手枪金属部件表面进行了镀铬处理，提高了其表面硬度和耐磨性能。

由玻璃纤维聚合物材料制成的套筒座重量轻，人机工效好，握持灵巧舒适。其背带环内置，即在握把后下部有一槽孔，插入固定销可作背带环使用。枪管轴线位于持枪手虎口上方大约24毫米的位置，改善了平衡性，降低了枪管跳动，这使得该手枪即使在连续射击时也能很容易控制。枪管采用巴顿式膛线，这是国外一种精度较高的膛线加工方法。采用非机械方法加工而成，确保了手枪有较好的射击性能。

在欧洲市场上销售的瓦尔特P99手枪照门带有U形荧光标识，其准星带有荧光点；在美国市场上销售的瓦尔特P99手枪照门缺口两侧、准星上则各带有一个荧光点。此外，瓦尔特公司也配有氚光管瞄具，供使用者选择。U形照门可进行方向调节，宽4.6毫米；准星有4种不同高度，可根据需要选用，准星宽3.6毫米；大容量钢制弹匣可装16发9毫米口径巴拉贝鲁姆手枪弹，或装12发.40S&W口径的手枪枪弹。

瓦尔特P99手枪全枪外形边棱部分均做自然过渡处理。当需要快速出枪时，不会发生钩挂衣服等阻碍现象，便于隐蔽携行。只要取出或装上2个相关零件，即可实现双动/单动模式的相互转换。

待击解脱杆和弹匣释放钮与手枪外形融为一体。待击解脱杆位于套筒左后方，外表面与套筒平齐，无凸起。弹匣释放钮位于扳机护圈和握把的连接处，可避免无意扣动弹匣释放钮而使弹匣跌落的现象发生。弹匣释放钮双面设置，对于左手或右手使用者来说，操作起来一样容易。空仓挂机解脱杆设置在套筒座上，握枪的拇指很容易触到。

由于采用了拉簧式发射机构，瓦尔特

☆ 瓦尔特P99训练手枪和染色弹

☆ 瓦尔特P99手枪单动型

☆ 瓦尔特P99手枪快动型

☆ 瓦尔特P99手枪双动型

☆ 瓦尔特P99手枪紧凑单动型

☆ 瓦尔特P99手枪紧凑双动型

☆ 4.5毫米口径的瓦尔特P99运动手枪

☆　紧凑快动型瓦尔特P99手枪与瓦尔特P99手枪（图中阴影)尺寸大小的比较

P99手枪的发射机构比压簧式发射机构简单，使得其在手枪界享有安全手枪的美誉。这种发射机构使手枪发射第一发枪弹时，扳机行程加大到14毫米，这样走火的概率就非常小。

另外，还有一种7毫米的扳机短行程是为快动型瓦尔特P99手枪设计的，以满足各种快速反应部队的需要。

瓦尔特P99手枪满足了德国警察局提出的对警用手枪的需求，设计了较完善的新型保险机构，其保险控制容易、作用可靠、反应迅速，是瓦尔特P99手枪最有价值的地方，也使瓦尔特P99手枪成为手枪中的佼佼者。该手枪设有3种保险机构：扳机保险、击针保险及待击指示保险。同时，击针保险及扳机保险也起到了防跌落保险的作用。

① 扳机保险：瓦尔特P99手枪扳机保险的设计很有新意，有点类似于格洛克手枪的扳机保险机构。瓦尔特P99手枪的扳机与扳机座通过一销轴联接，当扣压扳机时，扳机尾部须转动一定角度后才与扳机座尾部的凸起接触，从而带动扳机座一起继续转动，扳机座再带动扳机连杆向后移动，解脱击针保险，实施击发动作。也就是说，由于扳机座前部被扳机限制住，只要扳机不转动，扳机座和扳机连杆即使遇到枪跌落到地上这样的意外震动也不会移动，击针也不会被解脱。

② 击针保险：在套筒上装有带通槽的击针保险销，位于击针的前部。无论瓦尔特P99手枪是处于待击还是解脱待击状态，击针保险销在预压簧的作用下均处于下方位置，只有当扳机被扣压到释放击针的位置时，击针保险销才被扳机连杆顶起，击针头部才能穿过击针销上的通槽击打枪弹底火。

③ 待击指示保险：在瓦尔特P99手枪膛内有弹并后拉套筒使之处于待击状态后，若想不击发枪弹而解除待击状态时，可按压位于套筒左后方的待击解脱杆，送回击针，释放击针簧。此时，击针尾块被阻铁限制住，击针头部并未接触到击针保险销，即使意外触到击针保险销，因击针保险销在下方，击针也击打不到枪弹底火。瓦尔特P99手枪的这种待击指示保险机构完全避免了传统手枪上因解脱待击动作而产生的意外走火的危险。

由于瓦尔特P99手枪有上述3种保险机构，确保了其在使用过程中的安全可靠性。经测试，瓦尔特P99手枪在装弹待击的情况下，即使从不同的角度跌落到钢板、水泥地及塑料表面上，也不会击发。

瓦尔特P99手枪设有膛内有弹指示器和待击指示器双重指示机构。与其他有同类功能的手枪一样，抽壳钩兼作膛内有弹指示器，当膛内有弹时，抽壳钩外壁前端凸出于套筒平面，后端缩入套筒平面，并有红点显示。当膛内无枪弹时，抽壳钩与套筒侧壁平齐，没有红点显示。

其击针尾端是否从套筒尾部的凹槽中伸出，是判断瓦尔特P99手枪是否处于待击状

☆ 瓦尔特P999手枪枪口可加装消声器

态的标志，击针尾端伸出并有红点显示时为待击状态，击针尾端收缩时为解脱待击状态。这两种指示机构不仅能够在白天看到，而且在夜晚也能摸到。

瓦尔特P99手枪除了军用的双动/单动型外，还有双动型、单动型、快动型、紧凑双动型、紧凑单动型、紧凑快动型等型号。此外，还有用于民用的工艺枪、训练枪和气动枪。

同时，瓦尔特P99手枪可根据需要，配用9毫米口径巴拉贝鲁姆枪弹、.40S&W口径手枪枪弹、训练弹和染色弹等多种枪弹。其枪管下面的套筒座上还设有通用导轨，可根据需要加装激光指示器等配件。

其配用消声器是为使用9毫米口径巴拉贝鲁姆手枪弹而专门设计的，射击时降噪量超过16分贝。战术灯可装在弹匣上，具有防水功能；战术灯有减震装置，可减轻射击时带来的震动。该手枪有不同类型的皮革手枪套，使用者可根据需要选择。

由减震材料制成的大、中、小3种型号可互换的握把后垫板，适用于不同的手形。机械瞄具有4种型号：比赛型（可调方向）、金属型（3点固定）、氚光夜瞄型（绿色的3点固定）、反射型（红色的3点，可调方向）。

瓦尔特P99手枪在极限温度、沙尘、泥浆等恶劣的条件下，装入不同的弹种进行了严酷的考核试验，各种机构动作均非常可靠。

其适用于左右手握持操作的设计，如弹匣释放钮为双面设置，有着良好的人机工效。多重保险机构以及拉簧式发射机构，无疑使其意外发火率降至最低；膛内有弹指示器和待击指示器不仅适用于白天，而且在夜晚也能摸到，使其具有全天候作战能力；待击解脱杆的设置与套筒平齐，即使膛内有弹也可放入枪套中随意携行；采用双动扳机，没有手动扳倒击锤的烦琐动作，可使射手随时进入战斗状态；其内置式的部件设计，使得射手在快速出枪时不会钩挂衣物……

瓦尔特P99手枪以重量轻、结构紧凑、动作可靠、射击迅速等特点而深受使用者的好评，已被西班牙、葡萄牙、英国以及泰国的警察执法部门所采用。

☆ 瓦尔特P99手枪弹膛指示器

## 2003 美国史密斯-韦森M500转轮手枪

☆ 枪管长度为102毫米的史密斯-韦森M500转轮手枪

在2002年2月的SHOT Show上，史密斯–韦森公司的手枪制造部经理赫伯·贝林向销售员工宣布，公司即将推出一款新型的马格南转轮手枪，威力和重量都会超过以往任何一款马格南转轮手枪，并要求销售人员收集一些客户的想法。

一段时间后，在美国马萨诸塞州史密斯–韦森公司的总部内，史密斯–韦森的总裁鲍勃·斯科特签署了研发新型马格南转轮手枪的项目。项目团队随即组建，经过11个月的研发，在2003年1月9日，史密斯–韦森公司向全世界公布了自己的新产品：史密斯–韦森M500转轮手枪。

这款史密斯–韦森M500转轮手枪的外形与其他型号的史密斯–韦森转轮手枪并无太大差别。一样采用不锈钢的转轮座、外摆式的转轮、双动的扳机结构和外露击锤设计。枪身表面经过抛光处理，采用了可调节的照门，准星也可以更换，握把是“老合作伙伴”霍格公司生产的橡胶握把。

但不一样的就是一个字——大。标准型史密斯–韦森M500转轮手枪全长达到381毫米，空枪重2.055千克。其使用的超大型的转轮座被命名为“X型”，直径达到48毫米，长度更是达到了57毫米。这样的长度和一颗5.56×45毫米的NATO（北约制式）子弹的总长度几乎相等。为了保证转轮的坚固，弹容量只有5发。

首批史密斯–韦森M500转轮手枪因为采用的.50马格南口径枪弹威力过大，射击时会让射手感到无法承受。在随后的改进中，设计人员为史密斯–韦森M500转轮手枪加上出现了枪口制动器，而这样的设计在一款转轮手枪上出现是非常罕见的，但确实大大减小了后坐力，使史密斯–韦森M500转轮手枪射击时的后坐力达到了可接受的程度。

除此之外，为了减少后坐力给射手带来的冲击，霍格公司特制的橡胶握把里设有一个可以吸收后坐力的缓冲垫，这样射手在射击时就不感到震手。不过这样的握把尺寸很大，如果是手掌过小的人可能难以稳定握持。

一款好的手枪要看综合性能，所以不仅要自身设计出色，更需要有与之相匹配的弹药出现。而史密斯–韦森公司最初的开发理念就是要设计出一款威力巨大的转轮手枪，那么相应的则需要一款威力巨大的弹药。当时已经有许多厂商研制了不少大威力弹药，包括.475Linebaugh口径枪弹与.454Casull口径枪弹等，而史密斯–韦森公司也有自己的.44马格南口径枪弹。可设计团队还是想要设计一款前所未有的大威力弹药，但鉴于人员有限，所以史密斯–韦森公司选择了与另一家专门生产弹药的Corbon公司共同研发新型弹药。

Corbon公司老板也十分看重这一项目，动用了最好的研发人员，通过使用计算机辅助设计等先进手段在10个月内就设计出这款前所未有的.50马格南口径新型枪弹，这样就赶上了史密斯–韦森M500转轮手枪预计推出的时间，由此这款新的.50马格南口径枪弹与史密斯–韦森M500转轮手枪一同被推向了市场——在2003年的SHOT Show上，两家公司共同展示了自己的“枪”和“弹”。

.50马格南口径枪弹全长达到了53毫米，直径为13毫米，弹头重量为23克，全披甲型的枪口初速度可以达到602米/秒，枪口动能则达到了4 109焦耳，这样的威力超过了任何一款手枪弹药，甚至超过了黑火药时期的步枪弹药。其威力足以射杀一头体型硕大的北美灰熊或者是一头重达两吨的北美野牛；当然，近距离打穿钢板也不成问题。

另外，值得一提的是，Corbon公司不只是推出这一款.50马格南口径枪弹，而是借此契机推出了一系列新型的同口径枪弹，包括全披甲的平头弹、全披甲的空尖弹、平头露铅弹等多种产品。这其中空尖弹和平头露铅弹威力更大，可以更加有效地对付大型动物。

当然，史密斯–韦森M500转轮手枪也不仅只有一款，而是由六款不同型号的手枪组成了一个系列。这一系列的史密斯–韦森DM500转轮手枪都是采用统一的“X型”转轮座和橡胶握把。不同的地方就是采用不同长度的枪管和不同类型的枪口制动器以及准星。

最长的是枪管长达267毫米的猎人型史密斯–韦森M500转轮手枪，其在枪体上部带有导轨，可供用户自行安装各种光学瞄具。因为本身枪管很长，所以该款的射程也是最远的。

标准型史密斯–韦森M500转轮手枪枪管长222毫米，带有向上开口出气的枪口制动器。

除此之外，还有枪管长203毫米、165毫米和102毫米的不同型号。

而枪管最短的是一款特殊的史密斯–韦森M500ES转轮手枪，该款转轮手枪是专门为在野外生存或打猎的人士准备的防身型号，枪管长度只有70毫米，也是为了便于在近距离速射时使用。其实这款型号是专门用于近距离对付北美灰熊而研发的。

所有型号的史密斯–韦森M500转轮手枪无论枪管是什么尺寸，都统一采用了6条左旋膛线，为了配合.50马格南口径枪弹而采用了1：18.75的特殊缠距。

史密斯–韦森M500转轮手枪虽然威力巨大，但随之而来的便是强劲的后坐力。就算是最强壮的射手，在使用史密斯–韦森M500转轮手枪射击时，枪口上跳也会达到或超过45° 左右。如果是一名身材瘦小或者年龄不大的小女孩来使用，在扣动扳机后，巨大的后坐力甚至会让射手把手枪举过头顶，枪口冲天。

由此可见，这样的后坐力使速射成为不可能，所以该转轮手枪威力虽然很大，但却

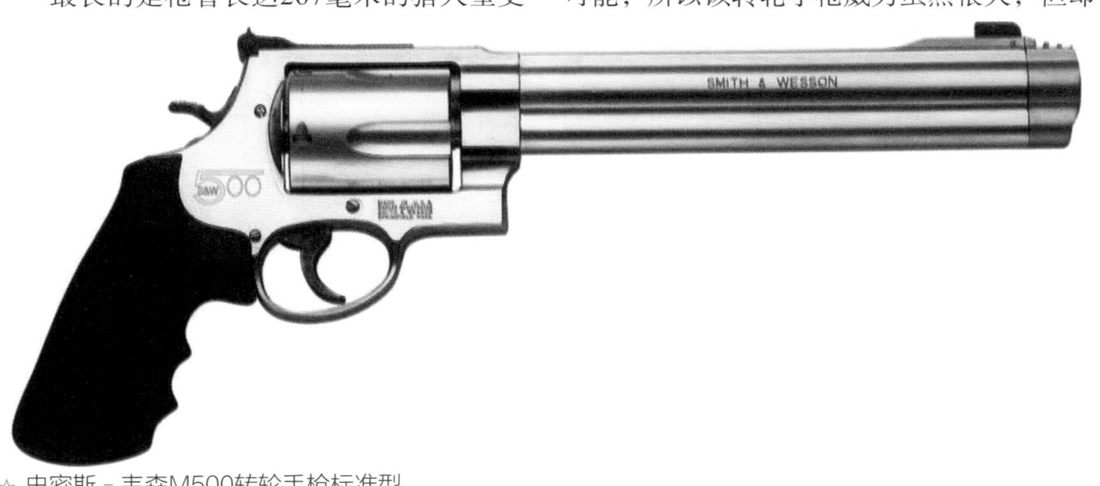


☆ 史密斯－韦森M500转轮手枪标准型

不会成为军警用战斗手枪的选项，而对于居家自卫来使用更不合适。那么大家就会问：这款威力巨大的转轮手枪到底还有什么用呢？

回答是肯定的。因为在美国民间，射击是一项非常有乐趣的休闲活动，而射手使用大威力枪弹射击会带来前所未有的体验和乐趣，就算是父亲带着女儿同来，也可以选用史密斯–韦森M500转轮手枪进行“射击娱乐”。

除此之外，对于猎人和想要去北美灰熊出没的森林地带的旅游者来讲，史密斯–韦森M500转轮手枪是他们最好的自卫武器。虽然猎人可以自带猎枪，但也需要一款足够威力的后备武器，如果选用普通手枪，一旦面对体型硕大的北美灰熊则无法有效地保护自己，而如果配备了火力强悍的史密斯–韦森M500转轮手枪则会信心大增，只要击中，一枪撂倒灰熊并不是什么问题。

自2003年推出以来，史密斯–韦森M500转轮手枪虽然注定不可能成为大卖特卖的爆款产品，但确实也成了许多有特殊需求用户的首选，形成了相当好的口碑。就此人们可以理解为，该转轮手枪也是一种美国枪械市场产品种类更加细分化后的产物。时至今日，史密斯–韦森M500转轮手枪（系列）仍然是枪械市场上威力最大的量产转轮手枪。

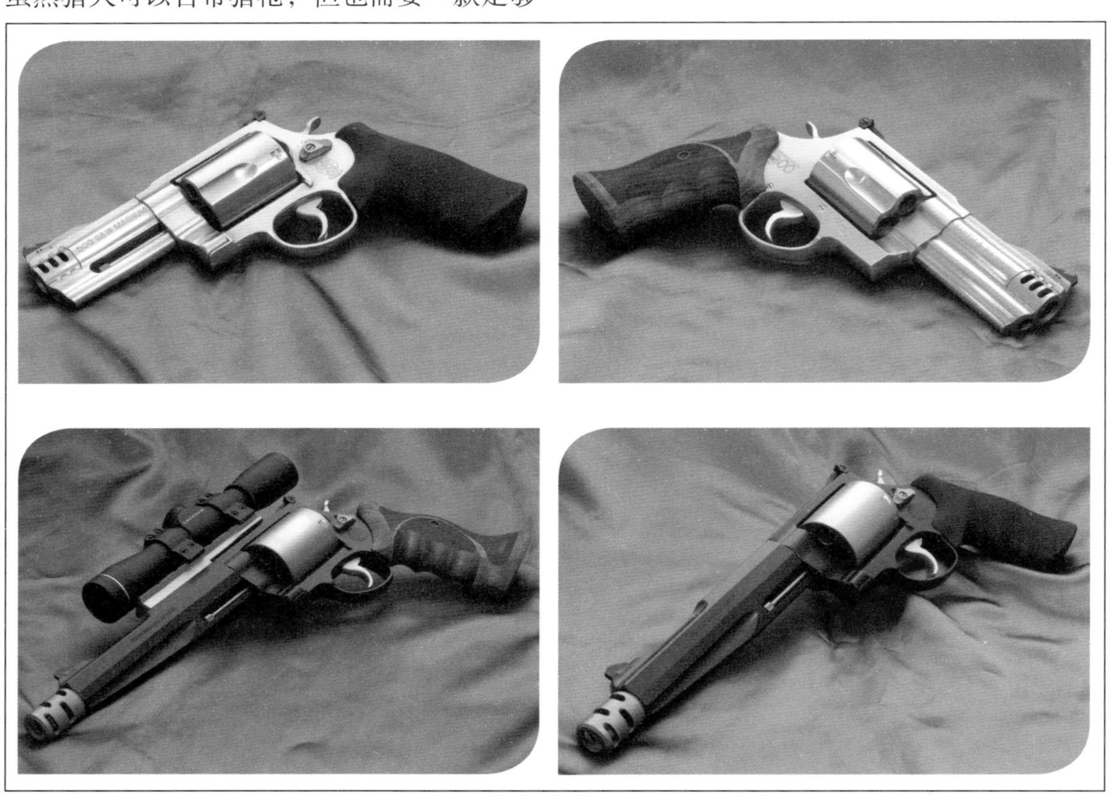

☆ 不同握把和枪管配置的史密斯–韦森M500转轮手枪

## 2004 德国西格–绍尔P250手枪

☆ 西格－绍尔P250标准型手枪

德国西格–绍尔公司是世界知名枪械制造公司，其前身所属的瑞士西格公司成立于1853年。虽然瑞士属于“中立国”，但瑞士国民却拥有极强的军事素养，甚至可谓全民皆兵，这种情况对本国的军工事业起到了积极的推进作用。而原西格公司作为瑞士军工的一张名片更是引人瞩目。

对于西格–绍尔这个品牌的演变，很多人都感到困惑，尤其是搞不清其中的各种关系；又由于现有的资料对其也多有谬误，更导致大家分不清西格–绍尔的“真实身份”。

其实单就瑞士西格公司的轻武器部门而言，原本只是其庞大集团产业链中一个并不十分重要的“小部门”；后来为了其自身发展需要，该轻武器部门在1976年合并（另一说法是“双方合作”）了德国绍尔公司旗下同样“无足轻重”的轻武器部门，总之通过某种“糅合双方技术”的方式诞生了专门设计和制造轻武器的西格–绍尔公司。

这个西格–绍尔公司的总部设在德国境内，对此外界普遍认为是因为瑞士对本国制造武器出口的相关限制导致此时仍被瑞士西格公司控制的西格–绍尔公司被迫选择在德国境内设立厂址。

其实这种情况类似于“投资建厂、异地生产”的概念，虽然西格–绍尔产品在德国境内生产，但当时其所属权实际上还是归属瑞士西格公司。此时的德国西格–绍尔公司等同于是瑞士西格公司的“海外子公司”，其仍归属于瑞士西格公司的轻武器部门。

直到瑞士西格公司在2000年正式将其轻武器部门出售给了德国L&O Holding of Emsdetten（L&O控股）后，原西格公司的这个轻武器部门才被德国L&O控股更名为瑞士轻武器，同时保留了原相关品牌。这样西格–绍尔才算正式更换了“东家”，并使西格–绍尔成为完全的“德国籍”。自

☆ 以美国“海豹”特种部队为代表使用的原版P226手枪

此，瑞士西格公司不再拥有轻武器业务，所以现在一般资料都将其称为德国西格–绍尔公司。

德国西格–绍尔公司目前已经发展成为新兴的大型军工企业，不仅拥有人数众多的各类研发、技术、生产、销售等员工，产品生产线更是囊括枪械、瞄具及相关装备等。

不论其是“瑞士籍”抑或是“德国籍”，都秉承和贯彻了瑞士的精加工技术和德国的工业化精神，无论是设计还是制造都体现出精益求精的先进性；尤其是其通过CNC数控设备和自动化流水线所生产加工出的零部件具有极小的公差，因此组装产品性能稳定，在世界范围内享有盛誉。

在竞争激烈的手枪市场中，不论是令其闻名于世的P226半自动手枪，还是号称“二战”后最大批次半自动手枪军方订单的SP2022半自动手枪，西格–绍尔产品都凭借着先进的技术和优良的品质在该领域内获得了巨大的成功。

P226手枪曾参加美国陆军在1984年的新式半自动手枪选型测试，在整体性能和各种测试中，其与伯莱塔92F半自动手枪不相上下。但美军最终选择了伯莱塔的产品，据说伯莱塔的产品具有更好的耐用性，其实主要还是伯莱塔的整体报价打动了美军，毕竟大面积列装的经费高到让人难以相信。

但P226手枪还是获得了美国海军特种部队“海豹突击队”的青睐，美国海军随后将其定为专用的制式手枪——P226手枪也就此成了“海豹”的标志性手枪。

此后，以P226手枪为基础，衍生出P228、P229等多款紧凑型半自动手枪，这些手枪被世界各地多个执法机关和军事单位所采用，亦是当今综合性能最好的军警用手枪之一。

同时，P226手枪在民用市场也取得了非常好的销售业绩，尤其是由其衍生出的P226 X-Five手枪更是专为比赛量身定制的产品，具有127毫米（5英寸）长的枪管，M1911A1手枪式的“河狸尾”结构，并且可以为客户提供多种个性化的改装方案，用户可按照自己的喜好来自行改装。

随着新材质的应用，当时的瑞士西格公司也应景地推出了使用聚合物材质套筒座的SP（西格–普罗）半自动手枪（系列），西格公司欲以SP系列来区别传统的金属材质套筒座系列。其首先于1999年推出.40S&W口径的西格SP2340半自动手枪，随后推出9毫米口径的西格SP2009半自动手枪。

但此后在2000年，由于收购原因，德国西格–绍尔公司成为“独立”企业。在2002年，德国西格–绍尔公司又以SP2009手枪为基础进行改进，通过了法国政府为执法机构手枪选型进行的测试，并最终战胜德国HK P2000手枪。根据法国政府招标“手枪使用期限至少20年”的要求，将这款新手枪命名为西格–绍尔SP2022半自动手枪，法国政府最终下达了订购27万把SP2022手枪的大订单。

在P226手枪和SP2022手枪成功的基础上，德国西格–绍尔公司趁热打铁于2004年推出了西格–绍尔P250半自动手枪。

P250手枪与格洛克手枪（系列）相似，同样使用聚合物材质的套筒座，是一款击锤击发的双动手枪。其扳机动作顺畅，体现出一贯风格，轻快的操作感让人感觉不出这是一款双动式手枪。同时P250手枪的零部件很少，生产成本被控制在P226手枪的一半左右，性价比高。

P250手枪带有与P226手枪位置几乎相同的空仓挂机解脱钮和分解钮；其空仓挂机解脱钮为双面式，可从左右两侧进行操作。另外，弹匣释放钮为配合射手的操作习惯，也可以进行左右位置更换。其弹容量与格洛克等手枪同为17+1发，标准版使用9毫米巴拉贝鲁姆口径枪弹，当然也可以更换套件，使用.40S&W口径等不同枪弹。

在德国西格–绍尔总部举行的P250手枪发布会期间，主办方特意使用P250手枪与当时同样刚刚问世不久的P226 X5半自动手枪进行了对比射击测试。结果表明：P250手枪的弹着点散布范围要更胜一筹；不过，由于P250采用的是双动式扳机系统，其精度略低。

众所周知，双动手枪在射击时需要克服更大的扳机力，扳机行程也更长。那为什么还要为警察等执法机构推出P250这种双动手枪呢？其实这主要是考虑到绝大部分警察根本无法满足大量的射击训练要求，因此在实战临敌时，常常因为紧张或其他原因误发走火，造成不必要的损失，而双动手枪在一定程度上避免了这个问题。

以法国警察为例，一般警察在一年中用于射击训练所消耗的子弹也就在50发左右，明显缺乏足够的训练量。

如果警察使用的是双动手枪，就能够有效防止使用者在非本人判断下、不当时机发射的误发情况。为此，警察机构对双动手枪尤为偏爱。不过，双动手枪的扳机力较大，在紧急情况下不利于快速射击。正是因为这些缺点，使P250手枪显现出了其存在的价值。因为P250手枪的扳机触感顺畅、重量轻，因此在射击时无须为扳机施加过多的力，同时其弹着点散布范围也要优于其他双动手枪。

如同上面谈到的P250手枪的优势，该手枪就是一款专门面向警用手枪用途的双动手枪，为了对应警察各种各样的身材，除了标准版、紧凑版、超紧凑版三种版本外，P250手枪在设计时还特别考虑到了手枪握把的尺寸问题。然而P250手枪并没有直接采用格洛克等手枪通常采用的更换不同尺寸握把片的设计，而是另辟蹊径地采用了整体更换不同尺寸握把（套筒座）的奇特方式，这就使得其形成了一种怪异的统一。举个极端例子，可以使用超紧凑版套筒+标准版套筒座的组合方式，这点也体现了P250手枪零部件的互换通用性。另外，其发射机组件与击锤等零部件均进行了一体式设计，因此无须借助特殊工具便可将其取出，一切都是为了方便考虑。

此前推出的SP2022手枪等聚合物枪身手枪因价格的优势而被法国军警等单位大量采购，而比SP2022手枪价格更便宜的P250手枪自然也受到了世界各地警察机构的青睐：美国联邦航空保安局进行了批量采购；荷兰警方更是一口气购买了45 000把。

☆ 标准型P250手枪的枪管长120毫米，相比枪管长为112毫米的P226手枪长出8毫米，精度高

☆ 由于P250手枪采用的是纯双动式扳机系统，因此没有设计手动保险。套筒卡榫与分解销的位置与P226手枪大致相同。这款手枪也不设有降下击锤杆，结构简单。弹匣卡榫的形状与SP2022手枪相似，为圆滑的三角形

☆ 德国西格－绍尔公司开发的聚合物手枪SP2022手枪一经登场便被法国大量采用。然而，虽说SP2022手枪实现了轻量、廉价等优点，但却没有开发任何变型枪便终止了生产。P250手枪的设计更为简洁化，套筒相比SP2022手枪更能找到P226手枪的影子

☆ 标准型P250手枪右侧面

☆ 标准型P250手枪套筒座

☆ 与P226手枪（上）相比，P250手枪（下）套筒稍长。由于握把部分的重量较轻，因此P250手枪的重心稍稍靠前

☆ 超紧凑型套筒+标准型套筒座的P250手枪

## 2005　中国QSW06式微声手枪

微声手枪，人们又习惯称之为无声手枪。它是一种供特种兵在特定条件下实施隐蔽射击的特种枪械，主要用于杀伤近距离内有生目标。微声手枪具有尺寸小、重量轻、便于隐蔽携带以及“三微”（微声、微光、微烟）效果好等优点，深受各国特种兵的青睐。

正是由于微声手枪具有普通手枪所没有的独特功能，因此当今世界强国都十分重视对微声手枪的开发，并已研制出样式各异、功能不一的微声手枪，如钢笔型微声手枪、匕首型微声手枪、拐杖型微声手枪、雨伞型微声手枪等。

早在20世纪60年代末，我军特种兵就装备了由我国自行设计制造的中国67式微声半自动手枪；进入21世纪后，为适应形势的发展和满足我军特种作战的需求，由中国兵器工业集团第208研究所、国营第236厂共同研制的5.8毫米口径的中国QSW06式微声手枪及其携行装具（由南京3521特种装备厂研制）于2005年底顺利设计定型，标志着我国新一代小口径微声半自动手枪的诞生。

1951年，我国就从苏联引进了手枪生产线及相关的图样资料，并且在苏联专家的指导下，率先仿制成功了中国51式半自动手枪。

在抗美援朝战争结束后，国家经济得到了一定程度的恢复和发展，国家能够将更大的精力投入手枪开发研制领域。随后对51式手枪在抗美援朝战争中暴露出的问题实施了进一步的改进，并于1954年改进定型了符合中国军人体型、手形的中国54式半自动手枪。

此后几年，又陆续仿制成功了中国59式半自动手枪及中国57式信号手枪等产品。可以说，20世纪50年代我国对苏式手枪的仿制工作为之后我国的自行研制打下了一个良好的基础，并使我国的枪械工作者得到了锻炼，积累了手枪设计经验。

☆ QSW06式微声手枪

20世纪60年代，面对苏联专家的突然撤离，中国枪械工作者在“独立自主、自力更生”号召的指引下，开始了手枪国产化的设计历程，国产67式微声手枪就是在这一背景下研制成功的。67式微声手枪于1967年设计定型，其凝聚了我国枪械工作者的集体智慧，是我国第一款完全国产化的特种微声手枪。该微声手枪的问世，结束了我国没有微声手枪的历史，标志着国产微声手枪进入自行研制阶段。

在67式微声手枪定型之际，正值越南战争时期、美越双方打得难解难分之时。根据总部指示，67式微声手枪刚一落地就投放到越南战场上接受实战检验。其后不久，接受过我军培训的越共特种兵部队，在越南战场上常常神出鬼没地溜进美军的重要军事基地，置侵越美军于死地。完成任务后，越共特种兵又神不知鬼不觉地隐匿于山谷之间，藏身于密林丛中，使侵越美军晕头转向，防不胜防。

毫不夸张地说，67式微声手枪是一款经受过实战检验的国产名枪，即便与同期的世界著名微声手枪相比，其主要战术技术指标也毫不逊色。该微声手枪自定型至今已经50余年，半个多世纪以来，67式微声手枪一直

☆ 国产67式微声手枪

在寒冷区、常温区、热海区等多种恶劣条件下的严格测试，再做了进一步改进后，于2005年底诞生了我国历史上的第二代微声手枪，命名为中国QSW06式5.8毫米微声手枪。

QSW06式微声手枪完全依靠我国自己的技术独立研制而成，该微声手枪大量采用当代领先的新工艺、新技术、新材料，使整枪具有结构优化、动作可靠、布局合理、机动性强、“三微”性能好等诸多优点。其各项技术指标达到世界先进水平，充分显示出我国的微声手枪研制能力达到了新阶段。

是我军特种兵执行侦察、反恐、防暴等特殊任务中必备的武器装备之一。

20世纪80年代后，特种作战演变成为世界军队的一种主要作战方式。特种作战客观上需要大量的特种武器，然而，我军特种兵使用的仍然是已显老化的67式微声手枪，迫切需要有一种性能更加优良的新产品来替代。

这一时期恰逢我军完善班组武器实现5.8毫米口径系列化。于是在2001年，继5.8毫米口径的国产95式班用枪族列装之后，我国又推出了与5.8毫米口径相配套的中国QSZ92式半自动手枪。如此一来，研制与5.8毫米口径相一致的国产微声手枪自然被提到议事日程。国产新一代微声手枪的研发工作就在这样一个大背景下开始了。

2002年1月，国产新一代微声手枪进入方案设计和论证阶段。最初提出的是两种接口形式、两种自动原理以及15个消声器方案。经过多次改进和筛选，最终确定了国产新型微声手枪采用“自由枪机式自动方式、击锤回转式击发机构以及分体式多通道复合式消声器”的整体设计方案。

2004年样枪出炉，经试验部队

QSW06式微声手枪的主要结构特点具体表现如下。

**1. 消声器形式选择准确，消声效果优异**

我们知道，微声手枪消声器的形式可分为枪管与枪身合一型、分体式外接型和利用消声子弹消声型三大类。

自20世纪80年代后，世界发达国家新研制的手枪消声器大都采用枪管与消声器分离的分体式外接型消声器。使用外接型消声器的微声手枪在未加装消声器时，可以当成普通手枪使用，而一旦需要消声时，将枪管和消声器连接起来，就可当微声手枪（连接圆筒形消声器的微声手枪）来使用，可谓“一

☆ 卸下弹匣和消声碗的国产67式微声手枪

☆ 与消声器分离后的QSW06式微声手枪

枪二声”。

此外，QSW06式微声手枪的消声器采用的是消声碗串联式多通道复合结构。这种结构可使消声碗之间通过卡扣顺序连接成一个整体，装在筒形消声器的筒芯内，筒芯和消声器壳体通过螺纹连接起来，消声器壳体末端的螺纹又可与手枪枪管相连接，从而使消声器达到了非常良好的消声和消烟效果。

**2. 采用组合式设计，一件多用**

QSW06式微声手枪具有单元化组合设计模式，卸掉消声器就是一支标准的普通型手枪，加装上圆筒形消声器后又变成一支典型的微声手枪。

其部分零部件同时兼顾两种以上功能，比如：手枪本体上的复进簧可同时兼作挂机扳把上的复位簧，击锤簧座可同时兼作保险机座上的定位销等——如此就简化了结构，减少了枪械零部件，实现了“一件多用”；其手枪本体与QSZ92式手枪零部件互换率高达60%，最大限度地实现了不同类型的手枪共用同一个零部件，从而大幅度降低了生产成本，便于维修和实现系列化生产，实现了“一器多能”。先进的设计理念和设计方式使得该微声手枪操作灵活、分解结合方便、功能完备。

**3. 结构新颖独特，寿命长、射程远、威力大**

从外观上看，QSW06式微声手枪与QSZ92式手枪相差无几。但其内部的工作原理却截然不同，其中QSZ92式手枪采用半自由枪机式（射击时枪管旋转），QSW06式微声手枪则采用自由枪机式（射击时枪管不旋转），自由枪机式自动方式的突出优点是结构简单，零部件使用寿命长，加之消声器采用了分体式螺纹连接方式，这使得该微声手枪的正常使用寿命达到3 000发，而原国产67式微声手枪的使用寿命只有800发。

此外，QSW06式微声手枪所发射的国产新型5.8毫米口径的DCV05式微声手枪枪弹的枪口初速为316米/秒，比67式微声手枪（枪口初速为230米/秒）快76米/秒；187焦耳的枪口动能也比之高出63焦耳（67式微声手枪为124焦耳）。如此一来，QSW06式微声手枪的有效射程为50米，并能够穿透现代轻型单兵防弹衣，而67式微声手枪的有效射程只有30米，且不能对轻型防弹衣实施有效穿透。

**4. 工艺材料先进，外形美观大方**

QSW06式微声手枪大量使用了新材料、新工艺和新技术。比如：手枪本体中的套筒座作为全枪的基座，使用工程塑料成型的整体材料，而发射机组件作为承受武器后坐的主要零部件，则以优质薄钢板冲压而成，使之具有较好的弹性，能有效减缓枪机后坐到位时的撞击。

☆ 与消声器分离后的QSW06式微声手枪顶部特写：可见照门、准星、抛壳窗、抛壳钩等

☆ QSW06式微声手枪保险双侧联动

☆ QSW06式微声手枪保险装置

同样，在消声器零部件工艺材料使用方面，如消声筒、消声碗、定位筒、紧定碗等也采用了密度小、强度高的钛合金材料，并大胆运用碳化钛镀膜处理这一当今世界最为先进的工艺技术，从根本上提高了消声器表面的防腐、耐磨和抗氧化性能。

新材料、新技术在QSW06式微声手枪的广泛应用，使QSW06式微声手枪具有重量轻小、加工精细、外形美观和握持舒适等优点。

QSW06式微声手枪在结构上主要由手枪本体和消声器两大部分组成。

其中的手枪本体由枪机组件、枪底把组件、发射机构组件、弹匣组件和枪管、枪管套、连接座、复进簧及连接轴等组成。QSW06式微声手枪是在继承了QSZ92式手枪成功经验的基础上研发而成的，可单独使用，并有"结构优良、性能先进、人机工效好、火力持续能力强、威力大"等与QSZ92手枪相似的战术技术特点。

消声器为分体式外接型圆筒消声器，与手枪本体采用螺纹连接方式，是一种消声碗串联结构的多通道复合式消声器。消声器的结构特点是：充分利用有限空间，在圆周方向上合理布置多个气流通道，并在轴线方向上设计多级膨胀室，且每个气流通道和每级膨胀室的结构及作用原理也各不相同，通过它们的相互作用，降噪量达30分贝以上，具有良好的"三微"性能，消声效果在世界同类消声器中居领先行列。

QSW06式微声手枪（系统）的主要战术技术性能如下。

**1. 战术性能**

该微声手枪是我国研制的特种自卫武器，具有结构简单、机构可靠、线条流畅、功能完善、微声效果好等特点，主要供我军侦察兵及其他特种部队专业人员使用，在50米内射击效果最好。

具体战术性能指标是：具备良好的"三微"性，射击时仅产生微弱的变态声（微声）；黑夜射击时，距离枪口50米处看不到光（微光）；白天或明月夜射击时，距离枪口50米处看不到烟（微烟）；使用DCV05式微声手枪枪弹时，能以单发火力隐蔽有效地杀伤50米以内具有单兵防护的有生目标；在有效射程内有较高的命中精度。

**2. 技术性能**

该微声手枪的口径为5.8毫米，枪长为193毫米（不含消声器)，消声器长为199毫米，战斗状态全枪长约为373毫米，全枪重（含一空弹匣和消声器）为1.05千克，射弹枪口初速306米/秒，自动方式为自由枪机式，枪管长为120毫米，采用20发弹匣供弹。发射弹种为5.8毫米的DCV05式微声手枪枪弹，在必要时也可以直接发射5.8毫米口径的DAP92式普通手枪枪弹，有效射程50米。

总之，QSW06式微声手枪作为我军21

世纪初期的换代型微声半自动手枪，总体性能已经超越了原67式微声手枪；即便与国外同类武器相比，其总体性能也达到了世界先进水平。目前，QSW06式微声手枪已经顺利下发我军各特种兵部队。

**中外三种著名微声手枪及消声器消声效果对比表**

| 武器名称 | 发射弹种 | 射弹初速/(米/秒) | 消声器外径/毫米 | 消声器长度/毫米 | 消声器降噪量/分贝 |
|---|---|---|---|---|---|
| 中国/QSW06式微声手枪 | 5.8毫米微声弹 | 316 | 31 | 199 | 32 |
| 比利时/FN微声手枪 | 5.7毫米微声弹 | 320 | 31 | 216 | 30 |
| 德国/Mk23微声手枪 | 0.45ACP微声弹 | 270 | 32 | 192 | 24 |

☆ 特种兵使用QSW06式微声手枪跪姿射击

## 2007 美国鲁格“袭击者”手枪

☆ 外形怪异的美国鲁格“袭击者”手枪

美国斯图姆·鲁格公司推出的一款发射.22 LR口径的步枪枪弹的半自动手枪，进一步推波助澜了本就“混乱不堪”的现代枪械类别划分。而这款“手枪”主要是为了适应美国各州的法律来定制的，毕竟这是一款商业版枪械，明眼人都知道，自然少不了钻一些相关枪械法规上面的“漏洞”。

在许多商人看来，这些“漏洞”往往就是“卖点”所在，而其实，鲁格“袭击者”半自动手枪的“怪异”外形已经使其十分惹眼并充满卖点了，其一经推出就在各种枪械展会中让与会者们眼前一亮。

这款“袭击者”手枪其实是在鲁格公司最有名的民用小口径步枪美国鲁格10/22半自动步枪的基础上研发而来的。鲁格10/22步枪于1964年由威廉·鲁格设计开发，这款步枪动作可靠，精度极佳，是针对美国民用市场销售的一款成功步枪。鲁格公司在该款热销步枪上进行了一系列大规模的改动，并于2007年正式推出了这款“袭击者”手枪。

“袭击者”手枪在外观上采用了木质纹理搭配黑色金属风格，使枪身整体看起来很有复古狩猎步枪的味道。其采用自由枪机自动原理可以进行半自动发射，全枪总长为480毫米，这对于普通意义上的手枪来说已经是很大的尺寸了，枪管长为250毫米。原装配件中就带有可拆卸的两脚架，并且设有导轨基座，便于添加附件。

不带弹匣和任何瞄具附件的整枪重约为1.58千克，标配有可装10发枪弹的专用弹匣，还有一把安全锁，当时全套“袭击者”手枪的售价为370美元左右。该手枪主要销售给美国民间的枪支爱好者。在得到各界普遍认可后，鲁格公司又趁热打铁，陆续推出了更加惹眼的新款——彩色外壳版的“袭击者”手枪，分别有紫黑型、红黑型、蓝黑

☆ “袭击者”手枪

型，最近又推出了改进外形后的两款新“袭击者”手枪，分别是全红型和白蓝型。

作为一款半自动手枪，“袭击者”手枪的枪体上没有任何固定式机械瞄具，而是在枪身上留有韦弗式导轨基座，这样便可以加装各种品牌的光学瞄准镜或附件。同时，光学瞄具是需要使用者去单独购买的，“袭击者”手枪在销售时本身并不配备。对于这样一款没有瞄具的“裸枪”，让人感觉更加怪异。

虽然理论上也可以在基座上安装机械照门，但由于枪管上没有准星安装位置，所以还是无法通过加装机械瞄具系统来进行瞄准。单就这点来看，虽然只是作为一款手枪，但其枪管上的这个设计和许多专业的狙击步枪如出一辙。

对民用市场来说，“袭击者”手枪可以说是一款十分安全的武器，为了防止外人（或者小孩子）在该手枪合法持有者（家长）不知情的情况下使用该手枪，“袭击者”手枪还配备了一把外用锁。该配件可以直接锁住枪机，并且挡住弹匣装入口，这样就使得这把手枪无法正常使用。

“袭击者”手枪的枪身右侧设有拉机柄，同时从右侧进行抛壳。扳机护圈上方设有扳机保险：保险向左露出红色标记就是待击状态，可以随时开火；保险向右则为保险状态。除了扳机保险外，该手枪还专门设计了一个用于挡住枪机运动的枪机锁销，这是位于扳机保险和弹匣卡榫之间的一个小拨杆。向后拨就会挡住枪机，使枪机不能向前移动；向前拨就能释放枪机。这一设计其实也不稀奇，只能算是对原10/22步枪上该部件的一个延续。

其枪身下方还有个黑色凸起点，那是用于安装两脚架的旋钮，旋钮后面有一个用于分解的螺栓。对于一支手枪，原装标配的两脚架用处究竟大不大？这是很多人的疑问，有人认为两脚架是在卧倒后进行射击时才会用到。其实不然，使用该手枪进行射击的人基本上都是坐在椅子上，然后把“袭击者”手枪架在桌子上，以这种坐姿来进行射击体验的。

“袭击者”手枪虽然被定义为半自动手枪，但其实际采用的是.22小口径的LR步枪枪弹，这种枪弹是一种有着悠久历史的边缘发火枪弹。虽然是步枪枪弹，但其实该枪弹在被“袭击者”手枪所采用前就曾经被用于某些转轮手枪。

☆ 弹匣卡榫特写，前面是10发旋转弹匣底部露出的鲁格标识

廉价、低后坐力与低噪声，使得.22 LR枪弹成为理想的美国民间射击用枪弹，正是由于其在美国民间有着广阔的市场前景，所以“袭击者”手枪才最终会选用此种枪弹与相应口径标准。

“袭击者”手枪的弹匣则是沿用了当初为10/22步枪所设计的旋转式弹匣，其可以装填10发.22 LR枪弹；此外，有人也采用了一种可装填25发枪弹的弯曲形弹匣，这样一次就可以以半自动方式连续发射25发枪弹；更有甚者还可以安装专门为10/22步枪设计的50发通用弹鼓，不过在安装弹鼓后，“袭击者”手枪就没法正常架在桌子上使用了。

特别值得一提的是，“袭击者”手枪虽然是手枪，但是其设计理念却与步枪如出一辙，所以该手枪在操控性、精准度等方面与常规手枪相比要明显高出很多，尤其是在50米距离内；在实际射击中，因为采用.22 LR枪弹，使得“袭击者”手枪的后坐力很小。

“袭击者”手枪从多个层面上来考量，都会发现其绝不是一把简单的手枪。例如其全枪高达44种部件的紧密组合方式，由此就可以看出它的复杂性与制作工艺。虽然通过售后反馈来看，这款“袭击者”手枪因为口径和外形等问题，并不是用来防身自卫的最佳武器，但对于任何枪械爱好者来说，却绝对是一款新奇且让人乐于去尝试的武器。

甚至有的“狂人”把自己的“袭击者”手枪改造成了双管的“联动机枪”，当然根据美国相关枪械法规，原“袭击者”手枪的结构是不能改变的，因此无论怎么改，它还是半自动方式。当然，如果这样还嫌不够“怪异”的话，那么还可以选择通过购买许多配件公司为“袭击者”手枪特供的个性化改造套件来使“袭击者”变成各种样子。

无论怎样，“袭击者”手枪现在已经成为那些“怪异”枪械收藏爱好者们所追逐的一款热门藏品。

☆ 个人改装的“袭击者”机关枪

## 2008 以色列IWI“沙漠雄鹰”手枪

☆“沙漠之鹰”手枪左视图

1979年，位于美国明尼苏达州明尼阿波利斯市的马格南研究公司针对比赛射击运动和户外狩猎活动，想要研发一款发射.357口径马格南手枪弹的新式半自动手枪。

1981年，这款新式手枪研发成功，并在第二年（1982年）被马格南研究公司正式对外公布，这就是美国马格南之鹰（Magnum Eagle）半自动手枪。这款手枪在发布之初就因为其独特的外形设计得到了多方关注，同时也坚定了马格南研究公司向市场量产销售这款手枪的决心。

随后，马格南研究公司与当时的以色列军事工业（IMI）公司合作。IMI公司自1983年开始正式量产该手枪，并以IMI“沙漠之鹰（Desert Eagle）”之名将这款外形精悍的半自动手枪产品推向市场。

“沙漠之鹰”手枪采用导气式原理、枪机回转式闭锁方式，主要是因为其发射大威力枪弹，因此无法使用刚性闭锁原理。当弹头出膛后，部分火药燃气通过导气孔进入导气室，推动导气活塞进行运动，而这种导气式自动原理常被步枪所采用。

“沙漠之鹰”手枪的多边形一体化枪管套筒部件通过精锻加工而成，其标准型长度为152.4毫米，另有254毫米的长枪管型供选择。套筒顶部设有瞄准镜安装导轨，两侧均有保险操作柄，采用单排式弹匣供弹。

1985年，.357口径的“沙漠之鹰”手枪正式在美销售。此后由于市场反馈很好，又在发射.357口径马格南手枪弹版本的基础上，通过增大口径的方式陆续推出了后续的产品：1987年推出发射.41口径马格南手枪弹版；不久推出发射.44口径马格南手枪弹版。

1992年，由于美国政府进口枪械法规的相关限制，“沙漠之鹰”手枪改为在以色列加工制造零部件，然后通过在美国本土组装的方式进行生产销售，即美国从IMI公司进口未经处理的半成品零部件，再由马格南研究公司进行镀铬、镀镍、镀金及抛光等表面处理，并对枪管及其他组件进行精加工后最终组装完成。

1994年，该系列产品推出了发射.50AE口径手枪弹的超大威力版，这也是该系列中

☆ IWI“沙漠雏鹰”手枪

最著名和最具有代表性的一款。此外，在1998年还曾推出发射.440 Cor-Bon口径手枪弹版，但并不受欢迎。

通过游戏和电影的宣传，“沙漠之鹰”手枪变成了世界名枪，但随之关于其的种种传闻也接踵而来，其中比较有名的是有新手在使用大威力的“沙漠之鹰”手枪射击时，因为超大的枪口上跳加后坐力而将射手的手腕折断……虽然令很多人对其产生畏惧，但并不妨碍其持续热销。

也正是鉴于“沙漠之鹰”手枪的持续热销，马格南研究公司再次联合以色列IWI公司（前身即IMI公司）在2008年正式推出了IWI“沙漠雏鹰（Baby Desert Eagle）”半自动手枪，因其之前已经存在了一段时间，但并不叫这个名字，所以其“正名”的过程也是经历了很大一番周折。

虽然“沙漠雏鹰”看似继承了“沙漠之鹰”的正统相貌，只是尺寸相对较小，但外形依旧具有强大的震慑力。其实“沙漠雏鹰”手枪的内部结构并非源自“沙漠之鹰”手枪，而是具有捷克名枪CZ75半自动手枪的基因。

CZ75手枪曾在世界范围内得到好评，由于该手枪并没有在捷克以外的范围申请专利，因此仿制品很多。以色列IMI公司当初也曾对其进行过仿制，并从其另一个仿制前辈意大利坦弗格里奥公司购买了零部件进行改进组装制造。由于IMI公司推出CZ75手枪仿制品的时间较晚，同类市场已经被各种CZ75手枪仿制品所占据，市场前景并不乐观。因此IMI公司另辟蹊径地使用了自己旗下大名鼎鼎的“沙漠之鹰”手枪的外形设计。由此而定型了著名的以色列杰里科941半自动手枪——“沙漠雏鹰”真正的前身。

杰里科是以色列境内最古老的城市之一，数字“941”代表该手枪既可以发射9毫米口径手枪弹，也可以发射0.41 AE口径手枪弹，但是需要通过更换枪管和相关部件的方式实现。

1990年，杰里科941手枪通过代理商KBI公司登陆美国市场，也取了一个和鹰有关的名字，即“乌兹之鹰”，并在其套筒上刻有鹰的图案。这主要是因为KBI公司为了避免对马格南研究公司所持有的“沙漠之鹰”商标的侵权，同时又为了彰显“沙漠之鹰”的外形特点，再综合以色列IMI著名的乌兹冲锋枪之名而制定的迎合市场销售的名称。

杰里科941手枪在美国市场并没有取得理想的销售业绩，但是其被以色列军警部门

☆“沙漠雏鹰”手枪（左上）与“沙漠之鹰”手枪（右下）分解图

所制式采用。后来，IMI公司又在该手枪的基础上开发出使用聚合物材质套筒座的巴拉克SP-21半自动手枪在美国市场销售。

此后，这款SP-21手枪在美国市场的销售代理权又转至马格南研究公司，绕了一个大圈子后，马格南研究公司根据其外形和研发历史，再结合自己所拥有的“沙漠之鹰”商标，这才最终将其命名为“沙漠雏鹰”。

“沙漠雏鹰”手枪有9毫米口径和0.45 ACP口径两种版本。其中9毫米口径版全枪长为210毫米，枪管长为120毫米，全枪重量为1.1千克，弹匣弹容量为15发；0.45 ACP口径版全枪长为197毫米，枪管长为94毫米，全枪重量为1.1千克，弹匣弹容量为10发。

两种口径手枪的套筒宽度完全一致，握把尺寸也基本相同，只是0.45 ACP口径版的抛壳窗尺寸更大一些。“沙漠雏鹰”手枪采用枪管短后坐式自动方式，其内部结构主要还是仿自CZ75手枪，但存在细微区别。

“沙漠雏鹰”手枪的三角形击锤造型源自“沙漠之鹰”手枪。其套筒上方设有瞄准面，从套筒后部一直延伸到枪口，为瞄准提供了平直的平面。“沙漠雏鹰”手枪的套筒前后宽度一致，采用“沙漠之鹰”手枪的四方形扳机护圈造型。

☆ 4.9毫米版15发弹容量弹匣（左），0.45ACP版10发弹容量弹匣（右）

2009年，马格南研究公司推出了加装皮卡汀尼导轨的第二代“沙漠雏鹰”手枪产品，命名为“沙漠雏鹰Ⅱ型半自动手枪”。

由于“沙漠雏鹰”手枪的市场反响很好，尤其得到了射击新手和女性用户的青睐，2010年，马格南研究公司在“沙漠雏鹰”的基础上，推出了.38 ACP小尺寸口径的产品——“沙漠微鹰（Micro Desert Eagle）”半自动手枪。

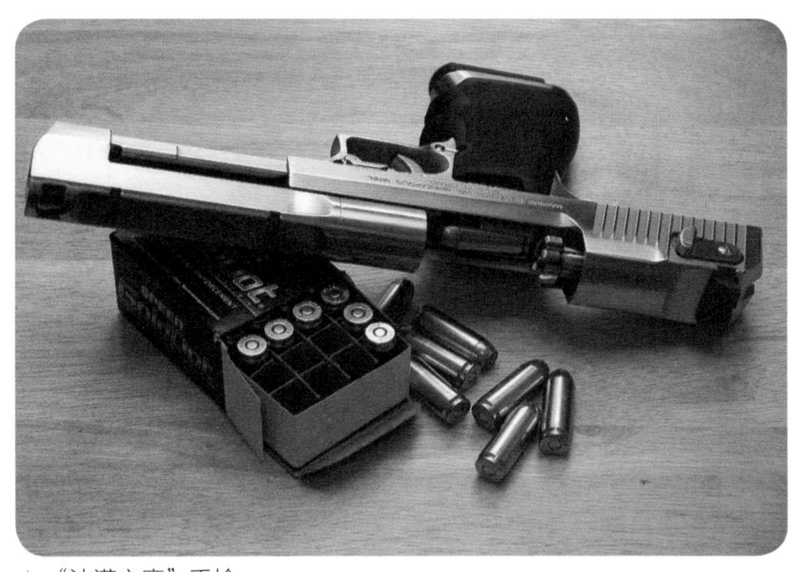

☆ “沙漠之鹰”手枪

## 2011 德国瓦尔特PPQ半自动手枪

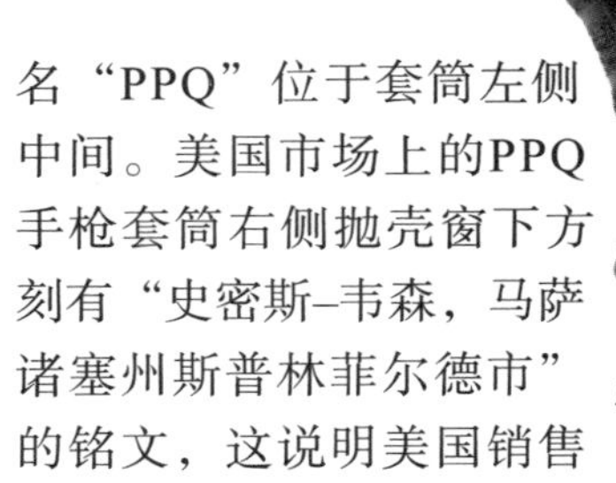
☆ 德国瓦尔特PPQ手枪

警用手枪一直是一个大市场，不仅在美国，在全球也是块“大蛋糕”。虽然奥地利格洛克系列半自动手枪在这些年来已经稳固占领这个市场的很大一块，但这不等于别的公司就没有机会。德国的瓦尔特公司就一直致力于研发一种警用手枪，意欲分得一杯羹。

经过多年酝酿，瓦尔特公司终于在2011年推出了一款更加符合警员需求的全尺寸半自动手枪——瓦尔特PPQ半自动手枪，以此在警用手枪市场冲锋陷阵。

PPQ手枪全枪呈黑色，所有的金属表面都经过镀镍处理，耐磨性较好，其防腐性能超过不锈钢。

PPQ手枪可以分别使用9毫米口径巴拉贝鲁姆枪弹和.40S&W口径枪弹两款不同型号。其中9毫米口径的PPQ手枪，全枪长为180毫米，枪管长为102毫米，全枪高为135毫米，瞄准基线长为156毫米，空枪重量为0.69千克（不含弹匣），弹匣弹容量为15发；.40S&W口径的PPQ手枪，全枪长为184毫米，枪管长为106毫米，全枪高为135毫米，瞄准基线长为158毫米，空枪重量为0.71千克（不含弹匣），弹匣弹容量为12发。

其中“PPQ”是德文“Polizei Pistole Quick Defense”的缩写，意为“警用快速防御手枪”；其最大特点是采用了瓦尔特公司的“快速防御扳机系统”。

该手枪采用传统的枪管短后坐式自动方式，击针平移式击发方式，再加完善的扳机保险和击针保险的搭配，可确保使用者的绝对安全。

PPQ手枪的套筒依旧沿袭了瓦尔特一贯的设计风格，套筒两端带有很粗的防滑纹，“瓦尔特”商标位于套筒左侧前方，枪名“PPQ”位于套筒左侧中间。美国市场上的PPQ手枪套筒右侧抛壳窗下方刻有“史密斯–韦森，马萨诸塞州斯普林菲尔德市”的铭文，这说明美国销售的瓦尔特PPQ手枪均是由史密斯–韦森公司进口的，但在德国销售的瓦尔特PPQ手枪就没有这个铭文。

其抽壳钩位于套筒右侧，尺寸比较长，除有抽壳功能外，还兼作弹膛有弹指示器，当弹膛内有弹时，抽壳钩尾部向内移动后而缩入套筒，这时套筒上平时被抽壳钩尾部遮挡的红色警示标识就会显现，白天很容易看到。光线昏暗不佳或者夜晚无法用肉眼分辨时，可以通过手指触摸抽壳钩尾部的位置来判断弹膛内是否有弹。

PPQ手枪的套筒上部设有钢制三点式瞄具，均带有白色氚光管，不仅有利于夜间瞄准，也有利于白天快速瞄准，照门可以调节风偏。

其枪管尾部露出抛壳窗的部分刻有口径铭文，其中9毫米口径的型号刻有“9mm×19”铭文，而.40S&W口径的型号刻有“.40S&W”铭文。枪管下方复进簧导杆设计独特，其尾部加装了一个蓝色的聚合物帽，这样既能减小枪管与复进簧导杆尾部接触位置的摩擦损耗，也能防止使用者在维护手枪后安装复进簧导杆时出现放错的问题。

PPQ手枪使用玻璃纤维增强聚合物材料制造的套筒座，比传统的聚合物套筒座更加坚固耐用。套筒座前端下方设有钢制导轨，可安装激光指示器、战术灯等附件。

其扳机护圈非常大，扳机护圈前方带有防滑纹。扳机上方设有瓦尔特风格的较长的分解杆，分解杆后方两侧均设有空仓挂机解脱杆，方便射手进行双手操作。扳机护圈上瓦尔特风格的弹匣解脱钮也是双侧设置。弹匣解脱钮后方、握把两侧均带有一个很小的凸起，可让射手的拇指和食指能够准确定位，方便其更好地握住手枪。

☆ PPQ手枪原版套装

PPQ手枪设有击针保险和扳机保险。击针保险平时挡住击针，即使阻铁意外释放击针，击针也无法向前击打枪弹，以确保安全。只有扣动扳机时，扳机连杆上的凸起顶起击针保险，击针才能顺畅前移而击发枪弹。

其扳机保险与格洛克手枪的扳机保险类似，扳机中间设有一个保险片，平时保险片会卡住扳机使其无法后移。当手指搭在扳机上时，就自然地扣在保险片上，手指向后用力时，会先带动保险片后移，解除对扳机的锁定，扳机也就自然能被扣动了。

有了扳机保险和击针保险，如果手不放在扳机上向后用力，就不会解除扳机保险，也不会解除击针保险，从而确保使用安全。

此外，“快速防御扳机系统”的设计是该手枪最具特色之处。其扳机行程非常短，只有2.5毫米，且扳机力只有25牛。扣动扳机击发枪弹后，只需稍微松开扳机再次扣动就可再次击发一次枪弹，保证了射手在射击时的准确性和对快速射击的需求。

PPQ手枪的握把防滑纹美观大方，这种小月牙状与点状防滑纹的组合图案将握把全部包裹起来，不仅外观漂亮，而且防滑效果也很好。

除了防滑纹，握把前方和侧面还带有手指槽，握持PPQ手枪握把时能够很好地将自己的手指定位，在射击时也不会有握把移位的感觉。握把后方采用了可更换的握把后垫板，共有3款大小不同型号，这能让瓦尔特PPQ手枪适应包括女性、青少年等不同人群使用。其固定握把后垫板的固定销是中空的，可以用于安装保险带。握把最下方就是“PPQ”的铭文，两侧均有，非常漂亮。

PPQ手枪采用钢制弹匣，重量为85克，弹匣表面有耐磨涂层，更换弹匣时比较顺畅。弹匣内部是钢制弹簧片与红色聚合物制造的托弹板。

除了标准的弹匣，瓦尔特公司还推出了加长弹匣，该弹匣带有一个很厚的弹匣底托。两种口径加长弹匣的弹容量均比标准弹匣多2发。为满足美国某些州法律的规定，瓦尔特公司也推出了只有10发弹容量的弹匣。

瓦尔特公司在每把PPQ手枪的包装盒中都附送了一个专用装弹工具。另外，PPQ手枪也非常适合在美国非常流行的IPSC（手枪射击）比赛，因此市场上还出现了一款专门适合该手枪使用的长导轨，其通过套筒座上的导轨就可以安装各种光学瞄具了。

虽然在美国市场上PPQ手枪只推出了两款不同口径的版本；但在德国，瓦尔特公司还推出了瓦尔特PPQ海军型手枪。PPQ海军型手枪共有两款，一款是普通型，另一款是消声型。可见瓦尔特公司还有意要把PPQ手枪推向军用市场。除了海军型，PPQ手枪还有全蓝色和全红色的塑料材质训练手枪。

通过实际测试表明，PPQ手枪的精度及可靠性俱佳。

首先是精度测试。测试使用了一把9毫米口径PPQ手枪，采用9毫米口径温彻斯特公司生产的全披甲弹和黑山空尖弹。其中，弹头重量为8克的温彻斯特枪弹在23米的距离上5发打出了直径73毫米的弹着点散布成绩；而另一款弹头重量为9.5克的黑山空尖弹，在同样23米的距离上5发也打出了相似的成绩。可见PPQ手枪不仅精准，对于不同枪弹也有很好的兼容性。随后，射手使用这把手枪在13.7米的距离上，对人形半身靶使用3发速射进行射击，效果很不错，射手对这款手枪赞不绝口。

第二项测试是1 000发枪弹故障测试。在1 000发枪弹的发射过程中，不仅没有任何问题，也没进行过任何清洁与上油维护工作。测试结束后，射手对这把PPQ手枪进行了维护保养。随后再次发射了1 000发枪弹，在第二轮1 000发枪弹发射过程中，射手也没有遇到任何问题，期间也没有做过任何维护和保养，可见PPQ手枪可靠性非常高。这样可靠的半自动手枪称得上是警员和士兵的最好朋友了。

目前，德国军方和警方已经开始采购PPQ手枪用于部分列装。不过，在许多国家，格洛克手枪的装备量依旧很大；同时，每把PPQ手枪的售价是599美元，而同类的格洛克手枪售价也是在500~600美元，因为两者价格相差无几，所以想要打破警员心中根深蒂固的“格洛克情结”，瓦尔特公司还有很长的路要走。

☆ IPSC比赛用长导轨附件，其通过瓦尔特PPQ手枪套筒座上的导轨安装在枪上

☆ 蓝色塑料训练型PPQ手枪

☆ PPQ海军型手枪

## 2012　美国3D打印手枪

近些年来，手枪技术的发展其实并没有太多可圈可点之处，虽然各个大小厂商不断推出各种新款手枪，但可以说基本都是依靠个性化配件和一些战术噱头、改装套件来争夺市场，像手枪发展历史中那种具有实质性的技术性能突破实际上已经非常困难了。而这期间让全世界再次关注手枪领域的还是一次工业化的革命，那就是3D打印技术被引入枪械制造之中。

☆ 世界第一把以3D打印技术制造的金属手枪柯尔特M1911，套筒上有“Solid Concepts”的铭文信息

3D打印技术出现在20世纪90年代中期，实际上是快速成型技术的一种，其以数字模型文件为基础，运用粉末状金属或塑料等可粘合材料，通过逐层打印的方式来构造物体。简单说，就是通过计算机控制把相应的打印材料一层层堆积叠加起来，最终把计算机上的蓝图变成实物。

在今天看来，3D打印技术由于技术良莠不齐、成本高等诸多原因，并没有像刚出现的时候令人感到激动和振奋，但其毕竟是开创了“个人工业化、标准化生产”的先河，为工业生产提供了一种全新的思路，令很多个性化的想法能够变成现实。

2012年，当时的得克萨斯大学学生科迪·威尔森开始研发相关技术，并成功开发出全球首款利用3D打印技术制造的实用手枪——“解放者”手枪。

这款单发的非自动“解放者”手枪在结构上甚至比之前介绍过的“二战”中美国投放出去的“解放者”手枪还要简陋，仅仅是一个带有击针的手持式手枪式样枪弹击发器，尤其是其所使用的ABS材质，根本无法让人将其与致命性武器联系到一起。

“解放者”手枪由16个零部件组成，除了金属制击针外，其他均为ABS材质的3D打印构件，据称该手枪可以躲避探测仪的检查，并且在拆卸状态下，很难被发现究竟是什么东西。

2013年，3D打印手枪的图样被公布到互联网上，并允许自由下载。一时间引起了各方的争议，并制造了一股不小的恐慌，因为这就意味着只要你拥有一台家用3D打印机，就可以在卧室、厨房，或者随便什么地方制造出一把“解放者”手枪，并且这把手枪不仅不需要任何备案，还比黑市枪械交易更难追查到线索。

2013年5月10日，《星期日邮报》的两名记者就将他们私下打印的“解放者”手枪零部件顺利通过安检并带上了“欧洲之星”列车。据说他们在座位上只用了30秒的时间就完成了组装。这件事震动了世界，如果是恐怖分子后果不堪设想，随后美国政府以法令形式下架了所有3D打印枪械的图样、并禁止传播，以避免事态进一步恶化。

虽然私人非法下载和制作3D打印手枪一时间“销声匿迹”，但此后通过3D打印技术来制造手枪的尝试却没有停止。在2013年11月，美国3D打印公司Solid Concepts对全世界宣称：该公司成功制造出了全球第一把依靠3D打印技术“生成”的金属手枪。

而其所使用的3D模版原型则来自于“百年名枪”柯尔特M1911手枪，这点Solid Concepts公司在其官方发表的声明中也有提及：“我们是唯一拥有联邦枪械许可证（FFL）的3D打印服务供应商……而选择3D打印柯尔特M1911金属手枪，是因为柯尔特M1911手枪的设计是公开的。”

的确，柯尔特M1911手枪的版权早已经过期多年，所以现在仅仅在美国国内就有很多品牌的柯尔特M1911系手枪在进行制造和销售，而世界上对柯尔特M1911系手枪的仿制品则更是难以计数；之所以加“系”字是因为现在生产的柯尔特M1911手枪几乎都是为了获得商业利益而故意在小部件上加以修改，博取眼球和制造噱头，由此而形成了庞大的柯尔特M1911系手枪家族。但实际上，经典的柯尔特M1911手枪的整体构造在百余年中几乎没有变化。原因很简单，这款部件构造简单的手枪经受了岁月和各种使用环境的残酷考验，事实证明其原始设计相当完美。所以，性能出众、构造简单、安全因素，再加上美国人独有的情感因素，多方综合后的结果才是Solid Concepts公司选择“打印”柯尔特M1911手枪的原因。

虽然Solid Concepts公司在官网称其原型为柯尔特M1911手枪，但在某些细节上还是能看到一些与原版不同的地方。另外，该枪的套筒上刻有“Solid Concepts”和“Austin TX”等铭文，为制造公司和该枪型号等信息。

众所周知，对于枪械的测试是一件很复杂的事情，其自身动作的流畅性是必不可少的，选择柯尔特M1911手枪作为模版可以直接忽略设计上的问题。而剩下的另一个重点就是实弹射击时的可靠性，这才是重中之重。

Solid Concepts公司也清楚地认识到了这点，之前塑料材质的“打印手枪”已经诞生，曾引起世界的极大兴趣，而此次“打印”柯尔特M1911手枪正是为了摆脱人们对3D打印技术“精度与强度不足”的认识。为此，他们以金属激光烧结工艺（目前最精

☆ “解放者”手枪

确的3D打印手段）最终“打印”出了33个不锈钢及合金零部件，又以碳纤维填充尼龙材料的方式“打印”握把镶片，再配上现成的弹簧和弹匣，最终将其按传统方式组装到一起，形成了该手枪。

接下来的实射部分更是令人振奋，该手枪首次尝试了50发实弹射击，射程可以达到20～30米，符合正常手枪的有效射击范围，威力同样不俗。当然最初的射击由于不确定该手枪的膛压水平是否会造成安全隐患，所以他们通过固定枪体和用捆住扳机的拉绳来“遥控”射击。

据Solid Concepts公司官网更新资料来看，该手枪在经过首次实射后，又在此后的半个月内发射了500发以上的实弹，第一阶段的测试结果令人满意。

在接下来的第二轮测试中，Solid Concepts公司使用该手枪发射了超过600发实弹。在此基础上，信心满满的Solid Concepts公司随后便开始“打印”第二把金属手枪。

事实证明，这种3D打印技术制造的柯尔特M1911手枪虽然性能得到了一定的保障，但离量产还是遥遥无期的，姑且不论其是否能够承受一款成功手枪所需要经历的各种测试，单其制造成本就高到令人咋舌。其工业级别的3D打印设备在当年更是造价50万美元以上，这么算下来，还是花几百美元直接购买一把现成的大牌手枪来的实惠安全。

但在技术高速发展和各项成本逐渐降低的发展历程中，谁能说3D打印技术枪械不会变成普及品呢？关键还是需要健全相关法规才能尽可能保障该技术的合理发展。

☆ 依靠3D打印技术制造的全部零部件，组成与实际的柯尔特M1911系手枪完全一样，现成的弹匣和相关弹簧不在其中。据说依靠3D打印技术打印的金属零部件在精度和强度上都完全能够满足实际要求